Web 开发经典丛书

TypeScript 入门与区块链项目实战

[美]　　　雅科夫·法因(Yakov Fain)　　著
[俄罗斯]　安东·莫伊谢耶夫(Anton Moiseev)

王红滨　王　勇　何　鸣　译

U0378620

清华大学出版社

北　京

北京市版权局著作权合同登记号 图字：01-2020-6252

Yakov Fain Anton Moiseev
TypeScript Quickly
EISBN: 978-1-61729-594-2
Original English language edition published by Manning Publications, USA © 2020 by Manning Publications. Simplified Chinese-language edition copyright © 2021 by Tsinghua University Press Limited. All rights reserved.

图书在版编目(CIP)数据

TypeScript 入门与区块链项目实战 / (美) 雅科夫·法因(Yakov Fain)，(俄罗斯)安东·莫伊谢耶夫著；王红滨，王勇，何鸣译. —北京：清华大学出版社，2021.4
(Web 开发经典丛书)
书名原文：TypeScript Quickly
ISBN 978-7-302-57830-7

Ⅰ. ①T⋯ Ⅱ. ①雅⋯ ②安⋯ ③王⋯ ④王⋯ ⑤何⋯ Ⅲ. ①JAVA 语言－程序设计 Ⅳ. ①TP312.8

中国版本图书馆 CIP 数据核字(2021)第 057266 号

责任编辑：王　军
封面设计：孔祥峰
版式设计：思创景点
责任校对：成凤进
责任印制：丛怀宇

出版发行：清华大学出版社
　　　　网　　　址：http://www.tup.com.cn，http://www.wqbook.com
　　　　地　　　址：北京清华大学学研大厦 A 座　　　　邮　　编：100084
　　　　社 总 机：010-62770175　　　　　　　　　　邮　　购：010-62786544
　　　　投稿与读者服务：010-62776969，c-service@tup.tsinghua.edu.cn
　　　　质 量 反 馈：010-62772015，zhiliang@tup.tsinghua.edu.cn
印 装 者：天津鑫丰华印务有限公司
经　　销：全国新华书店
开　　本：170mm×240mm　　　　印　　张：26.75　　　字　　数：599 千字
版　　次：2021 年 5 月第 1 版　　　印　　次：2021 年 5 月第 1 次印刷
定　　价：128.00 元

产品编号：087709-01

前　言

本书是一本有关编程语言 TypeScript 的书籍。据开发者在 Stack Overflow 上的调查，TypeScript是最受欢迎的编程语言之一。

若每天使用 TypeScript，就会更加喜欢它。对 TypeScript 的喜爱源于它允许我们将关注点放在要解决的主要问题上，而不必将精力放在诸如对象属性名的输入错误等问题上。与用 JavaScript 编写的代码相比，在 TypeScript 程序中，在运行时出错的可能性更低。同时，许多 IDE 都能提供很棒的 TypeScript 支持，并且可以从我们的项目使用的第三方库中引导我们穿过 API 的"迷宫"。

虽然 TypeScript 非常出色，但它是一种最终需要编译到 JavaScript 的语言，因此我们也要讨论一些关于 JavaScript 的问题。1995 年 5 月，在经过 10 天的艰苦工作后，Brendan Eich 开发了 JavaScript 编程语言。该脚本语言不需要编译器，主要是想将其用在 Netscape Navigator Web 浏览器上。

在浏览器上部署 JavaScript 程序不需要编译器。在 JavaScript 源文件中添加<script>标记(或对源文件的引用)，就能指引浏览器加载并分析代码，然后在浏览器的 JavaScript 引擎上执行代码。开发者喜欢这种语言的简洁性——无须说明变量的类型且无须使用任何工具。开发者仅仅需要使用文本编辑器编写代码并将其应用到 Web 页面上。

在你第一次开始学习 JavaScript 时，可在两分钟内编写自己的程序并看到它运行。无须安装或配置什么，程序不需要编译，因为 JavaScript 是一种解释性语言。

JavaScript 还是一种动态类型语言，能带给软件开发者额外的自由。不需要预先声明对象的属性，如果在运行时对象的某个属性还未定义，JavaScript 引擎将在运行阶段创建属性。

实际上，在 JavaScript 中是无法声明变量类型的。JavaScript 引擎将基于赋值猜测类型(例如，var x=123 意味着 x 是 number 类型)；如果之后的脚本有一个赋值为 x="678"，x 的类型将自动从 number 变为 string。是你真的想改变 x 的类型，还是说这是个错误？你只能在运行时才能知道，因为没有编译器警告你。

JavaScript 是一种非常"宽容"的语言，如果代码库非常小，那么这没什么问题，因为此时项目中唯有你参与。大多数情况下，你会记得 x 是一个 number 类型的变量，你不需要任何帮助。当然，若你始终为当前的雇主工作，变量 x 的类型你始终不会忘记。

JavaScript 流行开来并成为 Web 开发中的标准编程语言。但是 20 年前，开发者使用 JavaScript 开发的是一些仅包含交互内容的 Web 页面，今天我们开发的复杂文本应用程序是由开发小组共同开发的包含成千上万行代码的程序。并非每个小组成员都记得 x 被定义为

number。为最小化运行错误的数量，JavaScript 开发者将编写单元测试并执行代码审查。

得益于 IDE 的自动完成、易于重构等特点，软件开发者可以进一步提高生产力。但如果编程语言允许将属性自由地添加到对象中，随意改变其类型，一个 IDE 将会如何帮助你进行优化呢？

Web 开发者需要更好的语言，但试图用一种语言替换 JavaScript，用于支持所有不同类型的浏览器是不现实的。因此，新的最终编译到 JavaScript 的语言应运而生。它们对工具更友好，当然程序在部署前仍然需要转换到 JavaScript，以便所有浏览器都能支持它。TypeScript 是这些语言中的一种，读完本书后，你会发现该语言能够脱颖而出的原因。

致　　谢

作者 Yakov：感谢我最好的朋友 Sammy，在我撰写本书时所营造的温馨舒适的环境。很遗憾无法与 Sammy 交谈。与其他狗一样，Sammy 对家庭成员的爱超越了对它自己的爱。

作者 Anton：要感谢 Yakov 和本书所使用的开源项目的贡献者。没有他们定期为项目投入大量的时间，以及他们通过持续不断的工作对团队的支持，本书无法付梓。还要感谢家人在我写作期间给予的忍耐和理解。

特别要感谢提供有价值反馈的多位书评人，他们是：Ahmad F. Subahi、Alexandros Dallas、Brian Daley、Cameron Presley、Cameron Singe、Deniz Vehbi、Floris Bouchot、George Onofrei、George Thomas、Gerald James Stralko、Guy Langston、Jeff Smith、Justin Kahn、Kent R. Spillner、Kevin Orr、Lucas Pardue、Marko Letic、Matteo Battista、Paul Brown、Polina Keselman、Richard Tuttle、Srihari Sridharan、Tamara Forza 以及 Thomas Overby Hansen。

关 于 本 书

哪些人适合阅读本书

本书是为那些想在开发 Web 或独立应用程序时变得更有效率的软件工程师而编写的。两位作者都是从业者，他们为从业者编写了这本书。本书不仅使用基本代码示例解释语言的语法，而且还开发了多个应用程序，展示如何在较流行的库和框架中使用 TypeScript。

在编写这本书时，作者针对书中的代码示例举办了研讨会，为他们提供了关于本书内容的早期反馈。真心希望你能享受通过这本书学习 TypeScript 的过程。

希望你对 HTML、CSS 以及使用最新 ECMAScript 规范的 JavaScript 有所了解。如果你只熟悉 ECMAScript5 语法，先去浏览一下附录将会帮助你更容易理解书中的代码示例——附录提供了最新的 JavaScript 相关知识的介绍。

本书的组织方式：学习路线

本书分为两部分。在第 I 部分，利用一些较小的代码块讲解 TypeScript 的各种语法元素。在第 II 部分，将 TypeScript 实际应用于多个版本的区块链 App 开发中。如果你的目标是快速学习 TypeScript 的语法和工具，那么第 I 部分就能足以满足你的需求。

第 1 章从 TypeScript 开发开始。编译并运行非常基本的程序，即从用 TypeScript 编写程序到将其编译为可运行的 JavaScript 代码，以便读者了解 TypeScript 的工作流程。还将介绍 TypeScript 与 JavaScript 编程的优点，并介绍 Visual Studio Code 编辑器。

第 2 章讲解如何使用类型声明变量和函数。讲解如何使用 type 关键字声明类型别名，以及如何使用类和接口声明自定义类型。这将有助于读者理解标称类型系统和结构类型系统之间的区别。

第 3 章讲解类继承工作原理以及何时使用抽象类。讲解 TypeScript 中如何使用接口强制类具有已知签名的方法，而不必关注方法的具体实现细节。还介绍"接口编程"的含义。

第 4 章专门讨论枚举和泛型。介绍使用枚举的好处、数字型和字符型枚举的语法、泛型类型的用途，以及如何编写支持泛型的类、接口和函数。

第 5 章介绍装饰器、映射类型和条件类型。这些高级 TypeScript 类型的相关知识，是读者应该熟悉的泛型语法以便理解本章的内容。

第 6 章涉及各种工具。将介绍源映射和 TSLinter 的使用(尽管 TSLinter 已被淘汰，但许多开发人员仍在使用它)。然后将展示如何使用 Webpack 编译和绑定 TypeScript 应用程序。还将介绍如何使用以及为什么使用 Babel 编译 TypeScript。

第 7 章介绍如何在 TypeScript 应用程序中使用 JavaScript 库。首先解释类型定义文件的作用，然后介绍一个在 TypeScript 应用程序中使用 JavaScript 库的小应用程序。最后，介绍将现有 JavaScript 项目逐步升级到 TypeScript 的过程。

在第 II 部分，将 TypeScript 应用于区块链应用程序的开发。有的读者可能会想："我工作过的公司都没有使用区块链技术，当我的目标是精通 TypeScript 时，为什么还要学习区块链知识呢？"我们不想让示例应用成为另一个 ToDo 示例，因此寻找了一种热门技术，针对其实践应用第 I 部分中介绍的不同的 TypeScript 元素和技术。了解 TypeScript 如何在一个不同寻常的应用程序中使用，可以让这些内容更加实用，即使你在不久的将来不会使用区块链技术。

在本书第 II 部分，将开发多个版本的区块链应用程序：独立版本、Web 版本、Angular 版本、React.js 版本及 Vue.js 版本。请读者自由阅读那些自己感兴趣的章节，但一定要阅读第 8 章和第 10 章，其中介绍了基本概念。

第 8 章介绍区块链应用的原理。读者将了解哈希函数的用途、区块挖掘的含义以及向区块链添加新的区块时需要工作证明的原因。

第 9 章介绍如何为区块链创建 Web 客户端。这个应用程序不会使用任何 Web 框架，仅使用 HTML、CSS 和 TypeScript。还将创建一个用于生成哈希的小库，它可以在 Web 客户端和独立客户端中使用。还将讲解如何在浏览器中调试 TypeScript 代码。

第 10 章展示区块链应用程序的代码。该应用程序使用消息服务器在区块链成员之间进行通信。本书使用 TypeScript 构建了 Node.js 和 WebSocket 服务器，并且展示了如何使用最长链规则来达成选择共识，还将给出使用 TypeScript 接口、抽象类、访问限定符、枚举和泛型的实际例子。

第 11 章简要介绍如何使用 TypeScript 开发 Angular Web 应用程序。

第 12 章展示使用 Angular 框架开发区块链 Web 客户端的代码。

第 13 章简要介绍如何使用 TypeScript 开发 React.js Web 应用程序。

第 14 章回顾使用 React 开发区块链 Web 客户端的代码。

第 15 章介绍使用 TypeScript 开发 Vue.js Web 应用程序。

第 16 章回顾使用 Vue 开发区块链 Web 客户端的代码。

关于代码

本书中有许多示例的源代码，既有有编号的代码清单，也有普通文本。在这两种情况下，源代码都是用固定宽度字体格式化的，以将其与普通文本分开。有时，代码也会以粗体显示与本章前面描述步骤不同的代码，例如，当新功能添加到现有代码行时。

在大多数情况下，原始的源代码已经被重新格式化；我们添加了换行符和缩进，以适应本书的页面空间。在少数情况下，即使这样做还不够，需要在代码清单中使用行延续标记(➥)。此外，代码作为普通文本时，源代码中的注释通常会被删除。代码列表中的代码有大量注释，它们标记了重要的概念。

第 I 部分是关于该语言的语法，大多数代码示例都是在 TypeScript Playground 上在线发布的——这个交互式工具可以快速检查 TypeScript 代码的语法并将其编译为 JavaScript。书中根据需要提供了指向这些代码的链接。

本书的第 II 部分包括多个项目，这些项目使用 TypeScript 以及一些流行的库和框架(例如 Angular、React.js 和 Vue.js)开发应用程序。这些应用程序的源代码可以在 GitHub 上找到，网址是 https://github.com/yfain/getts。

我们测试了本书涉及的所有应用程序，但是 TypeScript 和其他库可能会发布新版本，并伴随着重大改变。如果你在尝试运行其中一个项目时遇到了错误，请在本书的 GitHub 库中打开一个问题。

关于作者

Yakov Fain 是 Farata Systems 和 SuranceBay 两家 IT 公司的联合创始人。他有许多个人著书或合著的书，例如 Java 编程书籍 *24-Hour Trainer, Angular Development with TypeScript, Java Programming for Kids* 等。作为一名 Java 专家，他讲授和主持多个关于 Web 和 Java 相关技术的课程和研讨会，并在国际会议上发表演讲。

Anton Moiseev 是 SuranceBay 的首席软件工程师。他使用 Java 和.NET 技术进行企业级应用开发已经有十多年。他具有坚实的后台开发基础和对 Web 相关技术的高度专注，能够使前端与后端无缝协作。他讲授了很多关于 AngularJS 和 Angular 框架的培训课程。

关于封面插图

    本书封面插图的标题是 *Bourgeoise Florentine*。插图取自一个包含不同国家连衣裙的名为 *Costumes civils actuels de tous les peuples connus* 的图集。该图集于 1788 年在法国出版，作者是 Jacques Grasset de Saint-Sauveur (1757—1810)。每幅插图都是手工绘制和着色的。Grasset de Saint-Sauveur 的种类多样的图集清晰地提醒我们 200 年前世界上的城镇和地区在文化上的差异性。人们彼此隔绝，讲不同的语言和方言。在街上或乡下，只要看他们的衣着，就很容易辨认出他们住在哪里，他们的职业或地位是什么。

    从那时起，我们的着装方式发生了变化，当时如此丰富的地区差异也逐渐消失。现在很难区分不同大陆的居民，更不用说不同的城镇、地区或国家了。也许我们用文化差异性换来了更为多样化的个人生活——更加多样化和快节奏的科技生活。

    在一个很难从一堆书中分辨出一本计算机书的时代，Manning 利用书的封面来展示计算机行业的创造性和主动性，书的封面基于两个世纪前丰富多样的地区生活，并通过 Grasset de Saint-Sauveur 的画作重现生机。

目　　录

第Ⅰ部分

精通TypeScript语法

在本书的第Ⅰ部分，首先通过对 TypeScript 和 JavaScript 的比较来帮助你了解使用 TypeScript 的好处；然后，将陆续讲解 TypeScript 的各类语法元素并采用小代码片段进行演示，如何使用内置类型和声明自定义类型，如何使用类及接口，如何使用泛型、枚举、装饰器、映射类型和条件类型，并由浅入深地逐步讲解开发者常用的 TypeScript 工具，如编译器、linter、调试器和 bundler 等；最后，将介绍一种在 App 中同时使用 TypeScript 和 JavaScript 的方法。

为满足那些喜欢通过观看视频进行学习的读者的需求，Yakov Fain 发布了一系列视频(参见 http://mng.bz/m4M8)。这些视频描述了本书第Ⅰ部分的相关材料。如果你的目标是快速学习 TypeScript 的语法和工具集，本书第Ⅰ部分正好能够满足你的需要。

第1章

熟悉TypeScript

本章要点：

- 与 JavaScript 比较，使用 TypeScript 编程的优势
- 如何将 TypeScript 代码编译成 JavaScript
- 如何使用 Visual Studio 代码编辑器

本章目标是帮助你开启 TypeScript 开发的旅程。首先对 JavaScript 表示我们的敬意，然后解释为什么要用 TypeScript 编程，最后将编译并运行一个非常简单的程序，帮助你了解从使用 TypeScript 编写代码到将代码编译成一段可执行的 JavaScript 的完整工作流程。

如果你是一位经验丰富的 JavaScript 开发人员，那么的确需要一个能够说服你使用 TypeScript 的恰当理由，因为 TypeScript 必须被编译为 JavaScript 后才能部署。如果你是一位后端开发人员，希望学习前端生态系统，也需要知道为什么要学习 TypeScript，而不是学习 JavaScript。首先，让我们告诉你这些理由。

1.1 使用 TypeScript 编程的理由

TypeScript 是微软公司在 2012 年发布的开源项目，是一种最终要编译为 JavaScript 的编程语言。由 TypeScript 编写的程序首先需要被转编译为 JavaScript，然后才可以在浏览器中或者在独立的 JavaScript 引擎中执行。

转编译和编译的差别在于，编译直接将程序的源代码编译为字节码或机器码，而转编译首先要将一种语言转换为另一种语言，例如从 TypeScript 转换为 JavaScript。但是在 TypeScript 社区中，更流行用编译来描述这一过程，因此在本书中，我们将采用编译这个词来描述将

TypeScript 转换为 JavaScript 的过程。

你也许想知道，为什么要不辞劳苦地先用 TypeScript 编写程序，然后再将其编译为 JavaScript，而不是直接就用 JavaScript 编写程序呢？要回答这个问题，让我们先从更高级的层面上看看 TypeScript。

TypeScript 是 JavaScript 的超集，因此你可以任取一个 JavaScript 文件(例如 myProgram.js)，将扩展名从.js 改为.ts，这样 myProgram.ts 就可能成为一个合法的 TypeScript 文件。之所以说"可能"，是因为源 JavaScript 代码可能隐藏着与类型有关的错误(它可能动态地改变对象属性的类型，或者在声明对象后，增加了新的类型)以及其他问题，但这些问题只有在 JavaScript 代码被编译后才能被发现。

提示　在 7.3 节中，我们将提供一些将 JavaScript 代码迁移到 TypeScript 代码的技巧。

通常，"超集"这个词，意味着它包含集合拥有的一切，还包含集合没有的一些东西。如图 1.1 所示，TypeScript 作为 ECMAScript 的超集，它是所有版本 JavaScript 的规范定义。ES.Next 代表 ECMAScript 的最新修订，但目前尚未完成。

除了支持 JavaScript 集外，TypeScript 也支持静态类型，而 JavaScript 仅支持动态类型。此处的"类型"意指给程序变量分配的类型。

图 1.1　作为超集的 TypeScript

对支持静态类型的编程语言来说，在使用变量前，必须为变量声明一种类型。对 TypeScript 来说，可以将变量声明为某种类型，此后，所有试图将与定义类型不同类型的值赋给该变量的尝试都会导致编译错误。

对 JavaScript 来说，情况却并非如此，因为 JavaScript 直到运行时才知道程序中变量的类型。即使在运行时，仍然可以通过给变量分配不同类型的值的方式来改变变量的类型。对 TypeScript 来说，如果你声明某个变量为字符串类型，在程序中为其分配数字值将会在编译时出现错误。

```
let customerId: string;
customerId = 123; // 编译错误
```

JavaScript 在运行时才确定变量类型，而且变量的类型可以动态变换，如以下实例所示。

```
let customerId = "A15BN"; // OK，customerId 被定义为字符型
customerId = 123; //OK，从现在开始，customerId 变为数字型
```

接下来考虑一个 JavaScript 函数，该函数提供价格打折计算。函数包含两个参数，均为数字型。

```
function getFinalPrice(price, discount) {
return price - price / discount;
}
```

你如何知道参数一定是数字类型的呢？首先，该程序是你在不久前编写好的，你具有非凡的记忆力，刚好能够记住所有参数类型；其次，给参数使用描述性名称，这些名称恰好暗示出它们的类型；最后，通过阅读函数的代码猜测出参数的类型。

上述函数虽然非常简单，假设有人调用了该函数，折扣被该调用者以字符类型提供给函数，则函数在运行时将给出"NaN"错误。

```
console.log(getFinalPrice( 100, "10%")); // 控制台屏幕显示 NaN
```

该实例给出了错误使用函数造成运行错误的情况之一。在 TypeScript 中，你可以给函数的参数提供类型，因此此类运行错误是不可能发生的。如果有人在调用函数时，采用错误的参数类型调用函数，这类错误在你定义类型时就会被发现，让我们看看其实际情况。

TypeScript 官方网页(www.typescriptlang.org)提供了语言文档和背景，可以输入你的 TypeScript 代码片段，代码片段将立即被编译为 JavaScript 代码。

通过网页 http://mng.bz/Q0Mm，将看到 TypeScript 背景的小代码片段，在"10%"下面有一条红色波浪线。如果你将鼠标放在错误代码上，将会看到一个解释错误的提示，如图 1.2 所示。

图 1.2 使用 TypeScript 运行环境

定义类型时，在用 TypeScript 编译器编译该代码前，由 TypeScript 静态代码分析器就能发现该错误。此外，定义变量类型时，编辑器或者 IDE(集成开发环境)将根据特征自动为函数 getFinalPrice()提供建议的参数名称和类型。

在运行前发现错误不好吗？我们认为当然好。大多数具有这类语言(如 Java、C++以及 C#)背景的开发者都会想当然地认为，此类错误应该在编译时被发现，这也是他们喜欢 TypeScript 的主要原因之一。

> **注意** 有两类编程错误——一类错误是当你输入时立即就会被工具报告；另外一类错误是由使用程序的用户报告。采用 TypeScript 编程将会大大减少后者出现的次数。

> **提示** TypeScript 网站(www.typescriptlang.org)有一个被称为"文档和教程"的部分，你可以在此找到用在不同环境中，例如 ASP.NET、React 及其他环境中配置 TypeScript 的提示。

某些"坚定"的 JavaScript 开发者认为，由于在使用 TypeScript 时需要定义类型，因此会降低他们的开发速度，而使用 JavaScript 的效率会更高。请记住，在 TypeScript 中，类型定义是可选的——你可以继续用 JavaScript 编写程序并且仍然可以在工作流中使用 tsc。为什么呢？因为你将能够使用最新的 ECMAScript 语法(例如 async 和 await)并将你的 JavaScript 代码编译为 ES5。由此，你的代码就可以在更早期的浏览器上运行。

但是大多数 Web 开发者不是 JavaScript 的"死忠粉",他们能欣赏使用 TypeScript 所带来的好处。事实上,所有强类型语言都提供更好的工具支持,并由此提高了生产效率(即便是对于"死忠粉"来说也是如此)。话虽如此,我们希望强调的是,TypeScript 为使用者在他们想要的时间和地方提供静态类型语言所带来的好处,而且并未阻止使用者在想用时方便地使用过去的动态 JavaScript 对象。

超过 100 种编程语言被编译为 JavaScript(参考网址:http://mng.bz/MO42)。但使 TypeScript 能够鹤立鸡群的原因是其设计者遵循 ECMAScript 规范,在实现 JavaScript 未来特性方面比 Web 浏览器开发商更快一些。

可以在 GitHub(https://github.com/tc39/proposals)上找到当前对新的 ECMAScript 特性的提案。每个最终被包含在下一版 ECMAScript 规范中的提案都会经历几个阶段。如果某个提案进入第 3 阶段,则该提案极有可能会包含在最新版本的 TypeScript 中。

2017 年夏天,async 和 await 关键字(参考本书附录 A.10.4 相关内容)被加入 ECMAScript 规范 ES2017 中(又称 ES8)。大约一年后,主要的浏览器开发商才开始支持这些关键字,而 TypeScript 早在 2015 年 11 月就已经开始支持这些关键字了。TypeScript 开发者在浏览器支持这些关键字的三年前就已经能够开始使用这些关键字了。最棒的是,你可以在今天的 TypeScript 代码中使用未来的 JavaScript 才能用到的语法,并且可以将其编译成早期的被所有浏览器支持的 JavaScript 语法(例如 ES5)!

话虽如此,仍然需要分清最新的 ECMAScript 规范描述的语法与 TypeScript 特有的语法之间的差异。我们建议读者首先阅读附录,这样就能知道 ECMAScript 和 TypeScript 的前世今生。

尽管 JavaScript 引擎在根据变量值猜测变量类型方面提供了一些相当不错的工作,但开发工具在不知道变量类型的情况下,能为开发者提供的帮助还是比较有限的。在中大型应用中,JavaScript 这一缺陷降低了软件开发者的编程效率。

TypeScript 遵循最新的 ECMAScript 规范,添加了类型、接口、装饰器、类成员变量(字段)、范型、枚举,关键字 public、protected 及 private 等。查验 TypeScript 的路线图(https://github.com/Microsoft/TypeScript/wiki/Roadmap)可以发现未来 TypeScript 版本中可能具有和将会具有的内容。还有一件事:由 TypeScript 创建的 JavaScript 代码非常容易阅读,看起来就像手写代码一样。

关于 TypeScript 的 5 个事实如下:
- TypeScript 的核心开发者是 Anders Hejlsberg,他也是 Turbo Pascal 和 Delphi 的设计者,及微软 C#的首席架构师。
- 2014 年年底,Google 与微软接洽,询问微软能否将装饰器引入 TypeScript 中,使该语言能够用于开发 Angular2 框架。微软同意了这一请求,这一决定对 TypeScript 的流行起到了巨大的作用,因为成千上万开发者使用 Angular。
- 截至 2019 年 12 月,npmjs.org 网站的 tsc 每周大约有几百万次下载,注意这并不是唯一的 TypeScript 下载网站。关注最新的统计情况,请参考 www.npmjs.com/package/typescript。

- 根据软件分析业界著名公司 Redmonk 提供的数据，TypeScript 在 2019 年 1 月的编程语言排名中位列第 12 位(排名情况参考 http://mng.bz/4eow)。
- 根据 Stack Overflow 公司 2019 年开发人员调查结果，TypeScript 在最受欢迎的语言排名中名列第 3 位(排名情况参考 https://insights.stackoverflow. com/survey/2019)。

下面开始介绍配置处理过程以及如何在你的计算机上使用 tsc。

1.2　典型的 TypeScript 工作流

从编写代码开始直到部署应用，我们将以此开始熟悉 TypeScript 的工作流程。图 1.3 给出了这样一个工作流，假设 App 的全部源代码都由 TypeScript 编写。

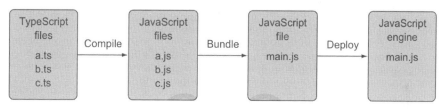

图 1.3　部署用 TypeScript 编写的 App

如图 1.3 所示，项目包含 3 个 TypeScript 文件：a.ts、b.ts、c.ts。这些文件将会由 TypeScript 编译器(tsc)编译为 JavaScript，产生 3 个新文件类型：a.js、b.js、c.js。在本节后面，我们将介绍如何让编译器创建特定版本的 JavaScript。

针对此情况，某些 JavaScript 开发者可能会说，"TypeScript 强制我在编写代码与观察代码运行之间，使用额外的编译步骤。"但是你是否真正希望坚持采用 JavaScript 的 ES5 版本，忽略所有由 ES6、ES7、ES8 以至最新的 ES.next 版本所带来的最新语法呢？如果希望采用新语法，则工作流中都需要有一个编译步骤——需要将你用最新的 JavaScript 版本编写的源代码编译为得到广泛支持的 ES5 语法。

图 1.3 仅包含 3 个文件，而现实中的项目可能会包含成百上千的文件。开发者并不希望将如此大量的文件都部署到 Web 服务器或者独立的 JavaScript 应用程序上，因此我们通常将这些文件打包在一起(也可认为是"连接")。

JavaScript 开发者通常使用不同的绑定器，类似 Webpack 或 Rollup，这些工具不仅将 JavaScript 文件连接在一起，而且能够优化代码并删除无用的代码(执行"摇树优化"操作，将无用代码删除。该方法最先在 Rollup 中被采用)。若你的 App 包含几个模块，每个模块可以作为单独的包部署。

图 1.3 仅仅展示一个部署包——main.js。如果它是一个 Web App，其 HTML 文件中将包含 <script src='main.js'>标识。如果该 App 运行在一个独立的 JavaScript 引擎上，例如 Node.js，则可以下列语句启动它(当然前提是 Node.js 已经被安装)。

```
node main.js
```

JavaScript 生态环境包括几千个库，这些库没有用 TypeScript 重写。好消息是，你的 App 除了可使用 TypeScript，还可使用任何已有的 JavaScript 库。

如果你仅仅在你的 App 上增加 JavaScript 库，TypeScript 编译器不会在你使用这些库的 API 时，自动完成或提供错误信息。但是有一些以.d.ts(详见第 6 章)结尾的特殊类型定义的文件，如果这些文件存在，TypeScript 编译器将告诉你错误，并提供针对该库的上下文相关的帮助。TypeScript 编译器用了比较流行的 JavaScript 库 lodash。

该图包含类型定义文件 lodash.d.ts，该文件在开发期间被 tsc 使用。图 1.4 还包含实际存在的 JavaScript 库 lodash.js，在部署期间将与 App 的其余部分打包。术语"打包"的含义为将几个 Script 文件合并为一个文件的过程。

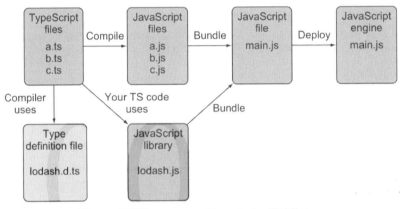

图 1.4　部署用 TypeScript 和 JavaScript 编写的 App

1.3　使用 TypeScript 编译器

通过以上内容，我们学习了如何将基本的 TypeScript 文件编译为 JavaScript 版本。编译器 tsc 可以与你所选择的 IDE(集成开发环境)打包，也可以作为插件安装到 IDE 上，但是我们推荐的方法是，最好是使用 Node.js 附带的 npm 包，在你的 IDE 上独立安装 tsc。

Node.js(或简称 Node)不仅是一个框架或库，它也是 JavaScript 运行环境。采用 Node 运行各类实用程序，类似 nmp 或在没有浏览器的场合下启动 JavaScript 代码。

就此开始吧，首先需要从 https://nodejs.org 下载并安装当前最新版本的 Node.js。它将安装 node 和 npm。

用 npm，可以把软件安装到你自己本地的项目目录中，也可以全局方式安装，以便能够在多个项目中使用。我们将使用 npm 安装来自 npm 库(位于 www.npmjs.com)的 tsc 和其他包，该库包含 50 多万个不同的包。

可以在终端窗口中，用以下命令以全局方式安装 tsc(采用-g 选项)。

```
npm install -g typescript
```

注意　为简单起见，我们将在本书的第I部分使用全局方式安装的 tsc。但在实际项目中，通常愿意以本地方式将 tsc 安装到项目目录下，方法是在项目的 package.json 中的 devDependencies 段中添加 tsc。第 8 章列举区块链项目的示例时，将讨论具体实现细节。

在本书的代码示例中，我们使用的是 TypeScript 版本 3 或更新的版本。若想知道你所用的 tsc 的版本，在终端窗口中运行如下代码即可。

```
tsc -v
```

现在让我们看看如何将一个简单程序从 TypeScript 编译到 JavaScript。创建一个目录，编写包含以下内容的 main.ts 文件(见代码清单 1.1)。

代码清单 1.1　main.ts 文件

```
 function getFinalPrice(price: number, discount: number) {    ← 包含类型的函数参数
 return price - price/discount;
}

console.log(getFinalPrice(100, 10));          ← 正确的函数调用
console.log(getFinalPrice(100, "10%"));       ← 错误的函数调用
```

使用以下命令将 main.ts 编译成 main.js。

```
tsc main
```

运行该命令将返回错误信息"参数 '10%' 的类型不能被分配为"数字"类型"，但是仍将生成包含以下内容的 main.js 文件(见代码清单 1.2)。

代码清单 1.2　生成的 main.js 文件

```
 function getFinalPrice(price, discount) {    ← 没有定义类型的参数
  return price - price/discount;
}

console.log(getFinalPrice(100, 10));          ← 正确的函数调用
console.log(getFinalPrice(100, "10%"));       ← 错误的函数调用，但是仅
                                                 在运行时显示错误。
```

你可能会问："如果存在编译错误，生成 JavaScript 文件的意义是什么呢？"当然，从 JavaScript 角度来看，main.js 文件的内容是合法的。但是在实际的 TypeScript 项目中，我们不希望为错误文件生成代码。

tsc 提供许多编译选项，在文档(http://mng.bz/rf14)中有这些选项的描述，其中一个选项为 noEmitOnError。删除 main.js 文件并试着编译 main.ts。

```
tsc main --noEmitOnError true
```

执行该命令，在 main.ts 文件中的错误被更正前，不会创建 main.js 文件。

提示　开启 noEmitOnError 选项意味着，在 TypeScript 文件中所有的错误被更正前，先前创建
　　　的 JavaScript 文件不会被替换。

　　　编译器的--t 选项允许定义目标 JavaScript 语法。例如，可以使用同样的源文件并生成它的
符合 ES5、ES6 或最新语法的 JavaScript 对等版本。此处给出将代码编译为 ES5-兼容的语法：

```
tsc --t ES5 main
```

　　　tsc 允许预先配置编译过程(定义源和目的目录、目标等)，若你的项目目录中包含
tsconfig.json 文件，则只需要在命令行输入 tsc，编译器将从 tsconfig.json 文件中阅读所有选项。
示例 tsconfig.json 文件如代码清单 1.3 所示。

代码清单 1.3　tsconfig.json 文件

```
{
  "compilerOptions": {          ← 需要转编译的.ts 文件位于
    "baseUrl": "src",              src 目录中

    "outDir": "./dist",         ← 在 dist 目录下保存生成的.js 文件
    "noEmitOnError": true,      ←
    "target": "es5"             ←   如果文件存在编译错误，
  }        将 TypeScript 文件转        不要生成 JavaScript 文件
}          编译为 ES5 语法
```

提示　编译器的目标选项也用于语法检查。例如，若定义 es3 作为编译目标，TypeScript 将
　　　对代码中的 getter 方法提出异议。它不知道如何将 getter 编译成语言的 ECMAScript 3
　　　版本。

　　　让我们看看是否能独自完成以下指令。

　　　(1) 在 main.ts 文件所在的目录中创建名为 tsconfig.json 的文件，为 tsconfig.json 文件增加
如下内容。

```
{
  "compilerOptions": {
    "noEmitOnError": true,
    "target": "es5",
    "watch": true
  }
}
```

　　　注意最后一个选项 watch。编译器会观察你的 TypeScript 文件，当文件发生改变时，tsc 将
重新编译这些文件。

　　　(2) 在终端窗口中，回到 tsconfig.json 文件所在的目录，运行以下命令。

```
tsc
```

　　　你将看到本节前面描述过的错误信息，但是编译器不会退出，因为它的运行方式为 watch

模式。文件 main.js 不会被创建。

(3) 更改错误，代码将会自动重新编译。可以发现，这次创建了 main.js 文件。

如果打算关闭 watch 模式，仅需要在终端窗口中，按下 Ctrl+C 快捷键即可。

> **提示** 开始一个新的 TypeScript 项目时，可以在任意目录下运行命令 tsc --init。输入后将会创建一个包含所有编译器选项的 tsconfig.json 文件，当然，大部分选项将会被注释掉。若需要，则去掉注释即可。

> **注意** 使用 extends 属性，tsconfig.json 文件可以继承其他文件的配置。第 10 章中将提供包含三个配置文件的简单项目：第一个含有整个项目公共的 tsc 编译器选项；第二个面向客户；第三个面向项目的服务器部分。详情请读者参阅本书的 10.4.1 节。

TypeScript 的 REPL 环境

REPL 表示读取—评估—打印—循环(Read-Evaluate-Print-Loop)，它涉及简单的交互语言外壳。该外壳允许快速执行代码片段。www.typescriptlang.org/play 的 TypeScript Playground 是一个针对 REPL 的示例，允许在浏览器中写、编译和执行小代码片段。

以下示例告诉你如何才能使用 TypeScript Playground 将 TypeScript 类编译为 ES5 版本的 JavaScript。

```
1  class Person {
2      name = '';
3  }
4
5
```

```
1  "use strict";
2  var Person = /** @class */ (function () {
3      function Person() {
4          this.name = '';
5      }
6      return Person;
7  }());
```

Transpiling TypeScript to ES5

下图展示了如何将相同的代码转编译到 ES6 版本的 JavaScript。

```
1  class Person {
2      name = '';
3  }
4
5
```

```
1  "use strict";
2  class Person {
3      constructor() {
4          this.name = '';
5      }
6  }
```

Transpiling TypeScript to ES6

Playground 包含一个选项菜单，可在菜单上选择编译器的选项，而且还可以选择编译目标，例如 ES2018 或 ES5。

如果你喜欢从命令行而不是从浏览器运行小代码片段，请安装 TypeScript Node REPL，可在 https://github.com/TypeStrong/ts-node 找到相关文档。

1.4 了解 Visual Studio Code

集成开发环境(IDE)和代码编辑器提高了开发者的生产率，Visual Studio Code、WebStorm、Eclipse、Sublime Text、Atom、Emacs、Vim 等工具为 TypeScript 提供了极大的支持。在本书中，我们决定使用微软开发的开源和免费的 Visual Studio Code(VS Code)代码编辑器，读者当然可以使用其他任何能够使用 TypeScript 的代码编辑器或集成开发环境。

> **注意** 按照 Stack Overflow 2019 开发者报告(https://insights.stackoverflow.com/survey/2019)，VS Code 是最流行的开发环境，超过 50%的受访者使用 VS Code。顺便说一下，VS Code 是用 TypeScript 编写的。

实际项目中，能够提供好的上下文相关的帮助和支持，对重构来说非常重要。对静态类型语言中出现的所有 TypeScript 变量或者函数名重新命名的工作，IDE 瞬间就能完成，但由于 JavaScript 不支持类型，因此情况并非如此。在 TypeScript 编码时，如果在函数、类或者变量的命名时出现了错误，错误处将会被标红。

可以从 https://code.visualstudio.com 处下载 VS Code。安装过程和你的计算机使用的操作系统有关，具体情况参考 VS Code 文档(https://code.visualstudio. com/docs)的设置部分。

安装完成后，启动 VS Code。然后，使用 File | Open 菜单选项，打开 chapter1/ vscode 目录，该目录包含本书的代码示例。示例包括先前部分的 main.ts 文件以及一个作为示例的 tsconfig.json 文件。图 1.5 中"10%"带有红色波浪式下画线，表明存在一个错误。如果你将鼠标指针悬停在带有波浪式下画线的代码上，它将给出与图 1.2 相同的错误信息。

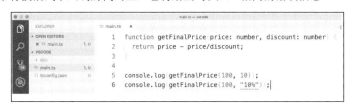

图 1.5 VS Code 中突出显示的错误

TypeScript 的 VS Code 模式

VS Code 支持两种类型的 TypeScript 模式: 文件范围与显式项目。文件范围是非常有限的，因为它不允许一个文件中的脚本使用另外一个文件中声明的变量。显式的项目模式需要在项目目录中包含一个 tsconfig.json 文件。

本节附带的 tsconfig.json 文件如代码清单 1.4 所示。

代码清单 1.4 vscode/tsconfig.json

```
{
  "compilerOptions": {
    "outDir": "./dist",    ◄── 将生成的 JavaScript 文件保
                               存至 dist 目录中
```

```
    "noEmitOnError": true,          ◄────────
    "lib": ["dom", "es2015"]    ◄────
  }                              要添加的库，以防 tsc 会因为未知的 API
}                                而报错，例如 console()
```

所有错误修正后，才能生成
JavaScript

如果希望从命令提示符就能够打开 VS Code，需要将 VS Code 的可执行性添加到你所用计算机的 PATH 环境变量中。在 Windows 环境下，设置过程可以自动完成。

在 macOS 下，启动 VS Code，选择 View | Command Palette 菜单选项，输入 shell command，点选该操作：Shell Command：Install 'code' Command in PATH。然后重新启动终端窗口并在任意目录输入 code。VS Code 启动后，可以处理你所在目录下的文件。

在前面，我们在不同的终端窗口中编译代码，但是 VS Code 带有集成终端。这种方式是我们不用离开编辑窗口，就能使用命令行提示符窗口。为打开 VS Code 终端窗口，从菜单项选择 View | Terminal 或 Terminal | New Terminal 命令。

图 1.6 给出了执行 tsc 后的集成终端的视图。右边箭头指向的"+"图标表明允许打开任意数量的终端视图。图中最后一行包含错误的代码行被注释掉了，最终 tsc 将在 dist 目录中创建 main.js 文件。

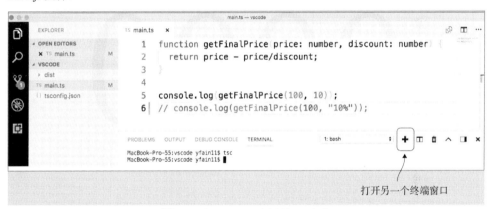

图 1.6　在 VS Code 上运行 tsc 命令

提示　VS Code 选择计算机上 Node.JS 中的 tsc 编译器。打开任意一个 TypeScript 文件，你将看到右侧底部工具栏上显示的 tsc 版本。如果希望使用已经以全局模式安装在计算机上的 tsc，单击底部右角处的版本号，选择需要的 tsc 编译器。

在图 1.6 中，在左侧黑色面板的底部，可以看到方形光标——用于发现并安装来自 VS Code 市场的扩展。这些扩展将使在 VS Code 中的 TypeScript 编程更加灵活。

● ESLint——集成 JavaScript linter 并检查代码的可读性和可维护能力。

● Prettie——通过分析代码并以自身规则重新格式化代码，强制实现一致性类型。

● Path Intellisense——自动完成文件路径。

关于使用 VS Code 实现 TypeScript 编程的更多细节，请查看 https://code.visualstudio.com/docs/languages/typescript 上的相关产品文档。

提示　StackBlitz(https://stackblitz.com)是一个非常不错的在线 IDE。它由 VS Code 驱动，但你
　　　并不需要将其安装到计算机上。

注意　本书第 II 部分包含不同版本区块链应用示例。尽管读者可以选择性阅读本书第 II 部分，
　　　但我们还是推荐至少阅读第 8 和第 9 章内容。

1.5　本章小结

- TypeScript 是 JavaScript 的超集。用 TypeScript 编写的程序必须首先转编译为 JavaScript，
  然后才能在浏览器或者独立的 JavaScript 引擎上执行。

- 即使尚未用 TypeScript 编译器(tsc)编译你的代码，TypeScript 静态代码分析器就可以在
  你定义类型时发现错误。

- 无论何时何地，TypeScript 都会带给你静态类型语言具有的好处。在需要时，不必停止
  使用旧的动态 JavaScript 对象。

- TypeScript 遵循最新 ECMAScript 规范，且为它们添加了类型、接口、装饰器、类成员变
  量(字段)、泛型、枚举，以及 public、protected、private 等关键字。检查位于 https://github.com/
  Microsoft/TypeScript/wiki/Roadmap 的 TypeScript 路线图可以发现已经存在的和未来
  TypeScript 版本中将会具有的内容。

- 开始新的 TypeScript 项目时，只需要在任意目录下运行命令 tsc --init。它将创建
  tsconfig.json 文件，包含大部分被注释掉了的编译器选项，需要时去掉相关的注释即可。

第 2 章

基本类型与自定义类型

本章要点：

- 声明变量类型，在函数声明中使用类型
- 使用类型关键字声明类型别名
- 用类和接口声明自定义类型

可以认为 TypeScript 是包含类型定义的 JavaScript。这可以算是一种非常简化的说法，因为 TypeScript 还包含 JavaScript 没有的一些语法元素(如接口、泛型等)。不过，TypeScript 的强大能力主要体现在类型上。

尽管我们强烈推荐在使用标识符之前先声明标识符的类型，但这种先后顺序仍然是可选的。本章将开始学习使用内置类型和自定义类型的不同方式。特别是要学习如何使用类和接口来声明自定义类型；有关类与接口的相关内容，在第 3 章中仍会继续学习。

注意 如果你不熟悉现代 JavaScript 的语法，在深入学习 TypeScript 前，有必要先阅读附录中的有关内容。阅读附录还有助于你了解 JavaScript 中包含哪些语法元素，以及哪些元素是在 TypeScript 中新增的。

2.1 声明变量类型

在 JavaScript 中，为什么可以只声明变量名并将任何类型的数据存储于该变量名下？用 JavaScript 写代码比用其他语言写代码要方便容易得多的主要原因就在于，可以不用定义标识符的类型。

此外，用 JavaScript 可以在为变量分配数字值后，再给此变量分配文本值。而 TypeScript

则不行，一旦变量被分配了类型，就不能改变其类型，如图 2.1 所示。

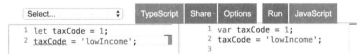

图 2.1　试着改变 TypeScript(左侧)和 JavaScript(右侧)变量的类型

针对图 2.1 左边的 TypeScript，可以看到输入 www.typescriptlang.org 代码编辑区的 TypeScript 代码。但是你在何处定义 taxCode 变量的类型呢？从代码看并未清晰地定义，但由于我们用数字值对其进行了初始化，TypeScript 就将 taxCode 声明为数字类型。

第二行用波浪式下画线标注，指示有一个错误存在。如果将鼠标悬停在波浪式下画线上，则错误信息为 "lowIncome 不可分配为数字类型。" 在 TypeScript 中，这意味着如果声明变量为数字类型，则不能将字符值分配给它。在图 2.1 的右边，编译 JavaScript 代码没有出现任何错误信息，因为 JavaScript 允许你在运行时为变量分配不同类型的值。

虽然声明变量会导致开发者编写更多的代码，但从长远看开发者的生产率提高了，因为在一般情况下，如果开发者试图将字符分配给已经存储数字值的变量，则会导致错误。这种方式有利于编辑器在开发阶段就抓住此类错误，而不是在运行阶段才发现此类错误。

类型要么可以由软件开发者显式地分配给变量，要么由 TypeScript 编译器隐式地分配(推断类型)给变量。图 2.1 中，我们声明了 taxCode 变量，却未给它提供类型。将 1 分配给该变量，让编译器知道其变量类型为数字类型。这是推断类型的示例。下一节中的大多数代码示例都使用显式的类型，其中有几个例外被标记为推断类型。

2.1.1　基本类型标注

在声明变量时，可以添加冒号和类型标注以指定变量类型。

```
let firstName: string;
let age: number;
```

TypeScript 提供了下列类型标注。
- string——文本数据
- boolean——true/false 值
- number——数字值
- symbol——通过调用 Symbol 构造函数创建的唯一值
- any——对可以拥有各种类型值的变量，在编写代码时，可能还不知道将其定义为何种类型
- unknown——与 any 对应，在未将其声明改变其性质至更特定的类型前，不允许对一个 unknown 类型执行任何操作
- never ——表示无法访问的代码(稍后给出相关示例)
- void——缺失值

大多数基本类型的含义不言自明，不需要更多的解释。

从 ECMAScript 2015 开始，Symbol 是具有唯一性且不能改变的基本数据类型。在以下小代码片段中，sym1 不等于 sym2。

```
const sym1 = Symbol("orderID");
const sym2 = Symbol("orderID");
```

在创建新的 Symbol 时(注意定义时没有用 new 关键字)，可以选择为它提供描述，例如 orderID。Symbol 通常用于为对象属性创建唯一键(见代码清单 2.1)。

代码清单 2.1　作为对象属性类型的 Symbol

```
const ord = Symbol('orderID');    ◀—— 创建一个新 Symbol

const myOrder = {
    ord: "123"    ◀—— 将 Symbol 用作对象的属性
};

console.log(myOrder['ord']);    ◀—— 此行输出结果"123"
```

TypeScript 作为 JavaScript 的超集，还具有两个特殊值：null 和 undefined。当变量未被分配值时，此时变量具有 undefined 值。函数在没有返回值时也具有 undefined 值。null 值表示有意不给其赋予确定的值，例如 let someVar = null。

可以将 null 和 undefined 值赋给任意类型的变量，但更常见的情况是，它们可与其他类型联合使用。以下代码片段展示了如何声明一个函数，使其返回值要么是 string，要么是 null 值(垂直条表示 union 类型，相关讨论见 2.1.3 节)。

```
function getName(): string | null {
    ...
}
```

与大多数编程语言一样，如果你声明一个返回 string 的函数，仍然可以返回 null。但若能显式地指明函数可以返回什么类型的值，显然可以增加代码的可读性。

如果将一个变量的类型声明为 any，则可以为其赋任意值，可以是数字、文本、布尔型等类型，也可以是类似 Customer 的自定义类型。但应该尽量避免使用 any 类型，因为这样做会降低类型检测的意义，并且会影响代码的可读性。

never 类型被分配给不会返回值的函数——这意味着要么保持持续不间断运行，要么抛出错误。代码清单 2.2 所列的 arrow 函数不会返回任何值，类型检查器推断(猜测)其返回值为 never。

代码清单 2.2　返回 never 类型的 arrow 函数

```
const logger = () => {
    while (true) {    ◀—— 该函数永远不会结束
        console.log("The server is up and running");
    }
};
```

在代码清单 2.2 中，logger 被分配的类型是() => never。在代码清单 2.9 中，将会看到另外一个有关如何分配 never 类型的例子。

void 类型一般不是变量声明中使用的类型。它常用于声明不需要返回值的函数的情况：

```
function logError(errorMessage: string): void {
    console.error(errorMessage);
}
```

与 never 类型不同，void 函数确实完成了它的执行，但它不返回任何值。

提示   如果一个函数没有返回语句，它将返回一个 undefined 类型的值。void 类型标注可用于防止程序员意外地从函数返回显式值。

任意 JavaScript 程序是合法的 TypeScript 程序意味着，在 TypeScript 中，使用类型注释是可选的。如果某些变量没有显式类型标注，TypeScript 的类型检查将试图推断类型。以下两行是合法的 TypeScript 语法：

```
let name1 = 'John Smith';        ◄—— 声明并初始化没有显式类型的变量
let name2: string = 'John Smith';    ◄—— 声明并初始化带有类型标注的变量
```

第 1 行使用 JavaScript 方式，声明并初始化 name1 变量，可以认为对 name1 变量的推断结果是 string 类型。你认为第 2 行是用 TypeScript 声明并初始化 name2 变量的好示例吗？从代码风格考虑，此处定义类型是多余的。

尽管第 2 行仍然是正确的 TypeScript 语法，但没有必要定义 string 类型，因为变量将被初始化为 string 类型，且 TypeScript 将会推断 name2 是 string 类型。

当 TypeScript 编译器能够推断变量的类型时，就应当避免显式类型的标注。代码清单 2.3 声明了变量 age 和 yourTax。因为 TypeScript 编译器能推断出其类型，因此没有必要在此定义这些变量。

代码清单 2.3   带有推断类型的标识符

```
const age = 25;        ◄—— 没有必要声明 age 常量的类型

function getTax(income: number): number {
    return income * 0.15;
}                                        代码中未声明变量
                                         yourTax 的类型
let yourTax = getTax(50000);  ◄——┘
```

TypeScript 还允许使用文字作为类型。下列代码声明变量为 John Smith 类型。

```
let name3: 'John Smith';
```

可以认为变量 name3 的类型是 John Smith。name3 变量只有一个值 John Smith。任何意图分配其他值给文字类型变量的尝试都将导致类型检查错误。

```
let name3: 'John Smith';

name3 = 'Mary Lou'; // 错误：类型'Mart Lou'不能被分配给类型"John Smith"
➡ '"John Smith"'
```

一般不大可能采用类似对 name3 变量的声明那样，使用文字声明类型，但是可能使用 string 文字作为联合(2.1.3 节将给出解释)和枚举(第 4 章将给出解释)类型。

以下给出一些用显式类型声明的变量的示例。

```
let salary: number;
let isValid: boolean;
let customerName: string = null;
```

提示　为函数或方法签名和公共类成员添加显式类型标注。

类型加宽

若在声明变量时未给它赋予特定的初值，TypeScript 使用内部类型 null 或 undefined，可被转换为 any。这种情况被称为类型加宽。

下列变量的值可能是 undefined。

```
let productId;
productId = null;
productId = undefined;
```

TypeScript 编译器应用类型加宽，将类型 any 分配到 null 和 undefined 值。因此，变量 productID 的类型是 any。

值得一提的是，TypeScript 编译器支持一种--strictNullCheck 选项，用于防止将 null 分配给已知类型的变量。在以下代码片段中，变量 productID 的类型是 number。如果选择的是 --strictNullCheck 选项，第二行和第三行不会被编译。

```
let productId = 123;
productId = null; // 编译错误
productId = undefined; // 编译错误
```

--strictNullCheck 选项还有助于捕捉潜在的未定义值。例如，函数可以返回带有可选属性的对象，你的代码可能会错误地认为该属性就在此，并试图将该属性应用到函数上。

注意　TypeScript 包括用于与 Web 浏览器交互的其他类型，例如 HtmlElement 和 Document。还可以使用关键字 type、class、interface 来声明自己的类型，例如 Customer 或 Person。下一节将展示如何上述工作。你也将看到如何使用 unions 实现对类型的合并。

类型标注不仅用于声明变量类型，还用于声明函数参数及其返回值的类型。我们接下来将会讨论。

2.1.2　函数声明中的类型

TypeScript 函数和函数表达式与 JavaScript 函数非常相似,但是你可以显式地声明参数和返回值的类型。

让我们以实现一个计算税收的 JavaScript 函数(没有类型标注)开始。该函数包含三个参数且将基于 state、income、dependents 计算纳税额。对每个 dependent(抚养人),纳税人有权享受 500 或 300 美元的减税,减免多少由纳税人所在的州确定(见代码清单 2.4)。

代码清单 2.4　用 JavaScript 计算纳税额

```
function calcTax(state, income, dependents) {        ◀─── 函数参数没有类型标注
    if (state === 'NY') {
        return income * 0.06 - dependents * 500;      ◀─── 计算纽约州纳税额
    } else if (state === 'NJ') {
        return income * 0.05 - dependents * 300;      ◀─── 计算新泽西州纳税额
    }
}
```

假定有人年收入为 50 000 美元,居住在新泽西州,有两个受抚养人。下面查看调用 calcTax() 函数的情况:

```
let tax = calcTax('NJ', 50000, 2);
```

tax 变量的计算值为 1900,结果是正确的。即使 calcTax()函数并未为函数的参数声明任何类型,也可以根据参数名猜测如何调用该函数。

假如我们的猜测不正确,会产生什么结果呢?让我们尝试用错误的方式调用该函数,给受抚养人数量这个参数传递一个字符类型的值。

```
let tax = calcTax('NJ', 50000, 'two');
```

在调用函数前,你不知道这里会存在问题。变量 tax 有一个 NaN 值(不是 number)。出现了一个错误,仅仅是因为不能显式定义参数类型,编译器无法推断函数参数的类型。代码清单 2.5 显示该纳税函数的 TypeScript 版,为函数参数和返回值使用类型标注。

代码清单 2.5　用 TypeScript 计算纳税额

```
function calcTax(state: string, income: number, dependents: number) :
number {    ◀─── 函数的参数及其返回值有类型标注

    if (state === 'NY'){
        return income * 0.06 - dependents * 500;
    } else if (state ==='NJ'){
        return income * 0.05 - dependents * 300;
    }
}
```

由于已经为受抚养人数量传递了 string 类型的值,现在不可能再犯同样的错误了。

```
let tax: number = calcTax('NJ', 50000, 'two');
```

TypeScript 编译器将给出错误显示："string 类型的参数不能分配给 nunber 类型的参数。"此外，函数的返回值声明为 number，也能够阻止你犯下另外的错误，给税收额计算的结果分配非数字类型的变量。

```
let tax: string = calcTax('NJ', 50000, 'two');
```

编译器将捕捉这类错误，产生错误信息"'number' 类型不能被分配为 'string' 类型：var tax:string。"编译期间该类类型检查能为所有项目节省大量的时间。

修改 calcTax() 函数

本节介绍了 JavaScript 版和 TypeScript 版的 calcTax() 函数，但仅仅处理了两种状态：NY 和 NJ(纽约州和新泽西州)。调用任一个函数的其他州将在运行时返回 undefined。

TypeScript 编译器不会警告你代码清单 2.5 中的函数写得很糟糕，可能会返回 undefined，但是 TypeScript 语法允许你警告阅读代码的人，告诉他们代码清单 2.5 中的函数可能不仅返回数字，而且如果在调用它时，给出的不是 NY 和 NJ，则可能会返回 undefined 值。你应当改变该函数原型，以便能够声明如下的用例。

```
function calcTax(state: string, income: number, dependents: number) :
➡ number | undefined
```

2.1.3　union 类型

union 允许你将值表达为几种类型之一。可以基于两个或更多的类型声明一个自定义类型。例如，可以声明一个类型的变量，既可以接受 string 类型值，也可以接受 number 类型值(垂直线表示 union)：

```
let padding: string | number;
```

尽管 padding 变量可以存储两种定义类型的任意一种的值，但在任意时刻它只能有一种类型——要么是 string 类型，要么是 number 类型。

TypeScript 支持 any 类型，与声明 let padding: any 比较，上述声明提供一些好处。代码清单 2.6 给出了一个出自 TypeScript 文档(http://mng.bz/5742)的代码样例。该函数可以将左边的 padding 加到提供的 string 上。padding 可以被指定为将在提供的值前面加上一个字符串，也可以指定为应该在提供的字符串前面加上一些空格。

代码清单 2.6　任意类型的 padLeft

提供类型 any 的 string 和 padding

```
function padLeft(value: string, padding: any ): string {
    if (typeof padding === "number") {        ← 为数字化参
        return Array(padding + 1).join(" ") + value;    数生成空间
```

```
    }
    if (typeof padding === "string") {          ◀────  对 string，使用连接
        return padding + value;
    }
    throw new Error(`Expected string or number, got '${padding}'.`);  ◀──
}
```

如果第二个参数既不是 string，也不
是 number，则抛出一个错误

代码清单 2.7 将描述如何使用 padLeft()。

代码清单 2.7　调用 padLeft()函数

返回"Hello world"

返回"John says
Hello world"

```
    console.log( padLeft("Hello world", 4));
    console.log( padLeft("Hello world", "John says "));  ◀──
    console.log( padLeft("Hello world", true));          ◀────  运行时错误
```

类型保护 typeof 及 instanceof

应用条件语句优化变量类型的方法被称为类型缩小。如代码清单 2.6 所示的 if 语句，使用
了 typeof 类型保护缩小变量的类型，以便能存储更多 TypeScript 类型。采用 typeof 在运行时找
出 padding 实际类型。

类似地，instanceof 类型保护可用于自定义类型(包含构造函数)，在 2.2 节中将对此给出解
释。instanceof 类型保护允许在运行时检查实际对象类型:

```
    if (person instanceof Person) {...}
```

typeof 与 instanceof 之间的差别是前者被用于内置 TypeScript 类型，后者主要用于自定义类型。

提示　在 2.2.4 节，将解释在 TypeScript 中实现的结构化类型系统。简言之，采用对象字面量
　　　语法(带大括号的语法)创建的对象，如果对象字面量具有与 Person 相同的属性，则可
　　　以用于对象类(例如 Person)。由此，如果变量 person 指向一个对象，该对象不是由类
　　　Person 的构造函数创建，则 if (person instanceof Person)可以给出"假阴性"。

如果现在改变 padding 的类型，将其改变为 string 和 number(如代码清单 2.8 所示)，若你试图调
用 padLeft()提供除 string 和 number 以外的类型，则编译器将报错。这也将消除抛出异常的必要性。

代码清单 2.8　包含 union 类型的 padLeft()

```
    function padLeft(value: string, padding: string | number ): string {  ◀──
        if (typeof padding === "number") {
            return Array(padding + 1).join(" ") + value;
        }
        if (typeof padding === "string") {
            return padding + value;
        }
    }
```

第 2 个参数仅允
许使用 string 或
number 类型

现在调用 padLeft()，给其第 2 个参数错误类型(例如 true)，编译器将会报错。

```
console.log( padLeft("Hello world", true)); // 编译错误
```

> **提示**　若需要声明一个包含不止一个类型的变量，不要使用类型 any，而要使用 union，例如
> let paddingStr: string; let paddingNum: number;

现在，考虑修改代码清单 2.8 中的代码，通过在 if 语句中添加 else 子句来描述类型 never。代码清单 2.9 展示的是类型检查如何将一个不可能的值推断为 never 类型。

代码清单 2.9　不可能值的 never 类型

```
function padLeft(value: string, padding: string | number ): string {
    if (typeof padding === "number") {
        return Array(padding + 1).join(" ") + value;
    }
    if (typeof padding === "string") {
        return padding + value;
    }
    else {                                该else子句始终
                                          不会被执行
        return padding;  ◄────────┘
    }
}
```

因为我们在函数签名中声明 padding 参数要么是 string，要么是 number，所以 padding 不可能出现其他类型的值。换言之，else 子句不可能被执行，类型检查将会推断出 else 子句中的 padding 的变量类型是 never。可以将代码清单 2.9 的代码复制到 TypeScript 工作台上，通过鼠标将指针悬浮到 padding 变量上来观察它的情况。

> **注意**　另外一个使用 union 类型的好处是集成开发环境(IDE)具有自动完成功能，它将提示你允许使用的参数类型，使你不可能犯诸如此类的错误。

比较代码清单 2.6 和 2.9 中 padLeft()函数的代码。对函数中的第 2 个参数，与采用 any 类型相比较，采用 union 类型 string | number 的好处是什么？如果使用 union 类型，在编译时，当出现对 padLeft()不正确的调用时，TypeScript 编译器将报错，我们仅仅使用了基本类型(string 和 number)的 union，在后面部分，你将看到如何声明自定义类型的 union。

2.2　定义自定义类型

TypeScript 允许用 type 关键字，通过声明类或接口，或创建枚举(第 4 章中讲解)来创建自定义类型。下面首先介绍 type 关键字。

2.2.1　使用 type 关键字

type 关键字允许声明一个新类型或者为现存类型声明别名。假设你的 App 用于处理通过名字、身高和体重表示的病人。身高和体重都是 number 类型的，为了提高代码的可读性，可以创建别名，表示共同测量身高和体重的单元(见代码清单 2.10)。

代码清单 2.10　声明别名类型 Foot 和 Pound

```
type Foot = number;
type Pound = number;
```

可以创建新的 Patient 类型并在声明中使用前面定义的别名(见代码清单 2.11)。

代码清单 2.11　声明使用别名的新类型

```
type Patient = {          ◀——— 声明 Patient 类型
  name: string;
  height: Foot;           ◀——— 使用类型别名 Foot
  weight: Pound;          ◀——— 使用类型别名 Pound
}
```

声明类型别名在 JavaScript 中并不产生代码。在 TypeScript 中，声明和初始化 Patient 类型的变量如代码清单 2.12 所示。

代码清单 2.12　声明并初始化类型的属性

```
let patient: Patient = {          ◀——— 使用对象字面量符号
  name: 'Joe Smith',                    创建一个实例
  height: 5,
  weight: 100
}
```

在初始化 patient 变量时，若忘记定义某个属性的值，例如 weight，会怎样呢(见代码清单 2.13)?

代码清单 2.13　忘记添加 weight 属性

```
let patient: Patient = {
  name: 'Joe Smith',
  height: 5
}
```

TypeScript 将告知:

```
"Type '{ name: string; height: number; }' is not assignable to type 'Patient'.
  Property 'weight' is missing in type '{ name: string; height: number; }'."
```

如果打算声明一些可选的属性，则必须在它们的名称上添加问号。在下列类型声明中，如果 weight 属性的值是可选的，将不会有任何错误(见代码清单 2.14)。

代码清单 2.14　声明可选属性

```
type Patient = {
    name: string;
    height: Height;
    weight?: Weight;        ◄────  weight 属性是可选的
}

let patient: Patient = {    ◄──── patient 变量，在初始化
    name: 'Joe Smith',             缺少对 weight 的声明
    height: 5
}
```

提示　可以使用问号定义类或接口中的可选属性。本节后部将讨论 TypeScript 的类和接口。

也可以使用 type 关键字为函数签名声明类型别名。设想你正在编写一个框架，允许你为框架创建表单控件和分配验证器函数。验证器函数必须有一个特定的签名——它必须接收类型为 FormControl 的对象并返回一个描述表单控件错误值的对象，或者在值是合法的情况下，返回 null。可以声明如下所示的新的 ValidatiorFn 类型：

```
type ValidatorFn =
    (c: FormControl) => { [key: string]: any }| null
```

此处，{ [key: string]: any }的意思是一个对象的属性可以是任意类型的，但是 key 要么是 string 类型，要么是可转换为 string 类型。

FormControl 的构造函数可以有一个关于验证器函数的参数，可按如下所示使用自定义 ValidatorFn 类型。

```
class FormControl {

    constructor (initialValue: string, validator: ValidatorFn | null) {...};
}
```

提示　在附录中，你将了解在 JavaScript 中声明可选函数参数的语法。前面的代码段让你了解到使用 TypeScript 的 union 类型声明可选参数的方法。

2.2.2　将类用作自定义类型

假定你熟悉附录中所涉及的 JavaScript 类。本节将介绍 TypeScript 带给 JavaScript 类中的附加特性。在第 3 章，将更详细地介绍这些类。

JavaScript 没有提供任何用于声明类属性的语法，但 TypeScript 提供了。如图 2.2 所示，在图的左半部分，可以看到如何声明并实例化包含 3 个属性的 Person 类。在图 2.2 的右半部分给出了由 TypeScript 编译器生成的 ES6 版本的代码。

图 2.2　编译为 ES6 版本的 Person 类

可以看到，JavaScript 版的 Person 类没有属性。同样，由于 Person 类没有声明构造函数，我们不得不在实例化后初始化其属性。构造函数是一种特殊函数，仅在类的实例被创建时执行一次。

声明包含 3 个属性的构造函数允许实例化 Person 类，并在同一行中初始化其属性。使用 TypeScript，可以为构造函数的参数提供类型标注，当然还不止这些。

TypeScript 提供访问级别的限定符 public、private、protected(第 3 章将介绍)，如果你将它们中的任何一个与构造函数中的参数合用，TypeScript 编译器将生成代码，添加这些参数，作为创建的 JavaScript 对象的属性(参考图 2.3)。

图 2.3　具有构造函数的 Person 类

现在 TypeScript 类(图 2.3 左侧)的代码更简洁，生成的 JavaScript 代码在构造函数中包括 3 个属性。注意图 2.3 左侧的第 6 行。我们在声明常量时未定义其类型，但重写了该行，显式定义 p 的类型如下所示。

```
const p: Person = new Person("John", "Smith", 25);
```

在此不需要使用显式类型标注，因为已经声明了常量并立即将其初始化为已知类型(Person)的对象，TypeScript 类型检查可以方便地推断出类型，并将其分配给常量 p。无论你是否定义 p 的类型，生成的 JavaScript 代码看起来很相似。按照以下链接，链接到 TypeScript 应用场景 (http://mng.bz/zlV1)，可以看到不用定义 person 类型来实例化类 Person 的方法。在变量 p 处悬停鼠标指针——可看到其类型为 Person。

提示　如图 2.3 所示，我们对 TypeScript 类中构造函数的每个参数使用了 public 访问级别，也就是说生成的对应属性，可被类内和类外的所有代码访问。

声明类属性时,还可以将其标识为 readonly。这一属性可以在声明时或类构造函数中被初始化,其值在初始化后就不能改变。readonly 限定符与 const 关键字类似,但是后者不能用于类属性。

在第 8 章中,将开始开发区块链 App,区块链包含不可以改变属性的块。这样的 App 将包括一个 Block 类,作为该 App 的一部分(见代码清单 2.15)。

代码清单 2.15　Block 类的属性

```
class Block {
  readonly nonce: number;        该属性在构造函
  readonly hash: string;         数中被初始化

  constructor (
    readonly index: number,
    readonly previousHash: string,   该属性的值在实
    readonly timestamp: number,      例化时被提供给
    readonly data: string            构造函数
  ) {
    const { nonce, hash } = this.mine ();   在析构时,使用 mine()方法
    this.nonce = nonce;                     从返回的对象获取值
    this.hash = hash;
  }
  // The rest of the code is omitted for brevity
}
```

Block 类包括 6 个 readonly 属性。注意,不需要像在其他面向对象语言中那样,为有 readonly、private、protected、public 限定符的构造函数的参数显式地声明类属性。在代码清单 2.15 中,有两个类属性被显式声明,其他四个则没有。

2.2.3　将接口用作自定义类型

多数面向对象语言都包含一种被称为 interface(接口)的语法结构,用于在一个对象上强制实现指定的属性和方法。JavaScript 不支持 interface 类型,但是 TypeScript 却支持。本节将演示如何用接口声明自定义类型,在第 3 章中,将介绍如何使用 interface 确保实现类的特定成员。

TypeScript 包括 interface 和 implements 关键字,用于支持 interface,但是 interface 不能被编译为 JavaScript 代码。只能帮助你在开发期间避免使用错误类型。下面介绍如何使用 interface 关键字声明自定义类型。

假定你打算编写一个可以在某些存储中保存一些与人有关的信息的函数。该函数应当使用对象表示人,你希望确保该对象包含特定类的特定属性,于是声明了如代码清单 2.16 所示的 Person 接口。

代码清单 2.16　使用 interface 声明自定义类型

```
interface Person {
  firstName: string;
  lastName: string;
  age: number;
}
```

　　图 2.2 左侧的脚本声明了一个类似的自定义 Person 类型，采用的是 class 关键字。有什么区别吗？如果声明一个自定义类型为 class，则可以将其当一个值使用，意味着你可以如图 2.2 和图 2.3 所示那样，使用 new 关键字实例化它。

　　同样，如果在 TypeScript 代码中使用 class 关键字，在生成 JavaScript 时将会生成对应的代码(ES5 的函数，ES6 的类)。如果使用 interface 关键字，则在 JavaScript 中将没有对应的代码，如图 2.4 所示。

```
1    interface Person {                          1    "use strict";
2        firstName: string;                      2    function savePerson(person) {
3        lastName: string;                       3        console.log('Saving ', person);
4        age: number;                            4    }
5    }                                           5    const p = {
6                                                6        firstName: "John",
7    function savePerson (person: Person): void {7        lastName: "Smith",
8        console.log('Saving ', person);         8        age: 25
9    }                                           9    };
10                                               10   savePerson(p);
11   const p: Person = {                         11
12           firstName: "John",
13           lastName: "Smith",
14            age: 25 };
15
16   savePerson(p);
```

图 2.4　作为 interface 的自定义 Person 类型

　　图 2.4 的右边部分没有提到 interface，JavaScript 更简洁，这样有利于代码部署。但是在开发期间，编译器将进行检查，作为 savePerson()函数的参数给出的对象应包含所有 Person 接口中声明的属性。

　　我们鼓励你通过链接 http://mng.bz/MOpB 访问 TypeScript 平台，测试图 2.4 中的代码片段。例如，删除第 13 行定义的 lastName 属性，TypeScript 类型检查器将立即在变量 p 底部标注红色下画线。将鼠标指针悬停在变量 p 上，将看到如下错误信息。

```
Type '{ firstName: string; age: number; }' is not assignable to type 'Person'.
  Property 'lastName' is missing in type '{ firstName: string; age: number; }'
```

　　继续试验。尝试访问 savePerson()中的 person.lastName。如果 Person 接口没有声明 lastName 属性，TypeScript 将返回一个编译错误，但是 JavaScript 代码将在运行时崩溃。

　　再做一个尝试：删除第 11 行的 Person 类型标注。代码仍然合法，第 17 行不会有错误报告。

　　为什么当 savePerson()函数的参数在没有包含显式分配为类型 Person 的情况下，TypeScript 仍然允许调用 savePerson()函数呢？原因就在于 TypeScript 使用的是一种结构化类型系统，这意味着如果两个不同的类型包括系统的成员，这些类型将被认为是兼容的。我们将在后续章节中详细讨论结构化类型系统。

到底该用哪个关键字：type、interface、class？
我们已经知道自定义类型可以使用关键字 type、interface、class 来声明。当你在声明类似 Person 这样的自定义类型时，应该从这些类型中选择哪一个更好呢？

　　如果自定义类型在运行时，不需要用于实例化对象，请采用 interface 或 type；否则请采用

class。换言之，如果创建的自定义类型将被用于表示某个值，则使用 class 创建。

例如，如果声明 Person 为 interface，且某个函数包含参数的类型为 Person，则不能在参数上应用运算符 instanceof。

```
interface Person {
    name: string;
}

function getP(p: Person){
    if (p instanceof Person){ // 编译错误
    }
}
```

类型检查器将指出 Person 只能引用某个类型，但此处被当作 value 了。

如果声明一个自定义类型仅仅为增加由 TypeScript 的类型检查器所提供的安全性，则使用 type 或 interface。无论是 interfaces 还是 types 在用 type 关键字声明后，在发出的 Java 代码中都不会有表示，这导致运行代码更小(字节级别)。如果你使用 classes 声明类型，在创建的 JavaScript 代码中将存在痕迹。

使用 type 关键字定义自定义类型提供了与 interface 相同的特性，以及一些附加功能。例如，不能在联合或交叉中使用声明为接口的类型。另外，在第 5 章中，你将了解条件类型，这些类型不能使用接口声明。

2.2.4　结构化还是名义类型系统

基本类型仅有一个名称(例如 number)，然而类似 object 或 class 这样的更复杂类型不仅有名称，还有一些结构，这些结构由属性表示(例如，Customer 类可能包含名称和地址属性)。

如何知道两个类型相同还是不同呢？在 Java 中(因为使用的是名义类型系统)，如果两个类型在同一个名称空间(又名 packages)有同样的名称，则两个类型相同。在名义类型系统中，如果你声明一个变量的类型为 Person，则可以分配给它类型 Person 或其后代。在 Java 中，代码清单 2.17 中最后一行将不会被编译，原因在于虽然具有相同的结构，但类名不同。

代码清单 2.17　Java 代码片段

```
class Person {        ◄─────  声明 Person 类(考
    String name;             虑用 type)
}

class Customer {      ◄─────  声明 Customer 类
    String name;
}
                                语法错误:左右两边的
                                类名称不同
Customer cust = new Person();  ◄─────
```

但是 TypeScript 以及其他一些语言使用的是结构化类型系统。代码清单 2.18 显示的是将前面代码用 TypeScript 重写后的代码。

代码清单 2.18   使用 TypeScript 编写的代码片段

```
class Person {                    ◄─────     声明 Person 类(考
    name: string;                            虑用 type)
}
class Customer {                  ◄───── 声明 Customer 类
    name: string;
}
                                                          没有错误: 类
                                                          型结构相同
const cust: Customer = new Person();   ◄─────┘
```

编译上述代码没有错误报告,因为 TypeScript 使用结构化类型系统,由于 Person 和 Customer 类有相同的结构,因此将一个类的实例赋给另一个类的变量是没有问题的。

此外,可以使用对象字面量创建对象,并将它们赋予类型变量或常量,只要对象字面量的形状相同即可。代码清单 2.19 在编译时不会产生错误。

代码清单 2.19   可兼容类型

```
class Person {
    name: String;
}

class Customer {
    name: String;
}

const cust: Customer = { name: 'Mary' };
const pers: Person = { name: 'John' };
```

提示   访问级的装饰器影响类型兼容性。例如,如果声明 Person 类的 name 属性为 private,
则代码清单 2.19 的代码在编译时不会通过。

上述类并未被定义任何方法,但如果它们都定义一个包含相同签名(名称、参数、返回类型)的方法,则它们再一次兼容了。

如果 Person 和 Customer 的结构并不完全相同,怎么办?下面在 Person 类中添加一个 age 属性(见代码清单 2.20)。

代码清单 2.20   当类不同时

```
class Person {
    name: String;
    age: number;       ◄─────  我们已添加了此属性
}

class Customer {
    name: String;
}
const cust: Customer = new Person(); // 仍然不会出错
```

仍然不会出错！TypeScript 看到 Person 和 Customer 有同样的形状(共同点)。我们仅仅想使用类型 Customer(包含属性 name)中的常量，用以指向类型 Person 的对象，该类也包含属性 name。

用 cust 变量表示的对象能做什么呢？可以写诸如 cust.name= 'John'的代码。Person 实例包含一个 name 属性，因此编译器不会返回错误。

> **注意** 因为我们能将 Person 类的对象分配给 Customer 类型的变量，所以可以说 Person 类可以分配给 Customer 类。

参考一下 TypeScript 平台(http://mng.bz/adQm)的这个代码。在 cust 的点后面单击 Ctrl+space，你将会看到，即使 Person 类也包含 age 属性，但仅有 name 属性可用。

在代码清单 2.20 中，Person 类的属性比 Customer 类更多，代码编译通过。如果 Customer 类比 Person 类有更多的属性，代码清单 2.21 所示的代码能够编译通过吗？

代码清单 2.21 比引用变量具有更多属性的实例

```
class Person {
    name: string;
}

class Customer {
    name: string;
    age: number;
}
const cust: Customer = new Person();      ←—— 类型不匹配
```

代码清单 2.21 的代码不能通过编译，因为 cust 引用变量将指向 Person 对象，甚至不会为 age 属性分配内存，而且类似 cust.age = 29 的赋值是不可能的。此时，Person 类型不能赋予 Customer 类。

> **提示** 将在 4.2 节讨论泛型时，再次讨论 TypeScript 的结构化类型的话题。

2.2.5 自定义类型的 unions

在前面的章节中引入了 union 类型，用于声明一个具有列出类型之一的类型的变量。例如，在代码清单 2.8 中，我们定义函数参数 padding 要么是 string，要么是 number。该例是包括基本类型的关于 union 的实例。

下面介绍如何声明自定义类型的 union。假设有一个可包含多种反应来响应用户活动的 App。每个活动被一个有不同名称的类表示。每个活动必须有一个类型并可以选择承担负载，例如搜索查询。代码清单 2.22 包括为 3 个活动类和 SearchActions 联合类型的声明。

代码清单 2.22　使用 union 表示 actions.ts 文件中的活动

```
export class SearchAction {
  actionType = "SEARCH";

  constructor(readonly payload: {searchQuery: string}) {}
}

export class SearchSuccessAction {
  actionType = "SEARCH_SUCCESS";

  constructor(public payload: {searchResults: string[]}) {}
}

export class SearchFailedAction {
  actionType = "SEARCH_FAILED";
}

export type SearchActions = SearchAction | SearchSuccessAction |
➥SearchFailedAction;
```

具有活动类型和有效负载的类

具有活动类型但没有有效负载的类

union 类型声明

> **注意**　代码清单 2.22 中的代码需要改进，因为仅指出每个行为有一个描述其类别的属性，更像 JavaScript 的编程风格。在 TypeScript 中，可通过编程方式强制执行每个语句，相关内容将在 3.2.1 节中讨论。

可识别联合包括有共同属性(可识别)的成员类型。取决于识别的值，你可以执行不同的活动。

代码清单 2.22 所示的 union 是一个可识别联合的实例，其每个成员都包含一个 actionType 的判别式。代码清单 2.23 创建另一个包含两个类别 Rectangle 和 Circle 的可识别联合。

代码清单 2.23　使用带可识别子的联合区分形状部分

```
interface Rectangle {
    kind: "rectangle";
    width: number;
    height: number;
}
interface Circle {
    kind: "circle";
    radius: number;

}
type Shape = Rectangle | Circle;
```

判别

联合

Shape 类型是一个可识别联合，Rectangle 和 Circle 都包含一个公共属性，kind。根据 kind 属性的值，我们可以计算不同形状的面积(见代码清单 2.24)。

代码清单 2.24　使用可识别联合

```
function area(shape: Shape): number {
  switch (shape.kind) {
```

选择不同的判别值

```
        case "rectangle": return shape.height * shape.width;
        case "circle": return Math.PI * shape.radius ** 2;
    }
}

const myRectangle: Rectangle = { kind: "rectangle", width: 10, height: 20 };
console.log(`Rectangle's area is ${area(myRectangle)}`);

const myCircle: Circle = { kind: "circle", radius: 10};
console.log(`Circle's area is ${area(myCircle)}`);
```

应用正方形公式

应用圆形公式

可以在 http://mng.bz/gVev 上运行这段代码示例。

---

in 类型保护

in 类型保护用于缩小类型的表达。例如，如果你有一个函数，该函数包含一个 union 类型的参数，则可以检查函数调用期间给定的实际类型。

以下代码展示了两个包含不同属性的接口。其中 foo()函数可以取对象 A 或 B 为参数。利用 in 类型保护，foo()函数可以在使用它之前，检查提供的对象是否包含特殊属性。

```
interface A { a: number };
interface B { b: string };

function foo(x: A | B) {
    if ("a" in x) {
        return x.a;
    }
    return x.b;
}
```

用 in 关键字检查特定属性

你检查的属性必须是 string，例如"a"。

2.3　any 和 unknown 类型，以及用户定义的类型保护

在本章开始处，我们曾经提到过 any 和 unknown 类型。本节，我们将讨论这两种类型的区别。你还将学习如何编写除 typeof、instanceof、in 外的自定义类型保护。

当某个变量被声明为 any 类型时，你就可以为其分配任何类型的值。这种情况就像用 JavaScript 编写代码一样，你没有指定类型。类似地，试图访问 any 类型对象的不存在的属性，在运行时将可能会有意外发生。

类型 unknown 在 TypeScript 3.0 中被引入。如果你将一个变量声明为 unknown 类型，编译器将强制你在访问其属性前，缩小其类型，从而使你免受运行时出现意外的影响。

为描述 any 和 unknown 之间的区别，让我们假设已经声明过一个前端的 Person 类，该类包含来自后端的格式为 JSON 的数据。为将 JSON 字符串转换为对象，我们将使用 JSON.parse() 方法，它将返回 any(见代码清单 2.25)。

代码清单 2.25   使用 any 类型

```
type Person = {          ◄──── 声明类型别名
  address: string;
}

let person1: any;        ◄──── 声明一个类型为 any 的变量
                                                        分析 JSON
person1 = JSON.parse('{ "adress": "25 Broadway" }');  ◄──── 类型字符串

console.log(person1.address);    ◄──── 输出 undefined
```

最后一行代码将输出 undefined，因为我们在 JSON 字符串中将"address"拼错了。分析方法返回一个包含 adress 属性的 JavaScript 对象，但是 person1 中没有 address。要解决这个问题，需要运行上述代码。

现在，看看同一个用例如何处理 unknown 类型的变量(见代码清单 2.26)。

代码清单 2.26   unknown 类型的编译器错误

```
let person2: unknown;      ◄──── 声明类型为 unknown 的变量
                                                         试图使用 unknown
person2 = JSON.parse('{ "adress": "25 Broadway" }');     类型的变量导致编
                                                         译错误
console.log(person2.address);    ◄────
```

这次最后一行不能通过编译，因为我们试图使用 unknown 类型的 person2 变量，但并未限定(缩小)其类型。

TypeScript 允许你编写可以检查是否一个对象是一个特殊类型的用户定义类型保护。这可以是一个返回类似"this FunctionArg is SomeType"信息的函数。让我们编写一个 isPerson()类型保护，假设如果被测试的对象有一个 address 属性，则该对象是一个 person(见代码清单 2.27)。

代码清单 2.27   isPerson 类型保护第 1 版

```
const isPerson = (object: any): object is Person => "address" in object;
```

若给定的对象有一个 address 属性，类型保护返回 true。可以应用该变化。可以用代码清单 2.28 实施类型保护。

代码清单 2.28   应用 isPerson 类型保护

```
应用类型保护
                                          安全地访问 address
  if (isPerson(person2)) {                属性
      console.log(person2.address);   ◄────
  } else {
      console.log("person2 is not a Person");
  }
```

该代码没有编译错误，它几乎就如期望地那样工作，只是 isPerson()保护获得一个错误对象作为参数。例如，给 isPerson()传递 null，表达式"address" in object 将导致运行错误。

代码清单 2.29 显示了 isPerson()保护的安全版本。双感叹号运算符!! 将确保给定的对象是真实的。

代码清单 2.29　isPerson 类型保护

```
const isPerson = (object: any): object is Person => !!object && "address"
➡ in object;
```

你可以将该代码放到 TypeScript 平台(http://mng.bz/eDaV)上体验一下。

在该例中，我们认为地址属性的存在就足以区分 Person 类，但是在某些情况下，仅仅检查一个属性是不充分的。例如，Organization 或 Pet 类也可能会有地址属性。为确定是否某个对象与特定类型匹配，也许需要检查不止一个属性。

更简单的解决方法是声明你自己的可识别属性，用于区分这种类型的 person。

```
type Person = {
  discriminator: 'person';
  address: string;
}
```

当然，你的自定义类型保护可如下定义。

```
const isPerson = (object: any): object is Person => !!object &&
➡ object.discriminator === 'person';
```

至此，我们已经介绍了足够多的与 TypeScript 语法相关的类型。是时候将理论应用到实践中了。

2.4　微型项目

如果你喜欢边干边学，我们可以安排给你一个小任务，并随后给出解决方案。我们不会对解决方案做过多的解释——任务的描述应该足够清楚了。

编写一个包含两个自定义类型 Dog 和 Fish 的程序,使用类进行描述。每个类型都有一个 name 属性。Dog 类包含一个 sayHello()：string 方法，Fish 类包含一个 dive(howDeep：number)：string 方法。

声明一个新 Pet 类，该类是 Dog 与 Fish 的 union。编写 talkToPet(pet：Pet)：string 函数使用类型保护，将要么调用 Dog 实例的 sayHello()方法，要么给出信息"鱼无法交流，抱歉"。

调用 talkToPet()三次，首先提供对象 Dog，然后 Fish，最后是一个既不是 Dog，也不是 Fish 的对象。

我们的解决方案如代码清单 2.30 所示。

代码清单 2.30   解决方案

```
class Dog {              ◄──── 声明自定义 Dog 类
    constructor(readonly name: string) { };

  sayHello(): string {
    return 'Dog says hello!';
  }
}

class Fish {             ◄──── 声明自定义 Fish 类
    constructor(readonly name: string) { };

    dive(howDeep: number): string {
      return `Diving ${howDeep} feet`;
    }

}

type Pet = Dog | Fish;       ◄──── 创建 Dog 和 Fish 的 union

function talkToPet(pet: Pet): string | undefined {

    if (pet instanceof Dog) {    ◄──── 使用类型保护
      return pet.sayHello();
    } else if (pet instanceof Fish) {
        return 'Fish cannot talk, sorry.';
    }
}

const myDog = new Dog('Sammy');      ◄──── 创建 Dog 实例
const myFish = new Fish('Marry');    ◄──── 创建 Fish 实例

console.log(talkToPet(myDog));       ┐ 调用 talkToPet(),
console.log(talkToPet(myFish));      │ 传递给 Pet
talkToPet({ name: 'John' });  ◄──────┘

                                     该行不能通过编译——错误的参数类型
```

可以在 CodePen：http://mng.bz/pyjK 上查看该脚本。

2.5 本章小结

- 尽管声明变量类型迫使开发人员编写更多的代码，但从长远来看，开发者的生产率提高了。
- 尽管 TypeScript 提供一系列类型标注，但是你仍然可以按照自己的需要声明自定义类型。
- 通过对已经存在的类别创建 union，创建新类型。
- 可以使用 type、interface 和 class 关键字声明自定义类型。在第 4 章中，你还可以学习另一种采用 enum 关键字声明自定义类型的方法。
- TypeScript 使用的是结构化类型系统，与采用名义类型系统的 Java 或 C#语言不同。

第**3**章

面向对象编程的类和接口

本章要点:

- 类继承的工作原理
- 为什么以及何时使用抽象类
- 接口如何才能在不考虑实现细节情况下强制类具有已知签名的函数
- "接口编程" 的含义

在第 2 章中，我们介绍了用于创建自定义类型的类和接口。本章将从面向对象编程(OOP)的视角考虑，继续学习类和接口。OOP 是一种编程风格，在此风格下，程序专注于处理对象而不是组合动作。当然，其中一些函数仍然会创建对象，但是在 OOP 中，对象是关注的中心。

使用面向对象语言编程的开发者，通常使用接口作为一种在类上强制使用某些 APIs(应用编程接口)的方式。同样，你可能会在程序员之间的谈话中经常听到 "接口编程" 这样的词汇。本章中将解释接口编程的含义。简言之，本章将使用 TypeScript 开启面向对象编程的快速学习旅程。

3.1 类

让我们先回顾一下第 2 章学习过的 TypeScript 中与类有关的内容:

- 你可以声明包含属性的类，这种情况在其他面向对象语言中被称为成员变量。
- 与 JavaScript 类似，类可以声明构造函数，该函数仅在实例化期间被调用一次。
- 当 ES5 被指定为编译目标语法时，TypeScript 编译器将类转换为 JavaScript 构造函数。如果是 ES6 或更新的版本被定义为目标，则 TypeScript 类将被编译为 JavaScript 类。
- 如果类构造函数所定义的参数使用了诸如 readonly、public、protected 或 private 的关键字，则 TypeScript 将为每个参数创建类属性。

当然，类不止这些内容。本章我们将学习类继承，抽象类的作用，以及 public、protected 和 private 等访问修饰符的作用。

3.1.1   开始了解类继承

在现实生活中，每个人都从他们的父母那里继承了一些特性。与此类似，在 TypeScript 中，可以基于已有的类创建新类。例如，可以创建包含一些属性的 Person 类，然后创建一个可以继承 Person 所有属性，并且还包含 Person 类没有的额外属性的 Employee 类。继承是面向对象语言的主要特点之一，要声明一个类是继承自另一个类，用 extends 关键字。

图 3.1 是一个来自 TypeScript 平台(http://mng.bz/O9Yw)的截屏。注意在声明 Person 类的属性时，我们没有用显式类型。在初始化属性 firstName 及 lastName 时，赋予它们的值是空字符串，age 被初始化为 0。TypeScript 编译器将基于初始值推断类型。

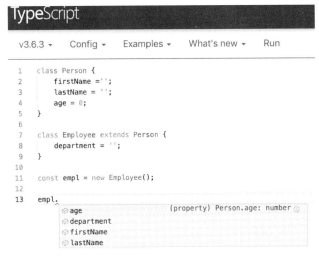

图 3.1   TypeScript 中的类继承

提示   在 TypeScript 平台的 Config 菜单中，编译器的 strictPropertyInitialization 选项是打开的。当该选项被打开时，如果类属性未在声明处或类构造函数中初始化，编译器将报错。

图 3.1 的第 7 行中，显示的是如何声明继承自 Person 类的 Employee 类，不过该类增加了一个 department 属性。在第 11 行，创建了 Employee 类的实例。

以上截屏是在输入 empl 后抓取的，紧接着在第 13 行单击 Ctrl+space 组合键。TypeScript 的静态分析器会认为 Employee 类继承自 Person，因此，它建议属性在 Person 和 Employee 类中都进行定义。

在我们的例子中，Employee 类是 Person 类的子类。相应地，Person 类是 Employee 类的超类。可以说 Person 类是父类，Employee 类是 Person 的子类。

注意　在后台，JavaScript 支持原型面向对象继承，一个对象可以在运行时被当作原型分配给另一个对象。一旦使用继承的 TypeScript 代码被编译，生成的 JavaScript 代码使用原型继承的语法。

除了包含属性外，类还包含方法——用以调用声明在类内部的函数。如果方法在超类中声明，除非该方法用 private 访问修饰符声明，则该方法将会被子类继承，后续我们将讨论这些内容。

Person 类的下一个版本如图 3.2 所示，它包括 sayHello()方法。查看第 18 行，TypeScript 的静态分析器将此方法包含在自动完成的下拉列表中。

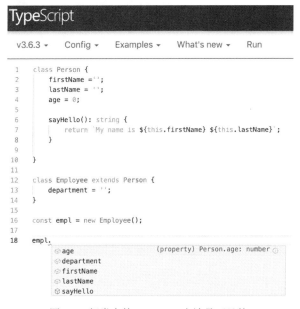

图 3.2　超类中的 sayHello()方法是可见的

你可能想知道，"有什么方法可以从其他的脚本中控制对类属性和方法的访问吗？"回答是可以——private、protected、public 这些关键字的作用就在于此。

3.1.2　访问修饰符 public、private、protected

TypeScript 包括 public、protected 和 private 等关键字，用于提供对类成员(属性或方法)进行访问的控制。

- public——标注为 public 的类成员既可被自身的方法调用，也可被类外部的脚本访问。默认情况下即为 public 标记。因此，如果将关键字 public 放在图 3.2 所示的 Person 类中所包含的属性或方法的前边，这些类成员的可访问性不变。
- protected——被标注为 protected 的类成员只能被其自身或被其子类访问。
- private—— private 类成员仅能在类中可见。

> **注意** 如果你了解类似 Java 或 C#这样的语言，可能熟悉利用 private 和 protected 关键字的访问级别约束。TypeScript 是 JavaScript 的超集，而 JavaScript 不支持 private 关键字，因此，在代码编译时，关键字 private 和 protected(以及 public)被删除。生成的 JavaScript 不包括这些关键字，因此你可以认为它们仅是开发期间的一种方便措施。

图 3.3 描述了 protected 和 private 访问限制。在第 15 行，可以访问 protected 父类的 sayHello() 方法，因为我们在子类中调用该函数。但是当我们在第 20 行 this.后单击 Ctrl+space 组合键时，age 变量没有被显示在自动完成列表中,由于该成员被声明为 private,因此只能在 Person 类的内部访问。

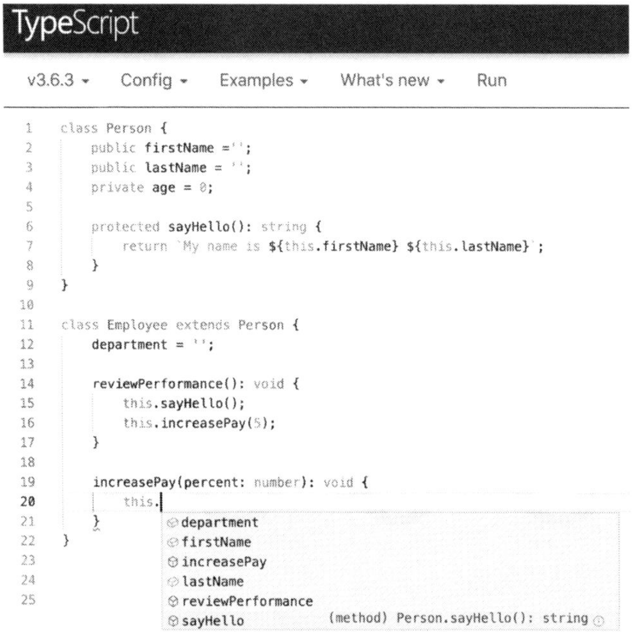

```
TypeScript

v3.6.3 ▾    Config ▾    Examples ▾    What's new ▾    Run

1   class Person {
2       public firstName = '';
3       public lastName = '';
4       private age = 0;
5
6       protected sayHello(): string {
7           return `My name is ${this.firstName} ${this.lastName}`;
8       }
9   }
10
11  class Employee extends Person {
12      department = '';
13
14      reviewPerformance(): void {
15          this.sayHello();
16          this.increasePay(5);
17      }
18
19      increasePay(percent: number): void {
20          this.
21      }                    ⊛ department
22  }                        ⊛ firstName
23                           ⊛ increasePay
24                           ⊛ lastName
25                           ⊛ reviewPerformance
                             ⊛ sayHello      (method) Person.sayHello(): string ⊙
```

图 3.3   private 属性 age 不可见

这段代码示例也告诉我们子类不能访问其超类的 private 成员(可以在 http://mng.bz/07gJ 平台上尝试一下)。此处，仅有 Person 类的方法可以访问该类的 private 成员。

尽管 protected 类成员可以被其子类的代码访问，但在类实例中却不能访问它们。例如，下列代码不能通过编译，将返回错误"属性 sayHello 是 protected 类别，只能在 Person 类内部以及其子类中才能被访问。"

```
const empl = new Employee();
empl.sayHello(); // 错误
```

下面介绍 Person 类的另一个示例，该 Person 类包含一个构造函数、两个 public 属性和一个 private 属性，如图 3.4 所示。这是一个类声明的比较具体的版本，因为我们显式地声明类的三个属性。给类中的各个属性赋值的烦琐的工作，由 Person 类的构造函数执行。

现在,让我们声明一个更简洁版本的 Person 类,如图 3.5 所示(或者参考平台 http://mng.bz/9w9j)。

通过对构造函数的参数使用访问标识符，可以指示 TypeScript 编译器，创建与构造函数的参数同名的类属性。编译器将自动生成 JavaScript 代码，该代码将赋予构造函数的值赋给类属性。

```
TypeScript

v3.6.3 ▾    Config ▾    Examples ▾    What's new ▾    Run

1   class Person {
2       public firstName ='';
3       public lastName = '';
4       private age = 0;
5
6       constructor(firstName: string, lastName: string, age: number) {
7           this.firstName = firstName;
8           this.lastName = lastName;
9           this.age = age;
10      }
11  }
```

图 3.4　Person 类的详细版本

如图 3.5 中的第 7 行，我们创建了 Person 类的实例，将初始属性值传递给构造函数，然后将这些值赋予各自对象的属性。在第 9 行中，我们期望打印对象的 firstName 和 age 属性的值，但是后者被标识为红色下波浪线，因为 age 是 private 属性的。

下面比较图 3.4 与图 3.5。在图 3.4 中，Person 类显式地声明了三个属性，在构造函数中被初始化。图 3.5 中的 Person 类，没有显式地声明属性，并且没有显式地在构造函数中初始化。

```
1 ∨ class Person {
2 ∨     constructor(public firstName: string,
3                   public lastName: string,
4                   private age: number) { }
5   }
6
7   const pers = new Person('John', 'Smith', 29)
8
9   console.log(`${pers.firstName} ${pers.lastName} ${pers.age}`);
```

图 3.5　对构造函数的参数使用访问限定符

那么，显式声明或隐式声明类属性这两种方式，哪种方式更好呢？对这两种编程方式存在争议。显式声明并初始化类属性可以增加代码的可读性，然而隐式声明使得 TypeScript 代码更加简洁。但这种选择显然不是一种非此即彼的决定。例如，你可以显式地声明 public 属性，而隐式地声明 private 和 protected 属性。除非属性初始化涉及某些逻辑，我们一般使用隐式声明。

3.1.3　静态变量及 singleton(单例)设计模式示例

在 JavaScript 的 ES6 版本中，类的每个实例都要共享某个属性时，我们将该属性声明为 static。作为 JavaScript 的超集，TypeScript 也支持 static 关键字。本节首先看一个基本例子，然后通过使用 static 属性和 private 属性构造函数，实现一个 singleton 设计模式。

假设有一伙歹徒正在闹事(别担心，这仅仅是游戏)。需要监控他们剩余子弹的数量。歹徒每射击一次，剩余子弹数量值减 1。每一个歹徒都应该知道剩余子弹总量(见代码清单 3.1)。

代码清单 3.1   具有 static 属性的 Gangsta 类

声明并初始化一个 static 变量值

```
class Gangsta {
  static totalBullets = 100;

  shoot(){
    Gangsta.totalBullets--;
    console.log(`Bullets left: ${Gangsta.totalBullets}`);
  }
}

const g1 = new Gangsta();
g1.shoot();

const g2 = new Gangsta();
g2.shoot();
```

每次发射后更新
剩余子弹数量

创建一个新
Gangsta 实例

歹徒射击一次

运行代码清单 3.1 所示的代码后，浏览器控制台将打印如下内容。

```
Bullets left: 99      //剩余子弹：99
Bullets left: 98      //剩余子弹：98
```

Gangsta 类的两个实例共享同一个 totalBullets 变量。这也是歹徒每次发射后，共享的 totalBullets 变量都会被更新的原因。

注意在 shoot()方法中，我们并未写 this.totalBullets，因为这不是一个实例变量。在访问 static 类成员时，只需要将成员名称和类名组合在一起即可，如 Gangsta.totalBullets。

注意   static 类成员不能被子类共享。如果创建一个 SuperGangsta 类，其子类为 Gangsta，该子类包含一个 totalBullets 属性的副本。我们将在平台上(http://mng.bz/WO8g)提供一个实例。

提示   通常，在执行同一类活动时可以用几种方法。例如，我们可能需要编写一堆函数，验证用户从不同 UI 字段的输入。与其编写多个分散的函数，不如将这些函数定义为 static 方法，放在同一个类中。

现在，考虑另外一个例子。假设需要将表示当前 App 状态的重要数据保存到内存中。不同的脚本都能够访问该存储，但希望能够确保对整个 App 仅创建一个这样的对象，这种情况也被称为唯一正确来源。singleton 是一种流行的设计模式，类实例化被限制为仅能有一个实例。

如何创建一个仅能实例化一次的类呢？在任何支持 private 访问标识符的面向对象语言中，这都是非常简单的工作。基本上，需要编写一个不允许使用 new 关键字的类，若能使用 new 关键字，就可以想创建多少实例就创建多少实例。实现思想比较简单——如果类有一个 private 构造函数，则 new 运算符将失效。

如何创建具有单个实例的这种类呢？如果类构造函数是 private 的，则只能在类中访问该构造函数，并且作为该类的创建者，你需要负责从类方法中调用 new 运算符创建它。

可以在类尚未被实例化时，调用该类的方法吗？要实现这样的效果，需要让被调用的类方法为 static 的，这样，该方法将不属于任何特定的对象实例，只属于该类。

代码清单 3.2 给出了在 AppState 类中实现的一个 singleton 设计模式，该类包含一个 counter 属性。假设 counter 用于表示 App 的状态，它可以被 App 的多个脚本更新。AppState 的 single 实例是唯一存储 counter 值的地方。所有希望知道 counter 最新值的脚本，都只能从该 AppState 实例获得该值。

代码清单 3.2　singleton 类

```
class AppState {
                          该属性表示
    counter = 0;          app 的状态          该属性存储 AppState 的
    private static instanceRef: AppState;    单一实例的引用

    private constructor() { }        防止对 AppState 使用
                                     new 运算符的 private 构
                                     造函数

    static getInstance(): AppState {          得到 AppState 实例
      if (AppState.instanceRef === undefined) {   的唯一方法
         AppState.instanceRef = new AppState();
      }                              若 AppState 对象还不存在，
                                     则实例化 AppState 对象
      return AppState.instanceRef;
    }
}

// const appState = new AppState(); // error because of the private
↪ constructor

const appState1 = AppState.getInstance();     该变量获得对 AppState
const appState2 = AppState.getInstance();     实例的引用

appState1.counter++;
appState1.counter++;          修改计数器(使用两个
appState2.counter++;          引用变量)
appState2.counter++;

console.log(appState1.counter);     打印计数器的值(使用
console.log(appState2.counter);     两个引用变量)
```

AppState 类有一个 private 构造函数，意味着其他脚本均不能用 new 语句实例化 AppState。完全可以从 AppState 类中调用该类构造函数，在 static getInstance()方法中完成该工作。在没有类实例的情况下，这也是我们能够调用该方法的唯一途径。对 console.log()的两次调用都将打印 4，因为只有一个 AppState 的实例。

3.1.4　super()方法与 super 关键字

下面继续研究类继承问题。如图 3.3 的第 15 行所示，我们调用 sayHello()方法，该方法在超类中被声明。当超类与子类中的方法具有相同的方法名时，会发生什么情况呢？超类与子类的构造函数同名，又会发生什么情况呢？我们能够控制执行哪种方法呢？如果超类与子类都有构造函数，子类需要调用超类中的构造函数时，必须使用 super()方法(见代码清单 3.3)。

代码清单 3.3　　调用超类的构造函数

```
class Person {

  constructor(public firstName: string,            Person 超类
            public lastName: string,               的构造函数
            private age: number) {}
}

class Employee extends Person {          Employee 子类
  constructor (firstName: string, lastName: string,
              age: number, public department: string) {
      super(firstName, lastName, age);             Employee 子类的
    }                                              构造函数
}                               调用超类的构造函数
const empl = new Employee('Joe', 'Smith', 29, 'Accounting');
                                                   子类实例化
```

> **注意**　在附录 A.9.2 中，对如何使用 Java 中的 super()和 super 进行了讨论。同一节中，我们提供了用 TypeScript 编写的相同的例子。

　　两个类分别定义了构造函数，我们必须确保每个类都能使用正确的参数调用。当我们使用 new 运算符时，Employee 类的构造函数将被自动调用，但我们不得不手动调用 Person 类的构造函数。Employee 类的构造函数包括四个参数，但是在构造 Employee 对象时，只有一个 department 是必要条件。其他三个参数在构建 Person 对象时需要被用到，我们将在调用包含三个参数的 super()方法时将它们传递给 Person。你可以运行 TypeScript 平台 http://mng.bz/E14q 上的相关代码。

　　现在让我们考虑超类与子类具有相同的方法名的情况。如果子类中的某个方法想要调用定义在超类中的同名方法，则在引用超类的方法时，要用 super 关键字而不能简单地用 this。

　　假设 Person 类有一个 sellStock()方法，用于连接股票交易并将出售指定数量的股票。在 Employee 类中，我们打算重用该功能，但是每次当 Employee 出售股票时，必须将此事报告给公司的法规部门。

　　可以在 Employee 类中声明一个 sellStock()方法，该方法将调用 Person 中的 sellStock()方法，然后调用它自己的方法 reportToCompliance()，如代码清单 3.4 所示。

代码清单 3.4　　使用 super 关键字

```
class Person {

  constructor(public firstName: string,
```

```
                    public lastName: string,                   祖先类中的 sellStock()
                    private age: number) { }                   方法

    sellStock(symbol: string, numberOfShares: number) {  ◄──
      console.log(`Selling ${numberOfShares} of ${symbol}`);
    }
}                                                              调用祖先类的
                                                               构造函数
class Employee extends Person {
    constructor (firstName: string, lastName: string,
                 age: number, public department: string) {
        super(firstName, lastName, age);              ◄──
    }
                                                      子类中的 sellStock()
    sellStock(symbol: string, shares: number) {  ◄──  方法
      super.sellStock(symbol, shares);      ◄──
                                                 调用祖先的 sellStock()
      this.reportToCompliance(symbol, shares);   方法
    }

    private reportToCompliance(symbol: string, shares: number) {  ◄──
      console.log(`${this.lastName} from ${this.department} sold ${shares}
➥ shares of ${symbol}`);
    }                                           一个私有的 reportToCompliance()方法
}
const empl = new Employee('Joe', 'Smith', 29, 'Accounting');
empl.sellStock('IBM', 100);  ◄──── 调用 Employee 对象中的 sellStock()方法
```

注意声明 reportToCompliance()方法的属性为 private，因为我们期望它只能由 Employee 类的内部方法调用，而不能被外部脚本调用。可以运行平台 http://mng.bz/NeOE上的该程序，浏览器将在控制台上给出如下结果。

```
Selling 100 of IBM
Smith from Accounting sold 100 shares of IBM
```

借助于 super 关键字，可以重用在超类中声明的方法并在其基础上增加新的功能。

3.1.5　抽象类

如果你在类声明时添加了 abstract 关键字，则该类不能被实例化。抽象类可以包含被实现的方法以及仅被声明的抽象方法。

为什么你希望创建一个不能被实例化的类呢？你可能将一些方法的实现委托给它的子类进行，同时期望确保这些方法有特定的签名。

下面介绍如何使用抽象类。假设公司包含雇员和承包商，我们需要设计表示公司工作人员的类。任何工作人员对象应该支持下列方法：

- constructor(name: string)
- changeAddress(newAddress: string)

- giveDayOff()
- promote(percent: number)
- increasePay(percent: number)

在此场景中，promote 意味着放一天假并按照一定百分比加薪。IncreasePay()方法可以增加雇员的年收入但是增加承包商的小时工资。如何实现这些方法是无关紧要的，但是一个方法应当仅仅有一个 console.log()语句。

让我们来完成该工作。需要创建 Employee 和 contractor 类，包含一些公共的功能。例如，改变地址以及放假，对承包商和雇员来说都是一样的，但是增加收入对不同类别的工作人员，需要采用不同的实现方法。

此处为实现方案，创建一个包含两个后代：Employee 和 Contractor 的 abstract Person 类。Person 类包含方法 changeAddress()、giveDayOff()和 promote()。该类还包含 abstract 方法 increasePay() 的声明，该方法在 Person 的子类中实现(不同的方式)，如代码清单 3.5 所示。

代码清单 3.5   abstract Person 类

```
abstract class Person {          ◀—— 声明一个 abstract 类

  constructor(public name: string) { };

  changeAddress(newAddress: string ) {          ◀
    console.log(`Changing address to ${newAddress}`);
  }
                                                      声明并
  giveDayOff() { 2((CO5-3))          ◀            实现一
      console.log(`Giving a day off to ${this.name}`);     个方法
  }

  promote(percent: number) {          ◀
      this.giveDayOff();
      this.increasePay(percent);          ◀—— "调用" abstract 方法
  }

  abstract increasePay(percent: number): void;    ◀—— 声明一个 abstract 方法
}
```

提示   如果你不希望从外部脚本调用 giveDayOff()方法，在声明它时，添加 private 修饰符。
        如果你期望只能在 Person 类以及其后代中调用，将该方法声明为 protected。

注意，你被允许编写一行代码，看起来像调用 abstract 方法。但因为类是 abstract 的，它不能被"实例化"，abstract(未被实现的)方法不能被实际执行。如果你期望创建的 abstract 后代能被实例化，必须实现其祖先的所有 abstract 方法。

代码清单 3.6 展示了如何实现类 Employee 和 Constructor。

代码清单 3.6　Person 类的后代

```
class Employee extends Person {
    increasePay(percent: number) {
        console.log(`Increasing the salary of ${this.name} by ${percent}%`);
    }
}

class Contractor extends Person {
    increasePay(percent: number) {
        console.log(`Increasing the hourly rate of ${this.name} by
➥ ${percent}%`);
    }
}
```

employees 类中 increasePay()
方法的实现

constructors 类中 increasePay()
方法的实现

在 2.2.4 节，在讨论代码清单 2.20 时，使用了术语"可分配性"。当有语句 class A extends class B 时，这意味着 class B 更泛化而 class A 更具体(例如，它添加了更多属性)。

更具体的类型可以被分配给更泛化的类型。这就是为什么可以声明 Person 类型的变量，并将其分配给 Employee 或 Contractor 对象，正如你在代码清单 3.7 所看到的那样。

下面创建一个 workers 数组，workers 包含一个 employee 和一个 contractor，然后在此数组中循环调用每个对象的 promote()方法。

代码清单 3.7　运行 promotion campaign

```
const workers: Person[] = [];

workers[0] = new Employee('John');
workers[1] = new Contractor('Mary');

workers.forEach(worker => worker.promote(5));
```

声明超类类
型的数组

调用每个对象的
promote()方法

workers 数组是 Person 类型，允许我们在其中存储后代对象的实例。

提示　由于 Person 的后代没有声明它们自己的构造函数，因此当我们在实例化 Employee 和 Contractor 时，其祖先的构造函数将会被自动调用。如果后代声明了自己的构造函数，就必须使用 super()以确保调用 Person 的构造函数。

可以在 TypeScript 平台(http://mng.bz/DNvy)上运行该代码示例，浏览器控制台将给出如下输出。

```
Giving a day off to John
Increasing the salary of John by 5%
Giving a day off to Mary
Increasing the hourly rate of Mary by 5%
```

代码清单 3.7 中给出的代码给人的印象是我们通过类型 Person 的对象循环地调用了 Person.promote()。但是一些对象可能是 Employee 类型，而另外一些对象是 Contractor 的实例。

对象的实际类型仅在运行时才被确定，这就解释了为什么每个对象调用 increasePay()都能正确的实现。这是各种面向对象语言都支持的特性——多态的一个实例。

> **protected 构造函数**
>
> 在 3.1.3 节，我们声明了一个 private 构造函数，用于创建 singleton 模式——仅能被实例化一次的类。而当你需要声明一个自身不能被实例化而其子类可以被实例化的类时，使用 protected 构造函数的好处就在于此。可以在超类中声明一个 protected 类型的构造函数，而在子类中通过使用 super()调用超类中的构造函数。
>
> 这模仿了抽象类的一个特征。但是带有 protected 构造函数的类不允许声明抽象方法，除非该类本身被声明为 abstract。

在 10.6.1 节，将学习另外一个使用 abstract 类的实例，用于处理区块链 App 中的 WebSocket 消息。

3.1.6 方法重载

类似 Java 和 C#之类的面向对象编程语言都支持方法重载，方法重载意味着类可以声明多个同名的方法，当然这些方法的参数要有区别。例如，可以编写两个版本的 calculateTax()函数——一个包含两个参数，例如个人收入和家庭人数，另一个包含一个 Customer 类型的参数，Customer 包含个人所有的数据。

在强类型语言中，重载方法的能力、参数的类型以及返回值的定义等都是非常重要的，因为你不能仅仅调用类的方法并提供一个任意类型的参数，参数的数量是重载差异的。然而，TypeScript 是加在 JavaScript 上的一层糖衣，它允许在调用函数时，传递比函数签名中所声明的更多或更少的参数。JavaScript 不会产生错误，因为它不需要支持函数重载。当然，假如方法不能适当处理提供的对象，可能会得到一个运行错误，但这只会发生在代码执行阶段。TypeScript 提供用于显式声明每个允许重载方法签名的语法，避免出现运行错误。

让我们看看代码清单 3.8 的代码能否正常工作。

代码清单 3.8   方法重载的错误尝试

```
class ProductService {
    getProducts() {                              ◄──┐没有参数的 getProducts()
        console.log(`Getting all products`);          方法
    }

    getProducts(id: number) { // error           ◄──┐包含一个参数的 getProducts()
        console.log(`Getting the product info for ${id}`);   方法
    }
}

const prodService = new ProductService();
```

```
prodService.getProducts(123);

prodService.getProducts();
```

TypeScript 编译器将会对第二个 getProducts()声明，给出一个错误，"Duplicate function implementation"，如图 3.6 所示。

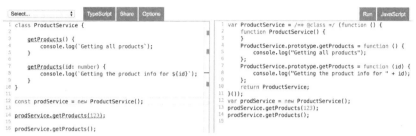

图 3.6　TypeScript 出错而 JavaScript 没有错误

TypeScript 代码(如图左侧)的语法存在错误，但是右侧的 JavaScript 语法没有问题。第 1 版的 getProducts()函数(第 4 行)被第 7 行的第 2 个 getProducts()替换，因此在运行期间，JavaScript 版的脚本只有 getProducts(id)这一个版本。

下面忽略编译器的错误，试着在 TypeScript 平台运行创建的 JavaScript 代码。浏览器控制台将仅从 getProducts(id)函数打印信息，即使我们想要调用该函数的不同版本。

```
Getting the product info for 123
Getting the product info for undefined
```

编译过的 JavaScript，方法(或函数)仅有一个函数体可以说明所有允许使用的方法参数。不过，TypeScript 提供说明方法重载的语法。它归结为声明所有允许的方法签名，但不用实现这些函数，紧跟后面提供执行方法(见代码清单 3.9)。

代码清单 3.9　方法重载的正确语法

```
class ProductService {

    getProducts(): void;            声明允许的
    getProducts(id: number): void;  函数签名
    getProducts(id?: number) {
        if (typeof id === 'number') {   实现方法
          console.log(`Getting the product info for ${id}`);
        } else {
          console.log(`Getting all products`);
        }
    }
}

const prodService = new ProductService();

prodService.getProducts(123);
prodService.getProducts();
```

注意方法实现中 id 参数后的问号。此问号声明该参数是可选的。如果不将该参数声明为可选的，则编译器将返回错误"Overload signature is not compatible with function implementation"。在代码示例中，这意味着如果声明无参数的 getProducts() 方法签名，方法实现允许无参数调用该函数。

> **提示**   忽略代码清单 3.9 中的前两个声明将会改变该程序的行为。这些代码行仅仅有助于 IDE 为 getProducts() 函数提供更好的自动完成操作。

在 TypeScript 平台 http://mng.bz/lozj 上试着执行该代码。注意生成的 JavaScript 代码仅有一个 getProducts() 函数，如图 3.7 所示。

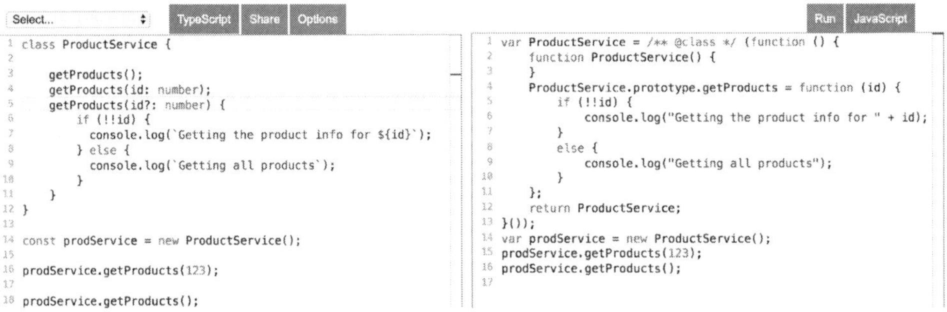

图 3.7   正确的重载函数语法

类似地，可以重载方法签名以标明它不仅可以有不同的参数，而且可以有不同类型的返回值。代码清单 3.10 展示了一个包含重载函数 getProducts() 的脚本。可以用两种方式调用该函数：

- 提供产品描述并返回 Product 类型的数组。
- 提供产品 id 并返回 Product 类型的单一对象。

代码清单 3.10   不同的参数及返回类型

```
interface Product {          ◄─── 定义 Product 类型
  id: number;
  description: string;
}                                          getProducts()的第      getProducts()
                                           一个重载签名        的第二个重载
class ProductService {                                        签名

    getProducts(description: string): Product[];    ◄
    getProducts(id: number): Product;    ◄                    getProducts()
    getProducts(product: number | string): Product[] | Product{    ◄  实现
      if (typeof product === "number") {
该方法通过        console.log(`Getting the product info for id ${product}`);
产品 id 调用              return { id: product, description: 'great product' };

      } else if (typeof product === "string") {    ◄
        console.log(`Getting product with description ${product}`);
                                            方法通过产品描述调用
```

```
        return [{ id: 123, description: 'blue jeans' },
                { id: 789, description: 'blue jeans' }];
      } else {
        return { id: -1,
                description: 'Error: getProducts() accept only number or
➡ string as args' };
      }
    }
}

const prodService = new ProductService();

console.log(prodService.getProducts(123));

console.log(prodService.getProducts('blue jeans'));
```

可以在 TypeScript 平台(http://mng.bz/BYov)观察并运行前面给出的代码样例。浏览器控制台上的输出见图3.8。

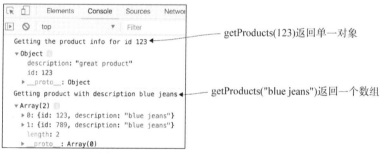

图 3.8　具有不同返回结果的重载函数

现在验证代码清单 3.10 中的代码。如果将声明 getProducts()签名的那两行代码注释掉，程序仍然会执行。调用该方法，参数可以提供数字或字符串，则该方法将会返回单一的 Product 或 Products 的数组。

问题是，如果你可以简单地用参数类型和返回值的 union 来实现的函数，为什么还要声明重载签名？函数重载有助于 TypeScript 编译器能够提供从参数类型到返回值类型的合适的映射。当重载函数签名被声明后，TypeScript 静态分析器将适时地建议调用重载函数的可能方式。图 3.9(来自 VS Code 的屏幕快照)显示了调用 getProducts()函数的第一个提示。

图 3.9　提示第 1 个方法签名

图 3.10 展示出调用 getProducts()的第 2 个提示，与第 1 个相比，参数与返回类型都不同。

图 3.10　提示第 2 个方法签名

如果注释掉 getProducts()签名的声明，提示就不那么容易推理得到。确定一种参数类型会导致返回结果返回哪种类型的值将非常困难，如图 3.11 所示。

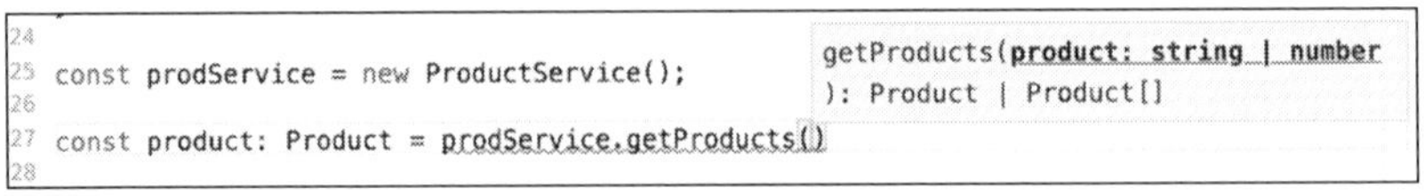

```
24
25  const prodService = new ProductService();          getProducts(product: string | number
26                                                     ): Product | Product[]
27  const product: Product = prodService.getProducts()
28
```

图 3.11　没有重载的提示

你可能认为 TypeScript 的函数重载所提供的好处不是很有说服力，我们也同意在不需要联合函数的参数和返回类型时，用不同的名称，例如 getProduct()和 getProducts()声明两个方法可能更方便。这是真的，除了一个用例：重载构造函数。

在 TypeScript 的类中，你只能为构造函数指定一个名称，即 constructor。如果需要创建包含几个有不同名称的构造函数的类，则需要使用重载的语法，如代码清单 3.11 所示。

代码清单 3.11　重载构造函数

```
class Product {                        无参数的构造
  id: number;                          函数声明
  description: string;
                                       有一个参数的
  constructor();                       构造函数声明
  constructor(id: number);
  constructor(id: number, description: string);      有两个参数的
  constructor(id?: number, description?: string) {   构造函数声明
    // 在这里实现构造函数
  }                                    处理所有可能参数
}                                      的构造函数实现
```

注意　因为我们期望允许如代码清单 3.11 所示的无参数构造函数，所以在构造函数实现时，让所有参数成为可选参数。

再次强调，重载构造函数并不是初始化对象的属性的唯一方法。例如，可以声明一个简单的接口来表示该构造函数的所有可能的参数。代码清单 3.12 声明一个包含所有可选属性的接口，以及包含一个带有一个构造函数的类，该构造函数只带有一个可选参数。

代码清单 3.12　包含一个可选参数的简单构造函数

```
interface ProductProperties {          有两个可选属性的
    id?: number;                       ProductProperties 接口
    description?: string;
}
                                       带有一个 ProductProperties 类
class Product {                        型的可选参数的类构造函数
  id: number;
  description: string;

  constructor(properties?: ProductProperties ) {
    //在这里实现构造函数
```

```
   }
 }
```

总之，在 TypeScript 中重载函数或构造函数时采用常识。尽管重载提供了多种调用函数的方法，但这种逻辑很快就会变得难以推理下去。在我们日常的 TypeScript 编程工作中，几乎很少使用重载。

3.2　使用 interface

在第 2 章中，我们学习了使用 TypeScript interface 声明自定义类型，并提出了一个一般规则：如果需要一个包含构造函数的自定义类型，则使用 class，否则请使用 interface。本节中，将学习如何使用 TypeScript 的 interface 确保用 class 实现特定的 API。

3.2.1　执行合同

interface 不仅可以用来声明属性，也可以用来声明函数(尽管没有实现)。class 声明可以包括 implements 关键字，紧跟着接口名。换言之，interface 仅仅包含方法签名，而类包含方法的实现。

假设你拥有一辆丰田凯美瑞。它由几千个完成不同工作的零部件组成，但是作为一名驾驶员，你仅仅需要知道如何使用少量的控制——如何打开和关闭发动机，如何加速和刹车，如何打开收音机等等。所有这些控制放一块儿，可以认为是一个由丰田凯美瑞设计者提供给你的 public interface。

现在假设你租了一辆车，租到的车是福特金牛，你以前从未驾驶过该车型。你知道怎么开这车吗？当然会，因为它有你熟悉的接口：打开发动机的钥匙、油门和刹车踏板等。当你在租车时，甚至可以要求租一辆有特定接口的车，例如带自动变速器的车。

让我们用 TypeScript 语法建模车的接口。代码清单 3.13 显示包含 5 个方法的 MotorVehicle 接口。

代码清单 3.13　MotorVehicle 接口

```
interface MotorVehicle {
   startEngine(): boolean;
   stopEngine(): boolean;
   brake(): boolean;                     声明应该由一个类
   accelerate(speed: number): void;      实现的函数签名
   honk(howLong: number): void;
}
```

注意，MotorVehicle 中的所有方法都没有被实现。现在声明一个 Car class，用于实现在 MotorVehicle interface 中声明的所有函数。通过使用关键字 implements，我们声明一个类来实现特定的接口。

```
class Car implements MotorVehicle {
   }
```

该类声明不能通过编译。编译给出的错误是"Class Car incorrectly implements interface MotorVehicle"。当你声明类实现一些接口时，你必须实现在接口中声明的每个方法。换言之，前述代码片段指出"我发誓类 Car 将实现在接口 MotorVehicle 中声明的 API"。代码清单 3.14 给出了用 Car 类简单实现的 MotorVehicle 接口。

代码清单 3.14　实现 MotorVehicle 的类

```
class Car implements MotorVehicle {
  startEngine(): boolean {                    ← ┐
    return true;
  }
  stopEngine(): boolean{                      ← ┤
    return true;
  }
  brake(): boolean {                          ← ┤  从接口实现方法
    return true;
  }
  accelerate(speed: number): void;            ← ┤
    console.log(`Driving faster`);
  }

  honk(howLong: number): void {               ← ┘
    console.log(`Beep beep yeah!`);
  }
}

const car = new Car();      ←——— 实例化 Car 类
car.startEngine();          ←——— 使用 Car 的 API 启动发动机
```

注意，我们并未显式地声明 car 常量的类型——这是类型推断的一个示例。实际上，我们可以按如下方式来显式地声明 car 的类型，但这不是必需的。

```
const car: Car = new Car();
```

也可以将 car 常量声明为 MotorVehicle 类型，因为 Car 类实现了如下的自定义类型。

```
const car: MotorVehicle = new Car();
```

以上关于 Car 常量的两种声明方式存在什么区别呢？看看 Car 类实现的 8 个函数：其中 5 个源于 MotorVehicle 接口，其他的几个比较随意。如果 Car 常量是 Car 类型的，则可以调用由 Car 表示的所有 8 个函数的对象实例。但如果 Car 的类型是 MotorVehicle，则使用 Car 常量时，只有在接口中声明的 5 个函数可以被调用。

可以说，接口强制执行特定的契约。在本例中，这意味着我们强制 Car 类来实现 MotorVehicle 接口中声明的 5 个函数，否则代码无法通过编译。

现在，给詹姆斯·邦德的车设计一个接口。是的，为 007 探员设计。这款车比较特殊，它不仅能飞，还能下水。没问题，首先声明一对接口(见代码清单 3.15)。

代码清单 3.15　可飞行和可下水车的接口

```
interface Flyable {
  fly(howHigh: number);
  land();
}

interface Swimmable {
  swim(howFar: number);
}
```

一个类可以实现多个接口，因此让我们确保设计的类实现以下两个接口(见代码清单 3.16)。

代码清单 3.16　包含三个接口的车

```
class Car implements MotorVehicle, Flyable, Swimmable {
  // 实现此处三个接口中的所有方法
}
```

实际上，让每辆车都会飞并能下水并不是一个好主意，因此让我们先不对代码清单 3.14 的 Car 类做修改。相反，让我们使用类继承并创建一个扩展类 Car 并增加了更多特性的 SecretServiceCar 类(见代码清单 3.17)。

代码清单 3.17　类的扩展及实现

```
class SecretServiceCar extends Car implements Flyable, Swimmable {
  // 实现此处两个接口的所有方法
  // 此处接口

}
```

通过实现在 Flyable 和 Swimmable 中声明的所有方法，SecretServiceCar 类将一辆普通的汽车改装为一个可以飞行和下水的对象。Car 类继续表示功能由 MotorVehicle 接口定义的普通汽车。

3.2.2　扩展接口

如前所见，合并类和接口增加了代码设计的灵活性。考虑另一个选项——扩展接口。

在前面的示例中，在需要开发能够提供秘密服务的汽车时，我们已经有一个 MotorVehicle 接口和一个 Car 类，用于实现该接口。在代码清单 3.17 中，SecretServiceCar 类继承自 Car 类以及实现另外两个额外的接口。

但是在设计用于执行秘密服务的特殊汽车时，你可能期望以不同的方式实现汽车接口中的所有方法，因此可能期望以如下方式声明 SecretServiceCar 类(见代码清单 3.18)。

代码清单 3.18　实现三个接口的类

```
class SecretServiceCar implements MotorVehicle, Flyable, Swimmable {
  // 实现此处三个接口中的所有方法

}
```

另一方面,我们可以飞行的对象也是一辆机动车,因此会按照如下方式声明 Flyable 接口(见代码清单 3.19)。

代码清单 3.19　扩展接口

```
interface Flyable extends MotorVehicle{          ◀——— 扩展自另外接口的接口
    fly(howHigh: number);          ┌ 声明要在一个类中实现的
    land();                        │ 方法签名
}
```

现在，如果某个类中包含 implements Flyable 声明，则它必须实现 MotorVehicle 接口(见代码清单 3.13)中声明的 5 个函数，以及 Flyable(见代码清单 3.19)的 2 个函数——共总 7 个函数。SecretServiceCar 类要执行这 7 个函数，外加 Swimmable 的一个函数(见代码清单 3.20)。

代码清单 3.20　实现 Flyable 和 Swimmable 的类

```
class SecretServiceCar implements Flyable, Swimmable {

    startEngine(): boolean {          ◀———┐
      return true;                        │
    };                                    │
    stopEngine(): boolean{            ◀———┤
      return true;                        │
    };                                    │
    brake(): boolean {                ◀———┤  实现 MotorVehicle
      return true;                        │  的方法
    };                                    │
    accelerate(speed: number) {       ◀———┤
      console.log(`Driving faster`);      │
    }                                     │
                                          │
    honk(howLong: number): void {     ◀———┘
      console.log(`Beep beep yeah!`);
    }

    fly(howHigh: number) {            ◀———┐
      console.log(`Flying ${howHigh} feet high`);  │  实现 Flyable
    }                                     │  的方法
    land() { 2((CO16-7))              ◀———┘
      console.log(`Landing. Fasten your belts.`);
    }
                                      ┌ 实现 Swimmable 的方法
    swim(howFar: number) {        ◀———┘
      console.log(`Swimming ${howFar} feet`);
    }
}
```

提示　即使将 Swimmable 也扩展到 MotorVehicle，TypeScript 编译器也不会报错。

声明包含方法签名的接口提高了代码的可阅读性，因为包含描述定义清晰的特征集合的接口可以由 1 个或更多具体类来实现。

但是接口不会告诉你一个类将会如何实现它。在编程中使用面向对象编程的开发人员有一个口头禅："Program to interfaces, not implementations。"在下一节中，你将看到这是什么意思。

3.2.3　接口编程

为理解接口编程的含义和好处，让我们考虑一个不使用该技术的案例。设想你需要编写代码，用于从某个数据源中检索所有产品或单一产品的信息。

你知道如何编写类，因此立即可以开始执行。你定义一个自定义 Product 类，以及包含两个函数的 ProductService 类(见代码清单 3.21)。

代码清单 3.21　编程实现

```
class Product {           ◀──── 自定义 Product 类型
  id: number;
  description: string;
}
                          一个 ProductService
                          的具体实现
class ProductService {    ◀──

  getProducts(): Product[]{   ◀──── 实现方法
    // 从真实数据源获取产品的代码应该在这里

    return [];
  }

  getProductById(id: number): Product { 3((CO17-4))
    //从真实数据源获取产品的代码应该在这里
    return { id: 123, description: 'Good product' };
  }
}
```

然后，在 App 的多个位置，可以实例化 ProductService 并使用其函数。

```
const productService = new ProductService();
const products = productService.getProducts();
```

这很容易，不是吗？你骄傲地提交这些代码到源代码库中，但是你的项目经理却说，后台人员推迟了为你的 ProductService 提供数据的服务器的实现期限。项目经理要求你创建另一个类，MockProductService，要有相同的能够返回硬编码的产品数据的 API。

没问题。你开始编写另外一个实现产品服务的代码(见代码清单 3.22)。

代码清单 3.22　product service 的另一种实现

MockProductService 的具体实现

```
class MockProductService {

    getProducts(): Product[]{
        // 这里是获取硬编码产品的代码

        return [];
    }

    getProductById(id: number): Product {

        return { id: 456, description: 'Not a real product' };
    }
}
```

一种实现方法

> **提示**　你可能需要创建 MockProductService，不仅是因为后端的家伙们任务延迟，也可能是由于不是真正需要服务的单元测试的要求。

你已经创建了有关 product service 的两种具体实现。希望你在声明 MockProductService 中的函数时不会犯错。它们需要与 ProductService 完全相同，否则，可以拆散使用 MockProductService 的代码。

我们不喜欢使用上一段中类似"希望"之类的词。我们已经知道接口允许我们对某个类强制执行合同——本例中强制执行的类是 MockProductService。但是此处不打算声明任何接口。

这听起来很奇怪，但是在 TypeScript 中，你能声明一个实现另一个类的类。较好的方法是采用如下方式编写 ProductService：

```
class MockProductService implements ProductService {
    // 这里是实现
}
```

当在一个类名前加上 implement 时，TypeScript 足够聪明，能够理解你希望使用它作为一个接口并强制实现 ProductService 的所有 public 函数。采用该方式，你不会忘记实现某件事，否则，将会在声明 getProducts()或 getProductById()签名时犯错。除非你在 MockProductService 类中恰当地实现这些方法，否则代码不能通过编译。

但是最好的方法是一开始就编程到接口中。当你有需要编写包含两个函数的 ProductService 的需求时，你应当首先声明一个包含这些函数的接口，先不用担心如何实现的问题。

让我们将该接口称为 IProductService，并在接口中声明两个函数签名，然后声明一个 ProductService 类用于实现该接口(见代码清单 3.23)。

代码清单 3.23　接口编程

```
interface Product {
    id: number;
    description: string;
```

使用接口声明
自定义类型

```
}
interface IProductService {          ←——— 将 API 声明为接口
  getProducts(): Product[];
  getProductById(id: number): Product
}

class ProductService implements IProductService {      ←——— 接口实现

  getProducts(): Product[]{
    // 这里是从真实数据源获取产品的代码

    return [];
  }

  getProductById(id: number): Product {
    // 通过 id 获取产品的代码在这里
    return { id: 123, description: 'Good product' };
  }
}
```

将 API 声明为接口显示出你花费时间思考需要的功能，过后再考虑具体的实现。现在，如果一个新类，例如 MockProductService，需要被实现，则可以如下所示的方式开始。

```
class MockProductService implements IProductService {
  // 这里是接口方法的另一种具体实现
}
```

你注意到在代码清单 3.21 和 3.23 中，自定义类型 Product 的实现是不同的吗？如果不需要实例化自定义类型(例如，Product)，则使用 interface 关键字，而不要使用 class 关键字，JavaScript "痕迹" 更小。在 TypeScript 平台上尝试这两个代码清单中的代码，并与生成的 JavaScript 代码比较。Product 作为 interface 生成的版本将更简洁。

提示　我们命名接口 IProductService，首字母为大写的 I，而类名是 ProductService。有些人在具体实现时，更愿意使用后缀 Impl，例如 ProductServiceImpl，简化接口 ProductService 的命名。

另外一个接口编程的实例是使用 factory 模式，可以实现一些商业逻辑并返回适当的对象实例。如果我们需要编写要么返回 ProductService，要么返回 MockProductService 的 factory 函数，我们应当使用接口作为其返回类型(见代码清单 3.24)。

代码清单 3.24　factory 函数

```
function getProductService(isProduction: boolean): IProductService {   ←
  if (isProduction) {
    return new ProductService();
  } else {                                            使用接口作为返回类
    return new MockProductService();                 型的 factory 函数
  }
}
```

```
                                               接口类型的常量
const productService: IProductService;

...                                   在现实的 app 中，此处
                                      不能被硬编码
const isProd = true;
const productService: IProductService = getProductService(isProd);

const products = productService.getProducts();
                                                      获得产品服务
                       调用产品服务中的函数                的合适实例
```

在该例中，我们给 isProd 常量赋予硬编码值 true。而在实际应用的 App 中，该值从属性文件或环境变量中获得。将该属性从 true 改为 false，就可以改变 App 在运行时的行为。

尽管返回对象的实际类型要么是 ProductService 要么是 MockProductService，但我们在函数签名时使用 IProductService 抽象类。这将导致我们的 factory 函数更灵活，更容易扩展：将来，如果我们要修改该函数体用于返回一个类型为 AnotherProductService 的对象，仅需要确保该新类的声明包括 implements IProductService，不需要任何其他改变，使用 factory 函数的代码将通过编译。接口编程！

提示　第 16 章有一个名为"再次讨论接口编程"的边栏，在其中你将学习另外一个用例，利用接口编程可防止出现运行时错误。

注意　在 11.5 节，解释在 Angular 框架使用依赖注入的细节时，我们将回到抽象类编程的思想。你将看到不能使用 TypeScript 接口，代之可以使用抽象类。

3.3　本章小结

- 可以另外一个类为基类来创建一个新类。我们将该方式称为类继承。
- 子类可以使用超类的 public 和 protected 属性。
- 可以通过使用一个 private 构造函数，创建仅能被实例化一次的类。
- 如果超类与其子类中存在同名函数签名，我们将这种情况称为函数覆盖。类构造函数也能够被覆盖。使用 super 关键字和 super() 函数，子类可以调用超类的类成员。
- 可以为函数声明多个签名，这种情况被称为函数重载。
- 接口可以包括函数签名，但不能包括函数的实现。
- 可以从一个接口继承另一个接口。
- 在类实现时，查看是否可以在不同的接口中声明函数。然后，需要在类中实现该接口。此方法提供清晰的方式将功能声明与实现分离。

第 **4** 章

使用枚举和泛型

本章要点：

- 使用枚举的好处
- 数字与字符串枚举的语法
- 泛型类型的作用
- 如何编写支撑泛型的类、接口和函数

在第 2 章中，我们介绍了 unions 类型，该类型可以通过合并几个已有的类型来创建自定义类型。本章将学习如何使用枚举——一种基于有限的值集合类型创建新类型的方式。

我们还将介绍泛型，泛型允许针对类的成员、函数的参数以及它们的返回值设置类型约束。

4.1 使用枚举

Enumerations(也称为 enums)允许创建有共同点的命名常量的有限集合。这样的常量可以是数字或者字符串。

4.1.1 数字型枚举

一周包含 7 天，你可以用数字 1 到 7 表示一周中的每一天。但是每周的第 1 天是哪天呢？

根据 ISO 8601，数据元素和交换格式标准中的定义，一周的第 1 天是星期一，当然这并不能阻止像美国、加拿大、澳大利亚等国家认为星期天是每周的第 1 天。如果有人将数字 8 分配给存储日期的变量，会怎么样呢？我们不希望发生这种情况，因此用日期名称代替数字，使我们代码的可读性更强。仅仅靠使用数字 1 到 7 表示星期几，也许并不是一个好主意。另一方面，使用数字存储日期比使用名称存储日期效率更高。我们既需要可读性，也需要有将取值限制在有限集合内的能力，还希望获得较好的数据存储效率。

　　TypeScript 用 enum 关键字定义常量的有限集合。可以采用如下方式声明日期的新类型(见代码清单 4.1)。

代码清单 4.1　用枚举类型定义周

```
enum Weekdays {
  Monday = 1,
  Tuesday = 2,
  Wednesday = 3,
  Thursday = 4,
  Friday = 5,
  Saturday = 6,
  Sunday = 7
}
```

　　上述代码清单定义了一个新类型，Weekdays，该类型包含有限的数字值。用数字值初始化每个 enum 成员，一周中的每一天可以使用点表示法来引用。

```
let dayOff = Weekdays.Tuesday;
```

　　此时，变量 dayOff 的值为 2，但假如你将该行代码输入到 IDE 上或 TypeScript 平台上，系统会提示你可能的值，如图 4.1 所示。

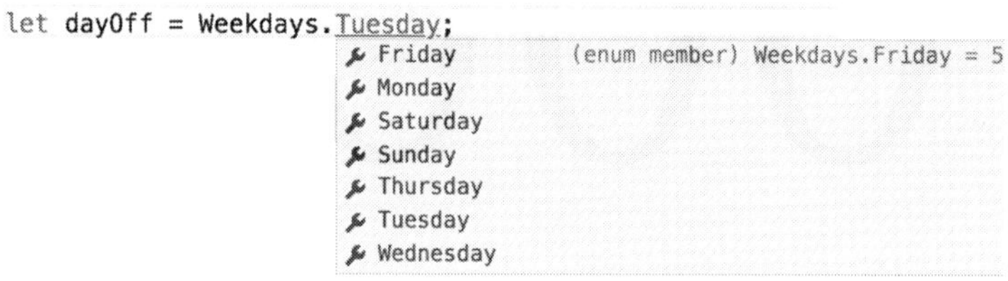

图 4.1　自动完成功能下的枚举类型

　　使用 Weekdays enum 可以制止你犯错误以及给变量 dayOff 分配一个错误的值(例如 8)。当然，严格来说，没有什么能够阻止你忽略该 enum 并编写出 dayOff = 8，但这将是一个小错误。

　　代码清单 4.2 中，我们仅仅将星期一初始化为 1，其他各天的值使用自动增量分配：星期二被初始化为 2，星期三被初始化为 3，以此类推。

代码清单 4.2　带自动增量值的枚举类型

```
enum Weekdays {
  Monday = 1,
  Tuesday,
  Wednesday,
  Thursday,
  Friday,
  Saturday,
  Sunday
}
```

默认情况下，enum 从 0 开始赋值，因此，如果不显式地将 Monday 成员赋值为 1，则其值为 0。

反转数字枚举

如果你知道数字枚举的值，就能找到枚举成员的名称。例如，假定你有一个返回星期几号码的函数，你希望打印返回值的名称。以该值为索引，就可以检索日期的名称。

```
enum Weekdays {          ◄──── 声明数字枚举类型
  Monday = 1,
  Tuesday,
  Wednesday,
  Thursday,
  Friday,
  Saturday,
  Sunday
}
                                     获得值等于3的
                                     成员的名称
console.log(Weekdays[3]);  ◄────
```

以上代码的最后一行中，我们检索日期为 3 的名称。将在控制台上输出 Wednesday。

某些情况下，你不会关心哪些数字值被分配给枚举类型成员——以下的 convertTemperature() 函数描述该问题。它将温度从华氏转换到摄氏，或者从摄氏转换为华氏。在此版本的 convertTemperature() 中，我们没有使用枚举类型，稍后会用枚举重写该函数(见代码清单 4.3)。

代码清单 4.3　未用枚举类型的温度转换

```
此函数有两个参数:
温度和转换方式
└─► function convertTemperature(temp: number, fromTo: string): number {

    return ('FtoC' === fromTo) ?          从华氏转
        (temp - 32) * 5.0/9.0:            换为摄氏         华氏 70
        temp * 9.0 / 5.0 + 32;                            度转换
}                                         从摄氏转         为摄氏
                                          换为华氏
console.log(`70F is ${convertTemperature(70, 'FtoC')}C`);          摄氏 21
console.log(`21C is ${convertTemperature(21, 'CtoF')}F`);          度转换
console.log(`35C is ${convertTemperature(35, 'ABCD')}F`);  ◄────   为华氏

                                                   调用被赋予无意义
                                                   fromTo 参数的函数
```

如代码清单 4.3 所示，如果你传递给 fromTo 中的值是除 FtoC 的任何值，则函数将摄氏度转换为华氏度。在最后一行，我们故意地提供错误值 ABCD 作为 fromTo 的参数值。你可以看到函数仍然执行从摄氏到华氏的转换。可以在 CodePen(http://mng.bz/JzaK)测试具体执行情况。用错误的值调用函数应当被编译器"抓住"，而这正是 TypeScript 的枚举能够实现的事情。

在代码清单 4.4 中，声明了 Direction 枚举，将可以输入的常量限制为只能是 FtoC 或 CtoF。

我们将改变 fromTo 参数的类型，从 string 改为 Direction。

代码清单 4.4　用枚举类型的温度转换

```
enum Direction {        ◄────── 声明 Direction 枚举
  FtoC,
  CtoF                                        第 2 个参数的类型为
}                                             Direction 枚举类型

function convertTemperature(temp: number, fromTo: Direction): number { ◄──

    return (Direction.FtoC === fromTo) ?
        (temp - 32) * 5.0/9.0:
        temp * 9.0 / 5.0 + 32;                        使用枚举成
}                                                     员调用函数
console.log(`70F is ${convertTemperature(70, Direction.FtoC)}C`);
console.log(`21C is ${convertTemperature(21, Direction.CtoF)}F`);
```

因为函数的第 2 个参数的类型为枚举类型 Direction，在调用该函数时，我们必须提供枚举类型的成员作为函数的参数，例如 Direction.CtoF。我们对此成员的数字值不感兴趣。枚举的目的仅仅是提供有限的常量集合：CtoF 和 FtoC。IDE 将提示你第 2 个参数有两个可能值，你没有出现错误输入的机会。

提示　尽管第 2 个参数被限定为使用 Direction 类型，但仍可能产生另一个错误——调用该函数 convertTemperature(50.0，99)。

枚举成员都被初始化(要么是显式的，要么是隐式的)。本节的所有具有枚举成员的例子中，都用数字初始化，但是 TypeScript 也允许你用字符值创建枚举，我们将在下一节学习此类方法。

4.1.2　字符串枚举

某些情况下，你可能希望声明一个字符串常量的有限集合，要实现该想法，可以使用字符串枚举——其成员被初始化为字符串值。假设你正在编写一个计算机游戏，游戏选手可以沿四个方向运动(见代码清单 4.5)。

代码清单 4.5　声明字符串枚举

```
enum Direction {
    Up = "UP",
    Down = "DOWN",             用字符串值初
    Left = "LEFT",             始化枚举成员
    Right = "RIGHT",
  }
```

在声明一个字符串枚举时，必须初始化每个成员。你可能会问，"为什么不在这儿定义一个数字型枚举，以便能够让 TypeScript 用任何数字自动初始化其成员呢？"原因在于某些情况

下，你可能会希望为每个枚举成员定义一个有意义的值。例如，你需要调试该程序，而不是期望看到最后一步的移动是 0，你希望看到的最后一步移动是 UP。

紧接着你可能还会问"为什么声明 Direction 枚举，而不是声明 4 个值为 UP、DOWN、LEFT、RIGHT 的字符串常量？"，你当然可以这么做，但假设有如下所示签名的函数。

```
move(where: string)
```

开发人员可能会犯错误(或者是打字错误)并以 move("North")调用该函数。但是 North 并不是合法的方向，因此使用 Direction 枚举声明这个函数会比较安全。

```
move(where: Direction)
```

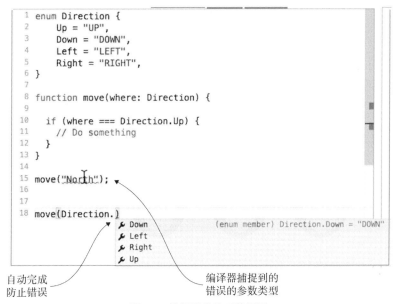

图 4.2　捕捉错误的函数调用

如图 4.2 所示，我们犯下了错误，在第 15 行提供了"North"字符串。编译器返回的错误是"类型为"North"的参数不能被分配给 Direction 类型的参数"。在第 18 行，使用了 Direction 枚举类型，IDE 提供了一个可供选择的枚举成员列表，以确保你不会提供错误的参数。

可以使用 union 类型替代枚举。例如，move()函数的签名如下所示：

```
function move(direction: 'Up' | 'Down' | 'Left' | 'Right') { }
move('North'); // 编译错误
```

另外一种替换枚举的方法是使用自定义类型：

```
type Direction = 'Up' | 'Down' | 'Left' | 'Right';
function move(direction: Direction) {}
move('North'); //编译错误
```

现在让我们设想需要跟踪 App 的状态变化。对每个 App 视图，用户可以初始化一个有限数量的活动,你希望记录产品视图中发生的活动。最初 App 尝试加载产品,这一活动可能成功,也可能失败。用户也能搜索产品。为表示产品视图的状态,可以声明一个字符串枚举(见代码清单4.6)。

代码清单4.6 声明用于监视活动的字符串枚举类型

初始化 Search 成员
```
enum ProductsActionTypes {
    Search = 'Products Search',        初始化 Load 成员
    Load = 'Products Load All',
    LoadFailure = 'Products Load All Failure',
    LoadSuccess = 'Products Load All Success'     初始化 LoadFailure
}                                                  成员
                        初始化 LoadSuccess 成员
// 如果加载产品的功能失败……                         屏幕打印"Products
console.log(ProductsActionTypes.LoadFailure);      Load All Failure"
```

当用户单击 Load Products 键时,将记录 ProductsActionTypes.Load 成员,记录结果为 "Products Load All"。如果未能成功加载产品,记录值为 ProductsActionTypes.LoadFailure,记录的文本为"Products Load All Failure"。

> **注意** 有些状态管理框架(例如 Redux)在 App 的状态发生改变时,需要 App 发出动作。可以声明像代码清单4.6所示的字符串枚举,发出 ProductsActionTypes.Load, ProductsActionTypes. LoadSuccess 等动作。

字符串枚举能够方便地被映射为来自服务器或数据库的字符串值(订单状态,用户角色等),不需要额外编写代码,提供所有强类型的一切好处。我们将在本章结束处的代码清单4.17中描述该功能。

> **注意** 字符串枚举是不可逆的——即若你知道成员的值,不能找到其名称。

4.1.3 使用常量枚举

在声明枚举类型时,若使用关键字 const,则其值将被内置,不会产生 JavaScript 代码。

比较两个分别包含 enum 和 const enum 的 JavaScript 代码。图4.3左侧给出的是声明 enum 时未使用 const,右侧给出的是生成的 JavaScript 代码。为方便描述,在代码段最后一行,采用了 theNextMove。

```
1 enum Direction {                      1 var Direction;
2     Up = "UP",                        2 (function (Direction) {
3     Down = "DOWN",                    3     Direction["Up"] = "UP";
4     Left = "LEFT",                    4     Direction["Down"] = "DOWN";
5     Right = "RIGHT",                  5     Direction["Left"] = "LEFT";
6 }                                     6     Direction["Right"] = "RIGHT";
                                        7 })(Direction || (Direction = {}));
8 const theNextMove = Direction.Down;   8 var theNextMove = Direction.Down;
```

图4.3 不包括 const 关键字的枚举

现在,在图 4.4 中在第 1 行的 enum 前面添加了 const 关键字,与图 4.3 给出的 JavaScript 代码(图 4.3 右侧)比较。

```
1  const enum Direction {          1  var theNextMove = "DOWN" /* Down */;
2      Up = "UP",                   2
3      Down = "DOWN",
4      Left = "LEFT",
5      Right = "RIGHT",
6  }
7
8  const theNextMove = Direction.Down;
```

图 4.4 包含 const 关键字的枚举

如你所见,在图 4.4 中,没有为 enum Direction 生成 JavaScript 代码。但是来自 TypeScript 代码的枚举成员的值(Direction.Down)内联到 JavaScript。

> **提示** 在早前的侧栏"反转数字枚举"中包括一个代码清单。在代码清单中我们将其枚举的第 3 个成员:Weekdays[3]反转。当使用 const num 时,是不可能实现的。因为生成的 JavaScript 中没有表示它们。

在 enum 前使用 const 产生更精确的 JavaScript,但要记住,因为没有创建 JavaScript 代码表示你的枚举,则可能会遇到一些限制。例如,你不能用其值检索数字枚举成员的名称。

总的来说,使用枚举增强了程序的可读性。

4.2 使用泛型

大家知道,TypeScript 有内置类型,你也可以创建自定义类型。但是关于此还有很多内容。听起来很奇怪,类型能够被参数化——你可以提供作为一种参数的类型(没有值)。

声明一个包含特定的具体类型参数的函数非常简单,例如参数类型为数字或字符串。

```
function calctTax(income: number, state: string){...}
```

但是 TypeScript 泛型允许你编写一个函数,该函数可以有多种类型。换言之,你可以声明一个泛化类型的函数,具体用哪种类型可以稍后由调用它的函数定义。

在 TypeScript 中,可以编写泛化函数、类或接口。泛型可以用任意字母(或字母集)表示,例如数组 Array<T>中的 T,当你声明一个特定数组时,在尖括号中提供的就是具体类型,例如数字。

```
let lotteryNumbers: Array<number>;
```

本节你将学习如何使用其他人编写的泛型代码,以及如何创建可以与类、接口和函数一起工作的泛型。

4.2.1 理解泛型

泛型是可以处理多种类型值的一段代码,当该段代码被使用时(在函数调用和类实例化期间)才定义值的类型。

下面考虑 TypeScript 数组，可以如下定义。

- 用 [] 定义数组元素的类型：

```
const someValues: number[];
```

- 将尖括号内给定的参数类型定义给泛型数组。

```
const someValues: Array<number>;
```

如果数组中的所有元素具有同样的类型，上述两种声明等价，但是显然第 1 种方式更简单易读。考虑第 2 种语法，尖括号表示一种参数化的类型。可以像其他限制取值类型的数组那样实例化该数组(本例中取值为数字)。过会儿，我们将展示给你一种用泛型声明数组的更好方法。

后续代码片段将创建数组，该数组被初始化为包括 10 个 Person 类型的对象，而 people 变量的推断类型为 Person[]。

```
class Person{ }

const people = new Array<Person>(10);
```

TypeScript 数组元素可以是任何类型的对象，但如果你决定使用泛型数组类型，则必须定义数组允许使用何种值类型，例如 Array<Person>。通过定义，你对数组的实例给出了一个约束。如果试图在该数组中添加一个不同类型的对象，则 TypeScript 编译器将产生错误。在另一段代码中，你能够使用不同参数类型的数组，例如 Array<Customer>。

代码清单 4.7 声明了一个 Person 类，及其子类为 Employee，还有一个 Animal 类。而后实例化每个类并试图将所有对象存储在 workers 数组中，workers 数组使用泛型数组标注类型参数为 Array<Person>

代码清单 4.7　使用泛型类型

```
class Person {          ◄────── 声明 Person 类
    name: string;
}

class Employee extends Person {      ◄────── 声明 Person 类的子类
    department: number;
}

class Animal {    ◄────── 声明 Animal 类
    breed: string;
}                                        声明并初始化包含具
                                         体参数的泛型数组
const workers: Array<Person> = [];   ◄────

workers[0] = new Person();
workers[1] = new Employee();             在数组中添加对象
workers[2] = new Animal(); // 编译时错误
```

在代码清单 4.7 中，最后一行无法通过编译，因为 workers 数组被声明为 Person 参数类型，

Animal 不是 Person 类。但是 Employee 类继承自 Person 类，可以认为它是 Person 的子类型，因此可以在任何允许使用超类 Person 的地方使用 Employee 子类型。

通过使用带有参数<Person>的泛型 workers 数组，声明了用于存储 Person 类仅有的实例或者兼容类型的对象的计划。试图在同一个数组中存储类 Animal(定义在代码清单 4.7 中)实例将会产生如下的编译错误："类型 Animal 不能分配给类型 Person。类型 Animal 缺少属性名。"换言之，使用 TypeScript 泛型有助于避免误用类型的错误。

泛型差异

术语"泛型差异"与在程序中的任何特定位置使用子类或超类的规则有关。例如，在 Java 中，数组是协变的，意味着当数组 Person[](超类)被允许使用时，也可以使用 Employee[](子类)。

由于 TypeScript 支持结构类型，因此当 Person 类可用，就可以使用与 Person 类兼容的其他对象或 Employee。换言之，泛型差异适用于结构相同的对象。考虑到匿名类型在 JavaScript 中的重要性，对这方面的理解对 TypeScript 中的泛型的优化使用是非常重要的。

为了解如果类型 A 可以在需要类型 B 的地方使用，可以在 http://mng.bz/wla2 阅读 TypeScript 文档中有关结构子类型的资料。

提示 在代码清单 4.7 中，我们使用 const(而不是 let)声明 workers 标识符，因为其值绝不会变化。添加新对象到 workers 数组中不会改变数组存储的地址，因此 workers 标识符始终不变(也就是，始终如一)。

如果你比较熟悉 Java 或 C#中的泛型，可能也会很好地理解 TypeScript 中的泛型。不过，需要注意的是，Java 和 C#使用的是名义类型系统。TypeScript 使用的是结构化类型系统，正如我们在 2.2.4 节中给出的解释那样。

在名义类型系统中，类型将根据其名称进行检查，而在结构化类型系统中，类型是根据结构进行检查的。基于名义类型系统的语言，以下代码始终会导致错误发生。

```
let person: Person = new Animal();
```

而在结构化类型系统中，只要类型的结构相同，你就可以把一种类型的对象分配给另一种类型的变量。让我们在 Animal 类中添加一个 name 属性(见代码清单 4.8)。

代码清单 4.8 泛型与结构化类型系统

```
class Person {
    name: string;
}

class Employee extends Person {
    department: number;
}

class Animal {
    name: string;          ◄──── 与代码清单 4.7 比较，
                                唯一增加的代码行
```

```
    breed: string;
}

const workers: Array<Person> = [];

workers[0] = new Person();
workers[1] = new Employee();
workers[2] = new Animal(); // 无错误
```

现在 TypeScript 编译器不会认为将 Animal 对象分配到一个 Person 类型的变量中存在问题。类型为 Person 的变量期望有一个包含 name 属性的对象，而 Animal 对象正好有！这并不是说 Person 和 Animal 表示同一个类型，而只能说它们的类型兼容。

此外，你甚至不必创建一个新的 Person、Employee、Animal 类——可以改用对象字面量的语法。将如下代码添加到代码清单 4.8 中非常不错，因为对象字面量结构与类型 Person 兼容。

```
workers[3] = { name: "Mary" };
```

另一方面，试着将 Person 对象分配给类型为 Animal 的变量将导致编译错误。

```
const worker: Animal = new Person(); // 编译错误
```

错误信息为"类型 Person 中缺少属性 breed，"这是非常有道理的，因为，如果你声明一个类型为 Animal 的 worker 变量，但创建的 Person 对象却没有 breed 属性，你就不能编写 worker.breed 代码。由此会在编译时产生错误。

注意　前一句话可能会惹怒精明的 JavaScript 开发者，他们可能习惯于毫不犹豫地添加类似 worker.breed 这样的对象属性。如果 worker 对象不存在 breed 属性，JavaScript 引擎就会创建它，是吗？这种情况对动态类型代码可以，但如果决定使用静态类型，就必须遵守规则。

泛型可用于各种场景。例如，可以创建获取各种类型值的函数，但是在函数被调用时，必须定义具体类型。要让泛型能与类、接口或函数一起使用，该类、接口或函数的创建者必须以特殊方式编写它们以支持泛型。

何时使用泛型数组

我们以两种不同的方式声明数字数组作为本节的开始。让我们采用另外一个例子：

```
const values1: string[] = ["Mary", "Joe"];
const values2: Array<string> = ["Mary", "Joe"];
```

当数组的所有元素有同样的类型，可以使用用于声明 values1 的语法——该方法易于阅读和编写。但如果数组存储的是不同类型的元素，则可以使用泛型限制允许在数组中使用的类型。

例如，声明一个可以使用数字和字符串的数组。在以下代码片段中，声明 values3 的代码行将会产生编译错误，因为该数组不允许使用布尔值。

```
const values3: Array<string | number> = ["Mary", 123, true]; // 有错误
const values4: Array<string | number> = ["Joe", 123, 567]; // 无错误
```

在位于 http://mng.bz/qXvJ 的 TypeScript GitHub 库中，打开 TypeScript 的类型定义文件 (lib.d.ts)，你将看到 Array 接口的声明，如图 4.5 所示。

第 1008 行的<T>是具体类型的占位符，必须由应用开发者在声明数组时提供，如我们在代码清单 4.8 中所做的那样。当添加新的成员到数组中时，TypeScript 需要你为数组声明类型参数，编译器将检查其类型是否与已经声明的类型匹配。

```
1008    interface Array<T> {
1009        /**
1010         * Gets or sets the length of the array. This is a number one higher than the h
1011         */
1012        length: number;
1013        /**
1014         * Returns a string representation of an array.
1015         */
1016        toString(): string;
1017        toLocaleString(): string;
1018        /**
1019         * Appends new elements to an array, and returns the new length of the array.
1020         * @param items New elements of the Array.
1021         */
1022        push(...items: T[]): number;
1023        /**
1024         * Removes the last element from an array and returns it.
1025         */
1026        pop(): T;
```

图 4.5　描述 Array API 的 lib.d.ts 片段

在代码清单 4.8 中，使用了具体类型<Person>，替换由字母<T>表示的泛型参数。

```
const workers: Array<Person>;
```

但因为 JavaScript 不支持泛型，所以你无法在由编译器产生的代码中看到它们，泛型(以及任何其他类型)在编译时被删除掉。类型参数是一种用于在编译时保护开发者安全的网。

在图 4.5 中的代码行 1022 和 1026，可以看到更多的泛型 T 的类型。当泛型类型由函数参数指定时，不需要尖括号——在代码清单 4.9 中可以看到该类型语法。

在 TypeScript 中没有 T 类型。此处的 T 表示 push()和 pop()函数，将"压入"或"弹出"在数组声明过程中提供类型的对象。例如，在后面的代码片段中，我们声明了一个数组，该数组使用类型 Person 替换类型 T，这就是可以使用 Person 实例作为 push()方法的参数的原因。

```
const workers: Array<Person>;
workers.push(new Person());
```

注意　字母 T 表示类型，这很直观，但是任何字母或单词都可用于声明泛型类型。在图中，开发者通常使用字母 K 表示键，V 表示值。

在数组接口的 API 上观察到 T 类型告诉我们,其创建者保证对泛型提供支持。即使你并未有创建自己的泛型类型的计划,但是在阅读其他人编写的代码或者 TypeScript 文档时,了解泛型的语法对你来说也的确是非常重要的。

4.2.2　创建自己的泛型类型

可以创建自己的泛型类、接口或函数。本节将创建一个泛型接口,相关的解释也可以用于创建泛型类。

假设有一个 Rectangle 类,需要为其增加比较两个矩形大小的方法。如果你采用接口编程的概念(参考 3.2.3 节),只需要将 compareRectangle()函数添加到 Rectangle 类中。

但尽管有了接口编程的概念,你仍然可能会有不同的想法:"今天,需要比较矩形大小,明天可能又需要比较其他对象。为此,也许应该更聪明一些,声明一个包含 compareTo()函数的接口。对矩形类,以及未来可能出现的其他类,都可以实现该接口。用于比较矩形的算法与比较其他对象,例如三角形的算法不同,但至少它们有共同点,compareTo()的函数签名看起来一样。"

有一个某种类型的对象,该对象需要一个 compareTo()函数实现该对象与同样类型的另外一个对象的比较。如果该对象比其他对象大,则 compareTo()函数将返回一个正数;如果该对象比其他对象小,则返回负数;若相等,则返回 0。

若不熟悉泛型类型,定义一个如下接口。

```
interface Comparator {
  compareTo(value: any): number;
}
```

compareTo()函数可以取任何对象作为其参数,实现 Comparator 的类必须包括适当的比较函数(例如比较矩形大小)。

代码清单 4.9 展示的是使用 Comparator 接口实现矩形和三角形类的部分代码。

代码清单 4.9　未采用泛型类型的接口

```
interface Comparator {
  compareTo(value: any): number;  ◄———— compareTo()函数接收
}                                        类型为 any 的参数

class Rectangle implements Comparator {   实现矩形大小比较的
                                          compareTo()方法
  compareTo(value: any): number {  ◄————
    // 这里是比较矩形的算法
  }
}

class Triangle implements Comparator {   实现三角形大小比较
                                         的 compareTo()方法
  compareTo(value: any): number {  ◄————
    // 这里是比较三角形的算法
```

```
    }
}
```

如果开发者晚上睡眠很好，喝了一杯双份浓咖啡，他们将会创建两个矩形的实例，然后将其中一个传递给另外一个的 compareTo() 函数。

```
rectangle1.compareTo(rectangle2);
```

但若早上咖啡机出现故障无法工作，会出现什么状况呢？我们的开发人员可能会犯错误，试图比较矩形和三角形。

```
rectangle1.compareTo(triangle1);
```

Triangle 匹配 compareTo() 函数的 any 类型参数，上述代码将导致运行错误。为了在编译期间捕获此类错误，我们使用泛型类型(而不是 any)，在可以提供给 compareTo() 函数的参数的类型上增加另一个约束。

```
interface Comparator<T> {
    compareTo(value: T): number;
}
```

接口和函数使用同一个字母 T 表示的泛型类型是非常重要的。现在 Rectangle 和 Triangle 类可以实现 Comparator，用尖括号定义具体类型(见代码清单 4.10)。

代码清单 4.10　使用带泛型类型的接口

声明包含一个类型参数的泛型接口

```
interface Comparator <T> {                               ◀── 包含一个泛型类型参数
    compareTo(value: T): number;                              的 compareTo() 函数
}

class Rectangle implements Comparator<Rectangle> {       ◀── 矩形类中的 compareTo()
                                                              有一个类型为 Rectangle
    compareTo(value: Rectangle): number {                     的参数
        // 这里是比较矩形的算法
    }
}

class Triangle implements Comparator<Triangle> {         ◀── 三角形类中的 compareTo()
                                                              有一个类型为 Triangle 的
    compareTo(value: Triangle): number {                      参数
        //这里是比较三角形的算法
    }
}
```

假设开发者试图犯同样的错误：

```
rectangle1.compareTo(triangle1);
```

TypeScript 代码分析器将在 triangle1 底部画出红色波浪线，报告说 "Argument of type

'Triangle' is not assignable to parameter of type 'Rectangle'.". 如你所见，使用泛型类型降低了代码质量与咖啡机的关联。

代码清单 4.11 给出的是一个工作实例，声明一个用于声明 compareTo()函数的 Comparator<T>接口。代码显示接口如何能够用于比较矩形以及比较程序员。我们的算法很简单：

- 如果第一个矩形的面积(宽乘以高)比第二个大，则第一个矩形大。当然，两个矩形面积可能相同。
- 如果第一个程序员的薪水比第二个高，则第一个更富有。当然，两个程序员可能薪水相等。

代码清单 4.11　使用泛型接口的实际例子

声明泛型 Comparator 接口

```typescript
interface Comparator<T> {
    compareTo(value: T): number;
}

class Rectangle implements Comparator<Rectangle> {

    constructor(private width: number, private height: number){};

    compareTo(value: Rectangle): number {
        return this.width * this.height - value.width * value.height;
    }
}

const rect1:Rectangle = new Rectangle(2,5);
const rect2: Rectangle = new Rectangle(2,3);

rect1.compareTo(rect2) > 0 ? console.log("rect1 is bigger"):
    rect1.compareTo(rect2) == 0 ? console.log("rectangles are equal") :

console.log("rect1 is smaller");
class Programmer implements Comparator<Programmer> {

    constructor(public name: string, private salary: number){};

    compareTo(value: Programmer): number{
        return this.salary - value.salary;
    }
}

const prog1:Programmer = new Programmer("John",20000);
const prog2: Programmer = new Programmer("Alex",30000);

prog1.compareTo(prog2) > 0 ? console.log(`${prog1.name} is richer`):
    prog1.compareTo(prog2) == 0?
            console.log(`${prog1.name} and ${prog1.name} earn the
same amounts`) :
```

为比较 Rectangle 类型而创建的实现接口 Comparator 的类

实现比较矩形大小的函数

比较矩形(类型 T 被删除并用 Rectangle 替换)

为比较 Programmer 类型而创建的实现接口 Comparator 的类

实现比较程序员薪水多少的函数

```
console.log(`${prog1.name} is poorer`);
```

比较程序员(类型 T 被删除并用 Programmer 替换)

运行代码清单 4.11，结果如下。

```
rect1 is bigger
John is poorer
```

可以在 http://mng.bz/7zqe 的 CodePen 中找到该程序。

泛型类型的默认值

为使用泛型类型，你需要提供具体的类型。以下代码不能通过编译，因为在使用类型 A 时，没有指定具体的类型参数。

```
class A <T> {
    value: T;
}

class B extends A { // 编译错误

}
```

使用类 A 时，添加类型 any 将会消除该错误。

```
class B extends A <any> {

}
```

另外一种改正该错误的方式是在声明泛型类型时，定义一个默认参数。后续代码将会通过编译。

```
class A < T = any > { // 声明默认参数类型
    value: T;
}

class B extends A { // 无错误

}
```

不用 any，可以定义另外一种哑元类型。

```
class A < T = {} >
```

采用该技术，在使用泛型类时，不需要定义泛型参数。如图 13.10 所示，你将学习如何将 React 库中的 React.FC 类型用作这类默认类型。

当然，如果创建自己的泛型类型，能够提供具有某些商业意义的(不仅仅是 any)参数默认值，请不要犹豫。

本节，我们创建了泛型 Comparator<T>接口。现在，让我们看看如何创建泛型函数。

4.2.3　创建泛型函数

我们都知道如何编写带有具体类型参数以及返回具体类型值的函数。此时此刻，让我们学习编写带有多种类型参数的泛型函数。

但首先，让我们先考虑一种不太好的解决方案，函数可以使用类型为 any 的参数，返回同样类型的值。代码清单 4.12 中的函数可以记录不同类型的对象并返回记录的数据。

代码清单 4.12　带有 any 类型参数的函数

```
function printMe(content: any): any {          使用 any 声明一个
    console.log(content);                       函数表达式
    return content;
}                                    调用带有字符串参数
                                     的 printMe()方法
const a = printMe("Hello");

    class Person{                    声明自定义类型 Person
constructor(public name: string) { }
}                                    调用带有类型为 Person
                                     的参数的 printMe()
const b = printMe(new Person("Joe"));
```

该函数适合各种类型的参数，但是 TypeScript "记不住" printMe()函数被调用时的参数类型。如果你将鼠标悬停在你的 IDE 上的变量 a 和 b 处，TypeScript 的静态分析器将会报告该两个变量的类型为 any。

如果想知道在调用 printMe()时使用了哪个参数类型，则需要用泛型函数重写代码。代码清单 4.13 展示了为函数提供泛型类型<T>的语法、它需要的参数以及返回值。

代码清单 4.13　泛型函数

```
function printMe<T> (content: T): T {          在函数、参数和返回
    console.log(content);                       值中使用类型 T。
    return content;
}

const a = printMe("Hello");          调用带有一个字符串
class Person{                        参数的 printMe()
    constructor(public name: string) { }
}                                    调用带有一个 Person 类
                                     型参数的 printMe()
const b = printMe(new Person("Joe"));
```

此版本的函数中，我们为函数声明泛型类型为<T>且参数类型和返回值类型为 T。现在类型被保留，常量 a 类型为 string，b 类型为 Person。如果后续脚本中，你需要使用 a 和 b，TypeScript 静态分析器(及编译器)将执行适当的类型检查。

注意 通过为函数参数类型和返回值类型使用相同的字母 T，设置了一个约束，用以确保在调用时，无论采用何种具体类型，该函数的返回值类型都相同。

类似地，你可以在宽箭头函数表达式中使用泛型。可以将代码清单 4.13 的代码重写如下(见代码清单 4.14)：

代码清单 4.14　在宽箭头函数中使用泛型类型

```
const printMe = <T> (content: T): T => {         该宽箭头函数的签名
    console.log(content);                        以<T>开头
    return content;
}

const a = printMe("Hello");
class Person{
    constructor(public name: string) { }
}

const b = printMe(new Person("Joe"));
```

也可以调用这些以尖括号显式定义类型的函数。

```
const a = printMe<string>("Hello");

const b = printMe<Person>(new Person("Joe"));
```

但是此处不需要使用显式类型，因为 TypeScript 编译器将推断出 a 的类型为 string，而 b 的类型为 Person。

前述代码片段看起来不大令人信服——如果"Hello"是一个字符串，使用<string>似乎显得有些冗余。但情况并非总是如此，你将会在代码清单 4.17 中看到不同的情况。

让我们编写另外一段脚本，提供更多的在类和函数中使用泛型的描述。代码清单 4.15 声明了一个可以表示一个对：键与值的类。键与值可以被表示为多种类型，因此我们可以感受到泛型的应用。

代码清单 4.15　泛型 Pair 类

声明包含两个参数化类型的类

```
class Pair<K, V> {              声明泛型类型 K 的属性
    key: K;
    value: V;                   声明泛型类型 V 的属性
}
```

当你编写一段代码，采用由字母表示(例如 K 和 V)的泛型类型参数时，可以使用这些字母声明变量，把它们当成 TypeScript 内置类型。当你声明(编译)具体的包含特定类型 K 和 V 的 Pair 时，K 与 V 将被删除并用声明类型替换。

让我们为 Pair 类编写一个更简洁的版本，包含构造函数并自动创建 key 和 values 属性。

```
class Pair<K, V> {
  constructor(public key: K, public value: V) {}
}
```

现在让我们编写一个用于比较泛型 pairs 的泛型函数。代码清单 4.16 声明了两个由 K 和 V 表示的泛型类型。

代码清单 4.16　泛型 compare 函数

```
function compare <K,V> (pair1: Pair<K,V>, pair2: Pair<K,V>): boolean {    ◄───── 声明泛型函数
   return pair1.key === pair2.key &&
          pair1.value === pair2.value;    ◄─────
}                                         比较两个 pair 的 key 和 value
```

在调用 compare() 函数期间，你被允许定义两个具体类型，它应该与为其参数提供的类型相同——Pair 对象。

代码清单 4.17 展示使用了 Pair 类以及泛型 compare() 函数的实际脚本。首先创建并比较两个分别使用 number 类型的 key 和 string 类型的 value 的 Pair 实例。然后比较另外两个 key 与 value 均使用 string 类型的 Pair 实例。

代码清单 4.17　使用 compare() 及 Pair

```
class Pair<K, V> {
  constructor(public key: K, public value: V) {}
}

function compare <K,V> (pair1: Pair<K,V>, pair2: Pair<K,V>): boolean {
   return pair1.key === pair2.key &&
          pair1.value === pair2.value;            创建第一个<number, string>对
}

let p1: Pair<number, string> = new Pair(1, "Apple");    ◄─────

let p2 = new Pair(1, "Orange");    ◄─────  使用类型推理创建第二
                                          个<number, string>对        比较 pair(输
// 比较苹果和橘子                                                      出 "false")
console.log(compare<number, string>(p1, p2));    ◄─────

let p3 = new Pair("first", "Apple");    ◄─────  创建第一个<string, string>对

let p4 = new Pair("first", "Apple");    ◄─────  创建第二个<string, string>对

// 比较苹果和苹果
console.log(compare(p3, p4));    ◄─────  比较 pair(输出 "true")
```

注意第一次调用 compare() 时，我们显式定义了具体参数。而在第二次调用时，没有显式定义具体参数。

```
compare<number, string>(p1, p2)
compare(p3, p4)
```

第一行较易推理，因为可以发现 p1 和 p2 对是什么类型的。另外，如果你犯了错误，定义了错误类型，编译器将立即发现问题。

```
compare<string, string>(p1, p2) // 编译错误
```

可以在 http://mng.bz/m454 的平台中找到这段代码。

下一个脚本显示另外一个泛型函数的实例。这次将字符串枚举的成员映射到函数返回的用户角色。设想一个授权机制返回如下用户角色中的一个：admin 或 manager。我们想使用字符串枚举并映射用户角色到该枚举对应的成员。

首先，声明自定义 User 类型。

```
interface User {
   name: string;
   role: UserRole;
}
```

然后，将创建一个字符串类型的枚举，该枚举包含一组有限数量的常量，用于表示用户角色。

```
 enum UserRole {
   Administrator = 'admin',
   Manager = 'manager'
}
```

然后创建用于加载带有硬编码用户名和其角色的对象的函数。在实际 App 中，需要向认证服务器提出请求，提供用户 ID 获得用户角色，但就我们的目的来说，返回一个硬编码对象就可以。

```
function loadUser<T>(): T {
   return JSON.parse('{ "name": "john", "role": "admin" }');
}
```

代码清单 4.18 展示了一个返回 User，并将接收到的 user 角色映射到使用字符串枚举的行为的泛型函数。

代码清单 4.18　映射字符串枚举

```
interface User {          ◀──── 声明自定义 User 类型
   name: string;
   role: UserRole;
}

enum UserRole {           ◀──── 声明一个字符串枚举
   Administrator = 'admin',
   Manager = 'manager'
}
function loadUser<T>(): T {   ◀────│声明一个泛型函数
```

```
        return JSON.parse('{ "name": "john", "role": "admin" }');
}
                                          调用带有具体 User
                                          类型的泛型函数
const user = loadUser<User>();
                              在字符串枚举中选择用户角色
switch (user.role) {
    case UserRole.Administrator: console.log('Show control panel'); break;
    case UserRole.Manager: console.log('Hide control panel'); break;
}
```

在代码清单 4.18 的脚本中，调用 loadUser()函数时使用了 User 类型，该函数中被声明为泛型 T 的返回类型变为具体类型 User。注意，该函数返回的硬编码代码对象与 User 接口有类似的结果。

这里，user.role 始终是 admin，映射到枚举成员 UserRole.Administrator，脚本将显示 "Show control panel"，可以在 http://mng.bz/5Aqa 上找到该脚本。

提示　在第 10 章(代码清单 10.15)中，你将看到在多个函数中采用泛型<T>类型的 MessageServer 类的代码。

4.2.4　强制执行高阶函数的返回类型

如果函数可以接收一个函数作为其参数或返回另外一个函数，我们将其称为高阶函数。本节将介绍一个实例，强制一个高阶函数的返回类型，同时允许包含不同类型的参数。

假设需要编写一个高阶函数，返回一个包含下列签名的函数。

```
(c: number) => number
```

宽箭头函数取数字参数并返回数字。高阶函数(我们将使用宽箭头标注)如下所示:

```
(someValue: number) => (multiplier: number) => someValue * multiplier;
```

在第 1 个宽箭头后未写 return 语句，因为在单行宽箭头函数中，返回是隐式的。代码清单 4.19 显示了如何使用该函数。

代码清单 4.19　使用高阶函数

```
const outerFunc = (someValue: number) =>
    (multiplier: number) => someValue * multiplier;          声明高阶函数

const innerFunc = outerFunc(10);          innerFunc 知道 someValue=10

let result = innerFunc(5);          调用返回的函数

console.log(result);          输出 50
```

现在让我们把工作变得更加复杂一些。我们希望允许被调用的高阶函数包含不同类型的参数，确保始终返回一个具有同样签名的函数。

```
(c: number) => number
```

下面通过声明带有一个类型 T 且返回函数(c: number) => number 的泛型函数作为开始。

```
type numFunc<T> = (arg: T) => (c: number) => number;
```

现在可以声明类型为 numFunc 的变量，TypeScript 将确保这些变量是类型为(c: number)? number 的函数(见代码清单 4.20)。

代码清单 4.20　使用泛型 numFunc<T>函数

调用无参数的函数

调用有一个数字参数的函数

调用有一个字符串参数的函数

```
const noArgFunc: numFunc<void> = () =>
        (c: number) => c + 5;
const numArgFunc: numFunc<number> = (someValue: number) =>
                        (multiplier: number) => someValue * multiplier;
const stringArgFunc: numFunc<string> = (someText: string) =>
                    (padding: number) => someText.length + padding;

const createSumString: numFunc<number> = () => (x: number) => 'Hello';
```

编译错误: numFunc 需要不同的签名

最后一行无法通过编译，因为返回函数的签名是(c: number) ? string，无法分配给类型为 numFunc 的变量。可以在 http://mng.bz/6wqA 的平台上找到该实例。

4.3　本章小结

- TypeScript 的 enum 关键字可用于定义常量的有限集合。
- TypeScript 支持数字型和字符型枚举。
- 如果在声明枚举类型时，使用 const 关键字，其值将被内联，不会生成相关的 JavaScript 代码。
- 泛型是一段可以处理多种类型值的代码，但代码在使用前需要先定义。
- 可以创建自己的泛型类、接口和函数。

第 **5** 章

装饰器与高级类型

本章要点：

- TypeScript 装饰器的用途
- 如何利用映射类型基于现有类型创建新类型
- 条件类型是如何工作的
- 合并映射类型与条件类型

在前面几章中，我们学习了 TypeScript 主要的类型，这些类型对编码工作来说基本够用了。但是 TypeScript 考虑得更多，并会提供附加的派生类型，这些类型在某些场合下使用起来非常方便。

我们在本章标题上加上"高级"这个词出于以下几个原因。首先，你未必知道这些类型是编程团队中富有成效的一员。其次，对于那些熟悉其他编程语言的软件开发人员来说，这些类型的语法可能不是立刻就能明了。

本书的书名是《TypeScript 入门与区块链项目实战》，前 4 章的内容兑现诺言，快速介绍了本语言的主要语法构件。但是对于本章，你可能需要不止一次地阅读。

好消息是本章介绍的高级类型与本书其他部分没有直接的关系，若仅仅是为了快速掌握一门语言，则可以跳过本章。但假如存在如下情况，你就需要认真阅读本章了：

- 是时候准备下一次技术面试了，准备一下很少使用的知识。
- 你正在看一些具体的代码，直觉告诉你应该有一个更优雅的解决方案。
- 你很想知道还有什么是有用的，在处理接口时，泛型及枚举尚不够充分。

注意 本章中将大量使用泛型的语法，我们假定你阅读过并理解了 4.2 节中与泛型语法有关的内容。对理解本章描述的映射和条件类型来说，这些语法基础是必需的。

5.1　装饰器

TypeScript 官方文件将装饰器定义为:

装饰器是一种特殊的声明, 能够被加到类声明、方法、访问符、属性或参数声明中。使用装饰器的形式为@expression, 其中 expression 求值后必须为一个函数, 该函数将在运行时使用修饰声明的相关信息进行调用。

——TypeScript 文档中的 "装饰器" (www.typescriptlang.org/docs/handbook/decorators.html)

假设有一个类 A{…}, 有一个神奇的被称为@Injectable()的装饰器, 它知道如何实例化类并将它们的实例注入其他对象中。我们可以装饰其中一个类, 如下:

```
@Injectable() class A {}
```

@Injectable()装饰器从某种程度上将改变类 A 的行为。或者, 我们可以不用修改代码就能够改变类 A 的行为, 方法是创建类 A 的子类, 增加或重载其中的行为。但是, 也许更优雅的方法是只需在类定义处增加一个装饰器。

我们也可以说装饰器为特定目标增加了元数据, 在本例中是类 A。一般来说, 元数据是关于(其他)数据的(附加)数据。考虑一个 MP3 文件——我们可以说歌曲就是数据。但是 MP3 文件可能会有一些额外的属性, 例如艺术家或者唱片的名称, 一幅图像等——这些都是 MP3 文件的元数据。可以用装饰器为 TypeScript 类做标注, 以元数据的形式描述你希望该类应该包含的额外的信息。

TypeScript 装饰器的名称以@sign 开头, 例如@Component。你可以编写自己的装饰器, 但更有可能的是, 可以使用库或框架提供的装饰器。

考虑如下的简单类:

```
class OrderComponent {
  quantity: number;
}
```

假设你期望将该类变成 UI 组件。另外, 还期望声明 quantity 属性的值将由其父组件提供。如果使用 TypeScript 的 Angular 框架, 可以使用针对类的内置的@Component()装饰器, 以及针对属性的@Input()装饰器。

在 Angular 中, @Component 装饰器只能被应用到一个类, 支持各种各样的属性, 例如 selector 和 template。@Input()装饰器只能应用于类的属性。我们也可以说这两个装饰器分别提供了有关 OrderComponent 类和 quantity 属性的元数据。

为了使装饰器发挥作用, 应该有一些代码, 知道如何分析它们并去做这些装饰器指示的事情。在代码清单 5.1 的例子中, Angular 框架将分析这些装饰器, 并产生附加的代码将 OrderComponent 类变换为可展示的 UI 组件。

代码清单 5.1　Angular 组件的一个示例

```
应用@Component 装饰器                        该组件可应用于 HTML
                                          中，如<order-processor>
@Component({
  selector: 'order-processor',
  template: `Buying {{quantity}} items`   浏览器应当呈现出该文本
})
export class OrderComponent {

  @Input() quantity: number;
}                                         该输入属性的值由其父组件提供
```

> **注意**　在第 11 和 12 章中将使用 Angular 框架，你将学习许多使用装饰器的示例。装饰器在 Nest.js
> 框架服务器端(https://docs.nestjs.com/custom-decorators)、状态管理 MobX 库(https://
> mobx.js.org/refguide/modifiers.html)和 Stencil.js UI 库(https://stenciljs.com/docs/decorators)中被
> 大量使用。

　　TypeScript 并没有任何内置的装饰器，但可以按照自己的意愿，创建自己的或使用框架或
库提供的装饰器。

　　代码清单 5.1 中的装饰器允许以简洁及陈述性方式创建类和类属性的附加行为。当然，使
用装饰器并不是给对象添加行为方式的唯一手段。例如，Angular 创建器可以创建抽象的
UIComponent 类的特定的构造函数，并强制开发者每当要将该类转换为 UI 组件时，都扩展该
函数。但是使用装饰器组件更好，可读性更强，并提供了陈述式解决方案。

　　装饰器(与继承不同)将关注点分开并简化了代码维护，因为框架可以方便地解释它们。作
为比较，如果某个组件是一个子类，它可以重载或仅仅希望依赖超类中方法的某些行为。

> **注意**　有人建议将装饰器添加到 JavaScript 中。该提议目前处在草案的第 2 阶段(https://tc39.
> github.io/proposal-decorators)。

　　尽管装饰器在 2015 年后才引入，它们仍然被认为是带有试验特性的新特征，如果要使用
它，在编译 App 时需要使用--experimentalDecorators tsc 选项。如果使用 tsconfig.json，请添加
如下的编译器选项。

```
"experimentalDecorators": true
```

　　装饰器可用于观察或修改目标(类、方法等)的定义，这些特定函数的签名(装饰器)依据不
同的目标存在着差异。本章中，我们将展示如何创建类和方法装饰器。

5.1.1　创建类装饰器

　　类装饰器应用于类，当装饰器被执行时，装饰器函数被执行。类装饰器需要一个参数——
类的构造函数。换言之，类装饰器将接收被装饰类的构造函数。

代码清单 5.2 声明类装饰器，仅仅记录关于控制台上的类的信息。

代码清单 5.2　声明自定义的 whoAmI 装饰器

声明装饰器，以构造函数为参数

```
function whoAmI (target: Function): void {          记录目标类信息
  console.log(`You are: \n ${target}`)     ◀────
}
```

> **注意**　如果类装饰器的返回类型是 void，该函数不需要返回任何值(参见 2.1.1 节)。这样的装饰器不会替换类声明——它仅仅观察类，如代码清单 5.3 所示。但是装饰器可以修改类声明，在此情况下，它需要返回类的修改版本(构造函数)，在本节的最后部分，我们将展示如何实现这一点。

要使用 whoAmI 装饰器，只需要在类名前加上@whoAmI(见代码清单 5.3)。类的构造函数将被自动提供给装饰器。在我们的例子中，构造函数包含两个参数：一个 string 类型，一个 number 类型。

代码清单 5.3　将装饰器 whoAmI 应用到类

```
@whoAmI
class Friend {

  constructor(private name: string, private age: number){}
}
```

当 TypeScript 代码被转换为 JavaScript 时，tsc 将检查是否存在装饰器。若存在，则将产生额外的 JavaScript 代码，以便在运行时使用。

可以在 http://mng.bz/omop 的平台上运行这段代码示例。需要打开配置选项 experimentalDecorators 并单击 Run 按钮。平台将运行 JavaScript 版本的代码，并在浏览器控制台输出如下结果：

```
You are:
function Friend(name, age) {
  this.name = name;
  this.age = age;
}
```

> **提示**　为了在平台上看到使用@whoAmI 装饰器产生的效果，从 Friend 类声明中删除装饰器并注意生成的 JavaScript 代码存在的差异。

你可能会认为@whoAmI 装饰器不是很有用，因此让我们创建另外一个。假设你正在开发一个 UI 框架，希望允许类以一种陈述性方式转变为 UI 组件。你想创建一个函数，可以使用任意的参数，例如用于呈现的 HTML 字符。

此处可以看到在另外一个函数中的装饰器函数。你可以将外层函数称为装饰器工厂。它可以接收任何类型的参数，并应用某些 App 逻辑决定返回哪个装饰器。在此情况下，代码清单 5.4 仅有一个 return 语句，该代码始终返回同一个装饰器函数，但是没有什么能够阻止你有条件地返回你需要的基于提供给工厂函数参数的装饰器。

代码清单 5.4　声明自定义的 UIcomponent 装饰器

该装饰器工厂包含一个参数

```
function UIcomponent (html: string) {
    console.log(`The decorator received ${html} \n`);

    return function(target: Function) {
        console.log(`Someone wants to create a UI component from \n ${target} `);
    }
}
```

输出装饰器接收到的字符

这是一个装饰器函数

注意　稍后在题为 "装饰器签名的规范声明" 的侧边栏中，你将知道装饰器签名的需求依赖于它们将要装饰什么。因此如何能够在 UIComponent()函数中使用任意的参数呢? 原因在于 UIComponent()并不是装饰器, 但是装饰器工厂返回包含适当函数(target: Function) 签名的装饰器。

代码清单 5.5 展示的是装饰为 UIcomponent 的 Shopper 类。

代码清单 5.5　应用自定义的 UIcomponent 装饰器

```
@UIcomponent('<h1>Hello Shopper!</h1>')
class Shopper {

    constructor(private name: string) {}

}
```

将 HTML 传递给装饰器

带有一个 shopper 的名称的类构造函数

运行该代码将产生如下输出:

```
The decorator received <h1>Hello Shopper!</h1>

Someone wants to create a UI component from
function Shopper(name) {
        this.name = name;
}
```

可以在 http://mng.bz/nv62 的 CodePen 中找到此段代码。

至此，我们提供的所有装饰器示例都考察了类——它们都未修改类声明。在后续例子中，我们将展示修改类声明的装饰器。但首先，我们将展示构造函数 mixin。

在 JavaScript 中，mixin 是一段实现某种行为的代码。mixin 不能单独使用，但是可将它们的行为添加到其他类中。尽管 JavaScript 并不支持多继承，但可以通过 mixin 从多个类组合行为。

如果某个 mixin 没有构造函数，将其代码与其他类混合，归结为将其属性和方法复制到目标类。但如果 mixin 有自己的构造函数，它需要能够接受任何类型的任意数量的参数；否则就无法"混合"目标类的任意多个构造函数。

TypeScript 支持有下列签名的 mixin 构造函数：

```
{ new(...args: any[]): {} }
```

它使用类型 any[]的 rest 参数(三个点)，可以混合其他有构造函数的类。下面为该 mixin 声明一个类型别名：

```
type constructorMixin = { new(...args: any[]): {} };
```

相应地，如下签名表示一个扩展自 constructorMixin 的泛型类型 T；在 TypeScript 中，这也意味着类型 T 可被分配给 constructorMixin 类型。

```
<T extends constructorMixin>
```

你将使用该签名创建类装饰器，修改类的原始构造函数。类装饰器看起来如下所示：

```
function <T extends constructorMixin> (target: T) {
   // 这里实现装饰器
}
```

现在我们准备编写可以修改目标类的声明(以及构造函数)的装饰器。假设有代码清单 5.6 所示的 Greeter 类。

代码清单 5.6　未装饰的 Greeter 类

```
class Greeter {
  constructor(public name: string) { }
  sayHello() { console.log(`Hello ${this.name} `) };
}
```

我们可以实例化并以如下方式使用它：

```
const grt = new Greeter('John');
grt.sayHello(); // 打印"Hello John"
```

我们希望创建一个可以接收 salutation 参数的装饰器，为类添加了一个新的 message 属性，将给定的称呼和姓名连接起来。同时我们也想改变 sayHello()函数的代码，以便能够输出消息。

代码清单 5.7 展示了一个实现装饰器的高阶函数(函数的返回值是函数)。由于其构建并返回函数，因此也可以称其为工厂函数。

代码清单 5.7　声明 useSalutation 装饰器

带有一个参数 salutation 的工厂函数
```
function useSalutation(salutation: string) {

   return function <T extends constructorMixin> (target: T) {      装饰器
                                                                   的主体
     return class extends target {      重新声明被装饰的类
```

```
      name: string;
      private message = 'Hello ' + salutation + this.name;     ◄── 在新类中添
                                                                    加私有属性
      sayHello() { console.log(`${this.message}`); }  ◄──
    }                                                       重新声明方法
  }
}
```

从 return class extends target 这行代码开始，我们提供对装饰类的另一种声明。特别地，我们在原始类中添加了新的 message 属性，用于替换 sayHello()函数的主体，以便该函数能够使用装饰器提供的 salutation 类。

紧接着在代码清单 5.8 中，使用了@useSalutation 装饰器与 Greeter 类。调用 grt.sayHello()函数将会显示出"Hello Mr.Smith。"

代码清单 5.8　使用装饰器装饰的 Greeter 类

```
@useSalutation("Mr. ")  ◄──  将包含一个参数的
class Greeter {              装饰器应用到类中
  constructor(public name: string) { }
  sayHello() { console.log(`Hello ${this.name} `) }
}

const grt = new Greeter('Smith');
grt.sayHello();
```

可以在 http://mng.bz/vlM4 的平台中找到并运行这段代码。单击 Run 按钮，打开浏览器控制台可以看到输出结果。

拥有这样一种替换类声明的强大机制真是太棒了，但在使用时请一定要谨慎。避免改变类的公共 API，因为静态类型分析器不能为装饰器添加的公共属性和方法提供自动补齐的功能。

假设你修改了 useSalutation()装饰器，它将会在目标类中添加一个 public 类型的 sayGoodbye()函数。在代码清单 5.8 中输入 grt.后，你的 IDE 仍然只会用 sayHello()函数和 name 属性提示你。它并不建议使用 sayGoodbye()，即使输入 grt.sayHello()也可行。

装饰器签名的规范声明

装饰器是一个函数，其签名依赖目标。类及函数装饰器的签名不一样。在安装了 TypeScript 后，它包括几个带有类型声明的文件。其中一个被称为 lib.es5.d.ts，该文件包括针对不同目标的装饰器的类型声明。

```
declare type ClassDecorator =       ◄──┤ 类装饰器的签名
        <TFunction extends Function>(target: TFunction) =>
  ➥ TFunction | void;
                                         ◄──┤ 属性装饰器的签名
declare type PropertyDecorator =
        (target: Object, propertyKey: string | symbol) => void;

declare type MethodDecorator =      ◄──
        <T>(target: Object, propertyKey: string | symbol,   函数装饰
                                                            器的签名
```

```
        descriptor: TypedPropertyDescriptor<T>) =>
➡ TypedPropertyDescriptor<T> | void;
declare type ParameterDecorator =                    ◀──────  参数装饰
        (target: Object, propertyKey: string | symbol,        器的签名
➡ parameterIndex: number) => void;
```

本书 4.2.3 节中，我们解释了泛型函数和命名函数的语法以及宽箭头(fat arrow)函数。那一节内容有助于你理解前面代码的签名。考虑如下行：

```
<T>(someParam: T) => T | void
```

那是对的——它声明宽箭头函数能够获取泛型类型 T 的参数并返回类型为 T 或 void 的值。现在让我们阅读如下 ClassDecorator 签名的声明：

```
<TFunction extends Function>(target: TFunction) => TFunction | void
```

它声明宽箭头函数能够获取泛型类型 TFunction 的参数，包含一个附加的约束：具体类型必须是 Function 的子类型。任何一个 TypeScript 类都是 Function 的子类，表示一个构造函数。换言之，该装饰器的目标必须是类，装饰器要么返回该类类型的值，要么返回空值。

再来看看代码清单 5.2 中所给出的@whoAmI 类装饰器。在那里我们没有使用宽箭头表示，但是那个函数包含如下签名，允许作为类装饰器来使用。

```
function whoAmI (target: Function): void
```

因为 whoAmI()函数的签名没有返回值，可以说装饰器仅仅观察到目标。如果需要修改装饰器的原始目标，不需要返回修改的类，但是其类型与最初用于替代 TFunction(Function 的子类)的类型相同。

5.1.2　创建函数装饰器

现在，考虑创建可以应用到类函数的装饰器。例如，你可能想要创建一个用于标记即将删除函数的装饰器@deprecated。正如你在题为"装饰器签名的规范声明"的边栏中所见，MethodDecorator 函数需要如下三个参数：

- target——引用定义函数的实例类的对象。
- propertyKey——被装饰的函数的名称。
- descriptor——被装饰的函数的标识符。

descriptor 参数包含描述你的代码将装饰的函数的对象。特别地，TypedPropertyDescriptor 包含一个 value 属性，用于存储被装饰函数的原始代码。通过改变在函数装饰器内的该属性的值，可以修改被装饰函数的原始代码。

让我们考虑一个包含 placeOrder()函数的 Trader 类：

```
class Trade {
  placeOrder(stockName: string, quantity: number, operation:
➡ string, traderID: number) {
    // 在这里实现该方法
```

```
  }
  // 这里实现另一种方法
}
```

假设有一个 ID 为 123 的 trader，他可以如下方式下订单购买 100 股 IBM 的股票。

```
const trade = new Trade();
trade.placeOrder('IBM', 100, 'Buy', 123);
```

上述代码多年来一直正常执行，直到出现一条新规定："为便于审计，所有交易都必须被记录"。一种函数是浏览所有与买卖金融产品有关的函数，当然这些函数可能会有不同的参数，添加记录这些函数被调用的代码。但是创建一个能够适合所有函数的@logTrade 函数装饰器并记录参数也许是一种更为优雅的方法。代码清单 5.9 展示了@logTrade 函数装饰器。

代码清单 5.9　@logTrade 函数装饰器

函数装饰器必须包含三个参数
```
function logTrade(target, key, descriptor) {                        存储原始方法
                                                                   的代码
    const originalCode = descriptor.value;

    descriptor.value = function () {                  修改被装饰的函数的代码

      console.log(`Invoked ${key} providing:`, arguments);
      return originalCode.apply(this, arguments);      调用目标函数
    };

    return descriptor;       返回修改的方法
}
```

我们存储此处原始函数的代码，然后通过添加一个 console.log()语句修改接收到的标识符。然后再使用 JavaScript 函数 apply()调用被装饰的函数。最后，我们返回已修改函数的标识符。

代码清单 5.10 中，我们将@logTrade 装饰器应用到 placeOrder()函数上。无论 placeOrder()如何被实现的，其装饰器版本将通过打印以下消息开始："被调用的 placeOrder 提供："

代码清单 5.10　使用@logTrade 装饰器

```
class Trade {
                        装饰 placeOrder()函数
  @logTrade
  placeOrder(stockName: string, quantity: number,
             operation: string, tradedID: number) {

    // 这里是方法的实现
  }
}
const trade = new Trade();
trade.placeOrder('IBM', 100, 'Buy', 123);       调用 placeOrder()函数
```

可以在 http://mng.bz/4e7j 处的 TypeScript 平台上运行前述代码。

调用被装饰的 placeOrder() 函数后，控制台输出看起来像这样：

```
Invoked placeOrder providing:
Arguments(4)
0: "IBM"
1: 100
2: "Buy"
3: 123
```

通过创建函数装饰器，我们消除了由于审计的需要，存在的修改大量相关函数代码的需要。另外，@logTrade 装饰器可以使用尚未编写的函数。

我们介绍了如何编写类和函数装饰器，希望能够为你理解属性和参数装饰器奠定良好的基础。

5.2 映射类型

映射类型允许基于已有类型创建新类型。该功能可以通过对已有类型应用转换函数来实现。下面介绍其工作原理。

5.2.1 只读映射类型

设想你需要将类型为 Person(后面将给出)的对象传递给 doStuff() 函数进行处理：

```
interface Person {
  name: string;
  age: number;
}
```

Person 类型被用于多个地方，但你不希望 doStuff() 函数意外地修改 Person 的某些属性，例如代码清单 5.11 中的 age 等。

代码清单 5.11 age 不合法地改变 age

```
const worker: Person = {name: "John", age: 22};
function doStuff(person: Person) {
    person.age = 25;        ◄──── 我们不希望这样的情况发生。
}
```

Person 类型的属性都没有用 readonly 修饰符声明过。我们是否可以像下面这样，声明另外一个仅用于 doStuff() 的类型呢？

```
interface ReadonlyPerson {
  readonly name: string;
  readonly age: number;
}
```

每次当已经存在的版本需要一个只读版本时，都需要声明(并维护)一个新类型吗？有更好的解决方案。可以使用一个内置映射类型，Readonly，将先前声明的类型的所有属性都调整为 Readonly。仅需要改变 doStuff() 函数的声明，用参数类型 Readonly<Person> 替换类型 Person 即可 (见代码清单 5.12)。

代码清单 5.12　使用映射类型 Readonly

```
const worker: Person = {name: "John", age: 22};
function doStuff(person: Readonly<Person>) {
    person.age = 25;     ← 该行会生成一个编译器错误
}
```

用映射类型 Readonly
修改已有类型

为了理解试图改变 age 属性的值而导致编译错误的原因，需要考察如何声明 Readonly 类型，这反过来也需要理解 keyof 查找类型。

KEYOF 及 LOOKUP 类型

阅读 typescript/lib/lib.es5.ts 中的内置映射类型的声明，有助于读者理解其内部工作情况，但需要熟悉 TypeScript 的索引类型查询 keyof 和 lookup 类型。

可在 lib.es5.d.ts 中找到代码清单 5.13 所示的 Readonly 映射函数的声明。

代码清单 5.13　Readonly 映射类型的声明

```
type Readonly<T> = {
  readonly [P in keyof T]: T[P];
};
```

在此假定你阅读过第 4 章的泛型，知道用尖括号的<T>的含义。通常在泛型中，字母 T 表示类型：K 代表键，V 代表值，P 表示属性等。

keyof 也被称为一种索引类型查询，它表示给定的类型允许使用的属性名(例如键)的联合。如果类型 Person 是我们的 T，则 keyof T 表示 name 与 age 的联合。图 5.1 给出的是将鼠标悬停在 propNames 自定义类型上时的截图。正如你所见，propNames 类型是 name 与 age 的联合。

在代码清单 5.13 中，其代码片段[P in keyof T]的意思是"将给定类型 T 的所有属性联合给我。"该代码看起来似乎是我们正在访问某些对象的元素，但实际上，它是用来声明类型的。keyof 类型查询只能在类型声明时使用。

我们现在知道如何访问一个给定类型的属性名，但是当基于已知类型创建一个映射类型时，仍然需要知道其属性类型。以 Person 类型为例，我们需要能以编程的方式找到属性类型是 string 和 number。

这正是使用查询(lookup)类型的目的。T[P](代码清单 5.13 中)就是 lookup 类型，其含义是 "给我一个类型为 T[P]的属性"。图 5.2 显示的是将鼠标悬停在 propTypes 类型上的截屏。属性类型为 string 或 number。

现在让我们再次阅读代码清单 5.13 的代码。Readonly<T>类型的声明含义为"找到提供的具体类型的属性的 names 和 types，并为每个属性应用 readonly 限定符。"在本例中，

Readonly<Person>将创建如代码清单 5.14 所示的映射类型。

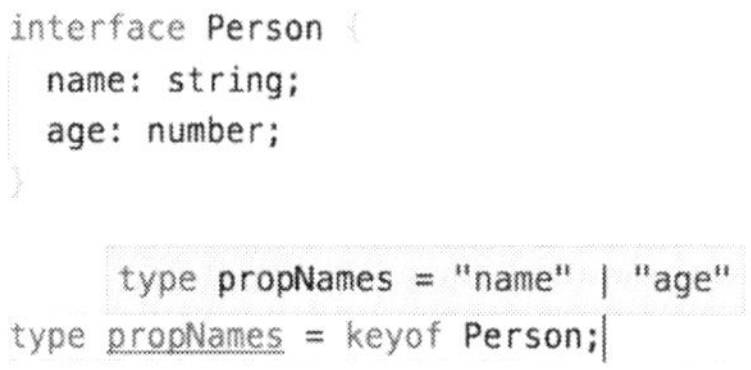

```
interface Person {
  name: string;
  age: number;
}
```

```
type propNames = "name" | "age"
type propNames = keyof Person;
```

图 5.1 将 keyof 应用到 Person 类型上

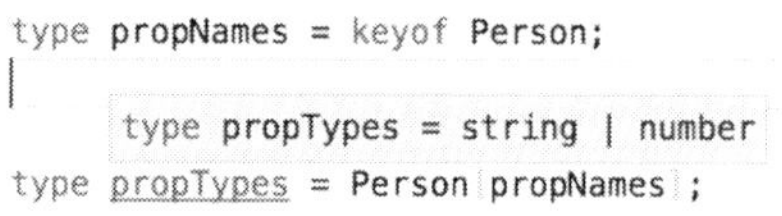

```
type propNames = keyof Person;
```

```
type propTypes = string | number
type propTypes = Person propNames ;
```

图 5.2 得到 Person 类型的属性

代码清单 5.14 将 Readonly 映射类型应用到 Person 类型

```
interface Person {
  readonly name: string;
  readonly age: number;
}
```

现在，你可能找到为什么修改 person 的 age 会导致编译错误"无法分配 age，因为 age 是只读属性"的原因。基本上，我们利用一个已有的类型 Person，将其映射到相似的类型，但添加了一个 read-only 属性。可以在平台 http://mng.bz/Q05v 上找到这段不能通过编译的代码。

你也许会说，"好的，我理解如何应用映射类型 Readonly，但是其实际上到底有什么用呢？"后边，在代码清单 10.16 中，你将看到两个带有消息参数的使用 Readonly 的方法，类似如下代码。

```
replyTo(client: WebSocket, message: Readonly<T>): void
```

该方法可以通过 WebSocket 协议向区块链节点发送消息。消息服务器并不知道将要发送的消息是何种类型，消息类型是泛型。为防止在 replyTo()中意外修改消息，此处将使用 Readonly 映射类型。

下面考察更多的用于描述使用 keyof 和 T(P)带来好处的代码样例。设想我们需要编写过滤对象泛型数组的函数，只保留在特定属性中的特定值。在第一个版本中，我们没有使用类型检查，编写了如下函数(见代码清单 5.15)。

代码清单 5.15 糟糕的 filterBy()

```
function filterBy<T>(
  property: any,
  value: any,
  array: T[]) {

  return array.filter(item => item[property] === value);
}
```

只保留这些特定属性中提供的值

使用不存在的属性名或错误值类型调用此函数将导致难以发现的错误。

代码清单 5.16 声明 Person 类型和函数。最后两行调用函数，提供的是不存在的 lastName 属性，或错误的 age 类型。

代码清单 5.16　有错误的 filterBy()

```
interface Person {
    name: string;
    age: number;
}

const persons: Person[] = [
    { name: 'John', age: 32 },
    { name: 'Mary', age: 33 },
];

function filterBy<T>(              该函数不做任
    property: any,                何类型检查
    value: any,                                        基于属性/值
    array: T[]) {                                      过滤数据

    return array.filter(item => item[property] === value);
}
console.log(filterBy('name', 'John', persons));         正确的函数调用

console.log(filterBy('lastName', 'John', persons));
                                                        不正确的
console.log(filterBy('age', 'twenty', persons));        函数调用

                                          不正确的函数调用
```

最后两行代码都将返回不带任何问题的 0 对象,即使 Person 类型没有 lastName 属性,并且 age 属性不是 string 类型。换言之,代码清单 5.16 中的代码有错误。

下面改变 filterBy()函数的签名,使它能够在编译时捕获错误。filterBy()的新版本如代码清单 5.17 所示。

代码清单 5.17　更好的 filterBy()版本

```
检查提供的属性 P,属于联合[keyof T]
function filterBy<T, P extends keyof T>(
    property: P,              过滤属性
    value: T[P],
    array: T[]) {             过滤值必须是提供
                              属性 P 的类型
    return array.filter(item => item[property] === value);
}
```

首先,<T, P extends keyof T>告诉我们,函数接收两个泛型值:T 和 P。同时,我们也添加了一条约束:P extends keyof T。换言之,P 必须是所提供的类型 T 的属性之一。如果具体的类型 T 为 person,则 P 应当是 name 或 age。

代码清单 5.17 的函数签名还包含另外一条约束,value:T[P],其含义是提供的值必须与 T 类型中的 P 声明的类型相同。这也是以下代码会产生编译错误的原因(见代码清单 5.18)。

代码清单 5.18   无法通过编译的代码

不存在的 lastName 属性

```
filterBy('lastName', 'John', persons)
filterBy('age', 'twenty', persons)  ◀──
```

age 的值必须是
number 类型

如你所见,函数签名中引入的 keyof 和查找类型,允许你在编译期间捕获可能存在的错误。可以在 TypeScript 平台 http://mng.bz/XpXa 上找到该代码示例。

5.2.2   声明自己的映射类型

代码清单 5.13 展示了内置 Readonly 映射类型的转换函数。你可以用类似的语法定义自己的转换函数。

下面试着定义一个 Modifiable 类型——与 Readonly 相反的类型。在前面章节中,我们曾定义 Person 类型并通过应用 Readonly 映射类型:Readonly<Person>将其所有属性定义为只读类型。现在假设 Person 类型的属性最初都用 readonly 修饰符做如下声明:

```
interface Person {
  readonly name: string;
  readonly age: number;
}
```

如果有需求,那么如何将 readonly 限定符从 Person 声明中删除呢?没有专门的内置类型来做这件事,因此需要声明一个(见代码清单 5.19)。

代码清单 5.19   声明可修改的自定义映射类型

```
type Modifiable<T> = {
  -readonly[P in keyof T]: T[P];
};
```

在 readonly 限定符前面的减法符号,将 readonly 从给定类型的所有属性中删除。现在可以通过应用 Modifiable 映射类型去除所有属性的 readonly 约束(见代码清单 5.20)。

代码清单 5.20   应用 Modifiable 映射类型

```
interface Person {
  readonly name: string;
  readonly age: number;
}

const worker1: Person = {name: "John", age: 25};

worker1.age = 27;   ◀── 产生编译错误

const worker2: Modifiable<Person> = {name: "John", age: 25};

worker2.age = 27;   ◀── 此处无错误
```

可以在平台 http://mng.bz/yzed 找到这段代码。

5.2.3 其他内置的映射类型

你已经知道一个属性名如果在其类型声明后带有一个修饰符？，则该属性是可选的。假设我们有如下一段对 Person 类型的声明：

```
interface Person {
  name: string;
  age: number;
}
```

由于没有一个属性名以问号结束，因此为 name 和 age 提供的值是强制性的。如果需要一个与 Person 具有相同属性的类型，但是所有的属性都是可选的，怎么做呢？这正是使用 Partial<T>的目的。其在 lib.es5.d.ts 中声明的映射函数如代码清单 5.21 所示。

代码清单 5.21　Partial 映射类的声明

```
type Partial<T> = {
    [P in keyof T]?: T[P];
};
```

你注意到此处的问号了吗？本质上，通过在给定类型的每个属性名后面附加问号，创建了一个新类。映射类型 Partial 使给定类型中的所有属性都是可选的。

图 5.3 是一个将鼠标悬停在 worker1 变量声明处的截屏。它展示了一个错误消息，因为 worker1 变量类型为 Person，其中每个属性都是必需的，但没有提供 age 的值。在初始化同样对象的 worker2 时没有错误，因为该变量的类型是 Partial<Person>，所以所有属性都是可选的。

现在可以将所有属性定义为可选类型，但是可以做相反的事情吗？可以用一些可选属性定义类型，并使所有属性都有需要？当然，这可以使用 Required 映射类型来完成，其定义如下：

```
type Required<T> = {
    [P in keyof T]-?: T[P];
};
```

其中-？意指删除修饰符？。

图 5.4 展示的是将鼠标悬停在 worker2 变量的声明处的截屏。属性 age 和 name 在 Person 基类中是可选的，但在 Required<Person>映射类型中也需要它们，因此会产生缺失 age 的错误。

提示　TypeScript 2.8 中引入了 Required 类型。如果你的 IDE 不能识别该类型，应该确认使用的 TypeScript 语言版本是否支持该类型。在 Visual Studio Code 中，可以在右下角看到版本信息。若你已经安装了一个，请单击安装新版本。

可以在给定类型上使用不止一个映射类型。在代码清单 5.22 中，将 Readonly 和 Partial 应用到 Person 类型中。Readonly 将使每个属性只读，Partial 将使每个属性可选。

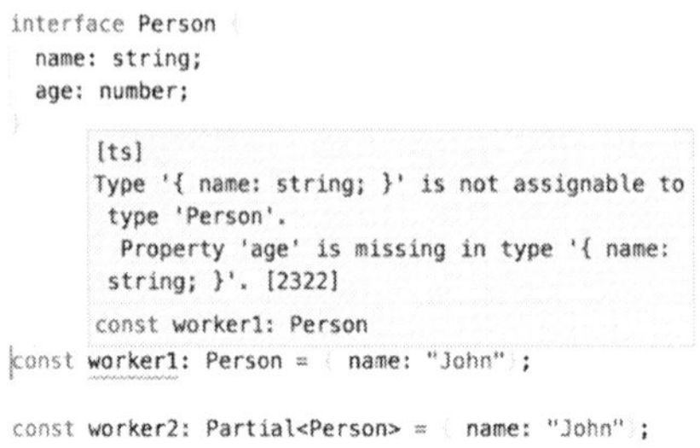

```
interface Person
  name: string;
  age: number;
        [ts]
        Type '{ name: string; }' is not assignable to
        type 'Person'.
         Property 'age' is missing in type '{ name:
        string; }'. [2322]
        const worker1: Person
const worker1: Person =  name: "John" ;

const worker2: Partial<Person> =  name: "John" ;
```

图 5.3　应用 Partial 类型

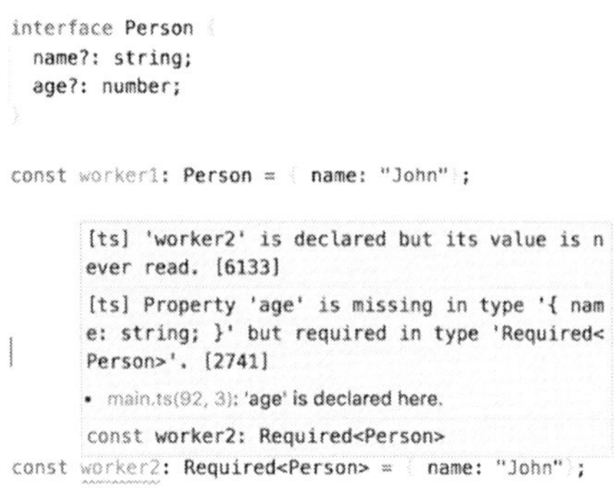

```
interface Person
  name?: string;
  age?: number;

const worker1: Person =  name: "John" ;

        [ts] 'worker2' is declared but its value is n
        ever read. [6133]
        [ts] Property 'age' is missing in type '{ nam
        e: string; }' but required in type 'Required<
        Person>'. [2741]
        ▪ main.ts(92, 3): 'age' is declared here.
        const worker2: Required<Person>
const worker2: Required<Person> =  name: "John" ;
```

图 5.4　Required 类型的应用

代码清单 5.22　应用多个映射类型

```
interface Person {
  name: string;
  age: number;
}

const worker1: Readonly<Partial<Person>>
                      = {name: "John"};

worker1.name = "Mary"; // 编译器的错误
```

worker1 仍然是一个 Person 类型，
但其属性是只读且可选的

初始化属性 name，但是
未初始化可选的 age

name 是只读属性，仅
能被初始化一次

TypeScript 还提供另外一个有用的映射类型 Pick。它允许你通过选择给定类型的属性的子集声明新类型。其转换函数看起来如下所示：

```
type Pick<T, K extends keyof T> = {
    [P in K]: T[P];
};
```

第一个参数需要任意类型 T，第二个参数需要 T 的属性集的子集，K。你可以将其读作"从 T 中，选择键值属于联合 K 的属性集合。"代码清单 5.23 展示的是 Person 类型，包含三个属性。利用 Pick，声明一个包含两个 string 类型的属性：name 和 address 的 PersonNameAddress 的映射类型。

代码清单 5.23　使用 Pick 映射类型

```
interface Person {
  name: string;
  age: number;
  address: string;
}

type PersonNameAddress<T, K> = Pick<Person, 'name' | 'address' >;
```

声明包含三个属性
的 Person 类型

声明包含两个属性的
PersonNameAddress
映射类型

你可能会认为，"内置映射类型的讨论非常有用，它们看起来确实很有用，但是我需要知道的是如何实现我自己的映射类型？"答案是肯定的，你将在图 5.5 和第 10 章中名为"条件和映射类型的示例"的侧边栏中学习如何利用 Pick 映射类型定义自定义映射类型的实例。

映射类型允许你修改已有的类型，但是 TypeScript 还提供另外一种基于某些条件改变类型的方式。我们将在下一节中学习该方式。

5.3　条件类型

对于映射类型，转换函数总是相同的。但是对于条件类型，其转换取决于特定的条件。

大多数编程语言，包括 JavaScript 和 TypeScript，都支持条件(三元组)表达。

```
a < b ? doSomething() : doSomethingElse()
```

如果 a 的值小于 b，该代码调用函数 doSomething()，否则调用 doSomethingElse()。该表达式检查值并且按照条件执行不同的代码。条件类型与条件表达式的使用类似，但是条件类型要检查表达式的类型。

条件类型始终以如下方式被声明：

```
T extends U ? X : Y
```

此处，extends U 意指"继承自 U"或"是 U"。与泛型一样，这些字母可以表示任何类型。

在面向对象编程时，声明 class Cat extends Animal 的意思是，Cat 是 Animal，Cat 与 Animal 有相同的(或更多的)特征。另一种说法是 Cat 是一种更特殊的 Animal。这也意味着 Cat 对象可以分配给类型为 Animal 的变量。

但一个 Animal 对象可以被分配给类型为 Cat 的变量吗？不，显然不行。所有 Cat 是 Animal，但不是所有的 Animal 都是 Cat。

同样，表达式"T extends U？"检查是否 T 可分配给 U，如果为真，则将使用类型 X，否则使用类型 Y。表达式"T extends U"意指类型 T 的值可以被分配到一个类型为 U 的变量。

提示　在讨论代码清单 2.20 和 3.6 节时，我们已经提到可分配类型。如果需要复习，请回头查看这些讨论内容。

下面考虑基于某些条件返回不同类型的函数。特别地，我们想编写一个 getProducts() 函数，若提供的参数是一个数字类型的产品 ID，则该函数返回类型 Product；否则，返回 Product[]数组。利用条件类型，该函数的签名如下所示。

```
function getProducts<T>(id?: T):
  T extends number ? Product : Product[]
```

如果参数类型为 number，则该函数的返回类型是 Product；否则为 Product[]。

代码清单 5.24 是该函数的实现实例。如果提供的可选 ID 是 number，则返回 product；否则，返回两个产品的数组。

代码清单 5.24   具有条件返回类型的函数

```
class Product {
  id: number;
}

const getProducts = function<T>(id?: T):          声明条件型
        T extends number ? Product : Product[] {   返回类型

    if (typeof id === 'number') {                  检查提供参
      return { id: 123 } as any;                   数的类型
    } else {
      return [{ id: 123 }, {id: 567}] as any;
    }
}
const result1 = getProducts(123);                  调用具有数字型
                                                   参数的函数

const result2 = getProducts();          调用无参数的函数
```

result1 变量的类型是 Product，result2 的类型是 Product[]。可以通过将鼠标悬停在 http://mng.bz/MOqB 平台上的这些变量上自己查看。

代码清单 5.24 中，使用 as 类型断言，它告诉 TypeScript 不应当推断类型，因为你比 TypeScript 更了解这种类型。as any 意指"TypeScript，别抱怨该类型。"问题是条件类型不会选择 id 的窄类型，因此该函数不能评估返回到 Product 的条件和窄类型。

3.1.6 节有一个类似的示例，其中实现了一个 getProducts()函数，该函数可以在有参数或无参数情况下被调用(见代码清单 3.9)。这里 getProducts()使用方法重载实现。

条件类型可以应用于大多数不同的场景中。下面讨论另外一个用例。

TypeScript 有一个内置条件 Exclude 类型，允许你讨论特定类型。声明在 lib.es5.d.ts 文件中的 Exclude 如下所示：

```
type Exclude<T, U> = T extends U ? never : T;
```

该类型包括可以分配给 U 的类型。注意类型 never 的使用，其含义是"这种情况不应该发生，过滤掉它。"如果类型 T 不能分配给 U，就保留它。

假设有一个 Person 类，我们将在流行电视秀 *The Voice* 的 App 的多个地方使用该类。

```
class Person {
  id: number;
  name: string;
  age: number;
}
```

所有歌手必须通过盲审，评委不会看到他们，一点也不知道他们的情况。对这些评审，我们希望创建其他类型，该类型与 Person 类似，只是没有他们的名字和年龄。换言之，我们希望从 Person 类型中排除 name 和 age 属性。

从前面章节的内容,你可能还记得 keyof 查找类型可以给你类型中所有属性的列表。因此,后续类型将包含 T 的所有属性,除了那些属于给定类型 K 的。

```
type RemoveProps<T, K> = Exclude<keyof T, K>;
```

让我们创建一个新类型,该类型就像是减去了 name 和 age 的 Person 似的。

```
type RemainingProps = RemoveProps<Person, 'name' | 'age'>;
```

在该例中,类型 K 用联合表示为 union 'name' | 'age',RemainingProps 类型表示其他属性的联合,本例中只有 id。

现在我们能构建仅仅包含得到 Pick 映射类型(见代码清单 5.24 所描述的)支持的 RemainingProperties 新类型。

```
type RemainingProps = RemoveProps<Person, 'name' | 'age'>;
type PersonBlindAuditions = Pick<Person, RemainingProps>;
```

图 5.5 展示的是一个将鼠标指针悬停在 PersonBlindAuditions 类型上的截屏。可以在 http://mng.bz.adGm 的平台上找到该段代码。

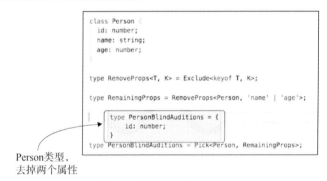

图 5.5　组合 Pick 与 Exclude

"你可能会说,创建不同的仅包含一个 id 属性的 PersonBlindAuditions 类型不是更容易吗?"在这个简单的例子中也许是这样的,Person 类型仅包含 3 个属性。但是实际应用中,一个 person 可能需要将近 30 个属性描述,我们想要将其作为一个基类,基于该类型创建更多的描述性条件类型。

即使针对仅包含 3 个属性的类,使用条件类型也是有好处的。若开发者决定用 firstname 和 lastname 替换 Person 类中的 name 属性,应该怎么做呢?如果你使用 PersonBlindAuditions 条件类型,其声明将会带来编译错误,你不得不修改它。但如果你未声明 PersonBlindAuditions 条件类型,简单地创建一个独立的 PersonBlindAuditions 类,在重新命名 Person 中的属性时,开发者需要记住复制 PersonBlindAuditions 类的变化。

此外,RemoveProperties 类型是一个泛型。你可以使用它从所有类型中删除任何属性。

infer 关键字

接下来的挑战是试图找到函数的返回类型并用另一个类型替换它。假设我们有一个声明某些属性和函数的接口，需要把每个函数包装入 Promise，以便能够实现异步运行。为方便起见，我们将考虑构建一个 SyncService 接口，用于声明一个 baseUrl 属性及一个 getA()函数。

```
interface SyncService {
    baseUrl: string;
    getA(): string;
}
```

与 baseUrl 属性无关，但是我们希望将 getA()函数 promise 化(将非 promise 的函数转变为 promise 的函数)。以下是需要解决的问题：

- 如何从函数中区分属性？
- 在将其包装入 Promise 前，如何获得函数的原始返回类型？
- 如何保留已有的函数的参数类型？

因为需要区分属性与函数，我们将使用条件类型，映射类型有助于修改函数签名。我们的目标是创建 Promisify 类型并将其应用于 SyncService 上。getA()的实现方法将返回 Promise。我们希望能够按照代码清单 5.25 编写代码。

代码清单 5.25　将同步函数 promise 化

将 SyncService 映射到 Promisify

```
class AsyncService
    implements Promisify<SyncService> {      不需要修改 SyncService
    baseUrl: string;                         的属性

    getA(): Promise<string> {                原始返回类型必须
        return Promise.resolve('');          包装在 Promise 中
    }
}
```

我们希望声明一个新的 Promisify 映射类型，该类型将遍历给定类型 T 的所有属性并转换其函数的签名，以便将其改造成异步形式。转换将通过条件类型完成，该条件类型包括类型 U(T 的超类)，成为一个能够接受任何类型的任意数量的参数，并能够返回任意值的函数。

```
T extends (...args: any[]) => any ?
```

问号之后，如果 T 是函数，则提供类型；如果 T 不是函数，则在冒号后提供另外一种类型。

类型 T 必须被分配到一种类似函数签名的类型。如果提供的类型是函数，我们想把该函数的返回值包装成 Promise。问题是，如果我们使用类型 any，将失去函数参数以及返回类型的类型信息。

让我们假设泛型类型 R 表示函数的返回类型。那么我们可以对变量 R 使用 infer 关键字。

```
T extends (...args: any[]) => infer R ?
```

通过编写 infer R 代码，我们要求 TypeScript 检查提供的具体返回类型(例如，getA()函数为 string)，并用该具体类型替换 infer R。同样，可以用 infer A 替换函数参数中的 any[]类型。

```
T extends (...args: infer A) => infer R ?
```

现在按照如下方式声明条件类型。

```
type ReturnPromise<T> =
    T extends (...args: infer A) => infer R ? (...args: A) => Promise<R> : T;
```

该声明要求 TypeScript，"如果某个 T 的具体类型是一个函数，则包装其返回类型为：Promise<R>。否则，仅保留其类型 T。"条件 ReturnPromise<T>类型能够被应用到所有类型，如果我们希望枚举类、接口等的所有属性，则可以使用 keyof 查询类型获得所有属性。

如果你阅读过 5.2 节讨论的映射类型，下一段代码的语法你应当比较熟悉。

```
type Promisify<T> = {
    [P in keyof T]: ReturnPromise<T[P]>;
};
```

Promisify<T>映射类型将遍历 T 的属性，并应用它们到条件 ReturnPromise 类型。在我们的示例中，我们将进行 Promisify<SyncService>，无法对 baseUrl 进行任何修改，但可以将 getA()返回类型修改为 Promise<string>。

图 5.6 展示的是整个脚本，可以参见 http://mng.bz/gVWv。

```
type ReturnPromise<T> =
    T extends (...args: infer A => infer R ? ...args: A => Promise<R> : T;

type Promisify<T> = {
    [P in keyof T]: ReturnPromise<T[P]>;
};

interface SyncService {
    baseUrl: string;
    getA(): string;
}

class AsyncService implements Promisify<SyncService> {
    baseUrl: string;

    getA(): Promise<string> {
        return Promise.resolve '';
    }
}

let service = new AsyncService ;

    let result: Promise<string>
let result = service.getA ;
```

悬停在结果上：其类型为Promise<string>

图 5.6　组合条件和映射类型

5.4　本章小结

- 使用 TypeScript 装饰器，可以为类、函数、属性或参数添加元数据。
- 装饰器允许你修改类型声明或类、方法、属性或参数的行为。即使你未编写自己的装饰器，但若其中一个框架使用装饰器，你也需要理解其作用。
- 可以基于其他类型创建类型。
- 映射类型允许你创建包含有限数量的基本类型和多数基于基本类型的派生类型的 App。
- 条件类型允许你延迟决定使用何种类型，基于一些条件可以在运行时决定。
- 这些语言特性不易理解，但是它们代表了语言的强大能力。当我们在第 10 章讨论区块链的代码时，你将看到映射和条件类型的实际应用。

第**6**章

开发工具集

本章要点：

- 借助源映射调试 TypeScript 代码
- linter 的作用
- 利用 Webpack 编译及绑定 TypeScript 应用程序
- 利用 Babel 编译 TypeScript 应用程序
- 如何用 Babel 编译 TypeScript，并用 Webpack 绑定

TypeScript 是最受大众喜爱的语言之一。是的，人们喜爱其语法。但它受大众喜爱的最主要原因是其强大的工具系统。TypeScript 开发者喜欢其自动完成工具，当敲键盘时屏幕上出现的标识错误的曲线，以及 IDE 提供的重构功能。

最棒的部分是这些功能的大部分是由 TypeScript 团队实现的，而不是由 IDE 开发者实现的。你将在在线 TypeScript 平台、Visual Studio Code 或 WebStorm 上看到同样的自动完成工具和错误信息提示。在安装 TypeScript 时，其 bin 目录包括两个文件：tsc 和 tsserver。tsserver 是 IDE 用于支持这些创造性特点的 TypeScript 语言服务。当输入你的 TypeScript 代码时，IDE 将与 tsserver 通信，在内存中编译输入的代码。

借助源映射文件的帮助，可以在浏览器上调试 TypeScript 代码。工具 linter 允许你在组织中强制执行特定的编码样式。

类型声明文件(.d.ts 文件)允许 tsserver 提供上下文相关性，帮助显示可用函数或对象属性的签名。为流行的 JavaScript 库创建的大量类型声明文件可公开提供，他们允许你即使在不是用 TypeScript 编写代码的情况下也具有效率。

上述所有这些便利解释了 TypeScript 受到人们喜爱的原因。但是仅有一个很棒的编译器，对于实际项目来说还远远不够，现实环境中的项目包括不同类型的资源，例如 JavaScript 代码、CSS、

图像等。我们将考察现代 Web 开发需要的基本工具：Webpack 绑定器(bundler)和 Babel。我们还将简单地回顾一下新兴工具 ncc 和 Deno。

6.1 源映射

由 TypeScript 编写的代码被编译为 JavaScript 代码，然后在浏览器或独立的 JavaScript 引擎上执行。要调试程序，需要将源代码提供给调试器，通常有两种类型的源代码：JavaScript 的可执行代码和 TypeScript 的原始代码。而我们希望调试的是 TypeScript 代码，源映射文件就是用来完成此工作的。

源映射文件扩展名为.map，它们包含 JSON 格式数据，将产生的 JavaScript 对应的代码与原始语言映射，此处所指的原始语言就是 TypeScript。如果你决定调试一个由 TypeScript 编写的运行的 JavaScript 程序，只需要浏览器下载编译器在编译期间创建的源映射文件，你就可以在 TypeScript 代码上设置断点，即使引擎上运行的是 JavaScript 代码。

让我们观察一个简单的 TypeScript 程序，如代码清单 6.1 所示，在编译时请将 sourceMap 创建选项打开。此后，我们将查看生成的源映射。

代码清单 6.1　greeter.ts 文件

```
class Greeter {

    static sayHello(name: string) {
        console.log (`Hello ${name}`);          ◀── 在控制台显示 name
    }
}

Greeter.sayHello('John');          ◀── 调用 sayHello()函数
```

编译该文件，创建源映射文件。

```
tsc greeter.ts --sourceMap true
```

编译完成后，你将看到文件 greeter.js 和 greeter.js.map。后者就是源映射文件，其部分片段如代码清单 6.2 所示。

代码清单 6.2　生成的源映射文件，greeter.js.map

```
{"file":"greeter.js",
  "sources":["greeter.ts"],
  "mappings":"AAAA;IAAA;IAMA,CAAC;IAJU,gBAAQ,..."
}
```

该文件并不是用来给人阅读的，但是你可以看到，它有一个 file 属性，它代表生成的 JavaScript 文件的名称，sources 属性是源 TypeScript 文件的名称。mappings 属性包含 JavaScript 文件与 TypeScript 文件映射的代码片段。

JavaScript 引擎如何能够知道包含映射的文件名称是 greeter.js.map 呢？实际根本不需要猜

测。TypeScript 编译器在创建的 greeter.js 文件结尾处添加了如下行所示的内容:

```
//# sourceMappingURL=greeter.js.map
```

现在让我们在浏览器上运行一个小的 greeter App,观察是否能够调试其 TypeScript 代码。首先,创建一个加载 greeter.js 的 HTML 文件(见代码清单 6.3)。

代码清单 6.3　加载 greeter.js 的 index.html 文件

```
<!DOCTYPE html>
<html>
  <body>
    <script src="greeter.js"/>
  </body>
</html>
```

此处加载 JavaScript 文件,而不是加载 TypeScript 文件

然后需要一个 Web 服务器,向浏览器提供前面的 HTML 文档。你可以按照如下方式下载并安装方便的实时服务器 npm 包。

```
npm install -g live-server
```

最后,在终端窗口从 greeter 文件所在的目录上启动该服务器。

```
live-server
```

它将在 localhost:8080 端口打开 Chrome 浏览器并从 index.html(代码清单 6.3)加载代码。你将看到一个空白页。单击 Sources 选项卡,打开 Chrome Dev Tools 并选择 greeter.ts 文件。在源代码行中,单击第 5 行左侧并设置断点。Sources panel 显示如图 6.1 所示。

图 6.1　在 TypeScript 代码上设置断点

刷新页面,执行该代码将在断点处停止,如图 6.2 所示。你将能够使用熟悉的调试器控件,类似 step foward、step into 等。

注意　尽管每个 IDE 都有自己的调试器,但更喜欢在 Chrome 开发工具上调试源代码。你甚至能调试作为独立的 node.js App 运行在 Chrome 中的代码,我们将在 10.6.1 节结尾处的侧栏"在浏览器中调试 Node.js 代码"解释如何实现这些工作(第 10 章将讨论如何调试 Node.js App,你将看到用于区块链 App 中的 Node.js 服务器)。

现在将为你讲解 TypeScript 编译器选项——inlineSources,该选项将会影响产生源映射的过程。

使用该选项，.js.map 文件也将会包括 App 的 TypeScript 源代码。试着用如下方法编译 greeter.ts 文件：

```
tsc greeter.ts --sourceMap true --inlineSources true
```

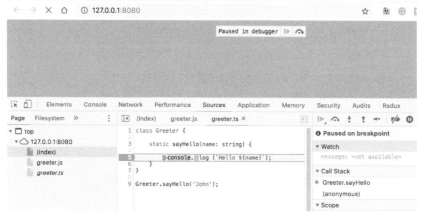

图 6.2　在调试器中暂停执行

该指令仍然会生成 greeter.js 和 greeter.js.map 文件，但是后者现在也包括来自 greeter.js 的代码。该选项消除了在你的 Web 服务器上部署不同的.ts 文件的需求，但你仍然可以调试 TypeScript 代码。

> **注意**　在 production 服务器上部署.js.map 扩展名的文件不会增加浏览器下载的代码的大小。只有当用户打开了浏览器的开发工具时，浏览器才下载源映射文件。不在 production 服务器上部署源映射的唯一原因是你不允许用户阅读你的 App 的源代码。

6.2　TSLint linter

linter 是用于检查和强制执行代码类型的工具。例如，你可能希望确保所有字符值以单引号定义，或者你可能期望不使用不必要的括号。这类限制可以在文本文件中配置。

JavaScript 开发者可以使用几个 linter：JSLint、JSHint 以及 ESLint。TypeScript 开发者使用 TSLint linter，该工具是由 Palantir (https://palantir.github.io/tslint)维护的开源项目。

还有一个合并 TSLint 和 ESLint 的计划，以确保获得统一的 linting 体验——可以在 Palantir 博客("TSLint in 2019"，参见 http://mng.bz/eD9V)上阅读更多关于此项工作的信息。一旦完成该工作，JavaScript 和 TypeScript 开发者将可以使用 ESLint(https://eslint.org)。因为多数 TypeScript 小组在继续使用 TSLint，所以我们将在此介绍该工具的基本情况。

开始使用 TSLint，首先需要在你的项目中安装它。让我们从头开始。创建新目录，打开其终端窗口，以如下命令初始化新的 npm 项目。

```
npm init -y
```

-y 选项默认接受所有默认选项，同时在那创建.json 文件包。

然后按照如下方式安装 TypeScript 和 ts-lint。

```
npm install typescript tslint
```

这将创建一个 node_modules 目录，并在此目录中安装 TypeScript 和 tslint。tslint 可执行文件将位于 node_modules/.bin 目录中。

现在，使用如下命令创建一个 tslint.json 配置文件。

```
./node_modules/.bin/tslint --init
```

提示　从版本 5.2 开始，npm 附带了一个可以从 node_modules/.bin 运行可执行程序的 npx 命令行，npx tslint --init。在 npm 网站 www.npmjs.com/package/npx 上可以阅读更多有关此命令的信息。

该命令将创建包含代码清单 6.4 所示的 tslint.json 文件。

代码清单 6.4　生成的 tslint.json 文件

```
{
    "defaultSeverity": "error",
    "extends": [
        "tslint:recommended"        ←—— 使用自定义规则
    ],
    "jsRules": {},
    "rules": {},                                包含自定义规
                                                则的可选目录
    "rulesDirectory": []    ←———————┘
}
```
此处显示可选的自定义规则

该配置文件指出 tslint 应当扩展预置自定义规则，这些自定义规则可以在 node_modules/tslint/lib/configs/recommended.js 文件中找到。图 6.3 展示了 recommended.js 文件的快照。

```
117    "ordered-imports": {
118        options: {
119            "import-sources-order": "case-insensitive",
120            "module-source-path": "full",
121            "named-imports-order": "case-insensitive",
122        },
123    },
124    "prefer-const": true,
125    "prefer-for-of": true,
126    quotemark: {
127        options: ["double", "avoid-escape"],
128    },
129    radix: true,
130    semicolon: { options: ["always"] },
131    "space-before-function-paren": {
132        options: {
133            anonymous: "never",
134            asyncArrow: "always",
135            constructor: "never",
136            method: "never",
137            named: "never",
138        },
139    },
140    "trailing-comma": {
141        options: {
142            esSpecCompliant: true,
143            multiline: "always",
144            singleline: "never",
145        },
```

图 6.3　recommended.js 片段

第 126～128 行的规则如下。

```
quotemark: {
    options: ["double", "avoid-escape"],
},
```

该规则强制要求在字符串周围使用双引号。"avoid-escape"规则允许你在需要使用 escape
时，使用"other"引号标记。对双引号，"other"意味着单引号。

图 6.4 展示的是 WebStorm IDE 的屏幕截图，第 1 行显示的是一个 linting 错误。尽管对
TypeScript 编译器来说，可以在字符串前后使用单
引号，但 quotemark 规则指出在该项目中应当使用
双引号。

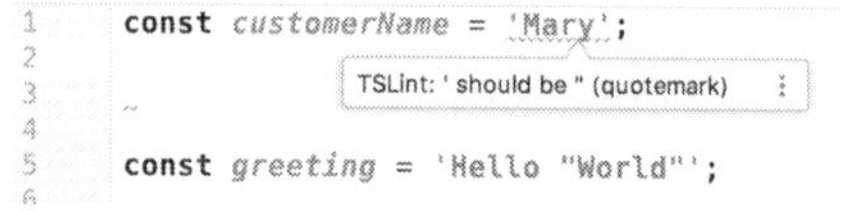

```
1   const customerName = 'Mary';
2       TSLint: ' should be " (quotemark)    :
3
4
5   const greeting = 'Hello "World"';
6
```

图 6.4　TSLint 报告错误

提示　鼠标悬停在 TSLint 的错误上，IDE 可为你提供自动修正方法。

为避免图 6.4 所示的错误，在一个字符串中的另一个字符串中使用 escape 字符，第 5 行在
"World"前后使用了双引号，由于采用了 avoid-escape 选项，因此 linter 不会提示错误。

提示　在 VS Code 中启用 TSLint，安装 TSLint 扩展。单击侧边栏上的 Extension 图标，在 Marketplace
处搜索 TSLint。确认 VS Code 使用 TypeScript 的最新版本(版本号显示在状态栏的底部右
方)。VS Code 文档中(http://mng.bz/pynK)包含改变 TypeScript 版本的说明。

图 6.4 中，你可能注意到在第 3 行这一空行中出现一个波浪线。如果你悬停鼠标在该波浪
线处，将看到另外一个 linter 错误："TSLint：禁止连续空行(no-consecutive-blank-lines)。"括号
中显示了规则名称，可以在 recommended.js 文件中找到如下规则。

```
"no-consecutive-blank-lines": true,
```

提示　可以在 TSLint 网站(https://palantir.github.io/tslint/rules/)看到对 TSLint 核心规则的描述。

下面重写显示在代码清单 6.4 中 tslint.json 文件的 no-consecutive-blank-lines 规则。我们将
添加一条规则，允许出现连续空行(见代码清单 6.5)。

代码清单 6.5　重写 tslint.json 的一条规则

```
{
    "defaultSeverity": "error",
    "extends": [
        "tslint:recommended"
    ],
    "jsRules": {},
    "rules": {"no-consecutive-blank-lines": false},    ◄── 我们添加了此行
    "rulesDirectory": []
}
```

　　通过将值 false 分配给 no-consecutive-blank-lines 规则，我们重写了其在 recommended.js 文件中的值。现在图 6.4 中的短小波浪线消失了。

　　可以重写 recommend 规则或添加与你编程风格或被你的项目组接受的编程风格相符的新规则。

6.3　使用 Webpack 绑定代码

　　当浏览器向服务器发出请求时，它获取 HTML 文档，该文档可能包括其他文件，例如 CSS、图像、视频等。在本书第 II 部分中，我们将使用包含多个文件的区块链应用程序。通常你也将使用某个流行的 JavaScript 平台，可以在你的应用程序中添加大量文件。如果所有这些应用程序都是单独部署的，浏览器需要发出大量的请求以便加载它们。你的应用程序的大小可能有几兆字节。

　　实际的应用包含几百甚至几千个文件，我们希望在部署时最小化、优化并绑定它们。图 6.5 给出的是如何将各种文件提供给 Webpack，由它生成较少的文件进行部署。

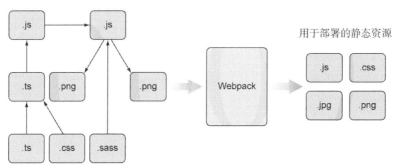

图 6.5　用 Webpack 绑定不同的源

　　将多个文件绑定到一个文件中可以提供更好的性能并使下载更快。技术上说，可以在 tsconfig.json 中定义一个输出文件，tsc 可以将多个.ts 文件所产生的代码放入单一的输出文件中，但要实现这样的工作需要使编译器的 module 选项为 System 或 AMD；绑定器创建的输出文件不包括类似 JavaScript 库这样的第三方依赖。

　　另外，希望能以不同的方式配置 development 和 production 的构建。对 production 而言，将添加优化和最小化；而对 development，仅需要将文件绑定在一起。

　　几年前，JavaScript 开发者最常使用的是类似 Grunt 和 Gulp 这样的通用任务运行器来编排构建过程。现在他们使用类似 Webpack、Rollup 和 Browserify 这样的绑定器。在插件的帮助下，绑定器还可以戴上编译器的帽子。

　　在本节中，我们将介绍 Webpack 绑定器((https://github.com/webpack)，它是为实现 Web 应用并在浏览器上运行而创建的。Webpack 支持大多数需要准备 Web 应用构件的典型任务，并且需要最小配置。

可以全局或本地(安装在项目的 node_module 子目录中)方式安装 Webpack。Webpack 也包含命令行接口(CLI)工具，Webpack-cli(https://github.com/webpack/ webpack-cli)。Webpack 4 之前，配置合适的 Webpack 项目相当不容易，但是 Webpack-cli scaffolding tool 大大地简化了 Webpack 配置。

要在计算机上以全局方式安装 Webpack 及其 CLI,运行如下命令(-g 意味以全局方式安装)。

```
npm install webpack webpack-cli -g
```

注意   以全局方式安装 Webpack(或任何其他工具)允许你在多个项目上使用它。这非常不错，但在你的组织中，production 构建可在专用计算机上完成，专用计算机上可能会对安装软件有限制。这就是使用本地方式安装 Webpack 和 Webpack CLI 的原因。

Webpack 可能是 JavaScript 生态环境中最流行的绑定器，在下一节中我们将绑定一个简单的 JavaScript 应用程序。

6.3.1   使用 Webpack 绑定 JavaScript

本节的目标是教会你如何为一个基本的 JavaScript 应用程序配置并运行 Webpack，因此你将会明白绑定器的作用，以及其输出是什么。

本章配套的源代码涉及几个项目，我们将以被称为 webpack-javascript 的项目开始。这是一个 npm 项目，需要通过运行如下命令安装其需要的依赖。

```
npm install
```

在此项目中有一个小型 JavaScript 文件,该文件使用了被称为Chalk(www. npmjs.com/package/chalk)的第三方库，被列在该项目的 package.json 的依赖部分(见代码清单 6.6)。

代码清单 6.6   webpack-javascript 项目的 package.json 文件

```
{
  "name": "webpack-javascript",
  "description": "Code sample for chapter 6",
  "homepage": "https://www.manning.com/books/typescript-quickly",
  "license": "MIT",
  "scripts": {                                          定义运行 Webpack
    "bundleup": "webpack-cli"  ◀━━                      的命令
  },
  "dependencies": {
    "chalk": "^2.4.1"   ◀━━━━ chalk 库
  },
  "devDependencies": {                                  Webpack 命令
    "webpack": "^4.28.3",                               行接口
    "webpack-cli": "^3.1.2"  ◀━━━━
  }
}
```
Webpack 绑定器

Webpack 包位于 devDependencies 部分，因为我们只需要在开发者计算机上使用它们。我们将通过输入命令 npm run bundleup 运行该应用程序，该命令将运行位于 node_modules/.bin 目录处的 webpack-cli 可执行程序。

Chalk 包以不同颜色显示终端窗口的文本，但该包的作用与这里的工作无关。我们的目标是将 JavaScript 代码(index.js)与库绑定。index.js 的代码如代码清单 6.7 所示。

代码清单 6.7　index.js: webpack-javascript 应用程序的源代码

```
const chalk = require('chalk');          ◀———— 加载库
const message = 'Bundled by the Webpack';
console.log(chalk.black.bgGreenBright(message)); ◀———— 使用库
```

通常，开发者使用 webpack.config.js 文件创建自定义配置，不过从 Webpack 版本 4 开始，它是可选的。为项目生成进行的一些配置工作是通过该文件完成的。代码清单 6.8 给出的是该项目使用的 webpack.config.js 文件。

代码清单 6.8　webpack.config.js：Webpack 的配置文件

```
const { resolve } = require('path');

module.exports = {
    entry: './src/index.js',          ◀———— 要绑定的源文件名        输出绑定
    output: {                                                    的名称
        filename: 'index.bundle.js',  ◀————
        path: resolve(__dirname, 'dist')
    },
    target: 'node',          ◀————        将在 Node.js 下运行该
    mode: 'production'       ◀————        应用程序；不要内置
};                                        Node.js 模块
                          优化输出绑定
                          的文件大小
输出绑定的位置
```

为创建绑定，Webpack 需要知道应用的 main 模块(入口点)，它可能依赖于其他模块或第三方库，Webpack 加载入口点模块并创建所有依赖模块的内存树(如果有的话)。

在这个配置文件中使用了 Node 的 path 模块，并在_dirname 环境变量的帮助下，解析文件的绝对路径。Webpack 在 Node 下运行，_dirname 变量存储可执行 JavaScript 模块(webpack.config.js)所处位置的目录。片段 resolve(_dirname, 'dist')指导 Webpack 在项目的根目录中创建一个名为 dist 的子目录，绑定的应用程序将位于 dist 目录中。

提示　在不同的目录中存储输出文件将允许你配置版本控制系统以排除生成的文件。如果你使用 Git，只需要将 dist 目录添加到.gitignore 文件中。

我们指定 production 作为 mode 属性的值，以便 Webpack 最小化绑定文件的大小。

Webpack 从版本 4 开始，引入了默认模式 production 和 development，使得项目配置更加容易。采用 production 模式，产生的绑定容量更小，代码被优化以适合运行，采用仅开发模式，

代码将从源中被删除。采用开发模式，编译是增量式的，可以在浏览器上调试代码。

webpack-cli 工具使你能够绑定你的应用程序文件，并在命令行上提供入口、输出和其他参数。也可以为项目创建配置文件。

让我们运行 Webpack 看看如何绑定应用程序。你可以运行安装在项目中的 node_module 目录下的 Webpack 本地版本。代码清单 6.6 中，我们定义 npm 命令 bundleup，以便能够运行本地安装的 webpack-cli。

```
npm run bundleup
```

绑定过程仅需几秒，控制台如图 6.6 所示。

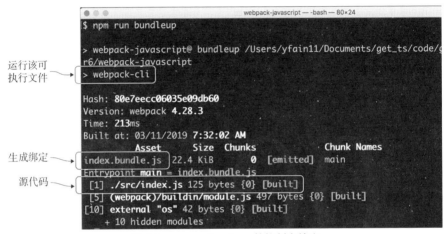

图 6.6   npm run bundleup 的控制台输出

从输出可以看出，Webpack 创建了一个名为 index.bundle.js 的绑定文件，其大小大约为 22KB。这是主块(又称 bundle)。在我们的简单示例中，只有一个绑定，但是更大一些的应用程序通常划分为多个模块，Webpack 可以被配置来创建多个绑定。

注意原始的 src/index.js 文件大小仅仅只有 125 字节。绑定的大小显著增加，因为不仅包括 index.js 文件，还包括 Chalk 库和所有的传递依赖。Webpack 也添加自己的代码以便能够跟踪绑定内容。

改变将要开发的 webpack.config.js 中 mode 属性的值，并重新运行绑定。在幕后，Webpack 将引用不同的预定义配置设置，生成文件的大小将超过 56 KB(相比生产模式下的 22 KB)。

使用任何一款纯文本编辑器打开 dist/index.bundle.js 文件，在 production 版本中，你仅仅看到一个非常长的优化行，然而 development 版绑定却有带注释的可读内容。

生成的 index.bundle.js 文件是一个常规的 JavaScript 文件，可以在 HTML <script>标记或任何其他允许使用 JavaScript 文件名的地方使用它。并未打算在浏览器上运行该应用程序——它主要用于 Node.js，可以用以下命令运行该程序：

```
node dist/index.bundle.js
```

图 6.7 展示的是控制台输出，其中 Chalk 库显示的信息为亮绿背景的 "Bundled by the Webpack"。我们利用 Node.js 运行时运行该示例。Webpack 提供开发服务器，但对于 Web 应用，Webpack 提供了一个可为 Web 页面提供服务的开发服务器。必须单独安装。

```
$ node dist/index.bundle.js
Bundled by the Webpack
```
图 6.7 运行你的第一个绑定

```
npm install webpack-dev-server -D
```

之后，在 package.json 文件的 scripts 部分添加 start npm 命令。如下所示：

```
"scripts": {
  "bundleup": "webpack-cli --watch",  ◄─── 以 watch 模式运行 Webpack，
  "start": "webpack-dev-server"              以便在代码更改时重建绑定
}
```

下面创建一个超级简单的 JavaScript 文件 index.js：

```
document.write('Hello World!');
```

我们将请求 Webpack 为该文件生成一个绑定并将其存储为 dist/bundle.js。webpack.config.js 文件将与代码清单 6.8 所示的文件类似，不过有两个变化：将添加 devServer 属性并改变到 development 模式(见代码清单 6.9)。

代码清单 6.9 添加 devServer 属性

```
const { resolve } = require('path');

module.exports = {
    entry: './src/index.js',
    output: {
        filename: 'index.bundle.js',
        path: resolve(__dirname, 'dist')
    },
    target: 'node',
    mode: 'development',    ◄─── 将 Webpack 配置
    devServer: {                    为 development 模式
        contentBase: '.'    ◄─── 为 webpack-dev-server
    }                               添加一节
};
```

在 devServer 中，可以通过命令行配置 webpack-dev-server 允许的所有操作(参考 https://webpack.js.org/configuration/dev-server/中的 Webpack 文档)。我们使用 contentBase 指定文件应当从当前目录提供。

相应地，我们的 HTML 文件，index.html，可以参考 index.bundle.js(见代码清单 6.10)。

代码清单 6.10 加载 bundled JavaScript 的 index.html 文件

```
<!DOCTYPE html>
<html>
```

```
<body>
  <script src="dist/index.bundle.js"></script>
</body>
</html>
```

现在准备创建绑定并开启 Web 服务器。首先创建 bundle：

```
npm run bundleup
```

使用 webpack-dev-server 开启服务器，仅需要运行如下命令。

```
npm start
```

你将在 webpack-devserver 目录中发现该应用程序。
打开浏览器并定位到 localhost:8080，将打开如图 6.8 所
示的问候界面。

Hello World!

图 6.8　浏览器显示 index.html 文件

当你为应用提供 webpack-dev-server 服务时，它将默认运行于端口 8080。由于我们是以
watch 模式启动 Webpack，因此每次修改代码后，它将重新编译绑定。

现在你看到了如何绑定纯 JavaScript 项目，下面开始学习如何使用 TypeScript 代码的
Webpack。

6.3.2　使用 Webpack 绑定 TypeScript

本章附带的源代码包含几个项目，本节我们将与存在于 webpack-typescript 目录中的一个项目
打交道。该项目与上一节中的项目几乎一样。它包括 3 行 TypeScript 编写的 index.ts 文件(前面
章节中文件名为 index.js)，也使用了相同的 JavaScript Chalk 库。

下面强调一下其中的差异，先看看 index.ts 文件(见代码清单 6.11)。

代码清单 6.11　index.ts：webpack-typescript 应用程序的源代码

导入默认对象以访问该库

显式地声明
message 变量
的类型

```
import chalk from 'chalk';
const message: string = 'Bundled by the Webpack';
console.log(chalk.black.bgGreenBright(message));
```

使用库

Chalk 库显式地公开默认的 export。这就是写 import chalk from chalk，而不是写 import * as
chalk form 'chalk'的原因。不必显式地声明消息的类型，但想让大家知道这是 TypeScript 代码。

在本项目中，package.json 文件在 devDependencies 部分(与代码清单 6.6 比较)添加了两行。
添加了 ts-loader 和 typescript(见代码清单 6.12)。

代码清单 6.12　package.json 中的 devDependencies 部分

```
"devDependencies": {
    "ts-loader": "^5.3.2",
    "typescript": "^3.2.2",
```

添加了
TypeScript loader

添加了 TypeScript 编译器

```
    "webpack": "^4.28.3",
    "webpack-cli": "^3.1.2"
}
```

通常，自动化工具为开发者提供一种指定在创建过程中需要执行的附加任务的方法，
Webpage 提供了 loaders 和 plugins 工具，允许你自定义创建过程。Webpack loaders 一次预处理
一个文件，而 plugins 可以同时操作一组文件。

提示   可以在 http://mng.bz/U0Yv 的 GitHub 的 Webpack 文档中找到 loaders 列表。

Webpack loaders 是一种以源文件为输入，生成另外一个文件为输出(在内存或磁盘中)的转
换器。例如，json-loader 获取一个输入文件并将其解析为 JSON。为将 TypeScript 编译成
JavaScript，ts-loader 使用 TypeScript 编译器，这也解释了将其添加到 package.json 文件中的
devDependencies 部分的原因。TypeScript 编译器使用 tsconfig.json，包含如代码清单 6.13 所示
的内容。

代码清单 6.13   tsconfig.json：编译器的配置选项

```
{
  "compilerOptions": {
    "target": "es2018",          ← 指定编译为 ECMAScript 2018
    "moduleResolution": "node"      规范的 JavaScript 语法
  }                               ← 使用 Node.js
}                                    模块解析
```

moduleResolution 选项告诉 tsc，若代码包含 import 语句，如何解析模块。若你的应用程序
包含一个 import{ a } from"moduleA"语句，tsc 需要知道到什么地方去找 moduleA。

模块解析包含两种策略：Classic 和 Node。采用 Classic 策略时，tsc 将在 moduleA.ts 文件
和 moduleA.d.ts 类型定义文件中寻找 moduleA 的定义。采用 Node 策略时，模块解析仍将试图
在位于 node_modules 目录的文件中找到 module，这正是我们所需要的，因为第三方 Chalk 库
被安装在 node_modules 中。

提示   要阅读更多的有关模块解析的内容，请访问位于 www.typescriptlang.org/ docs/handbook/
module-resolution.html 的 TypeScript 文档。

代码清单 6.14 展示的是如何在 Webpack.config.js 的 rules 部分添加 ts-loader。

代码清单 6.14   webpack.config.js：Webpack 配置文件

```
const { resolve } = require('path');

module.exports = {
  entry: './src/index.ts',
  output: {
    filename: 'index.bundle.js',
```

```
    path: resolve(__dirname, 'dist')
  },
  module: {
    rules: [
```

模块规则(配置 loaders、parser 选项等)

适用于扩展名为.ts 的文件

```
      {
        test: /\.ts$/,
        exclude: /node_modules/,
        use: 'ts-loader'
      }
    ]
  },
```

模块规则(配置 loaders、parser 选项等)

使用现存的 tsconfig.json 中的选项编译 TypeScript

```
  resolve: {
    extensions: [ '.ts', '.js' ]
  },
  target: 'node',
  mode: 'production'
};
```

添加.ts 扩展名到解析属性中，以便能够导入 TypeScript 文件

简言之，我们说的是 Webpack，"如果你发现一个扩展名为.ts 的文件，使用 ts-loader 对其进行预处理。忽略位于 node_module 目录下的.ts 文件——不需要编译它们。"

在此简单示例中，rules 数组仅有一个配置的 ts-loader。在实际项目中，通常包括多个 loader。例如，css-loader 用于处理 CSS 文件；file-loader 将源文件中的 import/require()解析为 URL，将其加入输出绑定中(用于处理图像或其他具有指定的扩展名的文件)。

提示　有一个名为 awesome-TypeScript-loader 的可选的 Webpack loader(参见 https://github.com /s-panferov/awesome-typescript-loader)，更适合应用于大型项目。

现在可以如前所示，通过运行以下命令创建 index.bundle.js 绑定。

```
npm run bundleup
```

为确保绑定的代码能够执行，只需要运行：

```
node dist/index.bundle.js
```

Webpack 插件的作用

Webpack loaders 一次转换一个文件，但插件可以访问多个文件，它们可以在 loaders 启动之前或之后进行处理，你能在 https://webpack.js.org/plugins 发现可用的 Webpack 插件列表。

例如，SplitChunksPlugin 插件允许你将一个绑定划分为多块。假设你的应用程序代码被分为两个模块，main 和 admin，你希望创建两个对应的绑定。这些模块中的每个都使用一个框架，例如 Angular。如果你仅定义两个入口点(main 和 admin)，则每个绑定将包括应用程序代码以及它自己的 Angular 代码副本。

为防止这种情况发生，可以用 SplitChunksPlugin 插件处理代码。使用该插件，Webpack 将不会在 main 和 admin 绑定中包括任何 Angular 代码；它将创建包含一份 Angular 代码的不同的可共享绑定。这将大大降低你的应用程序的大小，因为这种方式在两个应用模块之间共享一份 Angular 副本。在此情况下，你的 HTML 文件首先应当包括供应商绑定(例如，Angular 框架的

代码), 紧接着是应用绑定。

UglifyJSPlugin 插件对所有要编译的文件执行代码减缩功能。它是针对流行的 UglifyJS 减缩器的一种包装器, 获取 JavaScript 代码并执行各种优化工作。例如, 它通过连接连续的 var 语句, 输出无用的变量以及不会被执行的代码, 优化 if 语句等手段来压缩代码。它的 mangler 工具将局部变量重命名为单个字母。

TerserWebpackPlugin 插件也通过使用 terser(特定 JavaScript 分析器)执行代码缩减, 是针对 ES6 的 mangler、optimizer 和 beautifier 工具包。

使用 mode: 在 webpack.config.js 文件中的"production"选项, 你可以隐式地使用一些用于优化和缩减代码的 Webpack 插件。如果你对此类被用于 production 模式的插件有兴趣, 请参考 https://webpack.js.org/concepts/mode/#mode-production 的 Webpack 文档。

代码清单 6.14 给出的配置文件既小又简单; 实际项目中, webpack.config.js 文件非常复杂而且包括多个 loader 和插件。在我们的小项目中我们也仅仅使用了 TypeScript loader, 但是你可能还将使用用于处理 HTML、CSS、图像等的 loader。

你的项目可能包含多个 entry 文件, 可能希望使用特定插件以特殊方式创建绑定。例如, 应用程序将部署为 10 个绑定, Webpack 可以从一个特定绑定中抽取公共代码(从你使用的框架), 以便其他 9 个绑定都能复制公共代码。

随着绑定过程的复杂性不断增加, JavaScript 文件 webpack.config.js 很快增长, 使得编写和维护它都非常困难。绑定期间提供的错误类型的值可能会导致错误, 错误的描述可能不容易理解。好消息是你能用 TypeScript(webpack.config.ts)编写 Webpack 配置文件, 与其他任何 TypeScript 代码一样从静态类型分析器获得帮助。关于使用 TypeScript 配置 Webpack 的方法, 可以阅读 https://webpack.js.org/ configuration/configuration-languages 网站的 Webpack 文档。

本节中, 在我们给出的项目中, TypeScript 代码使用了 Chalk JavaScript 库。第 7 章中, 我们将提供更详细的关于混合 TypeScript-JavaScript 项目的讨论。同时, 让我们先看看如何能将 TypeScript 与另外一种流行的工具 Babel 一起使用。

6.4 使用 Babel 编译器

Babel 是一个流行的 JavaScript 编译器, 它可以解决一个众所周知的问题: 并不是每种浏览器都支持 ECMAScript 描述的每种语言功能。我们甚至还没有谈到特定 ECMAScript 版本的全面实施。在任何时候, 浏览器都可以实现 ECMAScript 2019 的特定子集, 而另外一个仍然只理解 ECMAScript 5。访问 caniuse.com 网站并搜索 arrow functions。你将发现 IE 11、Opera Mini, 还有一些并不支持它们。

如果你开发一个新 Web 应用, 期望在所有你的用户可能使用的浏览器上测试它。Babel 允许你编写现代 JavaScript 并把它编译成旧的语法。尽管 tsc 允许你定义特定的 ECMAScript 规范作为编译目标(例如 ES2019), 但 Babel 更精细。它允许你有选择地选择转换为被老旧浏览器支持的 JavaScript 的语言特征。

图 6.9 展示了一个浏览器兼容表(http://mng.bz/O9qw)的片段。在顶部，你将看到浏览器和编译器的名称。左边是特征列表。浏览器、编译器或服务器的运行版可以全面或部分支持一些特征，Babel 插件允许你指定某些特征可以被转换为旧代码。插件的完整列表可以在位于 https://babeljs.io/docs/en/plugins 网站的 Babel 文档中找到。

为方便讨论，我们选择 ES2019 规范(参见图 6.9 的左侧的黑色箭头)的"字符修剪"特征。让我们假设我们的应用程序需要工作于 Edge 浏览器上。按照垂直箭头，你将看到在成稿时，Edge18 仅仅部分实现了字符修剪功能(2/4)。

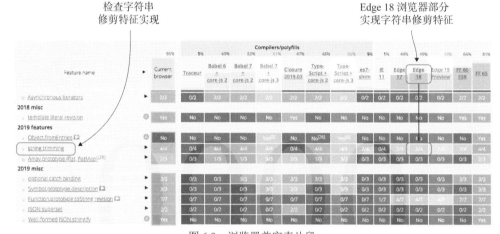

图 6.9   浏览器兼容表片段

我们可以在代码中使用字符修剪特征，但是需要用 Babel 将这一特征编译为旧语法。以后某个时候，当 Edge 完全支持该特征不需要编译时，Babel 会非常灵活地帮助你完成相关的工作。

Babel 包含多种插件，每一个插件负责编译语言的一个特定属性，但是试图找到并映射特征到插件非常耗时。这也是为什么 Babel 插件合并为 presets，包含你希望用来编译的插件列表。特别地，preset-env 允许你定义你的应用应当支持的 ECMAScript 特性和浏览器。

在本书附录 A.12 部分，我们提供了一个来自 http://babeljs.io 的描述 Babel 的 REPL 工具的快照。看看如图 6.10 所示的 Babel 的 Try It Out 菜单，集中于左侧导航栏，你可以配置 presets。

每个 preset 就是一组插件，如果你希望将你的代码编译为 ES5 语法，仅需选择 es2015 复选

图 6.10   配置 ENV preset

框。不使用 ECMAScript spec 名称，你可以使用 ENV PRESET 选项配置浏览器的特定版本或其他运行版本。图 6.10 所示的白色箭头显示的是包含 ENV preset 建议值的编辑框：>2%, ie11,safari>9。意思是你期望 Babel 编译代码，使之能够运行于市场份额不低于 2%的浏览器上，并且还可以在 IE 11 和 Safari 版本 9 以上的版本上运行。

　　IE 11 和 Safari 9 均不支持箭头函数，如果你输入(a,b)? a+b;，Babel 会将它转换为这些浏览器能够理解的 JavaScript，如图 6.11 图右侧所示。

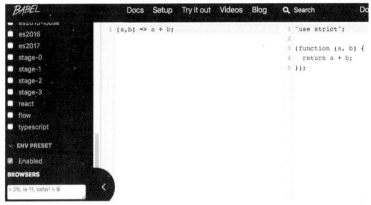

图 6.11　应用 ie 和 safari presets

提示　如果在输入浏览器名称后发现错误，在输入浏览器和版本后取消选中 Enabled 复选框。这似乎像一个 bug，但是当你阅读本书时，错误可能已经被修改了。

　　现在改变 preset，使之为图 6.12 所示的"last 2 chrome versions"。Babel 的智力足以理解 Chrome 的最新两个版本能够支持箭头函数，因此不需要做任何转换工作。

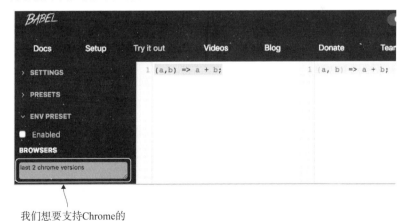

我们想要支持Chrome的
最新两个版本

图 6.12　应用 Chrome preset

ENV preset 包含一个浏览器列表，需要使用适当的名称或词语定义约束(例如，last 2 major

versions, Firefox >= 20, or > 5% in US)。这些词汇被列在 https://github.com/browserslist/ browserslist 网站的 browserslist 项目中。

注意　使用 Babel REPL 的 ENV preset 配置目标环境，但是这些可选项可以通过命令行配置
　　　　并应用于 Babel。代码清单 6.15 中，将@babel/preset-env 添加到.babelrc 配置文件中。
　　　　代码清单 6.17 中，你将看到.browserslistrc 文件，你可以像我们在 Babel REPL 中所做
　　　　的那样配置特定浏览器和版本。有关 preset-env 的详细内容请参考 https://babeljs.io/
　　　　docs/en/next/babel-preset-env.html 上的 Babel 文档。

Babel 可用于编译类似 JavaScript、TypeScript、CoffeeScript、Flow 之类的编程语言。例如，React 框架使用 JSX 语法，甚至不是标准的 JavaScript，但是 Babel 能理解它。在第 12 章中，将利用 React 应用使用 Babel。

当 Babel 编译 TypeScript 时，与 tsc 不同，它并不执行类型检查。Babel 并未实现全能的 TypeScript 编译器。Babel 仅仅分析 TypeScript 代码并产生对应的 JavaScript 语法。

你可能认为，"我对 TypeScript 编译器很满意。为什么在一本有关 TypeScript 的书中包含关于 JavaScript-to-JavaScript 编译器的内容？"原因在于，你可能会遇到一个有些模块是由 JavaScript 编写的，而有些模块却是由 TypeScript 编写的项目。在此类项目中，Babel 很可能已经成为开发部署工作流的一部分。例如，在使用 React 框架的开发者中间，Babel 非常流行，而 React 框架最近才开始支持 TypeScript。

与 npm 包类似，你可以选择本地或全局(采用-g 选项)安装 Babel。在项目目录内实现本地安装，能够使项目自给自足，因为在运行 npm install 后，你可以使用 Babel，不希望计算机将其安装在其他地方(有些人可能使用其他计算机处理你的项目)。

```
npm install @babel/core @babel/cli @babel/preset-env
```

这里，@babel/core 是 Babel 编译器，@babel/cli 是命令行接口，@babel/preset-env 是前面讨论过的 ENV preset。

注意　在 npmjs.org 入口处，JavaScript 包可以被组织为 organizations。例如，@babel 是与 Babel
　　　　有关的包的组织。@angular 是属于 Angular 框架的包的组织。@type 是组织各种类型的
　　　　JavaScript 库需要的 TypeScript 类型定义文件的地方。

在后续章节中，将介绍三个小项目。第一个在 JavaScript 中使用 Babel，第二个在 TypeScript 中使用 Babel，第三个使用 Babel、TypeScript 和 Webpack。

6.4.1　在 JavaScript 中使用 Babel

本节，我们将回顾在 JavaScript 中使用 Babel 的简单项目，位于 babel-javascript 目录。我们将继续使用代码清单 6.7 使用 Chalk JavaScript 库时所介绍的三行 index.js 脚本。代码清单 6.15 中的唯一变化是现在的信息是 "Compiled with Babel"。

代码清单 6.15　　index.js：babel-javascript 应用程序的源代码

```
const chalk = require('chalk');
const message = 'Compiled with Babel';
console.log(chalk.black.bgGreenBright(message));
```

代码清单 6.16 显示了将用于运行 Babel 的 npm 脚本以及应该安装在开发人员机器上的依赖项。

代码清单 6.16　　babel-javascript/package.json 的片段

```
"scripts": {
    "babel": "babel src -d dist"        ◄─── npm 脚本将代码从 src
},                                           编译到 dist
"dependencies": {
    "chalk": "^2.4.1"
},
"devDependencies": {                    ◄─── 本地安装
    "@babel/cli": "^7.2.3",                  dev 依赖
    "@babel/core": "^7.2.2",
    "@babel/preset-env": "^7.2.3"
}
```

Babel 是在.babelrc 文件中配置的，我们的配置文件将非常简单(见代码清单 6.17)。我们只想使用 preset-env 进行编译。

代码清单 6.17　　.babelrc 文件

```
{
  "presets": [
    "@babel/preset-env"
  ]
}
```

此处并未配置任何特定的浏览器版本，并且没有任何配置选项@babel/preset-env 的行为与@babel/preset-es2015、@babel/preset-es2016 和 @babel/preset-es2017 的行为完全相同。换言之，在 ECMAScript 2015，ECMAScript 2016，ECMAScript 2017 介绍的所有语言特征将被编译为 ES5。

提示　我们在.babelrc 文件中配置了 Babel，这对于像我们这样的静态配置来说非常不错。如果你的项目需要以编程方式创建 Babel 配置，则需要使用 babel.config.js 文件(更多细节请参考 Babel 文档：https://babeljs.io/docs/en/config-files#project-wide-configuration。)如果你希望学习如何用 Babel 编译我们的 src/index.js 文件，通过运行 npm install，安装该项目的依赖，然后从 package.json 运行 npm 脚本：npm run babel。

代码清单 6.18 展示了创建 dist 目录中的 index.js 的编译版本。包含下列内容(与代码清单 6.15 比较)

代码清单 6.18　dist/index.js：src/index.js 的编译版本

Babel 添加了该行

```
"use strict";
var chalk = require('chalk');
var message = 'Compiled with Babel';     Babel 用 var 替换了 const
console.log(chalk.black.bgGreenBright(message));
```

> **注意**　编译的文件仍然调用 require('chalk')且该库位于独立的文件中。记住 Babel 不是一个绑
> 定。在 6.4.3 节，我们将使用采用 Babel 的 Webpack。

可以按照如下方式运行编译的版本：

```
node dist/index.js
```

控制台输出如图 6.13 所示。

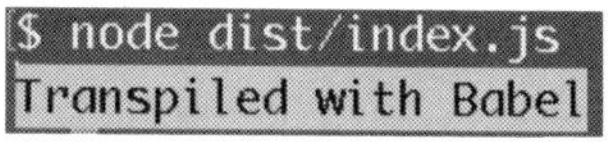

如果想要确保 Babel 生成可以在特定浏览器上工作的代
码，则需要添加一个额外的.browserslistrc 配置文件。例如，

```
$ node dist/index.js
Transpiled with Babel
```

图 6.13　运行由 Babel 编译的程序

设想我们希望代码仅能在最新两个版本的 Chrome 和 Firefox 上运行。我们可以在项目的根目录
中创建如代码清单 6.19 所示的文件。

代码清单 6.19　示例.browserslistrc 文件

```
last 2 chrome versions
last 2 firefox versions
```

现在运行 Babel 不再需要像代码清单 6.18 那样将 const 转换为 var，因为无论是 Chrome 还
是 Firefox 都支持 const 关键字。请你自己试试看。

6.4.2　在 TypeScript 中使用 Babel

本节我们将回顾一个在 TypeScript 中使用 Babel 的简单项目；它位于 babel-typescript 目录
中。我们将继续讨论代码清单 6.11 中曾经使用 Chalk JavaScript 库的三行脚本。唯一的变化是
阅读的消息变为'Compiled with Babel. '，见代码清单 6.20。

代码清单 6.20　index.js：babel-typescript 应用程序的源代码

```
import chalk from 'chalk';
const message: string = 'Compiled with Babel';
console.log(chalk.black.bgGreenBright(message));
```

与纯 JavaScript 项目(参见代码清单 6.16)的 package.json 比较，我们的 TypeScript 项目添加
了从代码中剥离 TypeScript 类型的 preset-typescript dev 依赖，以便 Babel 能够将其当作纯的
JavaScript。我们还将在代码清单 6.21 的用于运行 Babel 的 npm 脚本中添加一个--extensions '.ts'
选项。现在 Babel 将读取.ts 文件。

代码清单 6.21　package.json 片段

```
"scripts": {
    "babel": "babel src -d dist --extensions '.ts'"      ← 指示 Babel 处理.ts
},                                                          扩展名的文件
"dependencies": {
    "chalk": "^2.4.1"
},
"devDependencies": {
    "@babel/cli": "^7.2.3",
    "@babel/core": "^7.2.2",
    "@babel/preset-env": "^7.2.3",        ← 添加 preset-typescript
    "@babel/preset-typescript": "^7.1.0"     依赖
}
```

通常 presets 包括一系列插件，但是 preset-typescript 仅包含一个，@babel/plugin-transform-typescript。该插件内部使用@babel/plugin-syntax-typescript 作为插件的通用实用程序，分析 TypeScript 和@babel/helper-plugin-utils。

尽管@babel/plugin-transform-typescript 将 TypeScript 代码转换为 ES.Next 语法，但它并不是 TypeScript 编译器。听起来很奇怪，Babel 仅删除 TypeScript。例如，它将 const x:number=0 转换为 const x=0。@babel/plugin-transform-typescript 比 TypeScript 编译器更快一点，因为它不对输入文件做类型检查。

注意　@babel/plugin-transform-typescript 有几个次要的限制，列在文档 https:// babeljs.io/docs/en/
　　　babel-plugin-transform-typescript 中(例如，它不支持 const enum)。为获得对 TypeScript
　　　更好的支持，可以考虑使用@babel/plugin-proposal-class-properties 和@babel/plugin-
　　　proposal-object-rest-spread 插件。

你已经阅读过本书的前五章，开始喜欢真正的 TypeScript 编译器提供的类型检查和编译时的错误提示，现在我们建议你使用 Babel 来删除与 TypeScript 相关的语法？事实上并非如此。在开发期间，可以继续使用 tsc(与 tsconfig.json)以及完全支持 TypeScript 的 IDE。部署阶段，你可能仍然希望用 Babel 和它的 ENV preset(你已经开始喜欢 ENV preset 在提供配置目标浏览器时的灵活性，不是吗？)

在你的创建过程中，你甚至可以添加运行 tsc 的 npm 脚本(在 package.json 中)。

```
"check_types": "tsc --noEmit src/index.ts"
```

现在你可以顺序运行 check_types 和 babel，假设你有本地安装的 tsc。

```
npm run check_types && npm run babel
```

--noEmit 选项确保 tsc 不会输出任何文件(例如 index.js)，因为这将由 Babel 命令在 check_types 后执行。如果在 index.ts 上有编译错误，则创建过程和 babel 命令不会运行。

提示　*如果你在两个 npm 脚本之间使用&&(双与号)，它们将会被顺序执行。对于并行执行，要使用&(单与号)。*

本项目中，.babelrc 配置文件包括@babel/preset-typescript(见代码清单 6.22)。

代码清单 6.22　.babelrc 文件

```
{
  "presets": [
    "@babel/preset-env",
    "@babel/preset-typescript"
  ]
}
```

与 babel-javascript 项目比较，与 TypeScript 有关的变化如下：

- 在运行 Babel 的命令中添加了--extensions '.ts' 选项；
- 在 package.json 中添加了 TypeScript 相关的 dev 依赖；
- 在.babelrc 配置文件中添加了@babel/preset-typescript。

编译简单的 index.js 脚本，在 package.json 中运行如下 npm 脚本：

```
npm run babel
```

你将发现 index.js 的编译版本位于 dist 目录中。你可以像之前那样运行并编译代码：

```
node dist/index.js
```

现在将 Webpack 添加到工作流中，将 index.js 脚本与 Chalk JavaScript 库绑定在一起。

6.4.3　在 TypeScript 与 Webpack 中使用 Babel

Babel 是一种编译器，而不是一种绑定器，任何实际应用程序都需要使用它。而可选择的绑定器很多(例如 Webpack、Rollup、Browserify 等)，但是我们始终都使用 Webpack。本节我们将观察一个在 TypeScript 与 Webpack 中使用 Babel 的简单项目。该项目位于 webpack-babel-typescript 目录中。

在 6.3.2 节介绍了 TypeScript-Webpack 设置，我们将继续使用在该项目中采用的三行源代码(见代码清单 6.23)。

代码清单 6.23　index.js：webpack-babel-typescript 源代码

```
import chalk from 'chalk';
const message: string = 'Built with Babel bundled with Webpack';
console.log(chalk.black.bgGreenBright(message));
```

package.json 的 devDependencies 部分如代码清单 6.24 所示。

代码清单 6.24　package.json 中的 devDependencies 部分

```
"devDependencies": {
  "@babel/core": "^7.2.2",
  "@babel/preset-env": "^7.2.3",
  "@babel/preset-typescript": "^7.1.0",
  "babel-loader": "^8.0.5",        ◀── 添加 Webpack Babel loader
  "webpack": "^4.28.3",
  "webpack-cli": "^3.1.2"
}
```

比较代码清单 6.24 与代码清单 6.21 中的 Babel 依赖。代码清单 6.24 中有以下 3 个变化：

● 添加了 babel-loader，它是一个适用于 Babel 的 Webpack loader。

● 删除了 babel-cli，因为不需要从命令行运行 Babel。

● 未使用 babel-cli，Webpack 将使用 babel-loader 作为绑定过程的一部分。

如在 6.3 节中所见，Webpack 使用 webpack.config.js 配置文件。而配置 TypeScript 与 Webpack，我们使用的是 ts-loader(参见代码清单 6.14)。这次我们希望用 babel-loader 处理扩展名为.js 的文件。代码清单 6.25 展示了 webpack.config.js 中与 Babel 有关的部分。

代码清单 6.25　webpack-babel-typescript/webpack.config.js 的代码片段

```
module: {
  rules: [
    {
      test: /\.ts$/,         ◀── 将此规则应用于扩展名为.ts 的文件
      exclude: /node_modules/,
      use: 'babel-loader'    ◀── 使用 babel-loader 处理.ts 文件
    }
  ]
},
```

.babelrc 文件与上节中的完全相同(参见代码清单 6.20)。

在使用 npm install 安装了依赖后，我们准备用 package.json 的 bundleup 命令创建绑定。

```
npm run bundleup
```

该命令将在 dist 目录上创建 index.bundle.js。该文件将包含(由 Babel)编译的 index.js 版本以及来自 Chalk JavaScript 库的代码。你可以像以往那样运行该绑定：

```
node dist/index.bundle.js
```

图 6.14 所示的输出看起来也很熟悉。

```
$ node dist/index.bundle.js
Built with Babel bundled with Webpack
```

图 6.14　运行由 Babel 编译的程序

如你所见，你不必选择 Babel，或者选择 tsc 生成 JavaScript。它们可以在同一个项目中共同工作。

> **注意**　那些不愿意使用 TypeScript 的人通常会说出这样的观点："如果我用纯 JavaScript 编码，就不需要使用编译器。一旦编写完成，就可以运行 JavaScript 程序。"这是完全错误的。除非你准备忽略 2015 年推出的最新 JavaScript 语法，否则将需要一个可以编译用现代 JavaScript 编写的代码的过程，而所有浏览器都可以理解这些代码。可是无论如何，你都要在项目中使用编译器，无论是 Babel、TypeScript，还是别的什么。

6.5　工具介绍

本节我们将提到几个工具，在我们编写本书时，这些工具还没有正式发布，但它们可能会成为 TypeScript 开发人员工具箱中的有用的补充。

6.5.1　Deno 介绍

几乎每个 JavaScript 开发者都知道 Node.js 运行时。本书中也使用它在浏览器外运行应用程序。每个人都喜欢 Node.js……除了它的创建者 Ryan Dahl。2018 年他举办了题为 "10 Things I Regret About Node.js" 的讲座，进而开始开发 Deno，创建在 V8 引擎(就像 Node 一样)之上的安全运行环境，包含一个内置的 TypeScript 编译器。

> **注意**　在编写本书时，Deno 仍然是一个实验性的软件。在 https://deno.land 上可以查看其最新状态。

Ryan Dahl 的遗憾包括 Node 应用程序在进行模块解析时，需要 package.json、node_modules.npm 以及一个用于分发包的集中式仓库。Deno 则不需要其中任何一个。如果你的应用程序需要一个包，应用程序将能够从该包的源代码仓库中获得它。我们将用一个名为 Deno 的小项目来演示如何完成该工作，这个小项目源自本章的代码。

Deno 可以运行 JavaScript 和 TypeScript 代码，我们的项目仅有一个如代码清单 6.26 所示的 index.ts 脚本。

代码清单 6.26　index.ts：在 Deno 下运行的应用程序源代码

包含 colors 库

```
import { bgGreen, black } from 'https://deno.land/std/colors/mod.ts';
const message: string = 'Ran with deno!';          ← 使用 TypeScript
console.log(black(bgGreen(message)));              字符串类型
                          ↑
                     使用 colors
                     库的 API
```

注意，从源中导入了一个名为 colors 的库。没有 package.json 会将该库列为依赖项，因此不需要通过执行 npm install 命令从中央仓库获得该包。它使用 ES6 模块，你只需要知道其 URL 以便能够将其导入应用程序中。

你可能会问，"采用直接连接到第三方库的方法不危险吗？若其代码发生变化，破坏了你的程序呢？"这种情况不会发生，因为每个第三方库首次下载时，Deno 在本地都进行了缓存。应用程序的每次后续的运行将重用每个库的同一个版本，除非你定义了一个特殊的--reload 选项。

> **注意**　我们在该示例中未使用 Chalk 库，因为它没有因为 Deno 使用而被打包。

针对此脚本的运行，你需要的是 Deno 可执行程序，可以从 https://github.com/denoland/deno/releases 下载获得。只需要选择最新版本，获得所使用的平台的 zip 文件。例如，对 macOS 平台，仅需要下载并解压缩 deno_osx_x64.gz 文件。

简单考虑，将应用程序下载到 Deno 目录。在下载 Deno 后，可以使用如下命令启动应用程序。

```
./deno_osx_x64 index.ts
```

> **提示**　对 macOS 平台，执行该文件，需要添加许可：chmod +x ./deno_osx_x64。

> **提示**　如果运行平台为 Windows，应确保至少有 PowerShell 版本 6 和 Windows 管理框架。否则可能会看到如下错误："TS5009: Cannot find the common subdirectory path for the input files.(TS5009：无法获得输入文件的公共子目录路径)"。

如你所见，Deno 运行一个现有的 TypeScript 程序，它不需要 npm 或 package.json。首次运行该应用程序，将产生如下输出：

```
Compiling file: ...chapter6/deno/index.ts
Downloading https://deno.land/std/colors/mod.ts...
Compiling https://deno.land/std/colors/mod.ts
```

Deno 编译 index.ts，然后下载并编译 colors 库。而后，将运行我们的应用程序产生如图 6.15 所示的输出。

```
Ran with deno!
```

图 6.15　在 Deno 下运行应用程序

Deno 缓存编译的 colors 库，因此当你下一次运行应用程序时就不需要下载并编译 colors。如你所见，我们不需要配置项目依赖，在运行应用程序前不需要进行任何安装或配置工作。

Deno 不能理解 npm 包的格式，但如果它获得需求，主流的 JavaScript 库的维护人员将按照 Deno 能够接受的格式打包其产品。请大家注意该工具。

6.5.2　ncc 介绍

要介绍的第二个工具是 ncc(https://github.com/zeit/ncc)。它是一种将 Node.js 模块以及所有的依赖编译为一个单一文件的命令行接口。该工具可被编写运行于服务器端代码的 TypeScript 开发者使用。

在此仅想介绍一些 ncc 的背景，它是 Zeit 公司的一个产品，该公司是无服务器云提供商。

你可能听说过其产品。现在该公司提供 Web 应用的非常容易的无服务器部署。

Zeit 还开发允许你将任何应用程序划分为尽可能多的小块的软件。例如，如果你正在编写一个使用 Express 框架的应用程序，它们期望通过不同的绑定表达每个端点，而这些不同的绑定仅包含实现端点功能的代码。

这能够允许他们避免运行实时服务器。如果客户机到达一个端点，它将返回无服务器绑定到微型容器中，响应时间仅为 100 毫秒，这相当有吸引力。ncc 是一种能够将服务器端应用程序包装成一个小的绑定的工具。

ncc 可以将任意的 JavaScript 或 Typescript 作为输入，创建绑定并输出。它需要最小配置或根本不需要配置。唯一的需求就是你的代码应当使用 ES6 或 require()方法。

我们将考察一个小应用程序，ncc-typescript，由于使用的是 TypeScript，因此包含最小配置。如果使用 JavaScript 编写这个应用程序，则不需要任何配置。该应用程序位于 ncc-typescript 目录，其中包含了代码清单 6.27 中的 package.json 文件、tsconfig.json 文件以及 index.ts 文件。该应用程序使用 Chalk 库。

代码清单 6.27　ncc/package.json 片段

```
{
  "name": "ncc-typescript",
  "description": "A code sample for the TypeScript Quickly book",
  "homepage": "https://www.manning.com/books/typescript-quickly",
  "license": "MIT",
  "scripts": {
    "start": "ncc run src/index.ts",          ← 在 run 模式下使用 ncc
    "build": "ncc build src/index.ts -o dist -m"   ← 用 ncc(-m 用于产品优化)编译 TypeScript
  },
  "dependencies": {
    "chalk": "^2.4.1"
  },
  "devDependencies": {
    "@zeit/ncc": "^0.16.1"      ← ncc 工具
  }
}
```

你看不到 tsc 作为此 package.json 文件中的一种依赖，因为 TypeScript 编译器是一种 ncc 的内部依赖。当然，如果需要，可以在 tsconfig.json 中列举编译器选项。从开发角度考虑，ncc 允许你在一个进程中编译并运行你的 TypeScript 代码。

注意 scripts 部分，在其中我们定义了两个命令：start 和 build。这样允许 TypeScript 开发者使用两个 ncc 模式：

● Run 模式——ncc 在没有显式编译情况下(将在内部编译)运行 TypeScript 代码。
● Build 模式——TypeScript 被编译为 JavaScript。

好的方面是你不需要使用类似 Webpack 之类的绑定器，因为 ncc 将为你创建绑定。可以自己通过执行 npm install 并运行位于 index.ts 的示例应用程序来查看效果。

```
npm run start
```

如代码清单 6.27 中 package.json 所定义的那样，start 命令将运行 ncc，以便编译并运行 index.ts，控制台的输出如图 6.16 所示。

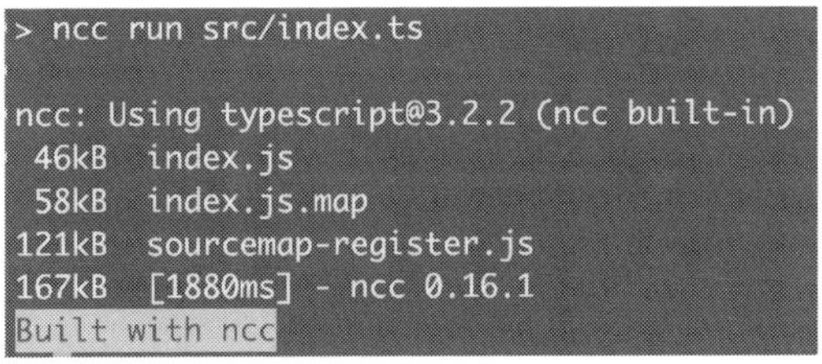

```
> ncc run src/index.ts

ncc: Using typescript@3.2.2 (ncc built-in)
 46kB  index.js
 58kB  index.js.map
121kB  sourcemap-register.js
167kB  [1880ms] - ncc 0.16.1
Built with ncc
```

图 6.16　使用 ncc 运行应用程序

start 命令在编译 index.ts 时创建源代码映射(默认情况)。在 run 模式下，不会生成编译文件。如果运行 build 命令，ncc 将在 dist 目录中创建 index.js 绑定，但是应用程序不会运行。

```
npm run build
```

build 命令的控制台输出如下所示：

```
ncc: Using typescript@3.2.2 (ncc built-in)
24kB dist/index.js
24kB [1313ms] - ncc 0.16.1
```

优化的绑定大小为 24KB(ncc 内部使用 Webpack)。ncc 生成的绑定包含我们编写的代码以及 Chalk 库的代码，你可以如平常那样运行其应用程序。

```
node dist/index.js
```

输出结果如图 6.17 所示。

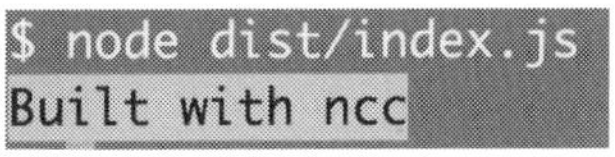

```
$ node dist/index.js
Built with ncc
```

图 6.17　使用 ncc 运行应用程序

总之，ncc 具有如下好处：

- 创建和运行应用程序不需要任何配置；
- 可以使用 run 或 build 模式。run 模式使你不必显式编译 TypeScript 代码。
- 支持在一个项目中，某些代码用 JavaScript 编写，另外一些代码用 TypeScript 编写的混合模式。

本节，我们讨论了两个有趣的工具：Deno 和 ncc，但 TypeScript 生态环境的演变非常快，你应当时刻关注新工具，使你的工作更有效率，你的应用程序更具有响应性，构建及部署过程更加简单。

注意　我们没有讨论另外一个被称为 ts-node 的有用包，它可以在一个单一进程中运行 tsc 和 Node.js。我们将在第 10 章的 10.4.2 节中使用它，同时开始使用 TypeScript 编写服务器。

6.6　本章小结

- 源映射允许你即使在浏览器上运行 JavaScript 版本时，也能调试 TypeScript 代码。
- Linters 被用于检查并强制代码类型。我们也介绍了 TSLint，但它不久将会与 ESLint 合并。
- 为部署 Web 应用，我们通常绑定源文件以减少浏览器需要下载的文件数量。Webpack 是一种最流行的绑定器。
- JavaScript 开发者通过 Babel 将使用最新的 ECMAScript 语法编写的代码编译为特定版本的 Web 浏览器支持的代码。某些情况下，同时使用 TypeScript 和 Babel 编译器十分有意义。
- 了解编程语言的语法是非常有必要的，但是理解你的程序是如何被转换为可运行的应用程序的过程具有同等的重要性。

第 **7** 章

在项目中同时使用TypeScript 和JavaScript

本章要点：

- 在使用 JavaScript 库时体验 TypeScript 的优势
- 类型定义文件的作用
- 将现有的 JavaScript 应用程序升级到 TypeScript

本章将展示如何受益于 TypeScript 的特性，例如，获取编译错误以及即使在使用由 JavaScript 编写的第三方库时，其也可以自动完成。首先将解释类型定义文件的作用，然后讨论由 TypeScript 编写的应用程序使用 JavaScript 库的具体用例。最后，讨论在逐步将应用程序从 JavaScript 到 TypeScript 升级前需要考虑的工作。

7.1 类型定义文件

JavaScript 语言始于 1995 年，从那时起，数不清的代码都是用该语言编写的。来自全球的开发者发布了几千个 JavaScript 编写的库，因此你的 TypeScript 应用程序很有可能获益于这些库中的某些内容。

期望 JavaScript 库的开发者花时间用 TypeScript 重写他们的库或框架是不现实的，但我们仍然希望能够在 TypeScript 应用程序中使用 JavaScript 的成果。此外，我们被 TypeScript 的方便性，例如静态类型分析器、自动填充以及编译错误即时报告所吸引。我们能够继续使用这些特性，同时又能够使用 JavaScript 库的 API 吗？是的，借助类型定义文件的帮助，我们可以。

注意　在 6.3.2 节中，你已经了解了一个项目，其中 TypeScript 代码使用一个称为 Chalk 的 JavaScript 库。该示例旨在展示如何将 TypeScript 和 JavaScript 绑定到一起，因此我们没有讨论如何实现代码交互，以及 TypeScript 代码分析器是否能有助于适当使用 Chalk 库。在第 6 章中，我们没有使用类型定义文件，但在本章中将使用。

7.1.1　了解类型定义文件

类型定义文件的意图是使 TypeScript 编译器知道特定的 JavaScript 库的 API 或运行时的 API 需要哪种类型。类型定义文件只包括特定 JavaScript 库的变量的名称(以及类型)和函数的签名(以及类型)。

2012 年，Boris Yankov 创建了一个类型定义文件的(参见 https://github.com/DefinitelyTyped/DefinitelyTyped)GitHub 仓库。其他人也开始该工作，当前大约有超过 10 000 人为此项目做出了贡献。创建了网站 DefinitelyTyped.org，在 TypeScript 2.0 发布后，创建在 npmjs.org 上的@types 组织，为类型定义文件创建了另外一个仓库。DefinitelyTyped.org 的所有声明文件自动发布到@types 组织。

定义文件名后缀为 d.ts，你可以在 www.npmjs.com/~types 上的多达 7 000 个 JavaScript 库中找到这些文件。只需要进入该网站并搜索你感兴趣的 JavaScript 库即可。例如，可以在 www.npmjs.com/package/@types/jquery 上发现有关 jQuert 类型定义的信息——图 7.1 给出了该 Web 页的截屏。

在图 7.1 的右侧顶部，可以看到为 jQuery 安装类型定义文件的命令，但是我们希望添加-D 选项，以便 npm 将@types/jquery 添加到项目的 package.json 文件的 devDependencies 部分。

```
npm install @types/jquery -D
```

注意　上面的命令不能安装 jQuery 库，它仅仅安装 jQuery 成员的类型定义。

通常，你从 npmjs.org 安装类型定义，在包名后紧跟特定的@types 组织名。一旦安装了@types/jquery，就可以发现几个扩展名为 d.ts 的文件，例如 JQuery.d.ts 和 jQueryStatic.d.ts，位于项目的 node_module/@types/jquery 目录中。TypeScript 编译器(静态分析器)将使用它们帮助你实现自动完成和类型错误提示。

在图 7.1 的中间，会看到 jQuery 类型定义源的 URL，底部是由 jQuery 提供的全局值的名称。例如，在安装后，可以使用$访问 jQuery API。

可以创建新目录并在此通过运行命令 npm init –y 将其变为 npm 项目。该命令创建了 package.json 文件，然后就可以为 jQuery 安装类型定义。

```
npm install @types/jquery -D
```

让我们看看，安装了类型定义文件后，静态类型分析器以及你的 IDE 是否将开始帮助你使用 jQuery API。

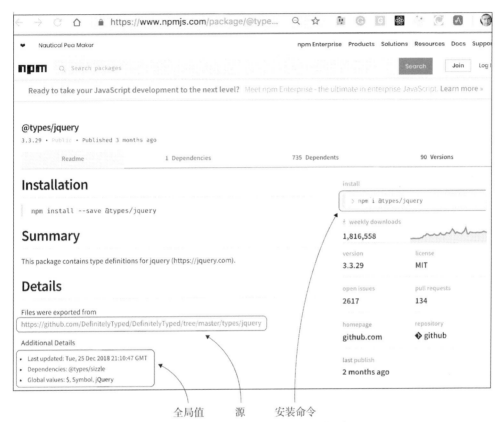

图 7.1　npmjs.org 上的 jQuery 类型定义

7.1.2　类型定义文件与 IDE

要了解 IDE 如何使用类型定义文件，打开前述章节在 IDE 中创建的 npm 项目，创建并打开 main.ts，输入$，按下 Ctrl+Space。若你使用的是 WebStorm IDE，你将看到可用的 jQuery API，如图 7.2 所示。VS 代码也将显示可用的 jQuery API。

在图 7.2 的顶部，可以看见 JQuery 的具有强类型参数的 ajax()函数，就像所有 TypeScript 程序一样。注意，我们甚至还没有安装 jQuery(使用 JavaScript 编写的)；我们仅仅只有类型定义。

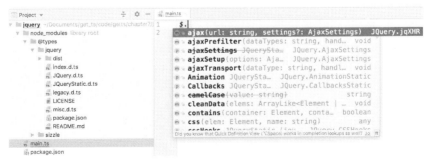

图 7.2　WebStorm 的 jQuery 自动完成功能

太好了，下面我们用 VS Code 打开同样的项目。你看不到如何自动完成功能，如图 7.3 所示。原因在于 WebStorm IDE 能够自动展示它在项目中能够找到的所有定义，然而 VS Code 更趋向于显式地配置要使用的 d.ts 文件。

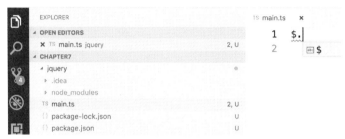

图 7.3   VS Code 不能找到 jQuery 的类型定义

下面介绍 VS Code 的规则并使用编译器的 types 选项创建一个 tsconfig.json 文件。在该数组中，可以定义使用哪个类型定义用于自动完成(使用 node_modules/@types 下的目录名称)。代码清单 7.1 显示的是添加到项目中的 tsconfig.json 文件

代码清单 7.1   TypeScript config 文件，tsconfig.json

```
{
  "compilerOptions": {
    "types" : ["jquery"]
  }
}
```

尽管 types: [jquery]适用于本例，如果要为几个 JavaScript 库添加类型定义文件，则需要在 types 编译选项中将它们全部列出(例如，types：[jquery, lodash])。但是添加编译器的 types 选项并不是帮助编译器发现类型定义的唯一方法——在 7.1.4 节中将学习 reference 命令。

注意   你的项目可能需要引用类似 jquery、lodash 等的外部模块。编译器用来确定导入所引用的内容的过程称为模块解析。有关该过程的更多细节，请参考位于 www.typescriptlang.org/docs/handbook/module-resolution.html 的 TypeScript 文档。

现在输入$.并按下 Ctrl+Space。自动完成功能将适时开展工作。单击 ajax()函数，VS Code 将显示程序文档，如图 7.4 所示。无论使用何种 IDE，有一个 JavaScript 代码的 d.ts 文件给你来自 TypeScript 编译器和静态分析器的智能化的帮助。

注意   在 WebStorm 中，为了要查看"自动完成"列表中所选项目的程序文档，选中它并按下 Ctrl+J。

下面查看类型定义文件。图 7.4 所示的箭头指向 TypeScript 为 ajax()函数找到的类型定义接口名。巧合的是，它在 JQueryStatic.d.ts 文件中定义，该文件位于 node_modules/@types/jquery 目录中。将鼠标指针悬停在函数名 ajax()上，并按下 Ctrl+click。无论是 VS Code 还是 WebStorm 都将打开如下 ajax()类型定义的代码片段(见代码清单 7.2)。

代码清单 7.2　JQueryStatic.d.ts 的代码片段

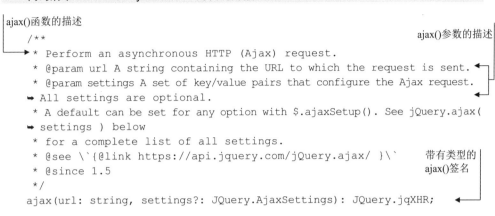

```
/**
 * Perform an asynchronous HTTP (Ajax) request.
 * @param url A string containing the URL to which the request is sent.
 * @param settings A set of key/value pairs that configure the Ajax request.
   All settings are optional.
 * A default can be set for any option with $.ajaxSetup(). See jQuery.ajax(
   settings ) below
 * for a complete list of all settings.
 * @see \`{@link https://api.jquery.com/jQuery.ajax/ }\`
 * @since 1.5
 */
ajax(url: string, settings?: JQuery.AjaxSettings): JQuery.jqXHR;
```

ajax()函数的描述

ajax()参数的描述

带有类型的 ajax()签名

VS Code显示了有关ajax() 方法的程序文档

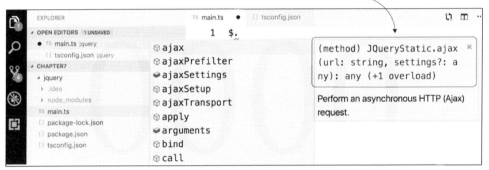

图 7.4　VS Code 显示 jQuery 的 ajax()方法的自动完成功能和文档化

注意　在 WebStorm 中，为了要查看"自动完成"列表中所选项目的程序文档，选中它并按下 Ctrl+J。

类型定义文件可以只包含一种类型声明。以 jQuery 为例，其类型声明包装在具有多个属性和函数描述的接口中，正如你在代码清单 7.2 中看到的 ajax()那样。

在某些 d.ts 文件中，你将看到关键字 declare 的用法。

```
declare const Sizzle: SizzleStatic;

export declare function findNodes(node: ts.Node): ts.Node[];
```

在此并未声明const Sizzle 或函数 findNodes()，仅指明了将使用的包含 const Sizzle 和 findNodes() 的 JavaScript 库。换言之，这些代码行试图"安慰"tsc："如果在我的代码中看到 const Sizzle 和 findNodes()，不必大惊小怪。在运行时，我的应用程序将包含拥有这些类型的 JavaScript 库"。此类声明被称为 ambient declarations(环境声明)——采用这种方式，你告诉编译器，有问题的变量将在运行时存在。如果没有为 jQuery 准备类型定义，则可以在你的 TypeScript 代码中简略地定义

declare var $: any，并使用变量$访问 jQuery 的 API。只是别忘记在应用程序中加载 jQuery。

如你所见，类型定义文件让我们可以一石二鸟：既能使用已有的 JavaScript 库，又能利用强类型语言带来的好处。

注意 某些 JavaScript 库包括 d.ts 文件，没有必要单独安装。一个好示例是 moment.js 库，可用于验证、操作和格式化数据。可以在 https://github.com/ moment/moment 上访问该库，在其中可以找到 moment.d.ts 文件。

使用没有类型定义文件的 JavaScript 库

尽管在 TypeScript 应用程序中使用 JavaScript 库时，类型定义文件是一种最佳的方式，你还可以在没有类型定义文件的情况下使用这些库。如果你知道选择的 JavaScript 框架的全局变量(例如 jQuery 的$)，则你可以照原样用。现代 JavaScript 库可以使用模块系统，它们可能需要在代码中导入特定的模块成员，而不是提供一个全局变量。

下面以 jQueryUI 为例，它是创建在 jQuery 之上的一组 UI 小部件和主题。假设针对 jQueryUI 的类型定义不存在(即使可能是存在的)。

jQueryUI 的入门指南(http://learn.jquery.com/jquery-ui/getting-started)指出，为了在 Web 页面上使用库，你需要本地安装并在 HTML 文档中添加如下代码。

```
<link rel="stylesheet" href="jquery-ui.min.css">          ◀── 添加 CSS
<script src="external/jquery/jquery.js"></script>          ◀── 添加 jQuery
<script src="jquery-ui.min.js"></script>          ◀── 添加 jQueryUI
```

完成这些工作后，可将 jQueryUI 小部件添加到 TypeScript 代码中。

为存取 jQueryUI，你仍然使用$(jQuery 的全局变量)。例如，假设你有一个 HTML <select id="customers">下拉菜单，则可以将其转变为如下的 jQueryUI 的 selectMenu()下拉菜单：

```
$("#customers").selectMenu();
```

前面的代码将起作用，但是没有类型定义文件，就不会得到 TypeScript 的任何帮助，你的 IDE 将突出显示 jQueryUI API 错误。

当然，可以采用如下的环境类型声明"修正"这些 tsc 错误。

```
declare const $: any;
```

因此，最好还是使用类型定义文件(如果它存在的话)。

7.1.3　shim 与类型定义

shim 是一个库，用于拦截 API 调用并转换代码，使得老的环境(例如 IE11)能够支持新的 API(例如 ES6)。例如，ES6 为数组引入了 find()函数，用于找到满足提供的准则的第 1 个元素。在代码清单 7.3 中，index 的值为 4，因为它是第一个大于 3 的值。

代码清单 7.3　使用数组的 find() 函数

```
const data = [1, 2, 3, 4, 5];

const index = data.find(item => item > 3); // index = 4
```

如果代码运行在 IE11 上，该版本不支持 ES6 API，你需要在 tsconfig.json 文件中添加 "target"：ES5 编译器选项。设置后，你的 IDE 将会在 find() 函数下方出现波浪线表示错误，因为 ES5 不支持该函数。IDE 甚至无法在自动完成功能列表中提供 find() 函数，如图 7.5 所示。

仍然可以使用最新的 API 并看到自动完成列表吗？当然可以，如果你安装了 es6-shim.d.ts 类型定义文件并将其添加到 tsconfig.json 的 types 编译器选项中：

```
npm install @types/es6-shim -D
```

将 shim 添加到 tsconfig.json 文件("types"：["jquery", "es6-shim"])，你的 IDE 不会报错并将在自动完成列表中显示 find() 函数，如图 7.6 所示。

> **注意**　最新的 shim 称为 core-js(www.npmjs.com/package/corejs)，它不仅可以用于 ES6 语法，还可以用于最新版本的 ECMAScript。

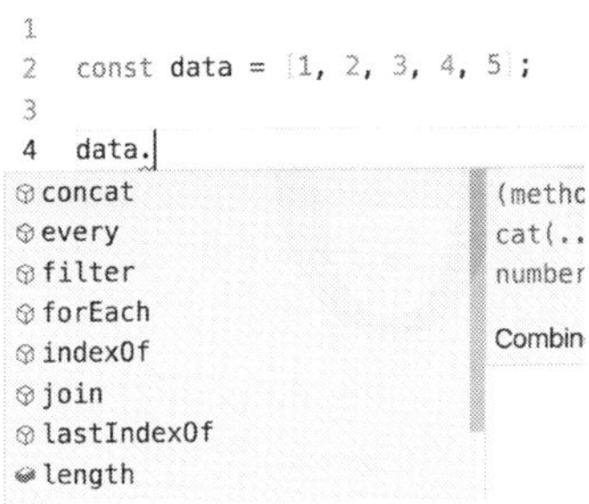

图 7.5　ES5 列表中不包括 find() 函数

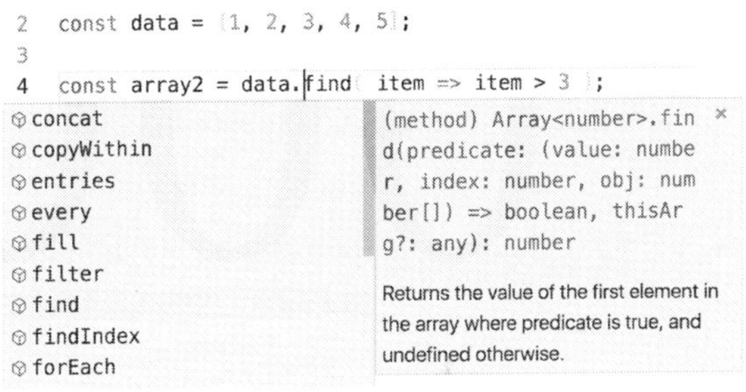

图 7.6　ES6 API 的 es6-shim 帮助

7.1.4　创建自己的类型定义文件

大约在几天前，我们创建了 JavaScript 函数 greeting()，位于如代码清单 7.4 所示的 hello.js 文件中。

代码清单 7.4　JavaScript 编写的 hello.js 文件

```
function greeting(name) {
    console.log("hello " + name);
}
```

你期望继续在你的 TypeScript 项目中使用这个不错的函数(带有自动完成和类型检查)。在 src 目录中，创建一个包含代码清单 7.5 内容的 typings.d.ts 文件。

代码清单 7.5 ./src/typing.d.ts 文件

```
declare function greeting(name: string): void;
```

最后，你需要让 TypeScript 知道该类型文件位于何处。由于 greeting()函数对于 JavaScript 交互来说不是很有用，因此并未将其发布到 npmjs.org 中，也没有人在@types 组织上创建一个 d.ts 文件。在此情况下，可以使用特定的 TypeScript reference 指令(三斜杠指令)，该指令被放在.ts 文件的 greeting()函数的上部。图 7.7 展示了正在 VS Code 的 main.ts 文件中输入 greeti 时的截图。

```
1   /// <reference path="src/typings.d.ts" />
2
3   greeti
4        ⊘ greeting                     function greeting(name: st ×
5        ⊸ WebGLRenderingContext        ring): void
6
```

图 7.7 获得 main.ts 的自动完成功能

如你所见，自动完成以 JavaScript 编写的 greeting()函数的参数和返回类型提示我们。图 7.7 显示三斜杠指令使用的类型定义文件所在的路径，但如果你有一些安装了 npm 的库的类型定义文件，就可以使用 types 而不是 path:

```
/// <reference types="some-library" />
```

> **注意** 如果打算为 JavaScript 库编写类型定义文件，请阅读 http://mng.bz/E1qq 上的 TypeScript 文档。要阅读更多有关三斜杠指令的信息，请参考 http://mng.bz/NeqE 上的文档。

7.2 使用 JavaScript 库的 TypeScript 应用程序示例

本节将介绍一个用 TypeScript 编写并使用了 jQuery UI JavaScript 库的应用程序。该应用程序将显示三种形状：长方形、圆、三角形，如图 7.8 所示。

若阅读本书原版的印刷版，你知道长方形是蓝色，圆和三角形是绿色。用户可以输入一个合法的 CSS 选择项，输入字段将展现在下拉菜单中，包括可选的形状名称。

图 7.9 展示的是用户在输入字段中从下拉框中选择输入.green 后的截屏；三角形被 house 的边框包围。

图 7.8 jQuery UI 展示的三种形状

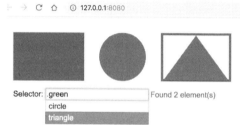

图 7.9 找到 CSS 类为.green 的元素

此应用程序中，使用 jQuery 来发现特定选择项的 HTML 元素，展现的形状是由 jQuery UI

完成的。该样例项目位于 chapter7/jquery-ui-example 目录，包括四个文件：package.json、tsconfig.json、index.ts、index.html。package.json 文件的内容如代码清单 7.6 所示。

代码清单 7.6　包含为 jQuery 和 jQuery UI 提供类型定义文件的 package.json

```
{
  "name": "jquery-ui-example",
  "description": "Code sample for the TypeScript Quickly book",
  "homepage": "https://www.manning.com/books/typescript-quickly",
  "license": "MIT",
  "devDependencies": {
    "@types/jquery": "^3.3.29",          ◄──── jQuery 的类型定义
    "@types/jqueryui": "^1.12.7",        ◄──── jQuery UI 的类型定义
    "typescript": "^3.4.1"    ◄──── TypeScript 编译器
  }
}
```

如你所见，我们并未将 jQuery 和 jQuery UI 库添加到 package.json 中，因为我们将代码清单 7.7 所示的三行代码添加到 index.html 的<head>部分。

代码清单 7.7　在 index.html 中添加 jQuery 和 jQueryUI

添加 jQuery UI 样式　　　　　　　　　　　　　　　　　　　　　　添加 jQuery 库
```
    <link rel="stylesheet"
      href="//code.jquery.com/ui/1.12.1/themes/base/jquery-ui.css">
    <script src="//code.jquery.com/jquery-3.3.1.min.js"></script>
    <script src="//code.jquery.com/ui/1.12.1/jquery-ui.min.js"></script>
```
添加 jQuery UI 库

你也许会问,为什么我们不像之前对待其他npm包那样在package.json中添加一个dependencies部分呢？本地安装 jQuery UI 并不包含该库的绑定版本，我们不希望通过添加 Webpack 或其他绑定器使应用程序更加复杂。因此我们决定为这些库找一个内容发布网络(CDN)的 URL。

jQuery 主页(jQuery.com)包含一个 Download 键，帮助你进入下载页面(http://jquery.com/download)，下载页面包括需要的 CDN 的 URL。如果项目中需要包括 JavaScript 库，则需要经历一个类似的探测过程。

index.html 文件的<head>部分包含如代码清单 7.8 所示的类型。在我们的 TypeScript 代码中，将使用 jQuery 获取 ID 为#shapes，#error，#info 等 HTML 元素的引用。

注意　在此 demo 应用程序上，我们使用了 jQuery 选择符寻找页面上的元素，但是这些选择符已经被标准的 document.querySelector()和 document. querySelectorAll()方法所支持。我们使用 jQuery 仅仅为了展示 TypeScript 代码是如何与 JavaScript 库一起工作的。

用户将能通过输入字段输入合法的 DOM 元素中 ID 为#shapes 的任意 CSS 类型。用户将在自动完成列表中看到图 7.9 所示的结果。

代码清单 7.8　index.html 中涉及<style>标签的片段

```
<style>
  #shapes {
    display: flex;
    margin-bottom: 16px;
  }

  #shapes > *:not(:last-child) {
    margin-right: 32px;
  }

  @media (max-width: 640px) {          ◄─── 改变小于 640 像素
    #shapes {                               设备的页面布局
      flex-direction: column;
      align-items: center;
    }

    #shapes > *:not(:last-child) {
      margin-bottom: 16px;
      margin-right: 0;
    }
  }

  #rectangle {
    background-color: blue;          ◄─── 长方形为蓝色
    height: 100px;
    width: 150px;
  }

  #circle {
    background-color: green;         ◄─┐
    border-radius: 50%;
    height: 100px;
    width: 100px;                         圆和三角形为绿色
  }

  #triangle {
    color: green;                    ◄─┘
    height: 100px;
    width: 150px;
  }
</style>
```

　　@media (max-width: 640px)媒体查询指示浏览器更改小设备(宽度小于 640 像素)上的布局。flex-direction: column 类型将垂直渲染出形状，alignitems: center 将形状放于页面中央，如图 7.10 所示。

　　index.html 的<body>部分包括两个作为<div>标签实现的容器(见代码清单 7.9)。第一个，<div id=" shapes">，包含一个表示形状的子<div>标签。后一个容器包括输入搜索评价和两个显示错误或 info 信息(例如，如图 7.9 所示的"Found 2 element(s)")的

图 7.10　查找具有 CSS class
.green 的 DOM 元素

区域的输入字段。

代码清单 7.9　index.html 的主体部分

```
<body>
  <div id="shapes">                          形状相关的容器
    <div id="rectangle"
        class="blue"                         这些 CSS 属性中的任何一个都
        hasAngles>                           可以用我们的 UI 来查找形状
    </div>

    <div id="circle"
        class="green"></div>

    <div id="triangle"
        class="green"
        hasAngles>
      <svg viewBox="0 0 150 100">
        <polygon points="75, 0, 150, 100, 0, 100" fill="currentColor"/>
      </svg>
    </div>
  </div>

  <div class="ui-widget">
    <label for="selector">Selector:</label>
    <input id="selector" placeholder="Enter a valid CSS selector">
    <span id="error"></span>
    <span id="info"></span>                   财务信息将
  </div>                                       被展示于此

  <script src="dist/index.js"></script>       该脚本是 index.ts
</body>                                        的编译版本
```

错误信息将被展示于此

有效的选择项，例如 div, .green，hasAngles 可以被输入到输入字段中。我们将 hasAngles 属性添加到长方形和三角形的唯一原因是允许通过输入到输入字段中的[hasAngles]选项搜索这些形状。

该应用程序的主要目标是描述在 TypeScript 代码中使用 jQuery UI 的自动完成小部件功能。它确保用户快速发现并从预先填充的值列表中选择，利用你在图 7.9 中所见到的搜索和过滤。如果用户输入.green，应用程序显示包含 CSS 选择项的 DOM 元素，并将它们添加到"自动完成"小部件的值列表中。

"自动完成"小部件可参考 http://api.jqueryui.com/autocomplete 网站的 jQuery UI 文档，它需要一个包含定义要使用数据的 source 属性的 options 对象。

代码清单 7.10　使用"自动完成"小部件

我们的<input>字段包含 id="#selector"　　　附加 jQuery UI 的"自动完成"小部件

```
$('#selector')
    .autocomplete({
```

```
source: (request,
  response) => {...}});
```

获取数据并返回回
调的函数

当从列表中选定值
后调用的回调

代码清单 7.10 中的代码没有类型，但自从我们安装了 jQuery UI 类型定义文件后，VS Code
带领我们通过如图 7.11 所示的自动完成 API。注意数字 9 带有上下箭头，jQuery UI 提供大多
数调用 autocomplete()的不同方式，通过单击箭头，可以选择你喜欢的 API。

```
autocomplete(options:
JQueryUI.AutocompleteOptions):
JQuery<HTMLElement>
9
$('#selector').autocomplete {}
```

图 7.11　VS Code 的第一个提示

图 7.11 的提示表示 option 对象的类型是 JQuery UI.AutocompleteOptions。可以始终按
压 Ctrl+Space 组合键，IDE 将不断地帮助你。根据小部件的文档，我们需要提供自动完成
值的源，图 7.12 给出的是 VS Code 列出源的选项和其他选项的情况。

```
$ '#selector' .autocomplete {}
   ⊘close          (property) JQueryUI.Autoco  ×
   ⊘create         mpleteOptions.source?: any
   ⊘delay
   ⊘disabled
   ⊘focus
   ⊘minLength
   ⊘open
   ⊘position
   ⊘response
   ⊘search
   ⊘select
   ⊘source
```

图 7.12　VS Code 持续提示

按住 Ctrl 并单击 autocomplete 列表上的 Windows，将打开 index.d.ts 文件，其中包含所有可
能的选项。按住 Ctrl 并单击 JQueryUI.AutocompleteOptions，将看到类型定义，如图 7.13 所示。

IDE 的 typehead 帮助可能并不完美，它与提供的类型定义文件功能差不多。再看看图 7.13
所示的 source 属性。其被声明为 any，注释指出它可以是数组、字符串或函数。该声明可以通
过声明只允许这些类型的联合类型加以改进：

```
type arrayOrFunction = Array<any> | string | Function;

let source: arrayOrFunction = (request, response) => 123;
```

```
interface AutocompleteOptions extends AutocompleteEvents {
    appendTo?: any; //Selector;
    autoFocus?: boolean;
    delay?: number;
    disabled?: boolean;
    minLength?: number;
    position?: any; // object
    source?: any; // [], string or ()
    classes?: AutocompleteClasses;
}
```

此类型声明可以改进

图 7.13　JQueryUI.AutocompleteOptions 的类型定义

引入 arrayOrFunction 类型将消除编写// [], string, or ()注释的需要。当然，需要用某些处理 request 和 response 的代码来替换 123。

> **注意**　如你所想，库代码和列在它的 d.ts 文件中的 API 可能不同步，依靠代码维护人员的努力，使类型定义保持最新。

现在让我们看一下 index.ts 文件中的 TypeScript 代码，见代码清单 7.11。如果你 10 年前就开始进行 Web 应用的开发，你会知道编码的 jQuery 类型：通过获取浏览器页面上的 DOM 元素的引用开始。例如，$('#shapes')意指我们希望找到 id="shapes"的 DOM 元素的引用。

代码清单 7.11　index.ts：应用程序的源代码

```
const shapesElement = $('#shapes');          使用 jQuery 找到对
const errorElement = $('#error');            DOM 元素的引用
const infoElement = $('#info');

$('#selector')
  .autocomplete({
第二个参数是用于                              函数的第一个参数
修改 DOM 的回调                                是搜索条件
    source: (request: { term: string },
             response: ([]) => void) => {
      try {                                   找到有满足搜索条
        const elements = $(request.term, shapesElement);   件形状的元素
        const ids = elements.map((_index, dom) => ({ label: $(dom).
                               attr('id'),
                 value: request.term })).toArray();   找到满足条件的
                                                       形状的 ID
      response(ids);
      infoElement.text(`Found ${elements.length} element(s)`);
               调用回调，传递自动完成值
      errorElement.text('');
    } catch (e) {
      response([]);
      infoElement.text('');
      errorElement.text('Invalid selector');
```

当焦点移到
某个 ID 时，
处理激活的
事件

```
                $('*', shapesElement).css({ border: 'none' });
        }
    },
    focus: (_event, ui) => {
        $('*', shapesElement).css({ border: 'none' });
        $(`#${ui.item.label}`, shapesElement).css({ border: '5px
                        solid red' });
    }
});

$('#selector').on('input', (event: JQuery.TriggeredEvent<HTMLInputElement>)
 => {
    if (!event.target.value) {
        $('*', shapesElement).css({ border: 'none' });
        errorElement.text('');
        infoElement.text('');
    }
});
```

删除形状的边
框，若存在边
框的话

向包含选定的ID的DOM元
素添加红色边框

重置所有之前
的选择和消息

我们向"自动完成"小部件传递一个包含两个属性的对象：source 和 focus。source 属性是一个带有两个参数的函数：

- request——包含搜索条件的对象，例如{term：'.green'}
- response——发现满足搜索条件的 DOM 元素的 ID 的回调。在本例中，传递一个包含try/catch 块的回调函数

focus 属性也是一个函数，它是一个事件处理程序，当你在显示列表中的某个项上移动鼠标时，它将被激活。此处我们清除先前的边框形状并将一个边框添加到当前选定的一个。

运行该应用程序之前，需要将 TypeScript 编译为 JavaScript。TypeScript 编译器将使用如下编译器选项(见代码清单 7.12)。

代码清单 7.12 tsconfig.json：编译器配置

```
{
    "compilerOptions": {
        "outDir": "dist",
        "target": "es2018"
    }
}
```

编译后的 JavaScript
存放位置

编译成与 ES2018 规范兼
容的 JavaScript

在前面的章节中，我们在 package.json 中创建了一个 npm 脚本命令，用于运行我们要运行的可执行文件的本地安装版本。例如，添加命令"tsc"："tsc"到 package.json 的脚本部分将允许我们运行本地安装的编译器，如下所示：

```
npm run tsc
```

这次我们很懒，没有配置该命令。实际上，我们期望描述 npx 工具(npm 附带的)。若其存在，则它运行本地安装的程序或者临时安装需要的程序并运行。下面是如何使用本地安装的带

有 npx 工具的 tsc 来编译 index.ts 文件：

```
npx tsc
```

运行此命令后，在 dist 目录中将看到 index.js 文件。该文件用在 index.html 文件中，如下所示：

```
<script src="dist/index.js"></script>
```

我们快要做到了。唯一缺少的是将我们的应用程序提供给浏览器的服务器。一种可以安装的最简单的 Web 服务器是 live-server(www.npmjs.com/package/live- server)。下面快速安装它：

```
npm i live-server -g
```

> **注意**　不用手动安装 live-server，可以运行命令 npx live-server。如果 live-server 不在项目的 node_modules 目录中，npx 将从 npmjs.com 处下载它，在你的计算机上全局缓存，运行 live-server 的二进制文件。

为运行服务器，在项目的根目录中的终端窗口上输入以下命令：

```
live-server
```

浏览器指向 localhost:8080，你将看到应用程序运行。理解代码工作情况的最好方法是在调试器上运行代码；图 7.14 展示的应用程序运行在 Chrome 上。在运行脚本 dist/index.js 时，在第 22 行的断点处，当 focus 事件被激活时被调用，此处程序将暂停。在右侧的 Watch 面板，我们添加了 ui.item.label，其值为 circle，与 UI 的选择匹配。

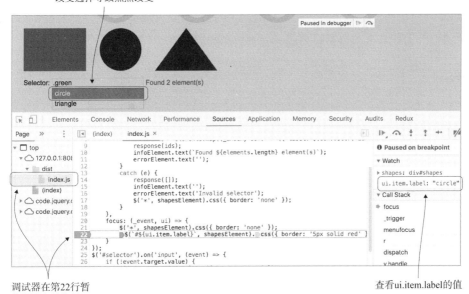

图 7.14　在 dist/index.js 中设置断点

> **注意**　在 6.1 节中，我们解释过，拥有源映射文件可以让你调试 TypeScript 代码。仅仅需要在 tsconfig.json 文件中添加一行"sourceMap": true，在运行 index.js 时，将能够调试 index.ts。

我们已经讨论了在 TypeScript 代码中使用第三方 JavaScript 库，让我们考虑另外一种情景：你有一个用 JavaScript 编写的应用程序，你考虑改用 TypeScript。

7.3　在 JavaScript 项目中使用 TypeScript

在理想的世界里，人们总是使用最新的语言和技术。但现实却是，人们通常新旧混用。假设你是一名企业开发人员，最近几年，你的小组都在编写 JavaScript 应用程序，但是阅读本书后，你强烈希望用 TypeScript 编写代码。你总能提出一些小项目并用 TypeScript 开发它，但能将 TypeScript 带入你正在工作的 JavaScript 项目中吗？

TypeScript 支持可选类型，意思是不必修改 JavaScript 代码来声明某个变量或函数参数的类型，那么为什么不在 JavaScript 应用程序上使用 TypeScript 编译器呢？你已有的 JavaScript 应用程序的代码库可能包含成千上万行代码，使用 tsc 编译所有代码可能会帮助你发现隐藏的错误，同时也减慢了部署过程。这可能不是最好的开始方式。

相反，选择应用程序的某个实现一些独立功能的部分(例如添加新客户或购物的模块)并使用 tsc as-is 运行。最有可能的情况是，你的应用程序已经有一个使用类似 Grunt，Gulp，Babel，Webpack 等工具的构建过程。找到正确的位置，将 tsc 融入该过程。

你甚至不需要重新命名 JavaScript 文件，给它们一个.ts 扩展名。仅仅使用"allowJs": true 这个 TypeScript 编译器选项，告诉 tsc，"请不仅要编译.ts 文件，也要编译.js 文件，不需要执行类型检查——只需要按照编译器的 target 选项的设置编译代码即可。"

> **注意**　如果未将文件扩展名为.js 的文件转换为.ts 文件，你的 IDE 仍然会将 JavaScript 文件中的错误类型高亮显示，但若使用"allowJS": true 选项，tsc 仍然会编译文件。

你可能想知道，"为什么类型可选时，请求 tsc 跳过类型检查？"其中一个原因是 tsc 不能完全推断 JavaScript 代码的所有类型信息，因此它可能会报错。另外一个原因是已经存在的代码可能会有很多错误(即使这些错误并不是拦路虎)，允许 tsc 充分发挥作用可能会暴露出许多编译错误，导致你没有足够的时间和资源去修改。如果没有坏，就不要修了，对不对？

当然，你可能有不同的手段："如果没有坏，改进它。"如果你对你的 JavaScript 代码质量有信心，可通过在 tsconfig.json 中添加"checkJs": true tsc 编译选项来选择输入检查。你的某些 JavaScript 文件仍然可能会产生错误，可以通过在这些文件中添加//@ts-nocheck 注释忽略检查。反过来，可以通过添加//@ts-check 注释而不设置"checkJs":true，选择检查部分.js 文件。你甚至可以通过在某些行的前一行添加//@ts-ignore 以关掉某些代码行的类型检查。

为描述对已有 JavaScript 代码的类型检查效果，我们随机地选择 Dojo 框架(https://github.com/dojo/dojo/blob/master/OpenAjax.js)的 GitHub 库的 OpenAjax.js 文件。假设我们想要开始将

代码调整为 TypeScript，为此在文件头部添加了//@ts-check 注释。在 VS Code 中你将看到一些行带有曲线标注，如图 7.15 所示。

```
1   //@ts-check
2   import { isMoment } from './constructor';
3   import { normalizeUnits } from '../units/aliases';
4   import { createLocal } from '../create/local';
5   import isUndefined from '../utils/is-undefined';
6
7   if (!window["OpenAjax"]) {
8       OpenAjax = new function(){
9           // summary:
10          //      the OpenAjax hub
11          // description:
12          //      see http://www.openajax.org/member/wiki/OpenAjax_Hub_Specif
13
14          var libs = {};
15          var ooh = "org.openajax.hub.";
16
17          var h = {};
18          this.hub = h;
19          h.implementer = "http://openajax.org";
20          h.implVersion = "0.6";
21          h.specVersion = "0.6";
22          h.implExtraData = {};
23          h.libraries = libs;
```

类型检查错误

图 7.15　在 JavaScript 文件头部添加//@ts-check 注释

下面忽略头部 import 语句的错误；如果所有文件都存在的话，我们不会看到这些错误。第 8 行看起来也不是错误，似乎 OpenAjax 对象在运行时就会出现。在第 8 行前面添加//@ts-ignore 将会消除曲线。

但为修改第 19～23 行的错误，需要声明一个包含所有这些属性的 type 或 interface (注意，如果将代码转变为 TypeScript，可能需要重新命名变量 h，将其变为一个更具有意义的名称)。

考虑另外一段如图 7.16 所示的 JavaScript 代码。我们想要获得产品价格，如果低于 20 美元，则买。IDE 没有出错，代码看起来是合法的。

```
1   const getPrice = () => Math.random()*100;
2
3   if (getPrice < 20) {
4       console.log("Buying!");
5   }
```

图 7.16　有错的 JavaScript 代码

下面在头部添加//@ts-check 注释，以便静态类型分析器能检查该段代码的有效性，如图 7.17 所示。

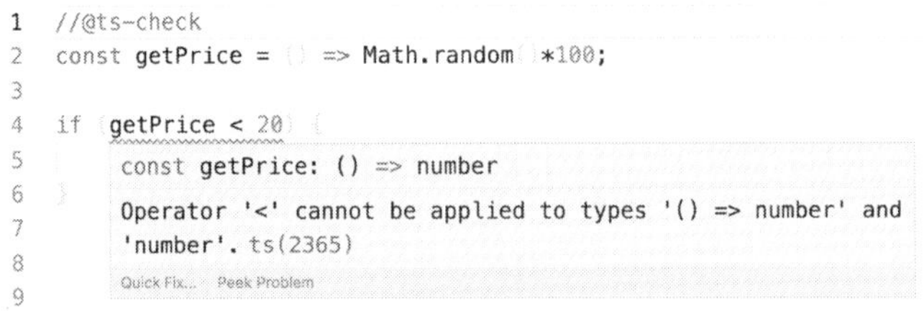

```
1  //@ts-check
2  const getPrice = () => Math.random() *100;
3
4  if getPrice < 20 {
5      const getPrice: () => number
6  }
7      Operator '<' cannot be applied to types '() => number' and
8      'number'. ts(2365)
9      Quick Fix...   Peek Problem
```

图 7.17　@ts-check 找到一个 bug

哎呀!我们的 JavaScript 代码有了一个 bug—我们忘记在 if 语句的 getPrice 后添加圆括号(导致我们无法调用该函数)。若你想知道为什么该代码无法给你购买产品的许可,现在你知道原因所在:表达式 getPrice<20 始终无法赋予 true 值! 简单地在头部添加//@ts-check 就能保住我们发现 JavaScript 程序中存在的运行时产生的错误。

还有一个 tsc 选项,noImplicitAny,该选项可以帮助你实现从 JavaScript 到 TypeScript 的迁移工作。如果你为规划定义函数参数的类型和函数的返回类型,tsc 推断出正确的类型要花费一些时间,你可以临时保持编译器的"noImplicitAny": false 选项(默认选项)。在此模式下,如果 tsc 不能基于其使用情况推断出变量类型,编译器将不用提示将默认类型定义为 any。这就是 implicit any 的含义所在。但是理想情况下,noImplicitAny 被设置为 true,因此不要忘记在向 TypeScript 的迁移完成后将其打开。

> 注意　打开 noImplicitAny 后,添加另外一个选项 strictNullChecks,获取可能包含 null 和未定义值的所有可能的情况。

TypeScript 编译器可以轻松处理.js 文件。它允许在被声明后,将属性添加到类或函数中。这同样适用于.js 文件中的对象文字,你可以在对象文字中添加属性,即使它们最初并未被定义。TypeScript 支持 CommonJS 模块格式,因此能够作为模块导入识别 require()函数调用。所有函数参数按照默认值选定,调用时使用的参数比声明的参数数量少是可行的。

还能通过在 JavaScript 代码中添加 JSDoc 标注(例如@param 和 @return)以帮助 tsc 执行类型推理。请参考 http://mng.bz/DNqy 中的 GitHub 中的文档"JSDoc support in JavaScript"。

> 注意　type-coverage CLI 工具(www.npmjs.com/package/type-coverage)允许你计算应用程序中的以显式类型声明(any 除外)的所有标识符并报告类型覆盖的百分比。

将 JavaScript 项目升级到 TypeScript 的过程不是很复杂,我们提供了一种方法的高层概要,用于逐步实现这一工作。更多的细节,请阅读位于 http://mng.bz/lolj 的 TypeScript 文档"Migrating from JavaScript"。在其中可以找到有关 Gulp 与 Webpack 集成、将 React.js 应用程序转换为 TypeScript 的详细信息。

再次讨论:为什么使用 TypeScript?

TypeScript 并不是第一个用于替换 JavaScript 的尝试,它既可以在浏览器中运行,也可以在独立的 JavaScript 引擎中运行。TypeScript 诞生仅有 7 年时间,但是它在各种排名中已经是最受欢迎的十大编程语言之一。为什么前十大语言列表中不包括像 CoffeeScript 或 Dart 这种曾经被认为是用于替换 JavaScript 的古老语言呢？

以我们的观点看，TypeScript 有以下三大突出特点：

- TypeScript 严格遵循 ECMAScript 标准。如果一个提出来的特性进入了 TS39 过程中的第 3 阶段，它将包含在 TypeScript 中。
- TypeScript IDEs 采用相同的静态类型分析器，在编写代码时能够提供一致的帮助。
- TypeScript 与 JavaScript 代码易于实现互操作，意味着可以在 TypeScript 应用程序中使用已有的成千上万的 JavaScript 库(本章告诉你如何实现该功能)。

此处是本书第 I 部分的结论，介绍了 TypeScript 语言。我们并未将该语言的每个特性都覆盖到，我们本来也未打算这样做。本书的书名就是《TypeScript 区块链编程快速入门》，不是吗？

如果你对第 I 部分的所有资料都已掌握，那么会非常容易地通过 TypeScript 技术面试。但是要成为一个真正富有创造力的 TypeScript 开发者，我们鼓励你学习并运行第 II 部分的所有应用程序。

7.4　本章小结

- 可以在 TypeScript 项目中使用大量现存的 JavaScript 库。
- 类型定义文件允许你使用 JavaScript 语言编写的库中的类型检查和自动完成特性。这些文件使你在编写代码时更有效率。
- 可以为任何专有的 JavaScript 代码创建类型定义文件。
- 即使 JavaScript 库没有类型定义文件，仍然可以在 TypeScript 项目中使用它。
- 有明确的步骤可以保证将现有的 JavaScript 代码逐渐升级到 TypeScript。

第 II 部分

基于TypeScript的区块链应用

第 II 部分包括使用主流框架编写的大量应用程序。这些应用程序都是以 TypeScript 作为编程语言。我们首先对区块链技术所涉及的概念进行了讲解，这些概念将用于第 II 部分介绍的各种版本的示例应用程序中。

我们将介绍 Angular、React.js、Vue.js 这样的框架和库，你将学习如何在这些框架和库的帮助下开发区块链应用。本部分介绍的内容将帮助你理解 TypeScript 如何被应用于目前的实际项目中。同时，你不必阅读第 II 部分的每一章，想要理解第 12 章、第 14 章和第 16 章所介绍的应用，了解第 8 章和第 10 章的内容是必要的。

第 **8** 章

开发区块链应用

本章要点：

- 区块链应用程序的原理
- 哈希函数的用途
- 什么是区块挖掘
- 开发一个简单的基于区块链的应用程序

本章将介绍使用 TypeScript 和区块链技术的示例应用程序。在接下来的章节中，将介绍一些可以与 TypeScript 一起使用的库和框架，其中包括区块链应用程序的不同版本。

用一种不同寻常的技术为本书开发一个示例应用程序可能会令人惊讶，为什么你需要学习区块链可能涉及以下几个原因。

- 在涉及多方的工作中，需要提高可信度、忠诚度和透明度。区块链非常适合这些任务，可以使用 TypeScript 实现它们。
- 我们每天都听到有关新数据泄露的消息。你是否 100%确定未经你的同意，没有人可以从你的银行账户中转走一千美元？除非你的账户里没有一千美元。区块链消除了单点故障。在区块链中，没有一个单独的机构(比如银行)拥有你的数据；修改你的数据需要获得大多数区块链成员的同意。
- 几乎每天都会发布新的加密货币，并且对于了解底层技术的软件开发人员的需求将会增加。
- 在运营中实施区块链的组织正在创造新的高薪工作岗位，如金融交易、投票、物流、创建互联网身份、共享单车、互联网广告等。

由于区块链整个概念仍然是新的，因此我们将从解释区块链运作的基本原理以及它们的用途开始。

8.1　区块链简介

区块链可用于各种类型的应用程序，但在金融圈，应用程序使区块链成为一个流行语。很可能，你已经听说过加密货币，特别是比特币。通常，你会在同一句话中看到"比特币"和"区块链"这两个词，但是区块链是存储不可变数据的一种特殊的去中心化方式，而比特币是一种特定的加密货币，它是区块链技术的具体实现。换言之，比特币对于区块链就像你的应用程序数据对于 DBMS 一样。

加密货币没有实体账单或硬币，但可以用来买卖东西或服务。另外，使用加密货币进行交易不会使用实体机构来保存记录。

但是，如果没有账单，也没有银行参与，那么一方如何确保另一方支付了所提供的服务或商品？在区块链中，交易被组合成多个区块，然后被验证并链接到一条链中。因此称为区块链。

试着想象一下自行车的链条：图 8.1 描绘了一个由三个区块(链连接)组成的区块链。若新交易的记录必须添加到区块链中，应用程序将创建一个新的区块，该区块将使用区块链系统中使用的算法之一(例如，计算特殊的哈希码)提供给区块链节点(计算机)进行验证。如果区块有效，则将其添加到区块链；否则将被拒绝。

图 8.1　三个区块组成的区块链

有关交易的数据存储在哪里，在这种情况下去中心化这个词的含义是什么？典型的区块链是去中心化的，因为没有个人或公司来控制或拥有数据。去中心化也意味着没有单点故障。

假设有一个服务器，其中包含关于某些航空公司可用座位的信息。

多家旅行社连接到同一服务器以浏览和预订机票。有些代理机构(节点)很小，只有一台计算机连接到服务器。有些在同一个节点上有两台、三台甚至更多的计算机，但它们都依赖于来自同一台服务器的数据。如图 8.2 所示，这是集中式数据处理。如果服务器停机，没人能订到机票。

与大多数区块链一样，在分散式数据处理的情况下，没有中央数据服务器。区块链的完整副本存储在对等网络的节点上，如果你决定加入区块链，则对等网络可能包括你的计算机。单个节点并不意味着一台计算机，你可能是代表一个节点的计算机集群的所有者。图 8.3 显示了一个分散网络。如果任何一个节点发生故障，只要至少一个节点正在运行，系统就将保持运行状态。

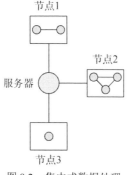

图 8.2　集中式数据处理

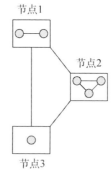

图 8.3　分散式数据处理

> **注意**　在没有中央授权的情况下，将数字货币从一个点传递到另一个点，这种能力对于区块
> 链技术的普及至关重要。现在，区块链已被用于其他类型的应用程序中，例如物流、
> 房地产交易、机票预订、投票等。

但是将交易副本存储在属于其他人或组织的多台计算机上是否安全？如果这些计算机所有者之一(一个坏人)修改了我的交易，将支付金额更改为 0，怎么办？好消息是，这是不可能的。将区块添加到链后，其数据将无法更改——区块链中的数据是不可变的。

可以将区块链看成数据"写在石头上"的存储。一旦一条数据被添加到存储中，你既不能删除它，也不能更新它。只有在网络中的某个节点解决了一个数学问题之后，才能插入新的块。这听起来很神奇——理解区块链工作原理的最佳方法是构建一个区块链，我们将在下一节开始这样做。

基本上区块链是一个分散的、不可变的分类账，由一组区块表示。每个块可以存储任何类型的数据，例如关于金融交易、投票结果、医疗记录等的信息。通过在链中存储前一个块的哈希值，将每个块链接到前一个块。

在下一节中，我们将提供有关哈希的入门知识。

8.1.1　加密哈希函数

根据维基百科的定义，"哈希函数"是一种数学算法，可将任意大小的数据(通常称为"消息")映射到固定大小的位字符串("哈希值""哈希"或"消息摘要")，也是一种单向函数，即，实际上是无法进行反转的函数。它还指出哈希函数适用于密码学。

密码哈希函数允许用户轻松地验证某些输入数据是否映射到给定的哈希值，但是如果输入数据未知，则通过了解存储的哈希值来重构它(或任何等价的替代方法)就会非常困难。

加密涉及一个双向函数，该函数接受一个值并应用一个密钥返回一个加密的值。使用相同的密钥，加密的值可以被解密。

相反，哈希实用程序使用单向函数。此过程无法逆转以还原原始的值。如果提供相同的输入值，则哈希函数始终生成相同的哈希值，并且使用复杂的哈希算法来降低多个输入获得相同哈希值的概率。

让我们考虑一个非常基本且不太安全的哈希函数来理解哈希的单向特性。假设一个应用程序只有数字密码，而我们不想将其以明文形式存储在数据库中。我们希望编写一个哈希函数，将模运算符应用于提供的密码，然后向其添加 10(见代码清单 8.1)。

代码清单 8.1　一个非常简单的哈希函数

```
function hashMe(password: number): number{

  const hash = 10 + (password % 2);     ◀—— 创建基于模块的哈希

  console.log(`Original password: ${password}, hashed value: ${hash}`);
```

```
    return hash;
}
```

对于任何偶数，表达式 input % 2 将生成 0。现在让我们多次调用 hashMe()函数，并提供不同的偶数作为输入参数。

```
hashMe (2);
hashMe (4);
hashMe (6);
hashMe (800);
```

每一个调用都会生成一个哈希值 10，输出如下。

```
Original password: 2, hashed value: 10
Original password: 4, hashed value: 10
Original password: 6, hashed value: 10
Original password: 800, hashed value: 10
```

你可以看到这个函数运行在 CodePen(http://mng.bz/BYqv)上。

当哈希函数为多个输入生成相同的输出时，称为冲突。在密码学中，各种安全哈希算法(Secure Hash Algorithms，SHA)为创建哈希提供了或多或少的安全方法，并且它们被创建为抗碰撞性，这使你很难找到两个生成相同哈希值的输入。

区块链中的一个区块由一个哈希值表示，非常重要的一点是，网络犯罪分子不能通过准备与合法区块产生相同哈希值的虚假内容来用一个区块替换另一个区块。代码清单 8.1 中的简单哈希函数对冲突攻击没有抵抗力。相反，区块链使用抗碰撞性的哈希算法，例如 SHA-256，该算法采用任意长度的字符串，并产生 256 位或 64 个十六进制字符的哈希值。即使你决定为本书的整个文本生成 SHA-256 哈希，其长度也将是 64 个十六进制数字。SHA-256 哈希中有 2^{256} 种可能的比特组合，这超过了世界上沙粒的数量。

提示　要了解更多关于 SHA-256 算法的信息，请参阅维基百科的文章，网址为 https://en.wikipedia.org/wiki/SHA-2。

如果在基于 UNIX 的操作系统上计算一个 SHA-256 哈希，可以使用 shasum 实用程序。在 Windows 上，可以使用程序 certUtil。也有多个在线 SHA-256 生成器。为了以编程方式创建哈希，可以在 Node.js 应用程序中使用 crypto 模块，或者在现代浏览器中使用 crypto 对象。

可以按照以下方法在 macOS 上计算文本 hello world 的 SHA-256 哈希值：

```
echo -n 'hello world' | shasum -a 256
```

该命令生成以下哈希：

```
b94d27b9934d3e08a52e52d7da7dabfac484efe37a5380ee9088f7ace2efcde9
```

无论你对字符串 hello world 重复执行前面的命令多少次，始终会获得相同的哈希值，但如果更改输入字符串中的任何字符，将会产生完全不同的 SHA-256 哈希。应用函数编程术语，我们可以说哈希函数是一个纯函数，因为它总是为给定的输入返回相同的值。

> **提示**　如果你对哈希方法和算法感兴趣，请参阅 Arash Partow 关于哈希算法的讨论 (www.partow.net/programming/hashfunctions)或在 https://en.wikipedia.org/wiki/Hash_function 阅读维基百科文章。

我们已经声明了区块链中的区块是使用哈希链接的，在下一节中，我们将熟悉区块的内部结构。

8.1.2　区块由什么组成

可以将区块视为分类账中的记录。区块链中的每个区块都包含特定于应用程序的数据，并且它还有一个时间戳、它自己的哈希值和前一个区块的哈希值。在一个非常简单(且易于破解)的区块链中，应用程序可以执行以下操作来将一个新区块添加到链中：

(1) 查找最近插入的区块的哈希，并将其存储为对上一个区块的引用。

(2) 为新创建的区块生成一个哈希值。

(3) 将新区块提交给区块链进行验证。

让我们讨论这些步骤。在某个时候，区块链被创建，并且第一个区块被插入该链中。链中的第一个区块称为创世区块。显然，第一个区块之前没有区块，因此前一个区块的哈希不存在。

图 8.4 显示了一个区块链示例，其中每个区块都有一个唯一的索引，一个时间戳，其数据和两个哈希值——它自己和前一个区块的哈希值。请注意，创世区块有一个空字符串，而不是前一个区块的哈希。

图 8.4　一个示例区块链

在图 8.4 中，我们在创世区块中使用了空引号来表示缺少前一个块的哈希。我们的数据由描述交易的文字表示，例如"乔付给玛丽 20 美元"。在现实世界的区块链中，Joe 和 Mary 将由经过加密的长账号表示。

> **提示**　你可以将区块链视为链表的一种特殊类型，其中每个节点仅引用前一个节点。它不是经典的单链表，其中每个节点都引用下一个。

现在，让我们假设有一个名为 Rampage 的坏人，他发现我们区块链中某个区块的哈希值是 "e68d27a…"。他是否能够修改其数据，说他向 Mary 支付了 1 000 美元，然后重新生成其他区块，这样哈希值就能很好地发挥作用？为防止这种情况发生，区块链需要解决算法，这需要花费时间和资源。这就是要求区块链成员花费时间和资源来挖掘区块，而不是快速生成哈希值的原因。

8.1.3　什么是区块挖掘

每个人都知道什么是金矿开采——你需要做一些工作才能获得金矿，然后可以将其兑换成真正的钱或商品。开采黄金的人越多，世界上存在的黄金就越多。过去，黄金和其他贵重商品是纸币价值的基础。

在美国，货币供应量由美联储(Federal Reserve)管理，后者由多家商业银行组成，并设有董事会。美联储有权操纵纸币、硬币、支票和储蓄账户中的资金以及其他合法接受的兑换形式。

加密货币(例如比特币)中的钱是"生产"出来的，作为人们(挖掘者)解决特定区块链所需的数学问题。由于每个新区块都必须得到其他挖掘者的批准，更多的挖掘者意味着区块链更加安全。

在我们的分布式区块链中，我们希望确保仅添加具有特定哈希值的块。例如，我们的区块链可能要求每个哈希以0000开头。哈希是根据区块的内容计算的，它不会以4个零开始，除非有人找到一个额外的值添加到块的内容中以产生这样的哈希。找到这样的值称为块挖掘。

在将新区块添加到区块链之前，将其分配给网络上的所有节点进行处理，这些节点将开始计算生成有效哈希的特殊值。第一个发现此值的人赢了。赢什么？　区块链可以提供奖励——在比特币区块链中，成功的数据挖掘者可以赚取比特币。假设我们的区块链要求每个区块的哈希以0000开头；否则，该区块将被拒绝。假设一个应用要添加一个新的区块(编号4)到我们的区块链，并且具有以下数据：

```
4
June 4 15:30?
Simon refunded Al $200
```

在添加任何区块之前，必须计算它的哈希值，因此我们将把前面的值连接到一个字符串中，并通过运行以下命令生成SHA-256哈希。

```
echo -n '4June 4 15:30?Simon refunded Al $200' | shasum -a 256
```

生成的哈希如下所示：

```
d6f9255c5fc579594bef56403778d475ab441abbd56bff788d597ae1e8d4ad22
```

该哈希不以 0000 开头，因此将被我们的区块链拒绝。我们需要做一些数据挖掘来找到一个值，如果将其添加到我们的区块中，这将导致生成以 0000 开头的哈希。用蛮力去营救！我们可以编写一个程序，该程序将在输入字符串的末尾添加序列号(1、2、3 等)，直到生成的哈希以 0000 开头。

经过一段时间的尝试，我们发现了该区块的秘密值 236499。将此值附加到输入字符串并重新计算哈希。

```
echo -n '4June 4 15:30?Simon refunded Al $200236499' | shasum -a 256
```

现在，生成的哈希以四个零开始：

```
0000696c2bde5add287a7b6ccf9a7e57c9d69dad8a6a93922b0451a5150e6696
```

完美！我们知道包含在区块内容中的数字，因此生成的哈希将符合区块链要求。这个数字只能与这个特定的输入字符串一起使用一次。更改输入字符串中的任何字符将会生成一个不以0000开头的哈希。

在密码学中，只能使用一次的数字称为随机数，而值 236499 对于我们的特定块而言就是这样的随机数。如何处理：我们将一个名为随机数的属性添加到区块对象中，然后让数据挖掘者计算每个新区块的值。

挖掘者必须花费一些计算资源来计算随机数，该随机数被用作工作的证明，这是任何区块添加到区块链时必须考虑的。在下一节中，我们将编写一个程序来计算随机数，同时开发我们自己的小区块链。同时，让我们就以下区块的结构达成一致的意见(见代码清单 8.2)。

代码清单 8.2　一个示例块类型

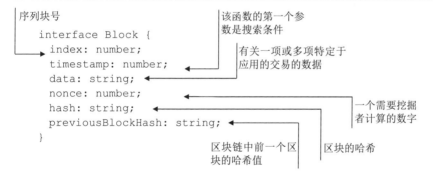

```
interface Block {
    index: number;
    timestamp: number;
    data: string;
    nonce: number;
    hash: string;
    previousBlockHash: string;
}
```

序列块号

该函数的第一个参数是搜索条件

有关一项或多项特定于应用的交易的数据

一个需要挖掘者计算的数字

区块的哈希

区块链中前一个区块的哈希值

请注意，我们使用 TypeScript 接口来声明区块自定义类型。

在下一节中，我们将决定它应该保留为接口还是成为类。

比特币挖掘

现在你已经了解如何验证新区块并将其添加到区块链，那么你就可以了解比特币数据挖掘的工作原理。假设 Joe 和 Mary 之间有一笔新的比特币交易，需要将此交易添加到比特币区块链(分类账)中。必须将此交易放入一个区块中，并且必须首先验证该块。

任何参与比特币区块链的人都可以成为数据挖掘者，——一个希望使用硬件率先解决计算难题的人(或公司)。这个难题比四个零的难题需要更多的计算资源。

随着时间的推移，挖掘者的数量会增加，计算资源增加，比特币区块链可能会增加用于区块挖掘的难度。这样做是为了使挖掘一个区块所需的时间保持不变，可能需要 10 分钟，这可能需要查找带有 15-20 个前导零的哈希。

解决特定交易难题(例如"Joe 向 Mary 支付 5 个比特币")的第一个人(例如，比特币挖掘者 Peter)将获得一个新发行的比特币。Peter 还可以通过向比特币区块链添加交易相关的交易费来赚钱。但是，如果 Peter 喜欢 Mary，他决定帮她一个"忙"，实施欺诈，将交易额从 5 增加到 50 呢？这是不可能的，因为 Joe 的交易将使用公私密钥加密进行数字签名。

在本节的前面，我们将块号、时间和单个交易的文本连接在一起，以计算哈希值。比特币的区块链存储的区块中，每个区块有多个交易(约 2500 个)。块的大小或交易数量没有特别的意义。增加哈希码中所需的前导零的数量会使解决这个难题变得更加困难。

比特币可用于支付服务费用，并可使用传统货币或其他加密货币买卖。但是，比特币挖掘是导致新的比特币发行流通的唯一过程。

分类账和做假账

每家企业都必须跟踪自己的交易。过去，这些交易将被手工记录并归类在一本书中：销售、购买等。如今，这些记录存储在文件中，但分类账的概念保持不变。就我们的目的而言，你可以将区块链视为分类账的表示。

做假账是指伪造财务报表的短语。但是，如果将分类账实现为区块链，那么做假账几乎不可能(超过 50% 的区块链节点需要合谋批准对区块的非法修改，这在理论上比实际上更有可能)。

8.1.4   哈希和随机数的迷你项目

现代浏览器带有支持加密的 crypto 对象。特别是，你可以使用 crypto.subtle. digest()API 生成哈希(有关方法，请参阅 Mozilla 文档，网址为 http://mng.bz/dxKD)。

我们想给你安排一个小任务。任务完成后，我们会给你一个解决方案，但没有太多解释。试着自己理解代码：

(1) 编写一个 generateHash(input: string)函数，该函数接受一个字符串作为输入，并使用浏览器的 crypto API 查找其 SHA-256 哈希。

(2) 编写一个 calculateHashWithNonce(nonce: number)函数，将提供的随机数与输入字符串连接起来，并调用 generateHash()。

(3) 编写一个 mine()函数，该函数在循环中调用 calculateHashWithNonce()，直到生成的哈希以 0000 开头。

mine()函数应打印生成的哈希和计算出的随机数，如下所示：

```
"Hash: 0000bfe6af4232f78b0c8eba37a6ba6c17b9b8671473b0b82305880be077edd9,
➥ nonce: 107105"
```

代码清单 8.3 显示了我们针对此任务的解决方案。我们使用了 JavaScript 关键字 async 和 await，这在附录中有解释。阅读代码，你应该能够理解其工作方式。

代码清单 8.3　哈希和随机数项目的解决方案

从提供的输入生成 SHA-256 哈希

```
import * as crypto from 'crypto';

let nonce = 0;                                              编码为 UTF-8

async function generateHash(input: string): Promise<string> {

    const msgBuffer = new TextEncoder().encode(input);    ◄——

    const hashBuffer = await crypto.subtle.digest('SHA-256', msgBuffer); ◄——
                                                              哈希消息
    const hashArray = Array.from(new Uint8Array(hashBuffer));

    const hashHex = hashArray.map(b =>
➤ ('00' + b.toString(16)).slice(-2)).join('');    ◄——  将字节转换为十六进制字符串
    return hashHex;
}

async function calculateHashWithNonce(nonce: number): Promise<string> { ◄——
    const data = 'Hello World' + nonce;                      将随机数添加到字符串
    return generateHash(data);                               中，然后计算哈希值
 }

async function mine(): Promise<void> {          ◄——  得到一个随机数，该随机数将
  let hash: string;                                   导致以 4 个零开头的哈希
    do {
      hash = await this.calculateHashWithNonce(++nonce); ◄——
    } while (hash.startsWith('0000') === false);        使用 await，因为
                                                        该函数是异步的
    console.log(`Hash: ${hash}, nonce: ${nonce}`);
}

mine();
```

将 ArrayBuffer 转换为 Array

可以在 http://mng.bz/rP4g 的 CodePen 中看到此解决方案的实际操作。最初，控制台面板将为空，但是经过几秒钟的工作后，它将打印以下内容：

```
Hash: 0000bfe6af4232f78b0c8eba37a6ba6c17b9b8671473b0b82305880be077edd9,
➤ nonce: 107105
```

如果你要更改 mine()方法的代码，将四个零替换为五，这个计算可能需要几分钟。用十个零试试，计算可能要花几个小时。

计算随机数是很耗时的，但是验证很快。为了检查代码清单 8.3 中的程序是否正确计算了随机数(107105)，我们使用了 macOS 实用程序 shasum，如下所示。

```
echo -n 'Hello World107105' | shasum -a 256
```

该实用程序打印的哈希与我们的程序相同：

```
0000bfe6af4232f78b0c8eba37a6ba6c17b9b8671473b0b82305880be077edd9
```

在代码清单 8.3 的 mine()方法中，我们将所需的零数字硬编码为 0000。为了使此方法更有用，可以在其中添加一个参数：

```
mine(difficulty: number): Promise<void>
```

difficulty 值可用于表示哈希值开头的零个数。增加 difficulty 将大大增加找到随机数所需的时间。

在下一节中，将开始应用 TypeScript 技能，并构建一个简单的区块链应用程序。

8.2　开发第一个区块链

阅读和理解上一节是理解本节内容的前提，我们将在此创建两个区块链应用程序：一个没有工作证明，一个带有工作证明。

第一个应用程序(没有工作证明)将创建一个区块链，并提供一个用于向其添加区块的 API。在将区块添加到链中之前，我们将计算新区块的 SHA-256 哈希(无需算法求解)，并存储对先前区块哈希值的引用。我们还将向该区块中添加索引、时间戳和一些数据。

第二个应用程序(有工作证明)不接受带有任意哈希值的块，但是它需要挖掘以计算生成从 0000 开始的哈希值的随机数。两个程序都将使用 node.js 运行时从命令行运行，并且它们将使用加密模块(https://nodejs.org/api/crypto.html)生成 SHA-256 哈希。

8.2.1　项目结构

本书第二部分的每一章都是一个单独的项目，具有自己的 package.json 文件(依赖项)和 tsconfig.json 文件(TypeScript 编译器选项)。可以在 https://github.com/yfain/getts 上找到本章项目的源代码。

图 8.5 显示了我们在第 8 章打开项目，运行 npm 安装并使用 tsc 编译器编译代码后的 VS Code IDE 的屏幕截图。该项目有两个应用程序，其源代码在 src/bc101.ts 和 src/bc101_proof_of_work.ts 文件中。

图 8.5　区块链项目结构

运行 tsc 编译器将创建 dist 目录和 JavaScript 代码。从项目的根目录运行 npm install 命令将所有项目依赖项安装在 node_modules 目录中。代码清单 8.4 所示的 package.json 文件列出了该项目的依赖项。

代码清单 8.4　项目的 package.json 文件

```
{
  "name": "chapter8_blockchain",
  "version": "1.0.0",
  "license": "MIT",
  "scripts": {
    "tsc": "tsc"
  },
  "devDependencies": {
    "@types/node": "^10.5.1",
    "typescript": "~3.0.0"
  }
}
```

运行本地安装的 tsc 编译器的 npm 脚本命令

Node.js 的类型定义文件

TypeScript 编译器

tsc 编译器是此项目的依赖项之一，我们定义了一个自定义 npm 命令来在脚本部分中运行它。npm 脚本允许你重新定义一些 npm 命令或定义自己的命令。你可以定义任意名称的命令，并通过输入 npm run command-name 要求 npm 运行它。

根据我们项目脚本部分的内容，你可以按以下方式运行 tsc 编译器：

```
npm run tsc
```

你可能会问，为什么不直接从命令行运行 tsc 命令？如果将 tsc 编译器以全局方式安装在运行它的计算机上，则可以这样做，因为你可以完全控制全局安装的工具。如果你在自己的计算机上运行此命令，可能会出现这种情况。

如果贵公司有一个专门的团队负责在他们的计算机上构建和部署项目，那么情况就不一样了。他们可能需要你在一个包中提供应用程序代码和构建实用程序。当你使用 npm run 命令运行任何程序时，npm 将在 node_modules/bin 目录中查找指定的程序。

在我们的项目中，运行 npm install 之后，tsc 编译器将安装在 node_modules/bin 中，因此我们的包中包含了构建应用程序所需的工具。

实际使用的类型定义文件

我们在第 6 章中介绍了类型定义文件。这些文件包括公共 JavaScript API 的类型声明，在本项目中，我们使用描述 Node.js API 的文件。类型定义文件具有 *.d.ts 扩展名。

类型定义文件允许 TypeScript 类型检查器在你尝试错误使用 API 时向你发出警告，例如，如果函数需要数值参数，而你试图使用字符串来调用它。如果你只是使用没有类型注释的 JavaScript 库，那么这种类型检查是不可能的。如果存在 JavaScript 库或模块的类型定义文件，则 IDE 可以提供上下文相关的帮助。下面的屏幕截图显示了我们输入 crypto. 一词后的 VS Code 编辑器，并且 IDE 为加密模块的 API 提供了上下文相关的帮助，这是 Node.js 附带的。

如果没有安装 @types/node 类型定义文件，就不会获此帮助。npmjs.org 存储库有一个特殊的 @type 部分(或"组织")，该部分存储了数千个流行的 JavaScript 库的类型定义文件。

自动完成加密模块

我们的项目还包括以下 tsconfig.json 配置文件以及 Type-Script 编译器选项(见代码清单 8.5)。

代码清单 8.5 tsconfig.json：tsc 编译器的配置

```
{
  "compilerOptions": {
    "module": "commonjs",      ◄── 如何为 JavaScript
    "outDir": "./dist",              模块生成代码
    "target": "es2017",    ◄── 存储编译后的 JavaScript
    "lib": [                        的目录
      "es2017"      ◄── 编译为 ES2017 语法
    ]
  }                  本项目将使用 es2017 库
}                    中描述的 API
```

虽然 outDir 和 target 编译器选项是不言自明的，但 module 和 lib 需要额外的解释。

在 ES6 之前，JavaScript 开发人员使用不同的语法将代码拆分为模块。例如，AMD 格式在基于浏览器的应用程序中很流行，而 Node.js 开发人员则使用 CommonJS。 ES6 引入了 import 和 export 关键字，因此来自一个模块的脚本可以导入从另一个模块导出的任何内容。

在 TypeScript 中，我们始终使用 ES6 模块，如果脚本需要从模块中加载某些代码，则我们可以使用 import 关键字。例如，要使用来自 Node.js 加密模块的代码，我们可以在脚本中添加以下行：

```
import * as crypto from 'crypto';
```

但是 Node.js 运行时为模块实现了 CommonJS 规范，这需要你编写如下的 JavaScript：

```
const crypto = require("crypto");
```

通过在代码清单 8.5 中指定"module": "commonjs"编译器选项，我们指示 tsc 将 import 语句转换为 require()，并且所有具有 export 限定符的模块成员都将被添加到 CommonJS 规范规定的 module.exports={…}构造中。

至于 lib，TypeScript 附带了一组库，这些库描述了浏览器提供的 API 和不同版本的 JavaScript 规范。可以通过 lib 编译器选项有选择地使用对程序可用的这些库对。例如，如果要

在程序中使用 Promise(在 ES2015 中引入)，并在支持 Promise 的目标浏览器中运行它，则可以使用以下编译器选项。

```
{
  "compilerOptions": {
    "lib": [ "es2015" ]
  }
}
```

lib 选项仅包含类型定义；它不提供 API 的实际实现。基本上，你告诉编译器："当你在这段代码中看到 Promise 时，不必担心——运行时 JavaScript 引擎本身实现了这个 API。"但是，你必须在本机支持 Promise 的环境中运行代码，或者包含一个为旧浏览器提供 Promise 实现的 polyfill 库。

提示　你可以在 https://github.com/Microsoft/TypeScript/tree/master/lib 中找到可用库的列表。

现在，我们已经浏览了项目的配置文件，下面让我们回顾 src 目录中两个 TypeScript 文件中的代码，如图 8.5 所示。

8.2.2　创建一个原始区块链

chapter8/src/bc101.ts 脚本是我们区块链的第一个版本。它包含 Block 和 Blockchain 类，以及一个简短的脚本，该脚本使用 Blockchain 的 API 创建三个块的区块链。在本章中，我们将不使用 Web 浏览器——我们的脚本将在 Node.js 运行时下运行。让我们看一下 bc101.ts 的代码，从 Block 类开始。

Block 类声明每个块所需的属性(例如索引以及当前块和先前块的哈希值)，以及使用 Node.js 加密模块计算其哈希的方法。在 Block 对象的实例化过程中，我们根据其所有属性的串联值来计算其哈希值(见代码清单 8.6)。

代码清单 8.6　bc101.ts 中的 Block 类

```
                    该块的哈希值
    import * as crypto from 'crypto';

    class Block {
      readonly hash: string;

      constructor (
        readonly index: number,           ← 此块的序列号
        readonly previousHash: string,    ← 上一个区块的哈希值
区块      readonly timestamp: number,
创建      readonly data: string             ← 应用程序特定数据
时间    ) {
        this.hash = this.calculateHash();  ← 在创建此块时
      }                                      计算其哈希值

      private calculateHash(): string {
        const data = this.index + this.previousHash + this.timestamp + this.data;
```

```
return crypto
  .createHash('sha256')      ◄────  创建 Hash 对象的实例，用于
  .update(data)                     生成 SHA-256 哈希
  .digest('hex');      ◄────  将哈希值转换为
}                              十六进制字符串
};
```

计算并更新 Hash 对象
内部的哈希值

　　Block 类的构造函数调用 calculateHash()方法，该方法首先将块属性的值连接起来：index、previousHash、timestamp 和 data。此连接的字符串提供给 crypto 模块，该模块以十六进制字符串的形式计算其哈希值。将此哈希值分配给新创建的 Block 对象的 hash 属性，该属性将被分配给要添加到链中的 Blockchain 对象。

　　区块的交易数据存储在 data 属性中，该属性在我们的 Block 类中具有 string 类型。实际应用程序中，data 属性具有描述数据结构的自定义类型，但是在我们原始的区块链中，使用 string 类型就可以了。

　　现在，让我们创建一个 Blockchain 类，它使用数组来存储区块，并具有一个 addBlock()方法，该方法可执行以下三项操作。

　　(1) 创建一个 Block 对象的实例。

　　(2) 获取最近添加的区块的哈希值，并将其存储在新块的 previousHash 属性中。

　　(3) 将新区块添加到数组。

　　当实例化 Blockchain 对象时，其构造函数将创建创世区块，该区块将不会引用先前的区块(见代码清单 8.7)。

代码清单 8.7　区块链类

```
class Blockchain {
  private readonly chain: Block[] = [];      ◄────  我们的区块链存储在这里

  private get latestBlock(): Block {      ◄────  获取对最近添加的区
    return this.chain[this.chain.length - 1];       块的引用的 getter
  }

  constructor() {                        创建创世区块并将其
    this.chain.push(      ◄────           添加到链中
      new Block(0, '0', Date.now(),
      'Genesis block'));
  }
                                         创建一个新的 Block 实
  addBlock(data: string): void {         例并填充其属性
    const block = new Block(      ◄────
      this.latestBlock.index + 1,
      this.latestBlock.hash,
      Date.now(),
```

```
    data
  );

  this.chain.push(block);        ← 将区块添加到数组
 }
}
```

现在可以调用 Blockchain.addBlock()方法来挖掘区块。代码清单 8.8 所示的代码创建一个 Blockchain 的实例，并调用两次 addBlock()，分别添加两个数据为"First block"和"Second block"的块。在 Blockchain 的构造函数中创建创世区块。

代码清单 8.8　创建一个三区块的区块链

```
console.log('Creating the blockchain with the genesis block...');
const blockchain = new Blockchain();        ← 创建一个新的区块链

console.log('Mining block #1...');
blockchain.addBlock('First block');         ← 添加第一个区块

console.log('Mining block #2...');
blockchain.addBlock('Second block');        ← 添加第二个区块

console.log(JSON.stringify(blockchain, null, 2));    ← 打印区块链的内容
```

bc101.ts 文件包含代码清单 8.6～8.8 所示的脚本。要运行此脚本，请对其进行编译并在 Node.js 运行时下运行其 bc101.js JavaScript 版本。

```
npm run tsc
node dist/bc101.js
```

bc101.js 脚本将在控制台上打印我们区块链的内容，如代码清单 8.9 所示。chain 数组存储了原始区块链的三个区块。

代码清单 8.9　bc101.js 生成的控制台输出

```
Creating the blockchain with the genesis block...
Mining block #1...
Mining block #2...
{
  "chain": [
    {
      "index": 0,
      "previousHash": "0",
      "timestamp": 1532207287077,
      "data": "Genesis block",
      "hash": "cc521dd5bbf1786977b14d16ce5d7f8da0e9f3353b3ebe076
      2ad9258c8ab1a04"
    },
    {
```

```
  "index": 1,
  "previousHash": "cc521dd5bbf1786977b14d16ce5d7f8da0e9f3353b3e
  be0762ad9258c8ab1a04",
  "timestamp": 1532207287077,
  "data": "First block",
  "hash": "52d40c33a8993632d51754c952fdb90d61b2c8bf13739433624
  bbf6b04933e52"
},
{
  "index": 2,
  "previousHash": "52d40c33a8993632d51754c952fdb90d61b2c8bf1373
  9433624bbf6b04933e52",
  "timestamp": 1532207287077,
  "data": "Second block",
  "hash": "0d6d43368772e2bee5da8a1cc92c0c7f28a098bfef3880b3cc8
   caa5f40c59776"
  }
]
}
```

注意   当运行 bc101.js 脚本时，你将不会看到与代码清单 8.9 中相同的哈希值，因为我们使用
时间戳生成哈希。每个读者的情况会有所不同。

请注意，每个块(genesis 块除外)的 previousHash 值与链中前一个块的 hash 属性值相同。该
程序运行速度非常快，但是现实世界中的区块链将需要数据挖掘者花费一些 CPU 周期并求解
算法，以便生成的哈希符合某些要求，如 8.1.3 节所述。

让我们通过引入问题解决来使区块挖掘过程更真实一些。

8.2.3   使用工作证明创建区块链

我们区块链的下一个版本在 bc101_proof_of_work.ts 文件中。这个脚本与 bc101.ts 有很多相
似之处，但是它有一些额外的代码，可以强制数据挖掘者提供工作证明，这样可以考虑将其区
块添加到区块链中。

bc101_proof_of_work.ts 脚本也有 Block 和 Blockchain 类，尽管后者与代码清单 8.7 完全相
同，但 Block 类有额外的代码。

特别是，Block 类有一个 nonce 属性，该属性是在新的 mine()方法中计算的。nonce 与块的
其他属性连接，以生成以五个零开头的哈希。

计算符合我们要求的随机数的过程需要一些时间。这次，我们需要以五个零开头的哈希。
mine()方法将使用不同的 nonce 值多次调用 calculateHash()，直到生成的哈希以 00000 开头。代
码清单 8.10 显示了 Block 类的新版本。

代码清单 8.10   bc101_proof_of_work.ts 中的 Block 类

```
class Block {
```

```
  readonly nonce: number;          ◄──── 新 nonce 属性
  readonly hash: string;

  constructor (
    readonly index: number,
    readonly previousHash: string,
    readonly timestamp: number,
    readonly data: string
  ) {
    const { nonce, hash } = this.mine();   ◄──── 计算 nonce 和 hash
    this.nonce = nonce;
    this.hash = hash;
  }                                              nonce 是用于计算哈希
                                                 的输入的一部分
  private calculateHash(nonce: number): string {
    const data = this.index + this.previousHash + this.timestamp +
➤ this.data + nonce;
    return crypto.createHash('sha256').update(data).digest('hex');
  }

  private mine(): { nonce: number, hash: string } {
    let hash: string;
    let nonce = 0;
                                            使用暴力进行
                                            数据挖掘
    do {
      hash = this.calculateHash(++nonce);  ◄───┘
    } while (hash.startsWith('00000') === false);  ◄──── 运行此循环，直到
                                                        哈希以 00000 开头
    return { nonce, hash };
  }
};
```

请注意，calculateHash()方法与代码清单 8.6 中的方法几乎相同。唯一的区别是我们将 nonce 值附加到用于计算哈希的输入字符串中。mine()方法在循环中不断调用 calculateHash()，并提供连续数字 0, 1, 2, ...作为随机数参数。迟早，计算的哈希将以 00000 开头，并且 mine()方法将返回哈希值以及计算出的随机数。

我们想提醒你注意调用 mine()方法的那一行：

```
const { nonce, hash } = this.mine();
```

等号左侧的花括号代表 JavaScript 解构(请参阅附录)。mine()方法返回具有两个属性的对象，我们将它们的值提取到两个变量中：nonce 和 hash。

我们只回顾了 bc101_proof_of_work.ts 脚本中的 Block 类，因为该脚本的其余部分与 bc101.ts 中的相同。可以按以下方式运行该程序：

```
node dist/bc101_proof_of_work.js
```

该脚本不会像 bc101.ts 那样快速结束。它可能需要几秒才能完成，因为它要花时间进行块挖掘。代码清单 8.11 显示了此脚本的输出。

代码清单 8.11　bc101_proof_of_work.ts 生成的控制台输出

```
Creating the blockchain with the genesis block...
Mining block #1...
Mining block #2...
{
  "chain": [
    {
      "index": 0,
      "previousHash": "0",
      "timestamp": 1532454493124,
      "data": "Genesis block",
      "nonce": 2832,
      "hash": "000005921a5611d92cdc81f89d554743d7e33af2b35b4cb1a0
      a52cd4664445ca"
    },
    {
      "index": 1,
      "previousHash": "000005921a5611d92cdc81f89d554743d7e33af2b
      35b4cb1a0a52cd4664445ca",
      "timestamp": 1532454493140,
      "data": "First block",
      "nonce": 462881,
      "hash": "000009da95386579eee5e944b15eab2539bc4ac223398ccef
      8d40ed83502d431"
    },
    {
      "index": 2,
      "previousHash": "000009da95386579eee5e944b15eab2539bc4ac22
      3398ccef8d40ed83502d431",
      "timestamp": 1532454494233,
      "data": "Second block",
      "nonce": 669687,
      "hash": "0000017332a9321b546154f255c8295e4e805417e50b78609
      ff59a10bf9c237c"
    }
  ]
}
```

再一次，chain 数组存储了三个区块的区块链，但这次每个区块的 nonce 属性值不同，每个区块的哈希值都以 00000 开头，这是工作证明：我们进行了区块挖掘并解决了该块的算法！

再看一下代码清单 8.10 中的代码，并识别熟悉的 TypeScript 语法元素。六个类属性中的每个属性都有一个类型，并标记为只读。属性 nonce 和 hash 在此类上显式声明，TypeScript 编译器还创建了另外四个属性，因为我们在构造函数的每个参数中都使用了只读限定符。

这两个类方法都显式声明其参数和返回值的类型。这两种方法都是用私有访问级别声明的，这意味着只能在类中调用它们。

mine()方法的返回类型声明为{nonce:number,hash:string}。由于此类型只使用一次,因此没有为其创建自定义数据类型。

8.3　本章小结

- 区块链的主要思想是,它不需要依赖单一授权,即可提供分散的交易处理。
- 在区块链中,每个区块都由哈希值标识,并通过存储前一个区块的哈希值链接到前一个区块。
- 在向区块链中插入新区块之前,会向区块链的每个节点提供一个数学问题,以便计算一个可接受的哈希值作为一个奖励。当我们使用术语"节点"时,我们指的是表示区块链中的一个成员的计算机、网络或服务器场。
- 在密码学中,只能使用一次的数字称为"随机数",而挖掘者必须花费一些计算资源来计算这个随机数——这就是他们获得工作证明的方式,这是任何要考虑添加到区块链中的区块都必须具备的条件。
- 在我们的示例区块链应用程序中,可接受的哈希值必须以五个零开头,并且我们计算的随机数以确保区块的哈希确实以五个零开头。计算这样的随机数需要时间,这会延迟将新区块插入区块链中,但它可以作为奖励比其他节点做得更快的区块链节点所需的工作证明。

第 **9** 章

开发基于浏览器的区块链节点

本章要点：

- 为区块链创建 Web 客户端
- 构建用于生成 hash 的小型库
- 运行区块链 Web App，并在浏览器中调试 TypeScript

在第 8 章中，我们开发了一个可以创建区块链的应用程序，还提供了脚本来为它添加区块。该应用程序从命令行启动，在 Node.js 运行时下运行。

本章将修改区块链应用程序，使其能在浏览器中运行。这里我们不使用 Web 框架，因此它将有一个非常基础的 UI。我们将使用一些标准的浏览器 API 方法，比如 document.getElementById() 和 addEventListener()。

在该应用程序中，每个区块将存储关于几个事务的数据。它们不像第 8 章中那样是简单的字符串，而是作为 TypeScript 自定义类型实现的。我们将累计几个事务，然后创建要插入区块链中的区块。此外，还创建了一个小型库，其中包含用于挖掘区块和生成适当 hash 的代码，这个库可以在浏览器中使用，也可以在 Node.js 环境中使用。

本章的应用程序包括本书第 I 部分中涉及的以下 TypeScript(和 JavaScript)语法元素的实例：

- 使用 private 和 readonly 关键字
- 使用 TypeScript 接口和类来声明自定义类型
- 使用 JavaScript 展开操作符来复制对象
- 使用 enum 关键字
- 使用 async、await 和 Promise

我们将从查看项目结构以及运行区块链 Web 应用程序开始，而后详细介绍代码。

9.1　运行区块链 Web 应用

本节将首先展示如何配置这个区块链项目，然后介绍编译和部署项目的命令，最后将介绍用户如何在浏览器中使用这个应用程序。

9.1.1　项目结构

可以在 https://github.com/yfain/getts 中找到项目的代码。项目结构如图 9.1 所示。

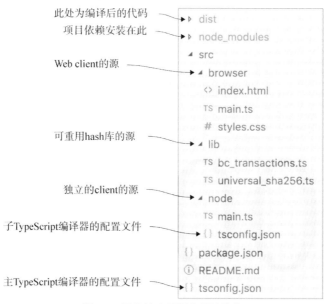

图 9.1　区块链应用程序项目结构

该资源(TypeScript、HTML 和 CSS)位于名为 browser、lib 和 node 的子目录中。创建区块链的主要机制是在 lib 目录中实现的，但提供了两个演示应用程序——一个用于 Web 浏览器，另一个用于 Node.js 运行时。下面是 src 包含的子目录。

- lib——lib 目录下实现了区块链创建和块挖掘。它还有一个通用的功能，可以为浏览器和 Node.js 环境生成 hash。
- browser——browser 目录包含实现区块链 Web 应用 UI 的代码。该代码使用 lib 目录中的代码。
- node——node 目录包含一个小应用程序，可以独立运行，它还使用来自 lib 目录的代码。

项目中将会有一些你没有见过的依赖，存放在 package.json 文件中(见代码清单 9.1)。由于这是一个 Web 应用，因此需要一个 Web 服务器。在本章中，将使用在 npmjs.org 上提供的名为 serve 的包。从部署的角度看，这个应用程序不仅有 JavaScript 文件，还将 HTML 和 CSS 文件复制到 dist 部署目录中。这项工作将由 copyfiles 包完成。

最后，为避免手动调用 copyfiles 脚本，将向 package.json 的 npm 脚本部分添加两个命令。从 8.2.1 节开始使用 npm 脚本，但是本章的 package.json 文件中的 scripts 部分将具有更多命令。

代码清单 9.1　package.json 文件

```
{
  "name": "TypeScript_Quickly_chapter9",
  "version": "1.0.0",
  "license": "MIT",
  "scripts": {                                      npm start 命令将开
    "start": "serve",                               启 Web 服务器
    "compileDeploy": "tsc && npm run deploy",        结合两个命令:
    "deploy": "copyfiles -f src/browser/*.html src/browser/*.css dist"    tsc 和 deploy
  },
  "devDependencies": {
    "@types/node": "^10.5.1",        serve 包是一个新
    "serve": "^10.0.1",              的 dev 依赖项        deploy 命令将复制
    "copyfiles": "^2.1.0",                              HTML 和 CSS 文件
    "typescript": "~3.0.0"           copyfiles 包是一个新的
  }                                  dev 依赖项
}
```

运行 npm install 命令后，所有项目依赖项将安装在 node_modules 目录中，serve 和 copyfiles 可执行文件将安装在 node_modules/.bin 中。该项目的源代码位于 src 目录中，部署的代码将保存在 dist 中。

注意，这个项目有两个 tsconfig.json 文件供 TypeScript 编译器使用。其中，基 tsconfig.json 文件位于项目的根目录中，它定义了整个项目的编译器选项，比如 JavaScript 目标和要使用的库(见代码清单 9.2)。

代码清单 9.2　基 tsconfig.json 文件

生成源映射文件

```
{
  "compilerOptions": {
    "sourceMap": true,              将 JavaScript 文件
    "outDir": "./dist",            编译到 dist 目录下
    "target": "es5",
    "module": "es6",              使用 ES6 模块的语法
    "lib": [
      "dom",                      对浏览器的 DOM API
      "es2018"                    使用 type 定义
    ]                             使用 ES2018 支
  }                               持的 type 定义
}
```

对于在浏览器中运行的代码，我们希望 TypeScript 编译器生成使用模块的 JavaScript(如附录 A.11 所述)。

另外，我们要生成源映射文件，以将 TypeScript 代码中的行映射到生成的 JavaScript 中的相应行。使用源映射，即使浏览器执行 JavaScript，也可以在浏览器中运行 Web 应用时调试 TypeScript 代码。我们将在 9.5 节中向你展示如何执行此操作。如果浏览器的 Developer Tools 面板打开，它将加载源映射文件以及 JavaScript 文件，可以在其中调试 TypeScript 代码。

另一个 tsconfig.json 在 src/node 目录中。该文件继承了项目根目录下 tsconfig.json 文件中的所有属性，就像 extends 选项中所指定的那样。tsc 将首先加载基本的 tsconfig.json 文件，然后再加载继承的文件，覆盖或添加属性(见代码清单 9.3)。

代码清单 9.3　src/node/tsconfig.json 子配置文件

```
{
  "extends": "../../tsconfig.json",      ◀—— 从该文件继承属性
  "compilerOptions": {
    "module": "commonjs"
  }
}
```

在基 tsconfig.json 文件中，module 属性的值为 es6，这对于生成在浏览器中运行的 JavaScript 是很好的选择。node 目录中的子配置文件使用 commonjs 覆盖 module 属性，因此 TypeScript 编译器将根据 CommonJS 规则生成与模块相关的代码。

提示　可以在 www.typescriptlang.org/docs/handbook/tsconfig-json.htlm 的 TypeScript 文档中找到 tsconfig.json 中允许的所有选项的描述。

9.1.2　使用 npm 脚本部署应用

为部署 Web 应用，需要将 TypeScript 文件编译到 dist 目录中，并在其中复制 index.html 和 styles.css。

package.json 的脚本部分(见代码清单 9.1)具有三个命令：start、compileDeploy 和 deploy。

```
"scripts": {                                           运行 tsc 和 deploy
  "start": "serve",        ——| 启动 Web 服务器          命令
  "compileDeploy": "tsc && npm run deploy",
  "deploy": "copyfiles -f src/browser/*.html src/browser/*.css dist"  ◀
},
                                            将 HTML 和 CSS 文件从 src/browser
                                            目录复制到 dist 目录下
```

deploy 命令仅将 src/browser 目录中的 HTML 和 CSS 文件复制到 dist 目录下。

compileDeploy 命令运行两个命令：tsc 和 deploy。在 npm 脚本中，双与号(&&)用于指定命令序列，因此为了编译 TypeScript 文件并将 index.html 和 styles.css 复制到 dist 目录，需要运行以下命令：

```
npm run compileDeploy
```

运行此命令后，dist 目录将包含图 9.2 所示的文件。

注意　实际应用的源代码包含数百个文件，在将它们部署到 Web 服务器之前，需要使用工具来优化代码并将其打包为少量文件。Webpack 是最受欢迎的打包程序之一，我们曾在 6.3 节对它进行了介绍。

现在，可以通过运行以下命令来启动 Web 服务器：

```
npm start
```

此命令将在端口 5000 上的 localhost 上启动 Web 服务器。控制台将显示输出，如图 9.3 所示。

图 9.2　Web 应用部署的文件

图 9.3　运行 Web 服务器

提示　npm 支持的脚本数量有限，而 start 是其中之一(详情请参阅 https://docs.npmjs.com/ misc/ scripts 上的 npm 文档)。使用这些脚本，你不必使用 run 选项，这就是我们不像在 npm run start 中一样使用 run 命令的原因。但是，诸如 compileDeploy 的自定义脚本仍需要 run 命令。

注意　在第 10 章中，我们将创建一个应用程序，该应用程序将具有用于客户端和服务器的单独代码，我们将使用名为 nodemon 的 npm 软件包启动服务器。

9.1.3　使用区块链 Web 应用

打开浏览器输入 http://localhost:5000/dist，Web 服务器将向浏览器发送 dist/index.html。index.html 文件将加载编译后的 JavaScript 文件，在创世区块挖掘上花费几秒钟后，区块链 Web 应用的 UI 将如图 9.4 所示。

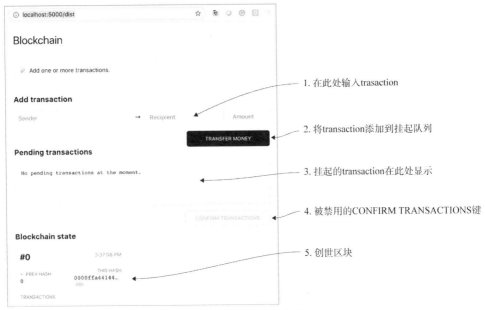

图 9.4　运行 Web 服务器

　　该应用程序的登录页面通过一个创世区块显示了区块链的初始状态。用户可以添加事务，并在每次输入事务后单击 Transfer Money 按钮，将事务添加到"挂起事务"字段中。CONFIRM TRANSACTIONS 按钮被启用，浏览器窗口将如图 9.5 所示。

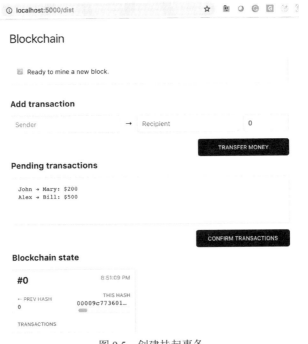

图 9.5　创建挂起事务

我们已经添加了两个挂起事务，还没有创建区块链也没有提交新的区块。这就是 CONFIRM TRANSACTIONS 按钮的作用。图 9.6 显示了单击此按钮后的浏览器窗口，该应用程序花了一些时间进行数据挖掘。

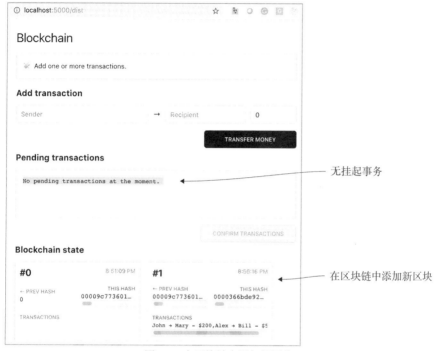

图 9.6　在区块链中添加新区块

注意　为简单起见，我们假设如果 John 付给 Mary 一定金额，那么他会拥有这笔款项。在实际应用中，我们会首先检查账户余额，然后才创建挂起事务。

就像在第 8 章中一样，新块＃1 是使用以四个零开头的哈希值创建的。但是现在，该区块包括两项事务：一项是 John 和 Mary 之间的事务，另一项是 Alex 和 Bill 之间的事务。该区块也已添加到区块链中。可以看出，此时没有剩余挂起事务。

你可能想知道为什么将似乎无关的事务放在同一块中。那是因为在区块链中添加一个区块是一项缓慢的操作，而为每个事务创建一个新区块将进一步减慢该过程。

为给我们的区块链添加一些情景，让我们想象一下这个区块链是为大型房地产代理商创建的。John 正在从 Mary 那里购买一间公寓，需要提供证据证明自己已付款。同样，Alex 正在给 Bill 付房款，这是另一个事务。这些事务处于待处理状态时，不被视为付款证明。但是，一旦将它们添加到区块中并将该区块添加到区块链中，就视为已完成事务。

既然你已经看到该应用程序正在运行，那么让我们从 UI 开始回顾代码。

9.2　Web 客户端

浏览器目录包含三个文件：index.html、main.ts 和 styles.css。我们将从 index.html 开始，查看前两个文件的代码(见代码清单 9.4)。

代码清单 9.4　browser/index.html：加载 Web 应用的脚本

```html
<!DOCTYPE html>
<html lang="en">
<head>
  <meta charset="UTF-8">
  <meta name="viewport" content="width=device-width, initial-scale=1.0">
  <title>Blockchain</title>
  <link rel="stylesheet" href="dist/styles.css">          ← 包括 CSS
  <script type="module" src="dist/browser/main.js"></script>  ← 包括应用程序
</head>                                                          的主要模块
<body>
  <main>
    <h1>Blockchain</h1>
    <aside>
      <p id="status">⌛ Initializing the blockchain, creating the genesis
➥ block...</p>
    </aside>
                        ← 本部分用于添加事务
    <section>
      <h2>Add transaction</h2>
      <form>
        <input id="sender" type="text" autocomplete="off" disabled
➥ placeholder="Sender">
        <span>•</span>
        <input id="recipient" type="text" autocomplete="off" disabled
➥ placeholder="Recipient">
        <input id="amount" type="number" autocomplete="off" disabled
➥ placeholder="Amount">
        <button id="transfer" type="button" class="ripple" disabled>
            TRANSFER MONEY</button>          ← 将事务添加到挂起
      </form>                                    事务列表中
    </section>

    <section>                    ← 挂起事务在这一部分展示
      <h2>Pending transactions</h2>
      <pre id="pending
transactions">No pending transactions at the moment.</pre>
      <button id="confirm" type="button" class="ripple" disabled>
            CONFIRM TRANSACTIONS</button>     ← 开始挖掘具有挂起
      <div class="clear"></div>                  事务的新区块
    </section>

                        ← 区块链的内容在此处呈现
    <section>
```

```
      <h2>Blockchain state</h2>
      <div class="wrapper">
        <div id="blocks"></div>
        <div id="overlay"></div>
      </div>
    </section>
  </main>
</body>
</html>
```

index.html 的\<head\>部分包含用于加载 styles.css 和 main.js 的标签。后者是 main.ts 的编译版本，它不是我们应用程序中唯一的 TypeScript 文件，但由于对应用程序进行了模块化，因此 main.ts 脚本通过导入 lib/bc_transactions.ts JavaScript 模块的成员来开始，如代码清单 9.5 所示。

> **注意**　我们在\<script\>标签中使用 type="module"属性来加载 main.ts。可以在附录的 A.11 节中
> 了解更多关于 module 类型的信息。

代码清单 9.5　browser/main.ts 的第一部分

导入 Block 和 Blockchain 类
```
import { Blockchain, Block } from '../lib/bc_transactions.js';
                     声明应用程序的可能状态
enum Status {
   Initialization  = '⧗ Initializing the blockchain, creating the genesis
➥ block...',
   AddTransaction = '✉ Add one or more transactions.',
   ReadyToMine    = '♡ Ready to mine a new block.',
   MineInProgress = '⧗ Mining a new block...'
}
                     获取对所有重要 HTML 元素的引用
// Get HTML elements
const amountEl          = document.getElementById('amount')
➥ as HTMLInputElement;
const blocksEl          = document.getElementById('blocks') as
➥ HTMLDivElement;
const confirmBtn        = document.getElementById('confirm')
➥ as HTMLButtonElement;
const pendingTransactionsEl =
➥ document.getElementById('pending-transactions') as HTMLPreElement;
const recipientEl       = document.getElementById('recipient')
➥ as HTMLInputElement;
const senderEl          = document.getElementById('sender')
➥ as HTMLInputElement;
const statusEl          = document.getElementById('status')
➥ as HTMLParagraphElement;
const transferBtn       = document.getElementById('transfer')
➥ as HTMLButtonElement;
```

第 4 章介绍了用来命名常量的 enum。在代码清单 9.5 中，我们使用它为应用程序声明了有限数量的状态：Initialization、AddTransaction、ReadyToMine 和 MineInProgress。statusEl 常量表示我们想要显示的应用程序当前状态的 HTML 元素。

> **注意**　你在 enum 字符串中看到的小图标是表情符号。在 macOS 中，可以通过按 Cmd+Ctrl+Space 组合键将它们插入字符串中；在 Windows 10 上，则是按 Win+.(Win 和句号)或 Win+;(Win 和分号)组合键。

代码清单 9.5 的其余部分展示了如何获得对各种 HTML 元素进行引用的代码，这些 HTML 元素存储用户输入的值或者显示区块链的区块。每个 HTML 元素都有一个唯一的 id(请参见代码清单 9.4)，我们使用浏览器 API 的 getElementById()方法来保存这些 DOM 对象。

代码清单 9.6 显示了立即调用的函数表达式(IIFE) main()，在这里我们使用 async/await 关键字(请参阅附录 A.10.4 节)。该功能创建一个带有初始创世区块的新区块链，并将事件监听器分配给按钮，以添加挂起事务并启动新的区块挖掘。

代码清单 9.6　browser/main.ts 的第二部分

将事件监听器添加到按钮

```
(async function main(): Promise<void> {

  transferBtn.addEventListener('click', addTransaction);      使用 enum 显
  confirmBtn.addEventListener('click', mineBlock);            示初始状态

  statusEl.textContent = Status.Initialization;

  const blockchain = new Blockchain();                        创建一个区块链实例
  await blockchain.createGenesisBlock();                      创建创世区块
  blocksEl.innerHTML = blockchain.chain.map((b, i) =>
➥ generateBlockHtml(b, i)).join('');                         生成用于呈现
                                                              区块的 HTML

  statusEl.textContent = Status.AddTransaction;
  toggleState(true, false);

  function addTransaction() {                                 添加一个新的
    blockchain.createTransaction({                            挂起事务
      sender: senderEl.value,
      recipient: recipientEl.value,
      amount: parseInt(amountEl.value),
    });

    toggleState(false, false);
    pendingTransactionsEl.textContent =
➥ blockchain.pendingTransactions.map(t =>
      `${t.sender} • ${t.recipient}: $${t.amount}`).join('\n');
    statusEl.textContent = Status.ReadyToMine;               将挂起事务呈
                                                              现为字符串
```

```
      senderEl.value = '';              重置表单的值
      recipientEl.value = '';
      amountEl.value = '0';
    }
                                        挖掘区块并将其
                                        呈现在网页上
    async function mineBlock() {                        创建一个新的区
      statusEl.textContent = Status.MineInProgress;     块，计算其 hash
      toggleState(true, true);                          值，并将其添加
      await blockchain.minePendingTransactions();       到区块链中

      pendingTransactionsEl.textContent = 'No pending transactions at
➥ the moment.';
      statusEl.textContent = Status.AddTransaction;
      blocksEl.innerHTML = blockchain.chain.map((b, i) =>
➥ generateBlockHtml(b, i)).join('');                   将网页上新插入
      toggleState(true, false);                         的块呈现出来
    }
})();
```

在代码清单 9.6 中，我们使用 Blockchain 类(在 9.3 节讲解过)，该类具有一个名为 chain
的数组，用于存储区块链的内容。Blockchain 类具有一个 minePendingTransactions()方法，
可将事务添加到新块中。

当用户单击 CONFIRM TRANSACTIONS 按钮时，此挖掘过程开始。在一些地方，我们调
用 blockchain.chain.map()将这些区块转换为文本或 HTML 元素，以便将其在网页上呈现。该工
作流程如图 9.7 所示。

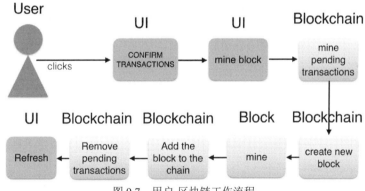

图 9.7　用户-区块链工作流程

每当调用异步函数时，我们都会更改 HTML 元素 statusEl 的内容，以让用户了解 Web 应用
的当前状态。

代码清单 9.7 展示了 main.ts 的其余部分，它包含两个函数：toggleState()和 generateBlockHtml()。

代码清单 9.7　browser/main.ts 的第三部分

```typescript
function toggleState(confirmation: boolean, transferForm: boolean): void {
  transferBtn.disabled = amountEl.disabled = senderEl.disabled =
➡ recipientEl.disabled = transferForm;
  confirmBtn.disabled = confirmation;
}

function generateBlockHtml(block: Block, index: number) {
  return `
    <div class="block">
      <span class="block__index">#${index}</span>
      <span class="block__timestamp">${new
➡ Date(block.timestamp).toLocaleTimeString()}</span>
      <div class="prev-hash">
        <div class="hash-title">• PREV HASH</div>
        <div class="hash-value">${block.previousHash}</div>
      </div>
      <div class="this-hash">
        <div class="hash-title">THIS HASH</div>
        <div class="hash-value">${block.hash}</div>
      </div>
      <div class="block__transactions">
        <div class="hash-title">TRANSACTIONS</div>
        <pre class="transactions
  value">${block.transactions.map(t => `${t.sender} •
➡ ${t.recipient} - $${t.amount}`)}</pre>
      </div>
    </div>
  `;
}
```

> 禁用/启用表单和
> 确认按钮

> 生成区块
> 的 HTML

　　toggleState() 函数具有两个 boolean 参数。第一个参数的值决定启用或禁用该表单，该表单由 Sender、Recipient 和 Amount 输入字段以及 Transfer Money 按钮组成。第二个参数决定启用或禁用 CONFIRM TRANSACTIONS 按钮。

　　如图 9.6 的下端所示，generateBlockHtml() 函数返回 <div> 容器，其中包含了每个块的信息。我们使用了几个 CSS 类选择器，这些选择器在 browser/styles.css 文件中定义(此处未显示)。

　　总之，browser/main.ts 脚本中的代码负责用户交互，并且执行以下操作：

(1) 获得对所有 HTML 元素的访问权；

(2) 为按钮设置监听器，以添加挂起事务并创建一个新块；

(3) 创建一个带有创世区块的区块链实例；

(4) 定义创建挂起事务的方法；

(5) 定义挖掘带有挂起事务的新区块的方法；

(6) 定义了一种生成 HTML 的方法来呈现区块链的区块。

　　现在你已经了解了浏览器的 UI 是如何实现的，让我们回顾一下创建区块链、添加块和处理 hash 的代码。

9.3　挖掘区块

我们的项目包含 lib 目录，该目录是一个小型库，支持创建具有多个事务的块。该库还检查我们的区块链应用程序是在浏览器中运行还是在独立的 JavaScript 引擎中运行，因此使用了用于生成 SHA-256 哈希的合适的 API。

该库由以下两个文件组成：

- bc_transactions.ts——实现了创建带有事务的区块；
- universal_sha256.ts——检查环境并导出适当的 sha256()函数，该函数将使用浏览器或 Node 的 API 生成 SHA-256 哈希。

在第 8 章中(见代码清单 8.6)，我们使用了 Node 的 crypto API 来同步调用三个函数。

```
crypto.createHash('sha256').update(data).digest('hex');
```

现在，我们想在 Node.js 和浏览器中生成哈希。但是，浏览器的 crypto API 是异步的，这与我们用于 Node.js 的程序包不同，因此 hash 生成代码需要封装到异步函数中。例如，调用 crypto API 的 mine()函数返回一个 Promise 并标记为异步。

```
async mine(): Promise<void> {...}
```

基本来讲，我们所做的不仅仅是从函数返回一个值，而是将其封装在 Promise 中，使 mine()函数变为异步。

我们将分两部分查看 bc_transactions.ts 的代码。代码清单 9.8 显示了导入 SHA-256 生成函数并声明 Transaction 接口和 Block 类的代码。一个块可能包含多个事务，Transaction 接口声明了一个事务的结构。

代码清单 9.8　lib/bc_transactions.ts 的第一部分

```
import {sha256} from './universal_sha256.js';          ← 导入函数以
                                                         生成 hash
export interface Transaction {          ← 代表单个事务
  readonly sender: string;                的自定义类型
  readonly recipient: string;
  readonly amount: number;
}

export class Block {          ← 代表单个区块
  nonce: number = 0;            的自定义类型
  hash: string;

  constructor (
    readonly previousHash: string,
    readonly timestamp: number,
    readonly transactions: Transaction[]          ← 将事务数组传递
  ) {}                                               给新创建的区块
```

```
async mine(): Promise<void> {        ◀——  挖掘区块的异步函数
  do {
    this.hash = await this.calculateHash(++this.nonce);
  } while (this.hash.startsWith('0000') === false);      暴力寻找合适
}                                                         的随机数

private async calculateHash(nonce: number): Promise<string> {  ◀——
  const data = this.previousHash + this.timestamp +
➡ JSON.stringify(this.transactions) + nonce;                用于哈希生成的
    return sha256(data);   ◀——                             异步封装函数
  }
}                                   调用使用 crypto API 的
                                    函数并生成哈希
```

区块链的 UI 允许用户使用 Transfer Money 按钮(见图 9.5)创建多个事务，只有单击 CONFIRM TANSACTIONS 按钮才会创建 Block 实例，并将 Transaction 数组传递给其构造函数。

在第 2 章中，我们介绍了如何使用类和接口声明 TypeScript 自定义类型。在代码清单 9.8 中，可以看到 Transaction 类型被声明为接口，而 Block 类型被声明为类。我们不能让 Block 成为接口，因为我们希望它具有构造函数，以便可以使用 new 运算符，如代码清单 9.9 所示。Transaction 类型是一个 TypeScript 接口，可以防止在开发过程中发生类型方面的错误，但是声明 Transaction 的行不会将其纳入已编译的 JavaScript 中。

我们的事务类型非常简单，在现实世界的区块链中，可以在 Transaction 接口中引入更多属性。例如，购买房地产是一个多步骤过程，需要随着时间的推移进行数次付款(首付、用于产权搜索的付款、用于财产保险的付款等)。在现实世界的区块链中，可以引入 propertyID 来标识财产(房屋、土地或公寓)，并引入 type 来标识事务类型。

每个事务都将包含描述特定区块链业务领域的属性——你将始终拥有一个事务类型。区块还将具有区块链实施所需的属性，例如创建日期、哈希值和先前区块的哈希值。而且，区块类型可能包括一些实用方法，如代码清单 9.8 中的 mine()和 calculateHash()。

注意　在第 8 章中我们已经有了一个 Block 类(如代码清单 8.6 所示)，该类将其数据作为字符串存储在 data 属性中。这次，数据以更结构化的方式存储在 Transaction[]类型的属性中。你可能还注意到，Block 类的三个属性是通过构造函数的参数隐式声明的。

Block 类有两种方法：mine()和 calculateHash()。mine()方法会不断增加随机数并调用 calculateHash()，直到它返回以四个零开头的哈希值。

如其签名所示，mine()函数返回一个 Promise，但是该函数的 return 语句在哪里？我们实际上并不希望此函数返回任何内容——循环应该仅在生成正确的哈希后结束。但是任何带有 async 关键字标记的函数都必须返回 Promise，它是一个通用类型(在第 4 章中有说明)，并且必须与类型参数一起使用。通过使用 Promise<void>，我们指定此函数返回带有空值的 Promise，因此不需要 return 语句。

由于 Block 外部脚本不应使用 calculateHash()方法，因此我们将其声明为 private。该函数调用 sha256()，它接收一个字符串并生成一个哈希。请注意，我们是使用 JSON.stringify()将

Transaction 类型的数组转换为字符串的。sha256()函数在 universal_sha256.ts 脚本中实现,具体内容将在 9.4 节中进行讨论。

注意 为简单起见,calculateHash()函数将多个事务连接成一个字符串,然后计算哈希。在现实世界的区块链中,Merkle Tree(https://en.wikipedia. org/wiki/Merkle_tree)算法可以更有效地计算多个事务的哈希。使用此算法,程序可以构建一棵哈希树(每两个事务一个),并且如果有人试图篡改一个事务,则不需要遍历所有事务即可重新计算并验证最终哈希。

代码清单 9.8 的第一行从 JavaScript 文件./universal_sha256.js 导入,即使 lib 目录仅具有此文件的 TypeScript 版本。TypeScript 不允许我们使用.ts 扩展名来引用导入的文件名。这样可以确保对外部脚本的引用在编译后不会更改,因为所有文件都具有.js 扩展名。这个 import 语句看起来像正在导入一个函数 sha256(),但是在后台它会导入使用不同 crypto API 的不同函数,具体取决于应用程序运行的环境。我们将在 9.4 节向你展示它是如何实现的,并回顾 universal_sha256.ts 的代码。

在 bc_transactions.ts 文件的第二部分中,声明了 Blockchain 类(见代码清单 9.9)。

代码清单 9.9 lib/bc_transactions.ts 的第二部分

```
export class Blockchain {
  private readonly _chain: Block[] = [];
  private _pendingTransactions: Transaction[] = [];

  private get latestBlock(): Block {          ← 区块链中最新区块的 getter
    return this._chain[this._chain.length - 1];
  }
                                              ← 区块链中所有区块的 getter
  get chain(): Block[] {
    return [ ...this._chain ];
  }
                                              ← 所有挂起事务的 getter
  get pendingTransactions(): Transaction[] {
    return [ ...this._pendingTransactions ];
  }

  async createGenesisBlock(): Promise<void> {  ← 创建一个创世区块
    const genesisBlock = new Block('0', Date.now(), []);
    await genesisBlock.mine();                ← 为创世区块创建一个 hash
    this._chain.push(genesisBlock);
  }                            将创世区块添加到链中

  createTransaction(transaction: Transaction): void {  ← 添加一个挂起事务
    this._pendingTransactions.push(transaction);
  }
                                              创建一个具有挂起
  async minePendingTransactions(): Promise<void> {  ← 事务的区块,并将其添加到区块链中
    const block = new Block(this.latestBlock.hash,
```

```
        Date.now(), this._pendingTransactions);          ◄─── 为新块创建 hash
    await block.mine();                    ◄───
    this._chain.push(block);                      将新块添加
    this._pendingTransactions = [];               到区块链中
  }
}
```

向区块链添加新块需要花费时间来防止"双重花费攻击"(请参阅"双重花费攻击"栏)。例如，比特币通过控制算法的复杂性将这段时间保持在 10 分钟左右，该算法需要由区块链节点解决。为每个事务创建一个新区块将使区块链非常慢，这就是一个区块可以包含多个事务的原因。我们在 pendingTransactions 属性中累积挂起事务，然后创建一个存储所有事务的新块。例如，一个比特币区块包含大约 2500 个事务。

> **双重花费攻击**
>
> 假设你口袋里只有两张 1 美元的钞票，并且想买一杯 2 美元的咖啡。你将两张 1 美元的钞票交给咖啡师，咖啡师给你咖啡。此时，你的口袋里没有钱，这意味着除非你偷窃或伪造更多钱，否则你不能再买其他东西。造假需要花费时间，无法在咖啡店当场完成。
>
> 数字货币可能会伪造。例如，不诚实的人可能试图向多个接收者支付给定的金额。假设 Joe 只有一个比特币，他将其支付给 Mary(使用事务"Joe Mary 1"创建一个区块)，然后他立即将一个比特币支付给 Alex(使用事务"Joe Alex 1"创建另一个区块)。这是双重花费攻击的一个示例。
>
> 比特币和其他区块链采取一些措施来防止此类攻击，并且它们具有一致的流程来验证每个区块并解决冲突。在 10.1 节中，我们将介绍最长链规则，该规则可用于防止插入无效的块。

当用户使用图 9.5 中所示的 UI 添加事务时，我们为每个事务调用 createTransaction()方法，并将一个事务添加到 pendingTransactions 数组中(请参见代码清单 9.9)。在 minePendingTransactions()方法的末尾，将新块添加到区块链时，我们将从该数组中删除所有挂起事务。

请注意，我们已将_pendingTransactions 类变量声明为私有，因此只能通过 createTransaction()方法对其进行修改。我们还提供了一个公共访问器，它返回一系列挂起事务。看起来像这样：

```
get pendingTransactions(): Transaction[] {
  return [ ...this._pendingTransactions ];
}
```

此方法只用一行创建了_pendingTransactions 数组的副本(使用附录 A.7 节中介绍的 JavaScript 展开运算符)。通过创建副本，我们可以复制事务数据。另外，Transaction 接口的每个属性都是只读的，因此，任何试图修改此数组中数据的尝试都将导致 TypeScript 错误。这个 getter 被用在 browser/main.ts 文件中，该文件在代码清单 9.6 所示的 UI 中显示挂起事务。chain() getter 也使用相同的技术，它返回一个区块链的副本。

创世区块是 browser/main.ts 脚本通过调用 createGenesisBlock()方法(见代码清单 9.9)创建的(见代码清单 9.6)。创世区块的事务数组为空，在该块上调用 mine()会计算其哈希值。挖掘区块可能需要一些时间，并且我们不希望 UI 冻结，因此此方法是异步的。另外，我们在 mine()

方法的调用中添加了一个 await，以确保仅在完成挖掘之后才将块添加到区块链中。

我们创建的区块链应用程序是出于教育目的，因此，每当用户启动我们的应用程序时，区块链将仅包含创世区块。用户开始创建挂起事务，并在某些时候单击 CONFIRM TRANSACTIONS 按钮。这将调用 minePendingTransactions()方法，该方法创建一个新的 Block 实例，计算其哈希值，将该块添加到区块链中，并重置_pendingTransactions 数组。

> **提示**　在挖掘新区块之后，应该对挖掘者进行奖励。我们将在第 10 章的区块链应用程序中解决这个问题。

你可能想再看一看代码清单 9.6 中 mineBlock()方法的代码，以更好地理解如何在 UI 上呈现块挖掘的结果。

无论你是挖掘创世区块还是挖掘具有事务的区块，该过程都会调用 Block 类中的 mine()方法(见代码清单 9.8)。mine()方法运行一个调用 calculateHash()的循环，然后依次调用 sha256()，这将在下面进行讨论。

9.4　使用 crypto API 生成哈希

因为我们想创建一个可供网页和独立应用程序使用的区块链，所以需要使用两个不同的加密 API 来生成 SHA-256 哈希。

- 对于 Web 应用，可以调用所有浏览器支持的加密对象的 API。
- 独立应用程序将在加密模块(https://nodejs.org/api/crypto.html)附带的 Node.js 运行时运行。就像代码清单 8.6 一样，将使用它生成哈希。

我们希望我们的小型库能够在运行时决定使用哪个 API，从而使客户端应用程序在使用函数时，不需要知道将使用哪个特定的加密 API。代码清单 9.10 中的 lib/universal_sha256.ts 文件声明了三个函数：sha256_node()、sha256_browser()和 sha256()。请注意，仅导出最后一个。

代码清单 9.10　lib/universal_sha256.ts:crypto API 的封装

Node.js 运行环境下使用的函数

```
function sha256_node(data: string): Promise<string> {
const crypto = require('crypto');
return Promise.resolve(crypto.createHash('sha256').update(data)
➥ .digest('hex'));          生成 SHA-256 hash          浏览器中使用的函数
}
async function sha256_browser(data: string): Promise<string> {
const msgUint8Array = new TextEncoder().encode(data);
const hashByteArray = await crypto.subtle.digest('SHA-256',
msgUint8Array);      哈希数据          将提供的字符串编码为 UTF-8
const hashArray = Array.from(new Uint8Array(hashByteArray));
const hashHex = hashArray.map(b => ('00' +
                                                将 ArrayBuffer
                                                转换为 Array
```

```
➡ b.toString(16)).slice(-2)).join('');          将字节转换为十
return hashHex;                                  六进制字符串
}
export const sha256 = typeof window === "undefined" ?
                           sha256_node :           检查运行时是否
                           sha256_browser;         具有全局变量
```

导出 Node 的哈希函数

导出浏览器的
哈希函数

当 JavaScript 文件包含 import 或 export 语句时，它将成为 ES6 模块(有关此内容的讨论，请参阅附录)。universal_sha256.ts 模块声明了函数 sha256_node()和 sha256_browser()，但未导出它们。这些函数变为私有函数，只能在模块内部使用。

sha256()函数是唯一导出的函数，可以由其他脚本导入。此函数的任务非常简单——查找模块是否在浏览器中运行。根据结果，我们要导出 sha256_browser()或 sha256_node()，但要导出名称为 sha256()。

我们提出了一个简单的解决方案：如果运行时环境具有全局窗口变量，则假定该代码正在浏览器中运行，并以 sha256()名称导出 sha256_browser()。否则，我们以相同的 sha256()名称导出 sha256_node()。换言之，这是动态导出的示例。

我们已经在第 8 章中使用了 Node.js 加密 API，但在此，我们将此代码封装在 Promise 中。

```
Promise.resolve(crypto.createHash('sha256').update(data).digest('hex
'));
```

我们这样做是为了核对函数 sha256_node()和 sha256 _browser()的签名。

sha256_browser()函数在浏览器中运行，并使用异步 crypto API，这使该函数也变为异步。根据浏览器的 crypto API 要求，首先使用 Web Encoding API 的 TextEncoder.encode()方法(请参阅 Mozilla 文档，网址为 http://mng.bz/1wd1)，该方法将字符串编码为 UTF-8，并将结果返回到一个特殊的 JavaScript 类型的无符号 8 位整数数组(请参见 http://mng.bz/POqY)。然后，浏览器的 crypto API 以类似数组对象(具有 length 属性和索引元素的对象)的形式生成哈希。之后，使用 Array.from()方法创建一个真实的数组。

图 9.8 显示了在 Chrome 的调试器中截取的屏幕截图。它显示了 hashByteArray 和 hashArray 变量中的数据片段。在计算 hashHex 变量的值之前放置断点(我们将在 9.6 节说明如何在浏览器中调试 TypeScript 代码)。

最后，我们将计算出的哈希值转换为十六进制值的字符串，如下列语句所示：

```
const hashHex = hashArray.map(
               b => ('00' + b.toString(16)).slice(-2))
               .join('');
```

我们使用 Array.map()方法将 hashArray 的每个元素转换为十六进制值。一些十六进制值用一个字符表示，而另一些则需要两个字符。为确保一个字符的值以 0 开头，我们将 00 和十六进制值连接起来,然后使用 slice(-2)仅取右边的两个字符。例如,十六进制值 a 变为 00a,然后变为 0a。

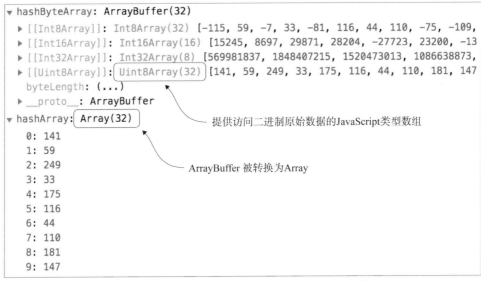

图 9.8　调试器中的 hashByteArray 和 hashArray 变量

join(' ')方法将 hashArray 所有转换后的元素连接成一个 hashHex 字符串,并指定一个空字符串作为分隔符(例如没有分隔符)。图 9.9 显示了应用 map()的结果片段,以及 hashHex 变量中的最终哈希值。

你可能会问为什么 sha256_browser()函数的签名声明的返回类型为 Promise,但实际上却返回了一个字符串。我们将此函数声明为 async,因此它会自动将其返回值封装到 Promise 中。

图 9.9　应用 map()和 join()

到目前为止,你应该了解 lib 目录中的代码以及 Web 客户端如何使用它。最后要回顾的是可以代替 Web 客户端使用的独立客户端。

9.5　独立的区块链客户端

该项目的目录节点有一个小脚本，可在没有 Web UI 的情况下创建区块链，但是我们想向你展示 lib 目录中的代码是可重用的，并且如果应用程序在 Node.js 下运行，则将使用适当的 crypto API。代码清单 9.11 显示了不需要浏览器但可以在 Node 运行时运行的脚本。第一行导入了 Blockchain 类，该类隐藏特定 crypto API 的详细信息。

代码清单 9.11　node/main.ts:用于区块挖掘的独立脚本

```
import { Blockchain } from '../lib/bc_transactions';

(async function main(): Promise<void> {
    console.log('? Initializing the blockchain, creating the genesis
➡ block...');

    const bc = new Blockchain();              ◀──── 创建一个新的区块链
    await bc.createGenesisBlock();            ◀──── 创建创世区块

    bc.createTransaction({ sender: 'John', recipient: 'Kate', amount: 50 });
    bc.createTransaction({ sender: 'Kate', recipient: 'Mike', amount: 10 });

    await bc.minePendingTransactions(); 4((CO12-5))        创建一个挂起事务

    bc.createTransaction({ sender: 'Alex', recipient: 'Rosa', amount: 15 });
    bc.createTransaction({ sender: 'Gina', recipient: 'Rick', amount: 60 });

    await bc.minePendingTransactions();

    console.log(JSON.stringify(bc, null, 2));    ◀──── 打印区块链的内容
})();
```

创建一个新区块，并将其添加到区块链中

该程序首先打印一条消息，表示正在创建新的区块链。创建创世区块的过程可能会花费一些时间，在第一次 await 时会等待其完成。

如果我们在调用 bc.createGenesisBlock()的行中不使用 await 将会怎样？该代码将在创世区块创建之前先进行挖掘，然后脚本会因运行错误而失败。

创建创世区块之后，脚本将继续创建两个挂起事务并挖掘一个新块。同样，await 将等待该过程完成，然后我们再创建两个事务并挖掘另一个块。最后，程序打印出区块链的内容。

> **提示**　Node.js 支持异步，从第 8 版开始通过 await 等待。

请记住，node 目录具有自己的 tsconfig.json 文件，如图 9.1 所示。其内容如代码清单 9.3 所示。

要启动此程序，请确保通过运行 tsc 进行编译代码。务必从 src/node 目录运行 tsc，以确保

编译器从 tsconfig.json 文件的整个层次结构中提取选项。如在基本 tsconfig.json 文件中指定的那样，编译后的代码将保存在 dist 目录中。

提示　编译器的-p 选项可让你指定有效 JSON 配置文件的路径。例如，可以通过运行以下命令来编译 TypeScript 代码：tsc -p src/node/tsconfig.json。

现在，可以要求 Node.js 启动代码清单 9.11 所示的 JavaScript 版本。如果你仍在 src/node 目录中，则可以按以下方式运行该应用程序。

```
node ../../dist/node/main.js
```

代码清单 9.12 显示了该命令的控制台输出状况。

代码清单 9.12　在独立应用程序中创建区块链

```
? Initializing the blockchain, creating the genesis block...
{
  "_chain": [
    {                                    ◄—— 创世区块
      "previousHash": "0",
      "timestamp": 1540391674580,
      "transactions": [],
      "nonce": 239428,
      "hash": "0000d1452c893a79347810d1c567e767ea55e52a8a5ffc9743303f780b6c30
➥ 8f"
    },
                              ┌第二个区块
    {                  ◄──────┤
      "previousHash": "0000d1452c893a79347810d1c567e767ea55e52a8a5ffc9743303f
➥ 780b6c308f",
      "timestamp": 1540391675729,
      "transactions": [
        {
          "sender": "John",
          "recipient": "Kate",
          "amount": 50
        },
        {
          "sender": "Kate",
          "recipient": "Mike",
          "amount": 10
        }
      ],
      "nonce": 69189,
      "hash": "00006f79662bde59ff46cd57cff928977c465d931b2ba2d11e05868afcfee8
➥ 36"
    },
                              ┌第三个区块
    {                  ◄──────┤
      "previousHash": "00006f79662bde59ff46cd57cff928977c465d931b2ba2d11e0586
➥ 8afcfee836",
```

```
        "timestamp": 1540391676138,
        "transactions": [
          {
            "sender": "Alex",
            "recipient": "Rosa",
            "amount": 15
          },
          {
            "sender": "Gina",
            "recipient": "Rick",
            "amount": 60
          }
        ],
        "nonce": 33462,
        "hash": "0000483b745526f48afde33435c21517dd72ea0a25407bc35be3f921029a32
➡ 09"
      }
    ],
  "_pendingTransactions": []                ◀──┐ 挂起事务数组是空的
}
```

该应用程序的 Web 版本更具交互性，而独立版本则以批处理模式运行整个过程。尽管如此，本章的主要重点还是开发 Web 应用。现在，我们将向你展示如何在浏览器中调试 Web 应用程序的 TypeScript 代码。

9.6   在浏览器中调试 TypeScript

使用 TypeScript 编写代码很有趣，但是 Web 浏览器无法理解该语言。它们仅加载和运行该应用程序的 JavaScript 版本。此外，可执行的 JavaScript 可能会被优化和压缩，从而使其无法读取。但是也有一种将原始 TypeScript 代码加载到浏览器中的方法。

为此，需要生成源映射文件，该文件将可执行代码行映射回对应的源代码，在本例中为 TypeScript。如果浏览器加载了源映射文件，则可以调试原始的源代码。在代码清单 9.2 所示的 tsconfig.json 文件中，我们要求编译器生成源映射，该源映射是扩展名为.js.map 的文件，如图 9.2 所示。

当浏览器加载 Web 应用的 JavaScript 代码时，即使已部署的应用程序包含.js.map 文件，它也仅加载.js 文件。但是，如果你打开浏览器的开发工具，那么浏览器也会加载源映射。

提示   如果你的浏览器没有为你的应用加载源映射文件，请检查开发工具的设置。确保已经启用了 JavaScript 源映射选项。

现在，在 Chrome 浏览器中加载 Web 客户端(如 9.1 节所述)，然后从 Sources 标签中打开开发工具。这会将屏幕分为三部分，如图 9.10 所示。

图 9.10　Chrome 开发工具面板

在左侧，可以浏览并从项目中选择一个源文件。我们选择了universal_sha256.ts，其 TypeScript 代码显示在中间。在右侧，你将看到调试器面板。

通过单击行号左侧的第 12 行来设置断点，然后刷新浏览器窗口。该应用程序将在断点处停止，浏览器窗口将如图 9.11 所示。

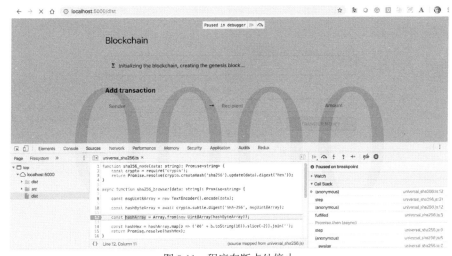

图 9.11　程序在断点处停止

可以通过将鼠标悬停在变量名上查看变量的值。如图 9.12 所示，当我们将鼠标悬停在第 8 行的名称上方时，可以看到 msgUint8Array 变量的值。

图 9.12　通过将鼠标悬停在变量名上查看变量的值

还可以通过将任何变量或表达式的值添加到右侧调试器面板的 Watch 区域中来查看它们。图 9.13 显示了程序在第 15 行暂停的情况。通过单击右侧 Watch 区域中的加号，我们添加了几个变量名和一个表达式。

图 9.13   在 Watch 区域观察变量

如果要删除监视的变量，请单击要删除的变量或表达式右侧的减号。在图 9.13 中，可以在 Watch 区域中的 hashHex 变量的右侧看到此减号。

Chrome 浏览器带有功能齐全的调试器。要了解更多信息，请观看 YouTube 视频"Debugging JavaScript-Chrome DevTools 101"，网址为 http://mng.bz/JzqK。使用源映射，即使 JavaScript 已经优化、最小化，也可以调试 TypeScript。

注意   IDE 通常附带调试器，第 10 章将使用 VS Code 的调试器来调试独立的 TypeScript 服务器。但当涉及 Web 应用时，我们更喜欢直接在浏览器中进行调试，因为我们可能需要更多地了解执行上下文(网络请求、应用程序存储、会话存储等)，以找出问题。

9.7   本章小结

- 通常，TypeScript 应用程序是一个由多个文件组成的项目。其中，一些文件包含 TypeScript 编译器和绑定器的配置选项，而另一些包含源代码。

- 可以通过将项目分成几个目录来组织项目的源代码。在我们的应用程序中，两个不同的客户端应用程序重用了 lib 目录，分别是 Web 应用(在浏览器目录中)和独立应用程序(在 node 目录中)。

- 可以使用 npm 脚本创建自定义命令，从而进行应用程序部署、启动 Web 服务器。

第 **10** 章

使用Node.js、TypeScript和 WebSocket进行客户端– 服务器通信

本章要点:

- 为什么区块链需要服务器
- 最长链规则
- 如何使用 TypeScript 创建 Node.js WebSocket 服务器
- TypeScript 接口、抽象类、访问限定符、枚举和泛型的实际使用

　　第 9 章介绍了每个区块挖掘者可以处理许多挂起事务,创建一个包含工作量证明的有效区块,并将新区块添加到区块链中。当只有一个挖掘者创建工作量证明时,此工作流程很容易遵循。实际上,世界各地可能有成千上万的挖掘者试图为具有相同事务的区块查找有效哈希值,这可能会导致冲突。

　　本章将使用 TypeScript 创建一个服务器,该服务器使用 WebSocket 协议将消息广播到区块链的节点。Web 客户端也可以向此服务器发起请求。

　　尽管我们主要还是用 TypeScript 编写代码,但本书中将首次使用多个 JavaScript 软件包:

- ws——支持 WebSocket 协议的 Node.js 库
- express——提供 HTTP 支持的小型 Node.js 框架
- nodemon——一种工具,当检测到脚本文件更改时,会重新启动基于 Node.js 的应用程序

- lit-html——用于渲染浏览器的 DOM 的 JavaScript HTML 模板

这些软件包作为依赖项包含在 package.json 文件中(参见 10.4.2 节)。在讨论本章区块链应用程序的 TypeScript 代码之前,需要覆盖以下主题:

- 被称为最长链规则的区块链概念
- 如何构建和运行模拟多个区块挖掘者的区块链应用

还需要复习这些与基础架构相关的知识:

- 项目结构、其配置文件以及 npm 脚本
- WebSocket 协议涉及的内容以及为什么在实现通知服务器方面它比 HTTP 更好。作为说明,将创建一个简单的 WebSocket 服务器,该服务器可以将消息推送到 Web 客户端

让我们从最长链规则开始进行讲解。

10.1 使用最长链规则解决冲突

在第 9 章中,使用一种简化的方法来开始区块挖掘:用户单击 CONFIRM TRANSACTION 按钮来创建一个新的区块。本章将考虑一个更现实的例子,该区块链已经有 100 个区块和一组挂起事务。多个挖掘者可以抓取挂起事务(例如每个挖掘者 10 个)并开始挖掘区块。

> **注意** 在阅读本章中有关区块挖掘的知识时,请记住,我们所说的是分散式网络。区块链节点并行工作,如果多个节点声称已开采下一个区块,可能会导致冲突情况。因此,需要一种共识机制来解决冲突。

让我们选择三个任意的挖掘者 M1、M2 和 M3,假设他们找到了正确的哈希值(工作量证明),并广播了其新区块的版本,编号 101,作为添加到区块链的候选对象。他们的每个候选区块可能包含不同的事务,但是每个候选区块都希望成为区块编号 101。

挖掘者位于不同的区域,并且我们在这些挖掘者的节点中创建了分支,如图 10.1 所示。暂时存在三个分支,它们与前 100 个区块相同,但每个分支的区块 101 不同。至此,这三个区块中的每个区块均已验证(具有正确的哈希值),但尚未确认。

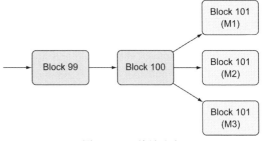

图 10.1 区块链分支

如何确定应该将这三个中的哪一个添加到区块链中?将使用最长链规则。节点链可能有多个区块,可以添加到网络中,但区块链就像一个活着的、不断增长的生物,一直在不断增加节点。到所有挖掘者都完成挖掘时,某些挖掘者将使用其中一个链添加更多区块,这将成为最长链。

为简单起见,将仅考虑三个挖掘者,尽管可能同时有数十万个挖掘者。挖掘者正在根据区

块 101 的版本之一来挖掘区块 102、103，以此类推。假设另一个挖掘者 M4 已经请求了最长链，并从 M2 的分支中选取了区块 101，且 M4 已经为下一个候选块 102 计算了哈希值。假设 M2 具有比 M1 和 M3 更强大的 CPU，因此在某些时候 M2 的分支最长(它有额外的块 101)。这就是挖掘者 M4 将其链接到区块 101 的原因，如图 10.2 所示。

现在，即使有三个包含块 101 的分支，最长链也是以块 102 结尾的链，所有其他节点都将采用它。挖掘者 M1 和 M3 创建的分支将被丢弃，其事务将被放回挂起事务池中，以便其他挖掘者可以在创建其他区块时将其提取。

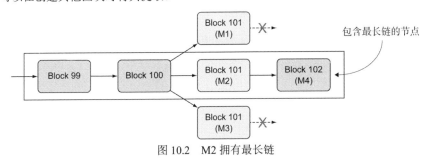

图 10.2　M2 拥有最长链

M2 将获得挖掘区块 101 的奖励：挖掘者 M1 和 M3 只是浪费了电力来计算其版本的 101 区块的哈希值。当 M4 选择的具有未经确认但拥有有效的哈希值 M2 区块时，同样有做无用工作的风险。

注意　区块链实施一种机制，以确保如果一个事务被任何节点放在有效区块中，则当区块被丢弃时，该事务不会被放回挂起事务池中。

为简单起见，在本示例中仅仅使用了少量的块，但是公共区块链中可能存在成千上万个节点。在我们的场景中，某一时刻挖掘者 M2 的分支有最长链，比其他分支长一个区块。而在现实世界的区块链中，可能存在多个不同长度的分支。由于区块链是分布式网络，因此区块会被添加到多个节点上，并且每个节点可能具有不同长度的链。最长链被认为是正确的链。

提示　在本章的后面，将介绍请求最长链并获得响应的过程。图 10.5～图 10.8 显示了两个节点之间的通信，同时请求了最长链并宣布了新挖掘的区块。

现在，来看看最长链规则是如何在防止双重花费问题和其他欺诈行为中提供帮助的。假设一个挖掘者有一个朋友 John，他的账户中有 1000 美元。区块 99 中的事务之一是："John 付给 Mary 1000 美元。"如果挖掘者决定通过将区块链分支并添加另一笔事务"John 支付 Alex 1000 美元"来进行欺诈(在区块 100 中)，该怎么办？从技术上讲，这名犯罪挖掘者试图欺骗区块链，使 John 花两次 1000 美元，一次给 Mary，一次给 Alex。图 10.3 显示了犯罪挖掘者试图说服其他人该区块链的正确视图是包含 John 与 Alex 事务的分支。

请记住，该区块的哈希值很容易检查，但计算起来很耗时，因此我们的犯罪挖掘者必须计算 100、101 和 102 区块的哈希值。与此同时，其他挖掘者继续挖掘新的区块(103、104、105、以此类推),将它们添加到图 10.3 顶部所示的链中。犯罪分子挖掘者无法比其他所有节点更快地重新计算所有哈希并创建更长的链。工作量最多的链(最长链)获胜。换言之,修改现有块内容的机会接近于零,这使得区块链能够保持不变。

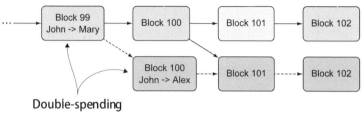

图 10.3 一个双重花费的尝试

> **什么是共识?**
>
> 任何分散式系统都需要具有允许所有节点同意发生有效事件的规则。如果两个节点同时计算一个新块的哈希值,怎么办?哪个块将被添加到链中,哪个节点将得到奖励?区块链的所有节点都必须就获胜者是谁达成普遍协议。
>
> 所有成员都需要获得共识,因为没有系统管理员可以修改或删除块。区块链使用不同的规则(共识协议),并且在应用中,我们将结合最长链规则与工作量证明,以就区块链的真实状态达成共识。共识协议的目的是确保只有单个链被使用。

到目前为止,还没有讨论区块链节点之间如何通信。将在下一部分介绍。

10.2 为区块链添加服务器

你可能会记得,我们曾赞赏区块链技术可以在没有服务器的情况下实现完全的去中心化。我们在此处添加的服务器并不是创建、验证以及存储块的中心机构。区块链仍可以保持去中心化,并且仍可以使用服务器来提供实用服务,例如缓存哈希值、广播新事务、请求最长链或宣布新创建的区块。在本章的后面(10.6.1 节),我们将回顾这种服务器的代码。在本节中,我们将讨论通过此服务器进行通信的客户端之间的通信过程。

> 提示 Anton Moiseev 已使用名为 WebRTC 的对等技术实现了我们的区块链应用程序(请参阅 https://github.com/antonmoiseev/blockchain-p2p),可以自己进行实验。

假设 M1 节点已挖掘出一个区块并从服务器请求了最长链,服务器将该请求广播到区块链上的所有其他节点。每个节点都使用其链(只是区块头)进行响应,服务器将这些响应转发到 M1。

M1 节点接收最长链,并检查每个块的哈希值来对其进行验证。然后,M1 将其新挖掘的块添加到该最长链中,并将此链保存在本地。在一段时间内,M1 的节点将享有"真相之源"的状态,因为它具有最长链,直到其他人挖掘一个或多个新块。

假设 M1 想创建一个新事务:"Joe 向 Mary 寄来了 1000 美元。"为每笔事务创建一个新块会非常慢(需要计算很多哈希值)，而且耗资巨大(电费)。通常情况下，一个区块包含多个事务，M1 可以简单地将其新事务广播给其余的区块链成员。挖掘者 M2 和 M3 以及其他任何人都对其事务进行相同的处理。所有广播事务都进入挂起事务池，并且任何节点都可以从那里选择一组事务(例如，其中的 10 个)并开始挖掘。

> 提示　对于我们的区块链版本，将使用 Node.js 创建一个服务器，该服务器通过 WebSocket 连接实现广播。作为替代方案，可以通过使用 WebRTC(https://en.wikipedia.org/wiki/WebRTC)等点对点技术来实现广播，从而完全摆脱服务器。

10.3　项目结构

本章中的区块链应用程序由服务器和客户端两部分组成，两者均使用 TypeScript 实现。我们将向你展示项目结构，并首先说明如何运行此应用。然后，将讨论代码的选定部分，以阐述特定 TypeScript 语法结构的实际使用情况。

在你的 IDE 中，打开第 10 章目录中的项目，然后在终端窗口中运行 npm install。该项目的结构如图 10.4 所示。

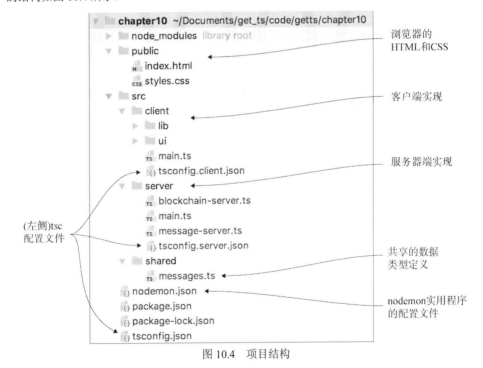

图 10.4　项目结构

公共目录是在构建过程中创建的，public/index.html 文件将加载 client/main.ts 文件的编译版本及其所有导入的脚本。将以此 Web 客户端来说明区块链节点。

server/main.ts 文件包含导入其他脚本以及启动 WebSocket 和区块链通知服务器的代码。

注意   将在 10.4.4 节中说明如何构建和运行客户端以及服务器。

你是否注意到 TypeScript 编译器有三个配置文件？根目录中的 tsconfig.json 文件包含客户端和服务器通用的编译器选项。tsconfig.client.json 和 tsconfig.server.json 文件扩展了 tsconfig.json 并分别添加了特定于客户端和服务器的编译器选项。我们将在下一部分中回顾它们的内容。

在 Node.js 运行环境下运行，服务器处于运行状态，其编译后的代码将存储在 build/server 目录中。可使用以下命令启动服务器：

```
node build/server/main.js
```

但是，node 可执行文件不支持实时重载(如果你更改并重新编译服务器的 TypeScript 代码，它将不会重新启动)。这就是使用 nodemon 实用程序(https://nodemon.io)的原因，该实用程序监视 Node.js 应用程序的代码库，并在文件更改时重新启动 Node.js 服务器。如果安装了 nodemon 实用程序，则可以使用它代替 node。例如，可以通过下列语句启动 Node.js 运行，并使用全局安装的 nodemon 来运行代码：

```
nodemon build/server/main.js
```

如果你没有 nodemon，那么通过以下方式运行：

```
npx nodemon build/server/main.js
```

在我们的项目中，将使用 nodemon 启动服务器，该服务器将在下面讨论的 nodemon.json 文件中进行配置。package.json 文件包括 npm 脚本部分，我们也将在下一部分中进行回顾。

10.4 项目的配置文件

本章附带的项目包括几个 JSON 配置文件，我们将在本节中对其进行回顾。

10.4.1 配置 TypeScript 编译环境

tsconfig.json 文件可以使用 extends 配置属性来继承另一个文件的配置。在我们的项目中，有三个配置文件：

- tsconfig.json 包含整个项目的通用 tsc 编译器选项。
- tsconfig.client.json 包含用于编译项目的客户端部分的选项。
- tsconfig.server.json 包含用于编译项目的服务器部分的选项。

代码清单 10.1 显示了基本 tsconfig.json 文件的目录。

代码清单 10.1　tsconfig.json——通用的 tsc 选项

不会在每次修改 TypeScript 文件时自动编译

```
{
  "compileOnSave": false,
  "compilerOptions": {
    "target": "es2017",
    "sourceMap": true,
    "plugins": [
      {
        "name": "typescript-lit-html-plugin".
      }
    ]
  }
}
```

使用 ECMAScript 2017 支持的语法编译为 JavaScript

生成源映射文件

此插件可为带有 html 标签的模板字符串启用 HTML 自动补全功能

将 es2017 指定为编译目标，因为我们确定此应用程序的用户使用的现代浏览器将支持 ECMAScript 2017 规范中的所有功能。

代码清单 10.2 显示了 tsconfig.client.json 文件，其中包含我们要用于编译客户端代码部分的 tsc 选项。该文件位于 src/client 目录中。

代码清单 10.2　tsconfig.client.json——客户端的 tsc 选项

从该文件继承配置选项

```
{
  "extends": "../../tsconfig.json",
  "compilerOptions": {
    "module": "es2015",
    "outDir": "../../public",
    "inlineSources": true
  }
}
```

在生成的 JavaScript 中使用 import/export 语句

将编译后的代码放在公共目录中

在单个文件中触发原始的 TypeScript 代码和源映射

使用源映射可在浏览器执行 JavaScript 的同时调试 TypeScript。它们通过指示浏览器的开发工具来工作，将编译代码(JavaScript)的哪几行与源代码(TypeScript)的哪几行相对应。但是，源代码必须可供浏览器使用，可以将 TypeScript 和 JavaScript 一起部署到 Web 服务器，也可以像此处一样使用 inlineSources 选项，它将原始 TypeScript 嵌入源映射文件中。

提示　如果不想向用户透露应用程序的来源，请不要在开发环境中部署源映射。

代码清单 10.3 显示了 tsconfig.server.json 文件，其中包含用于编译服务器代码的 tsc 选项。该文件位于 src/server 目录中。

代码清单 10.3　tsconfig.server.json——服务器的 tsc 选项

从该文件继承配置选项

```
{
  "extends": "../../tsconfig.json",
  "compilerOptions": {
    "module": "commonjs",          ◄──  将 import/export 语句转换
    "outDir": "../../build"             为 commonjs 兼容代码
  },                               ◄──
  "include": [                          将编译的代码放
    "**/*.ts"                           在生成目录中
  ]                            ◄──
}                                  编译全体子目录
                                   中的所有.ts 文件
```

> 提示　在理想情况下，你永远不会在基本配置文件和继承的配置文件中看到相同的编译器选项。但是有时 IDE 不能正确处理 tsc 配置继承，你可能需要在多个文件中重复一个选项。

既然我们有多个 tsc 配置文件，如何让 TypeScript 编译器知道要使用哪个文件？使用-p 选项。下列命令使用 tsconfig.client.json 中的选项来编译 Web 客户端代码：

```
tsc -p src/client/tsconfig.client.json
```

下一个命令使用 tsconfig.server.json 中的选项来编译 Web 服务器端代码：

```
tsc -p src/server/tsconfig.server.json
```

> 注意　如果引入用 tsconfig.json 以外的其他名称命名的 tsc 配置文件，则需要使用-p 选项并指定要使用的文件的路径。例如，如果在 src/server 目录中运行了 tsc 命令，则该命令将不会使用 tsconfig.server.json 文件中的选项，可能会导致意外的编译结果。

现在，让我们看一下该项目的依赖关系和 npm 脚本。

10.4.2　package.json 包含什么

代码清单 10.4 显示了 package.json 的内容。脚本部分包含自定义 npm 命令，而依赖项部分仅列出了运行应用程序所需的三个程序包(客户端和服务器)：

- ws——支持 WebSocket 协议的 Node.js 库
- express——提供 HTTP 支持的小型 Node.js 框架
- lit-html——用于渲染浏览器的 DOM 的 JavaScript HTML 模板

该应用程序的 Web 部分使用 lit-html(https://github.com/Polymer/lit-html)。它是 JavaScript 的模板库，并且 typescript-lit-html-plugin 将在你的 IDE 中启用自动完成功能(IntelliSense)。

devDependencies 部分包含仅在开发期间需要的软件包。

代码清单 10.4　package.json: Web 应用程序的依赖项

```
{
  "name": "blockchain",
  "version": "1.0.0",
  "description": "Chapter 10 sample app",
  "license": "MIT",
  "scripts": {
    "build:client": "tsc -p src/client/tsconfig.client.json",
    "build:server": "tsc -p src/server/tsconfig.server.json",
    "build": "concurrently npm:build:*",
    "start:client": "tsc -p src/client/tsconfig.client.json --watch",
    "start:server": "nodemon --inspect src/server/main.ts",
    "start": "concurrently npm:start:*",
    "now-start": "NODE_ENV=production node build/server/main.js"
  },
  "dependencies": {
    "express": "^4.16.3",
    "lit-html": "^0.12.0",
    "ws": "^6.0.0"
  },
  "devDependencies": {
    "@types/express": "^4.16.0",
    "@types/ws": "^6.0.1",
    "concurrently": "^4.0.1",
    "nodemon": "^1.18.4",
    "ts-node": "^7.0.1",
    "typescript": "^3.1.1",
    "typescript-lit-html-plugin": "^0.6.0"
  }
}
```

我们的自定义
npm 脚本命令

在监视模式下为
客户端运行 tsc

Node.js 的 Web 框架

客户端的模板库

在 Node.js 应用程序中支
持 WebSocket 的软件包

type 定义
的文件

该包可同时运行多个命令

在 Node.js 运行时实时
重新加载的实用程序

将 tsc 和 node 作为
单个进程运行

为 lit-html 标签启用
IntelliSense 的插件

ts-node 启动一个 Node 进程。在启动 Node 之后，它将使用 Node 的 require.extensions 机制注册自定义扩展/加载程序对。当 Node 的 require()调用扩展名为.ts 的文件时，Node 会调用自定义加载程序，该加载程序使用 tsc 的编程 API 即时将 TypeScript 编译为 JavaScript，而不需要启动单独的 tsc 进程。

请注意，start:client 命令在监视模式下运行 tsc(使用--watch 选项)。这样可确保你在客户端上修改并保存任何 TypeScript 代码后，即可重新进行编译。但是如何重新编译服务器代码呢？

10.4.3　配置 nodemon

我们也可以在服务器上以监视模式启动 tsc 编译器，并且在修改 TypeScript 代码时重新生成 JavaScript。但是在服务器上仅拥有新的 JavaScript 代码是不够的——需要在每次代码更改时重新启动 Node.js 运行环境。因此，安装了 nodemon 实用程序，它将启动 Node.js 进程并监视指定目录中的 JavaScript 文件。

package.json 文件(代码清单 10.4)包括以下命令：

```
"start:server": "nodemon --inspect src/server/main.ts"
```

提示   --inspect 选项可让你调试在 Chrome 开发工具中的 Node.js 中运行的代码(有关详细信息,
请参见 Node 的 "调试指南": http://mng.bz/wlX2)。nodemon 只是将 --inspect 选项传递
给 Node.js,因此它将在调试模式下启动。

通常是 start:server 命令请求 nodemon 启动 main.ts 这个 TypeScript 文件,但由于我们的项
目具有 nodemon.json 文件,因此 nodemon 将使用那里的选项。nodemon.json 文件包含 nodemon
的以下配置选项(见代码清单 10.5)。

代码清单 10.5   nodemon.json: nodemon 实用程序的配置文件

```
{
  "exec": "node -r ts-node/register/transpile-only",    ◄── 如何启动 node
  "watch": [ "src/server/**/*.ts" ] ◄──
}                                          监视位于所有服务器的子
                                           目录中的所有.ts 文件
```

exec 命令允许我们指定启动 Node.js 的选项。特别来讲,-r 选项是 --require 模块的快捷方
式,可用于在启动时预加载模块。在我们的案例中,它要求 ts-node 包预加载 TypeScript 的更
加快速的移植模块,该模块仅将代码从 TypeScript 转换为 JavaScript,而不必执行类型检查。对
于 Node.js 加载的每一个扩展名为.ts 的文件,该模块将自动为其运行 TypeScript 编译器。

通过预加载 transpile-only 模块,我们不需要为服务器启动单独的 tsc 进程。任何 TypeScript
文件都将作为单个 Node.js 进程的一部分进行加载和自动编译。

注意   能以不同方式使用 ts-node 程序包。例如,可以使用它通过 TypeScript 编译来启动
Node.js: ts-node myScript.ts。有关更多详细信息,请参见 npm 上的 ts-node 页面:
www.npmjs.com/package/ts-node。

你已经看到了有关区块链应用程序配置的高层概述。接下来将看到它的实际效果。

10.4.4   运行区块链 App

本节将展示如何运行服务器和两个客户端,以模拟区块链节点。首先,将使用 npm 脚本,
因此让我们仔细看看 package.json 文件的 scripts 部分(见代码清单 10.6)。

代码清单 10.6   package.json 的脚本部分

编译客户端代码   编译服务器代码   同时运行以
```
  "scripts": {                                                        npm:build
    "build:client": "tsc -p src/client/tsconfig.client.json",        开头的所有
    "build:server": "tsc -p src/server/tsconfig.server.json", ◄──    命令
    "build": "concurrently npm:build:*",           ◄──
    "start:tsc:client": "tsc -p src/client/tsconfig.client.json --watch", ◄──
```
                                              在监视模式下启动 tsc 以获取
                                              客户端代码中的所有.ts 文件

```
        "start:server": "nodemon --inspect src/server/main.ts",    ◄──────
      ┌──► "start": "concurrently npm:start:*",
      │   }                                                    用 nodemon 启动服务器
──────┘
同时运行以 npm:start 开头的
所有命令
```

前两个 build 命令分别为客户端和服务器启动 tsc 编译器。这些过程将 TypeScript 编译为 JavaScript。客户端和服务器代码的编译可以并行进行，因此第三个命令使用名为 concurrently 的 npm 软件包，它允许你同时运行多个命令(www.npmjs.com/ package/concurrently)。

如上一节所述，start:tsc:client 命令在监视模式下编译客户端的代码，而 start:server 使用 nodemon 启动服务器。第三个 start 命令同时运行 start:tsc:client 和 start:server。

通常，可以通过在命令之间添加一个&符号来启动多个 npm 命令。例如，可以定义两个自定义命令，first 和 second，然后通过 npm start 同时运行它们。在 npm 脚本中，&符号表示"同时运行这些命令"(见代码清单 10.7)。

代码清单 10.7　使用&符号并发执行

```
睡眠 2 秒并打印 First                                          睡眠 1 秒并打印
    "scripts": {                                              Second
  ┌──► "first": "sleep 2; echo First",                                  同时运行第一个
  │    "second": "sleep 1; echo Second",   ◄────                        和第二个命令
──┘    "start": "npm run first & npm run second"   ◄────────
    },
```

如果运行 npm start，它将先显示 Second，然后显示 First，这表明命令可以同时运行。用&& 替换&将先打印 First，然后打印 Second，指示顺序执行。

使用并发包而不是&符号，可以清楚地分离每个并发进程打印的消息。

在 Windows 的 npm 脚本中使用&符号

在 Windows 上，单个&符号不能并行运行 npm 命令。要同时开始运行它们，可以使用 npm-run-all 软件包(www.npmjs.com/package/npm-run-all)。

在 Windows 上，代码清单 10.7 的代码如下所示:

```
                                                            在 UNIX 系统上，
                                                            用 timeout 代替
"scripts": {                                                sleep
  "first": "timeout /T 2 > nul && echo First",
  "second": "timeout /T 1 > nul && echo Second",   ◄────
  "start": "run-p first second"   ◄────
}                                       run-p 是与 npm-run-all
                                        软件包一起安装的命令
```

使用 timeout 代替 sleep，并使用/T 参数指定进程不活动的时间(以秒为单位)。在运行时，timeout 命令将向控制台显示还剩多少秒等待时间。为避免这些消息干扰 First 和 Second 输出，将 timeout 的输出重定向到 nul，来丢弃消息。

run-p 是 npm-run-all 软件包随附的命令。它并行运行具有指定名称的 npm 脚本。

要启动区块链应用，请在终端窗口中运行 npm start 命令。代码清单 10.8 显示了终端输出。这里正在同时运行两个命令：start:tsc:client 和 start:server。终端输出中的每一行都以产生此消息的进程名(在方括号中)开头。

代码清单 10.8 启动区块链应用程序

start:tsc:client 进程的输出

```
> blockchain@1.0.0 start /Users/yfain11/Documents/get_ts/code/getts/chapter10
10:47:18 PM - Starting compilation in watch mode...
[start:tsc:client]
[start:server] [nodemon] 1.18.9                          start:server 进程的输出
[start:server] [nodemon] to restart at any time, enter `rs`
[start:server] [nodemon] watching: src/server/**/*.ts
[start:server] [nodemon] starting `node -r ts-node/register/ transpile-only
  --inspect src/server/main.ts`
[start:server] Debugger listening on                Node.js 调试器在本地端口 9229 上运行
  ws://127.0.0.1:9229/2254fc00-3640-4390-8302-1e17285d0d23
[start:server] For help, see: https://nodejs.org/en/docs/inspector
[start:server] Listening on http://localhost:3000
[start:tsc:client] 10:47:21 PM - Found 0 errors. Watching for file changes.
```

start:tsc:client 进程的输出

服务器已启动并在端口 3000 上运行

注意 Node.js 调试器的 URL 为 ws://127.0.0.1。它以 ws 开头，表示开发工具使用 WebSocket 协议连接到调试器，我们将在下一部分中介绍。当 Node.js 调试器运行时，你会在 Chrome 开发工具的工具栏上看到一个绿色的六角形。有关 Node.js 调试器的更多信息，请阅读 Paul Irish 的文章"用 Chrome 开发工具调试 Node.js"，网址是 http://mng.bz/qX6J。

服务器已启动并正在运行，输入 localhost:3000 将启动区块链的第一个客户端。几秒钟后，将生成创世区块，你将看到一个如图 10.5 所示的网页。

在解释客户端如何通过 WebSocket 服务器相互通信之后，我们将在 10.6 节向你展示底层发生了什么。此时，在创建任何块之前，客户端都将向服务器发出一个请求，以查找最长链。

通过在 localhost:3000 打开一个单独的浏览器窗口来启动第二个客户端，如图 10.6 所示。

现在，讨论只有第一个客户端添加挂起事务，开始区块挖掘并邀请其他节点也进行挖掘时的用例。此时，区块链具有创世区块，并且服务器将其广播给所有连接的客户端(图 10.6 右侧的客户端)。请

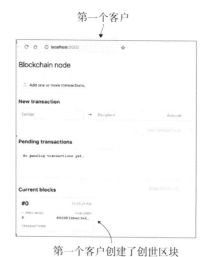

第一个客户

第一个客户创建了创世区块

图 10.5 第一个区块链客户端的视图

注意，两个客户端看到的都是与第一个客户端挖掘的块相同的块。然后第一个客户输入两个事务，如图 10.7 所示。目前还没有生成新块的请求。

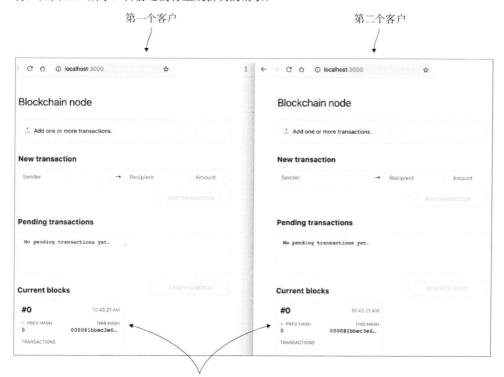

图 10.6　前两个区块链客户端的视图

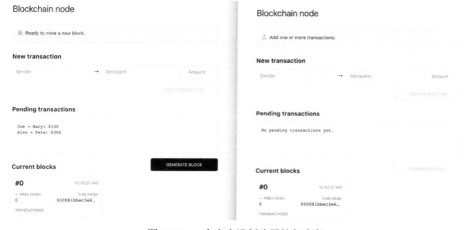

图 10.7　一个客户端创建了挂起事务

注意　当客户端添加挂起事务时，不会与其他客户端通信，并且不会使用消息传递服务器。

现在，第一个客户端通过单击 GENERATE BLOCK 按钮开始挖掘。在后台，第一个客户端向服务器发送一条包含该块内容的消息，宣布第一个客户端开始挖掘此块。服务器将该消息广播给所有连接的客户端，并且它们也开始挖掘相同的块。

其中一个客户端会更快，其新块添加到区块链中并广播给其他已连接的客户端，以便他们可以将此块添加到其区块链版本中。在区块链接受区块后，所有客户端将包含相同的区块，如图 10.8 所示。

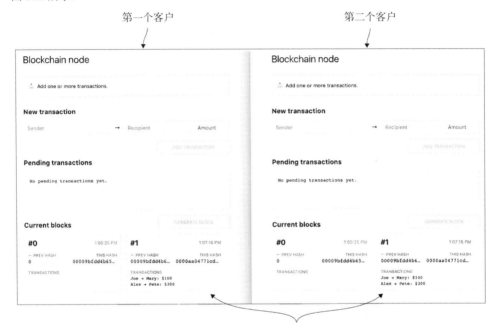

图 10.8　每个客户端添加相同的块

10.6 节将讨论在挖掘区块时通过套接字传递的消息，因此在多节点网络中进行挖掘的过程看起来并不神奇。现在，图 10.9 显示了一个序列图，该序列图将会帮助你跟踪消息交换，并假设只有两个节点：M1 和 M2。

在此示例中，用户使用 M2 节点。创建挂起事务时，不会将任何消息发送到其他节点。当用户启动生成块操作时，消息传递开始。M2 节点发送"请求新块"消息，并在 M2 节点开始挖掘。服务器将该消息广播到其他节点(在这种情况下为 M1)，该节点也开始挖掘，与 M2 竞争。

在此图中，M2 节点更快，它是第一个宣布新块的节点，服务器会在整个区块链上广播此消息。M1 节点在其本地区块链中添加了 M2 的区块。稍后，M1 也完成了挖掘，但是添加 M1 的区块失败了，因为它已经接受并添加了 M2 的区块，并且现有链更长。换言之，M1 和 M2 之间的共识是 M2 的区块被批准为获胜区块。最后，新块将呈现在用户界面上。

与添加新节点失败尝试对应的代码将在本章的后面部分显示(在标题为"当新块被拒绝时"的部分)。

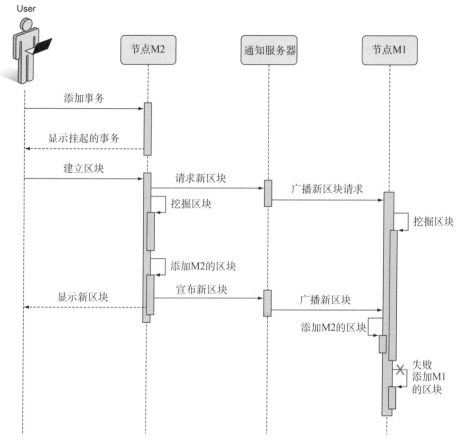

图 10.9　两节点区块链的挖掘过程

　　现在，你已经了解了该应用程序的工作原理，让我们熟悉一下通过 WebSocket 进行的客户端-服务器通信。如果你对 WebSocket 较为熟悉，可以跳到 10.6 节。

10.5　WebSocket 简介

　　本章中的区块链应用程序将使用 WebSocket 协议推送通知(https://en.wikipedia.org/wiki/WebSocket)，因此，我们将简要概述所有现代 Web 浏览器以及所有使用 Node.js、.Net、Java、Python 等编写的 Web 服务器所支持的低开销二进制协议。

　　WebSocket 协议允许浏览器和 Web 服务器之间的文本和二进制数据的双向消息流定向。与 HTTP 相比，WebSocket 不是基于请求-响应的协议，一旦数据可用，服务器和客户端应用程序都可以立即将数据推送到另一方。这使 WebSocket 协议非常适合各种应用程序：

- 实时事务、拍卖和体育通知
- 通过网络控制医疗设备

- 聊天应用
- 多人在线游戏
- 社交流中的实时更新
- 区块链

所有这些应用程序都有一个共同点：由于某些重要事件发生在其他地方，因此可能需要一台服务器(或设备)向用户发送即时通知。这与用户决定向服务器发送新数据请求的用例不同。

例如，可以使用 WebSocket 在证券事务所进行股票事务时立即向所有用户发送通知。或者服务器可以将通知从一个区块链节点广播到另一个节点。请务必了解，WebSocket 服务器可以将通知推送给客户端，而不需要从客户端接收数据请求。

在区块链示例中，挖掘者 M1 可能处于开始或完成对一个区块的挖掘的状态，而所有其他节点都必须明确这一点。M1 将消息发送到 WebSocket 服务器，宣布新块，服务器就可以立即将该消息推送到所有其他节点。

10.5.1   HTTP 和 WebSocket 协议的对比

使用基于请求的 HTTP 协议，客户端可以通过连接发送请求，并等待响应返回。请求和响应都使用相同的浏览器服务器连接。首先，请求发出，然后通过同一条"线路"返回响应。设想一条横跨河的狭窄桥梁，两边的汽车都必须轮流穿过桥梁。服务器端的汽车只能在客户端的汽车经过后才能通过桥梁。在网络领域，这种通信称为半双工。

相反，WebSocket 协议允许数据通过同一连接同时在两个方向上(全双工)传输，并且任何一方都可以启动数据交换。就像一条双车道。另一个比喻是电话交谈，其中两个呼叫者可以同时讲话和接听。WebSocket 连接可以持续保持激活状态，这还带来一个额外的好处：服务器与客户端之间的交互延迟较低。

典型的 HTTP 请求/响应会向应用程序数据添加数百个字节(HTTP 头)。假设你要编写一个 Web 应用，来实现每秒报告一次最新的股价。使用 HTTP，应用将需要发送 HTTP 请求(大约 300 字节)并接收股票价格，该价格将与 HTTP 响应对象的另外 300 字节一起到达。

而使用 WebSocket，开销低至几字节。此外，没有必要不断发送新的报价请求。某只股票可能暂时不能交易。只有当股票价格发生变化时，服务器才会将新值推送给客户。

每个浏览器都支持一个 WebSocket 对象，用于创建和管理与服务器的套接字连接(请参阅 Mozilla 的 WebSocket 文档：http://mng.bz/1j4g)。最初，浏览器与服务器创建一个常规的 HTTP 连接，但随后你的应用程序会请求一次连接升级，并指定支持 WebSocket 连接的服务器 URL。此后，无需 HTTP 即可继续进行通信。WebSocket 端点的 URL 以 ws 而不是 http 开头，例如 ws://localhost:8085。同样，对于安全通信，可以使用 wss 而不是 https。

WebSocket 协议是基于事件和回调的。例如，当你的浏览器应用程序与服务器创建连接时，它会收到一个 connection 事件，并且你的应用程序将调用一个回调来处理此事件。为了处理服务器可能通过此连接发送的数据，客户端代码需要一个 message 事件，来提供相应的回调。如果连接已关闭，则会调度 close 事件，从而使应用程序可以做出相应的反应。如果发生错误，则 WebSocket 对象将获得一个 error 事件。

在服务器端，你将不得不处理类似的事件。它们的名称可能不同，具体取决于在服务器上使用的 WebSocket 软件。在本章附带的区块链应用程序中，我们在 Node.js 运行时通过 WebSocket 服务器来实现通知。

10.5.2　将数据从节点服务器推送到普通客户端

为熟悉 WebSocket，考虑一个简单的用例：客户端连接到套接字后，服务器会将数据推送到小型浏览器客户端。客户不需要发送数据请求——服务器将会启动通信。

为启用 WebSocket 支持，将使用在代码清单 10.4 的 package.json 中看到的名为 ws 的 npm 包(www.npmjs.com/package/ws)。我们有必要定义@types/ws 类型，这样在使用 ws 包的 API 时，TypeScript 编译器就不会产生错误。

本节给出了一个简单的 WebSocket 服务器：客户端连接到套接字后，它将"此消息由 WebSocket 服务器推送"消息推送到普通 HTML/JavaScript 客户端。我们不希望客户端将任何请求发送到服务器，以便可以看到服务器无需任何请求就可以推送数据。

这个示例应用程序创建了两个服务器。HTTP 服务器(由 Express 框架实现)在端口 8000 上运行，并负责将初始 HTML 页面发送到浏览器。加载此页面后，它将立即连接到在端口 8085 上运行的 WebSocket 服务器。在创建连接后，此服务器将推送带有问候语的消息。

该应用的代码位于 server/simple-websocket-server.ts 文件中，如代码清单 10.9 所示。

代码清单 10.9　simple-websocket-server.ts：一个简单的 WebSocket 服务器

```
import * as express from "express";          将使用 ws 模块中的 Server
import * as path from "path";                实例化一个 WebSocket 服务器
import { Server } from "ws";

const app = express();        实例化 Express 框架        当 HTTP 客户端连接到根
                                                      路径时，HTTP 服务器将
// HTTP Server                                        返回此 HTML 文件
app.get('/', (req, res) => res.sendFile(
    path.join(__dirname, '../../public/simple-websocket-client.html')));

const httpServer = app.listen(8000, 'localhost', () => {
    console.log('HTTP server is listening on localhost:8000');
});
                              在端口 8085 上启动          在端口 8000 上启
// WebSocket Server            WebSocket 服务器           动 HTTP 服务器
const wsServer = new Server({port: 8085});
console.log('WebSocket server is listening on localhost:8085');

wsServer.on('connection',
        wsClient => {
监听来自客户端的连接事件
```

将消息推送到新
连接的客户端

```
wsClient.send('This message was pushed by the WebSocket server');
```

```
wsClient.onerror = (error) =>
    console.log(`The server received: ${error['code']}`);
}
);
```

处理连接错误

注意　可在同一端口上启动两个服务器实例，稍后将在代码清单 10.12 中展示。现在，为简化
说明，将 HTTP 和 WebSocket 服务器保留在不同的端口上。

使用 Node.js 解析路径

以下代码行以 app.get()开头，并将 HTTP 请求的 URL 映射到代码中的特定端点或磁盘上
的文件(在本例中为 GET，但可以是 POST 或其他请求)。让我们考虑以下代码片段:

服务器收到带有基本
URL 的 HTTP GET

通过 HTTP 响应对象将
文件发送回客户端

```
app.get('/',
        (req, res) => res.sendFile(
                path.join(__dirname, '../../public/simple-websocket-
➥ client.html')));
```

构建 HTML 文件的绝对路径

path.join()方法使用 Node.js __dirname 环境变量作为起点，来构建完整的绝对路径。__dirname
表示主模块的目录名称。

假设使用以下命令启动服务器:

```
node build/server/simple-websocket-server.js
```

在这种情况下，__dirname 的值将是 build/server 目录的路径。相应的，以下代码将从
build/server 目录向上两级，再向下一级进入 public，来到 simple-websocket-client.html 文件所在
的位置。

```
path.join(__dirname,'../../public/simple-websocket-client.html')
```

为使该行 100%跨平台，更安全的做法是不使用正斜杠作为分隔符来编写它:

```
path.join(__dirname, '..', '..', 'public', 'simple-websocket-
➥ client.html')
```

一旦有客户端通过端口 8085 连接到我们的 WebSocket 服务器，就会在服务器上发送连接
事件，并且服务器还将收到对代表该特定客户端的对象的引用。服务器使用 send()方法将问候
语发送到此客户端。如果其他客户端连接到端口 8085 上的同一套接字，则它也会收到相同的
问候。

注意　一旦有新客户端连接到服务器，对该连接的引用就会添加到 wsServer.clients 数组中，以便可以根据需要向所有连接的客户端广播消息：wsServer.clients. forEach (client ? client.send('…'));。

代码清单 10.10 显示了 public/simple-websocket-client.html 文件的内容。这是使用浏览器的 WebSocket 对象的普通 HTML/JavaScript 客户端。

代码清单 10.10　simple-websocket-client.html：一个简单的 WebSocket 客户端

```html
<!DOCTYPE html>
<html>
  <head>
    <meta charset="UTF-8">
  </head>
  <body>
    <span id="messageGoesHere"></span>

    <script type="text/javascript">
      const ws = new WebSocket("ws://localhost:8085");

      const mySpan = document.getElementById("messageGoesHere");

      ws.onmessage = function(event){
        mySpan.textContent = event.data;
      };

      ws.onerror = function(event) {
        console.log(`Error ${event}`);
      }
    </script>
  </body>
</html>
```

创建套接字连接

获取对显示消息的 DOM 元素的引用

处理消息的回调

在<span>元素中显示消息

如果发生错误，浏览器会在控制台上记录错误消息

当浏览器加载 simple-websocket-client.html 时，其脚本将通过 ws://localhost：8085 连接到 WebSocket 服务器。此时，服务器将协议从 HTTP 升级到 WebSocket。请注意，该协议是 ws 而不是 http。

要查看实际的示例，请运行 npm install 并通过运行 package.json 中定义的自定义命令来编译代码：

```
npm run build:server
```

服务器目录中所有 TypeScript 文件的编译版本将存储在 build/server 目录中。通过以下命令运行这个简单的 WebSocket 服务器：

```
node build/server/simple-websocket-server.js
```

可在控制台看到以下消息：

```
WebSocket server is listening on localhost:8085
HTTP server is listening on localhost:8000
```

在 http://localhost:8000 可打开 Chrome 浏览器及其开发工具。你会看到如图 10.10 左上方所示的一条消息。在右侧的"网络"标签，你将看到对本地主机上运行的服务器的两个请求。第一个请求通过 HTTP 加载 simple-websocket-client.html 文件，第二个请求进入在服务器上的端口 8085 上打开的套接字中。

在这个示例中，HTTP 协议仅用于初始时加载 HTML 文件。然后，客户端请求将协议升级到 WebSocket(状态代码 101)，此后此网页将不再使用 HTTP。

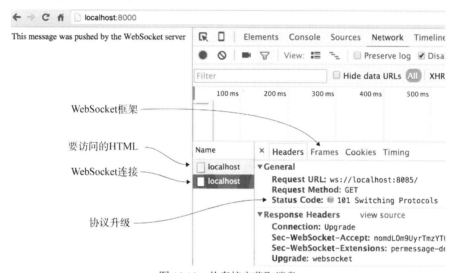

图 10.10   从套接字获取消息

单击 Frames 选项卡，你将看到从服务器通过套接字连接传输的消息内容："此消息是由 WebSocket 服务器推送的"(见图 10.11)。

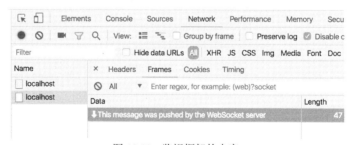

图 10.11   监视框架的内容

请注意 Frames 选项卡中消息旁边的向下箭头。它表示传入的套接字消息。向上的箭头表示客户端发送的消息。

要将消息从客户端发送到服务器，请在浏览器的 WebSocket 对象上调用 send()方法：

```
ws.send("Hello from the client");
```

实际上，在发送消息之前，应该始终检查套接字连接的状态以确保其仍处于活动状态。WebSocket 对象具有 readyState 属性，该属性可以具有表 10.1 中所示的值之一。

表 10.1　WebSocket.readyState 的可能取值

值	状态	描述
0	CONNECTING	建立 Socket(套接字连接)。连接尚未打开
1	OPEN	连接打开并准备通信
2	CLOSING	正在关闭连接
3	CLOSED	连接已关闭或不能打开

你将在代码清单 10.17 中的消息服务器代码中看到稍后使用的 readyState 属性。

提示　如果你反复查看这个包含有限常量集的表，迟早会想到 TypeScript 枚举，不是吗？

下一节，我们将介绍区块挖掘的过程，将学习如何使用 WebSocket 服务器。

10.6　回顾通知工作流

在本节中，将仅回顾部分代码，这些部分对于理解服务器与区块链客户端的通信方式至关重要。将从本章前面介绍的两个客户端进行通信的场景开始，但是这次将保持 Chrome 开发工具面板处于打开状态，以便我们可以监视通过客户端和服务器之间的 WebSocket 连接传递的消息。

我们将再一次使用 npm start 命令在端口 3000 上启动服务器。在浏览器中打开第一个客户端，连接到 localhost:3000，并在 Chrome 开发者面板中打开"Network >WS"选项卡，如图 10.12 所示。单击左下方的 localhost，会看到通过套接字发送的消息。客户端连接到服务器，并通过向服务器发送 GET_LONGEST_ CHAIN_REQUEST 类型的消息来请求找到最长链。

提示　在 Frames 面板中，左侧的向上箭头表示邮件已到达服务器。向下的箭头表示邮件是来自服务器的。

该客户端恰好是该区块链上的第一个客户端，它从服务器收到了消息 GET_LONGEST_ CHAIN_RESPONSE，但服务器有效载荷为空，因为该区块链不存在，并且还没有其他节点。如果还有其他节点，则服务器会将请求广播到其他节点，收集它们的响应，然后将其发送给原始节点请求者，即请求最长链的客户端。

消息格式将在代码清单 10.11 中显示的 shared/messages.ts 文件中定义。请注意，我们使用 type、interface 和 enum 这些 TypeScript 关键字定义自定义类型。

第1个客户端

图 10.12　第一个客户端连接

代码清单 10.11　shared/messages.ts：定义消息类型

```
export type UUID = string;          ◀—— 为 UUID 声明一个别名类型

export interface Message {
  correlationId: UUID;              ◀—— 声明自定义消息类型
  type: string;
  payload?: any;                    ◀—— 有效载荷是可选择的
}

export enum MessageTypes {          ◀—— 声明带有一组常量的枚举
  GetLongestChainRequest    = 'GET_LONGEST_CHAIN_REQUEST',
  GetLongestChainResponse   = 'GET_LONGEST_CHAIN_RESPONSE',
  NewBlockRequest           = 'NEW_BLOCK_REQUEST',
  NewBlockAnnouncement      = 'NEW_BLOCK_ANNOUNCEMENT'
}
```

消息是异步发送的，我们添加了 correlationId 属性，以便可以匹配传出和到达的消息。将消息 GET_LONGEST_CHAIN_REQUEST 发送到服务器的客户端将包含唯一的关联 ID。稍后，服务器发送 GET_LONGEST_CHAIN_RESPONSE 消息，该消息还将包含关联 ID。通过比较传出消息和传入消息的关联 ID，可以找到匹配的请求和响应。我们使用通用唯一标识符(UUID)作为 correlationId 的值。

> **生成 UUID**
>
> 根据规范 RFC 4122(http://www.ietf.org/rfc/rfc4122.txt)："UUID 是一个跨空间和时间唯一的标识符，相对于所有 UUID 的空间。由于 UUID 的大小是固定的，并且包含一个时间字段，所以其取值可能会有所浮动(大约 A.D.3400，具体取决于所使用的特定算法)。"
>
> UUID 是固定长度的 ASCII 字符的字符串，格式如下："xxxxxxxxxxxx-xxxx- xxxx-xxxxxxxxxxxx"，可在图 10.12 的消息中看到示例。我们借用了从 StackOverflow(http://mng. bz/7z6e)生成 UUID 的代码。
>
> 在我们的应用中，所有请求都是由客户端发起的，因此 UUID 是在客户端代码中生成的。可在 client/lib/cryptography.ts 脚本中找到 uuid()函数。

由于 UUID 是字符串，因此可以将 Message.correlationId 属性声明为 string 类型。相反，使用 type 关键字创建了一个 UUID 类型别名(请参见代码清单 10.11)，并将 correlationId 声明为 UUID 类型，从而提高了代码的可读性。

当客户端(区块链节点)开始挖掘时，它发送消息 NEW_BLOCK_REQUEST，来邀请其他节点执行此操作。一个节点通过向其他节点发送消息 NEW_BLOCK_ ANNOUNCEMENT 来宣布挖掘已完成，并且其块将成为添加到区块链的候选对象。

10.6.1　回顾服务器代码

通过在 Node.js 运行环境下加载 server/main.ts 脚本(见代码清单 10.12)来启动服务器。在此脚本中，我们导入用于配置 HTTP 端点和部署 Web 客户端代码目录的 Express 框架。还从 Node.js 导入 http 对象，并从 ws 包中导入 WebSocket 支持。server/main.ts 脚本在同一端口上启动两个服务器实例：支持 HTTP 的 httpServer 和支持 WebSocket 协议的 wsServer。

代码清单 10.12　server/main.ts：启动 HTTP 和 WebSocket 服务器的脚本

```
import * as express from 'express';
import * as http from 'http';
import * as path from 'path';               通过 WebSocket
import * as WebSocket from 'ws';             支持启用脚本
import { BlockchainServer } from './blockchain-server';       导入 BlockchainServer 类

const PORT = 3000;                实例化 Express            指定客户端代码的位置
const app = express();
app.use('/', express.static(path.join(__dirname, '..', '..', 'public')));
app.use('/node_modules', express.static(path.join(__dirname, '..', '..',
➥ 'node_modules')));                  指定客户端使用的 node_modules 的位置
```

```
const httpServer: http.Server = app.listen(PORT, () => {
  if (process.env.NODE_ENV !== 'production') {
    console.log(`Listening on http://localhost:${PORT}`);
  }
});    ◀──── 启动 HTTP 服务器                                    启动 WebServer

const wsServer = new WebSocket.Server({ server: httpServer }); ◀──
new BlockchainServer(wsServer);    ◀────
                                        启动区块链通知服务器
```

以 app.use()开头的行将来自客户端的 URL 映射到服务器上的特定资源。上一节的"在
Node.js 中解析路径"侧边栏中已对此进行了讨论。

提示　　*对于片段'..', '..', 'public'，在基于 UNIX 的系统中将被解析为'../../public'，而在 Windows*
系统中将被解析为'..\..\public'。

在实例化 WebSocket.Server 时，我们将现有 HTTP 服务器的实例传递给它。这使我们可以
在同一端口上同时运行 HTTP 和 WebSocket 服务器。最后，实例化 BlockchainServer 这个
TypeScript 类，它使用 WebSockets。其代码位于 blockchain-server.ts 脚本中。BlockchainServer
类是 MessageServer 的子类，它封装了与 WebSocket 通信有关的所有工作。我们将在本节稍后
部分回顾其代码。

代码清单 10.13 显示了 blockchain-server.ts 脚本的第一部分。

代码清单 10.13　server/blockchain-server.ts 的第一部分

来自区块链节点的回复

```
import * as WebSocket from 'ws';
import { Message, MessageTypes, UUID } from '../shared/messages';
import { MessageServer } from './message-server';

type Replies = Map<WebSocket, Message>;                     此类扩展了 MessageServer

export class BlockchainServer extends MessageServer<Message> {  ◀──
    private readonly receivedMessagesAwaitingResponse = new Map<UUID, ◀──
➡ WebSocket>();                                        客户端等待回复的消息集合
    private readonly sentMessagesAwaitingReply = new Map<UUID, Replies>();
➡ // Used as accumulator for replies from clients.

    protected handleMessage(sender: WebSocket, message: Message): void {  ◀──
        switch (message.type) {                          所有消息类型的处理程序
            case MessageTypes.GetLongestChainRequest :
                return this.handleGetLongestChainRequest(sender, message);
            case MessageTypes.GetLongestChainResponse :
                return this.handleGetLongestChainResponse(sender, message);
            case MessageTypes.NewBlockRequest :
                return this.handleAddTransactionsRequest(sender, message);
            case MessageTypes.NewBlockAnnouncement :
                return this.handleNewBlockAnnouncement(sender, message);
```

根据消息
类型调用
适当的处
理程序

```
        default : {
            console.log(`Received message of unknown type:
➥ "${message.type}"`);
        }
    }
}

    private handleGetLongestChainRequest(requestor: WebSocket, message:
➥ Message): void {                            使用关联 ID 作为密钥存储
        if (this.clientIsNotAlone) {            客户端的请求
            this.receivedMessagesAwaitingResponse.set(message.correlationId,
➥ requestor);
            this.sentMessagesAwaitingReply.set(message.correlationId,

➥ new Map());
            this.broadcastExcept(requestor, message);        将消息广播
该映射累   } else {                                          到其他节点
积了来自        this.replyTo(requestor, {
客户端的          type: MessageTypes.GetLongestChainResponse,
回复             correlationId: message.correlationId,
                payload: []      单节点区块链
            });                  中没有最长链
        }
    }
```

handleMessage()方法充当从客户端收到的消息的调度程序。它具有switch语句，可以根据收到的消息来调用适当的处理程序。例如，如果客户端之一发送GetLongestChainRequest消息，则将调用handleGetLongestChainRequest()方法。首先，它使用关联ID作为键将请求(对打开的WebSocket对象的引用)存储在映射中。然后，它将消息广播到其他节点，请求它们的最长链。仅当区块链只有一个节点时，handleGetLongestChainRequest()方法才能返回一个有效载荷为空的对象。在MessageServer超类中将handleMessage()方法声明为抽象方法。将在本节稍后部分进行回顾。

> **注意**　handleMessage()的方法签名包括 void 关键字，这意味着它不返回值，那么为什么它的主体中有许多 return 语句？通常，JavaScript switch 语句中的每个 case 子句都必须以 break 结尾，因此代码不会"失败"并在下一个 case 子句中执行代码。在每个 case 子句中使用 return 语句使我们避免使用这些 break 语句，并且仍然可以保证代码不会失败。

代码清单10.14显示了blockchain-server.ts的第二部分。它具有处理其他发送最长链的节点的响应的代码。

代码清单 10.14　server/blockchain-server.ts 的第二部分

```
查找请求最长链的客户端
    private handleGetLongestChainResponse(sender: WebSocket, message: Message):
    ➥ void {

        if (this.receivedMessagesAwaitingResponse.has(message.
```

获取对客户端的套接字对象的引用

```
    correlationId)) {const requestor =
➥ this.receivedMessagesAwaitingResponse.get(message.correlationId);◄

    if (this.everyoneReplied(sender, message)) {
        const allReplies =                          寻找最长链
➥ this.sentMessagesAwaitingReply.get(message.correlationId).values();
        const longestChain =
➥ Array.from(allReplies).reduce(this.selectTheLongestChain);◄
        this.replyTo(requestor, longestChain);◄
    }                                           将最长链转发
  }                                             到请求它的客
}                                               户端

private handleAddTransactionsRequest(requestor: WebSocket, message:
➥ Message): void {
    this.broadcastExcept(requestor, message);
  }

private handleNewBlockAnnouncement(requestor: WebSocket, message:
➥ Message): void {
    this.broadcastExcept(requestor, message);      检查每个节点是否
  }                                                都回应了请求

private everyoneReplied(sender: WebSocket, message: Message): boolean {◄
    const repliedClients = this.sentMessagesAwaitingReply
        .get(message.correlationId)
        .set(sender, message);

    const awaitingForClients =
➥ Array.from(this.clients).filter(c => !repliedClients.has(c));

    return awaitingForClients.length === 1;◄
  }                                         是否已答复除原始请求
                                            者以外的所有节点？
private selectTheLongestChain(currentlyLongest: Message,◄
                current: Message, index: number) {
    return index > 0 && current.payload.length >
➥ currentlyLongest.payload.length ?
                current : currentlyLongest;       在减少最长链的数组
  }                                               的同时使用此方法

private get clientIsNotAlone(): boolean {
    return this.clients.size > 1;◄
  }                                     检查区块链中是否
}                                       有多个节点
```

当节点发送其 GetLongestChainResponse 消息时，服务器将使用关联 ID 查找请求最长链的
客户端。当所有节点都已答复后，handleGetLongestChainResponse()方法将 allReplies 设置为数

组，并使用 reduce()方法找到最长链。然后，使用 replyTo()方法将响应发送给请求的客户端。

一切都很好，但是支持 WebSocket 协议并定义诸如 replyTo()和 broadcastExcept()之类的方法的代码在哪里？所有这些机制都位于抽象 MessageServer 超类中，如代码清单 10.15 和 10.16 所示。

代码清单 10.15　server/message-server.ts 的第一部分

```
import * as WebSocket from 'ws';

export abstract class MessageServer<T> {

  constructor(private readonly wsServer: WebSocket.Server) {
    this.wsServer.on('connection', this.subscribeToMessages);
    this.wsServer.on('error', this.cleanupDeadClients);
  }

  protected abstract handleMessage(sender: WebSocket, message: T): void;

  protected readonly subscribeToMessages = (ws: WebSocket): void => {
    ws.on('message', (data: WebSocket.Data) => {
      if (typeof data === 'string') {
        this.handleMessage(ws, JSON.parse(data));
      } else {
        console.log('Received data of unsupported type.');
      }
    });
  };

  private readonly cleanupDeadClients = (): void => {
    this.wsServer.clients.forEach(client => {
      if (this.isDead(client)) {
        this.wsServer.clients.delete(client);
      }
    });
  };
```

- 清除对已断开连接的客户端的引用
- 订阅来自新连接的客户端的消息
- 此方法在 BlockchainServer 类中实现
- 来自客户端的消息已到达
- 将消息传递给处理程序
- 清除断开连接的客户端

在阅读 MessageServer 的代码时，你会认出本书第 I 部分中介绍的许多 TypeScript 语法元素。首先，将此类声明为抽象类(请参阅 3.1.5 节)：

```
export abstract class MessageServer<T>
```

你不能实例化一个抽象类，必须声明一个子类，该子类将提供所有抽象成员的具体实现。在我们的例子中，BlockchainServer 子类实现了唯一的抽象成员 handleMessage()。另外，类声明使用通用类型 T(请参见 4.2 节)，该类型也用作 handleMessage()、broadcastExcept()和 replyTo()方法中的参数类型。在我们的应用程序中，具体类型 Message(见代码清单 10.11)替换了通用类型<T>，但在其他应用程序中，可能使用的是另一种类型。

通过将 handleMessage()方法声明为 abstract，我们声明 MessageServer 的任何子类都可以自由地以其喜欢的任何方式实现此方法，只要该方法的签名看起来像这样：

```
protected abstract handleMessage(sender: WebSocket, message: T): void;
```

因为我们在抽象类中强制执行了此方法签名，所以知道在实现时应如何调用 handleMessage()方法。在 subscribeToMessages()中执行以下操作：

```
this.handleMessage(ws, JSON.parse(data));
```

严格来说，不能调用抽象方法，但在运行时，此关键字将引用 BlockchainServer 具体类的实例，在该实例中 handleMessage 方法将不再是抽象的。

代码清单 10.16 显示了 MessageServer 类的第二部分。这些方法实现了广播和回复客户端。

代码清单 10.16   server/message-server.ts 的第二部分

```
广播到所有其他节点
  protected broadcastExcept(currentClient: WebSocket, message: Readonly<T>):
  ➙ void {
    this.wsServer.clients.forEach(client => {
      if (this.isAlive(client) && client !== currentClient) {
        client.send(JSON.stringify(message));
      }
    });
  }
                                                                将消息发送到单个节点
  protected replyTo(client: WebSocket, message: Readonly<T>): void {  ◄─
   client.send(JSON.stringify(message));
  }

  protected get clients(): Set<WebSocket> {
   return this.wsServer.clients;
  }

  private isAlive(client: WebSocket): boolean {
   return !this.isDead(client);
  }
                                                                检查特定的客户
                                                                端是否断开连接
  private isDead(client: WebSocket): boolean {  ◄─
   return (
     client.readyState === WebSocket.CLOSING ||
     client.readyState === WebSocket.CLOSED
   );
  }
}
```

在 server/main.ts 脚本的最后一行(见代码清单 10.12)，将 WebSocket 服务器的实例传递给 BlockchainServer 的构造函数。该对象具有一个客户端属性，该属性是所有活动的 WebSocket 客户端的集合。每当我们需要向所有客户端广播消息时，就可以像 broadcastExcept()方法一样遍历此集合。如果需要删除对断开连接的客户端的引用，仍可以在 cleanupDeadClients()方法中使用客户端属性。

broadcastExcept()和 replyTo 方法的签名具有 Readonly<T>映射类型的参数，将在 5.2 节介绍。它采用 T 类型，并将其所有属性标记为只读。使用 Readonly 以避免对方法中的值进行意外修改。可以在本章稍后的标题为"条件和映射类型的示例"的侧边栏中看到更多示例。

现在，继续讨论第一个客户端从图 10.12 开始的工作流程。第二个客户端加入区块链，并向 WebSocket 服务器发送一条消息，请求最长链，这只是目前的创世区块。图 10.13 显示了通过 WebSocket 连接传输的消息。我们对邮件进行了编号，以便于理解其顺序。

(1) 第二个客户端(在图的右侧)连接到消息传递服务器，请求最长链。服务器将该请求广播到其他客户端。

(2) 第一个客户端(在左侧)收到此请求。该客户只有一个创世区块，这是它的最长链。

(3) 第一个客户端(在左侧)用其在消息有效载荷中的最长链回发一条消息。

(4) 第二个客户端(在右侧)接收消息有效载荷中的最长链。

在此示例中，我们只有两个客户端，但是 WebSocket 服务器将消息广播到所有连接的客户端，因此它们都会响应。

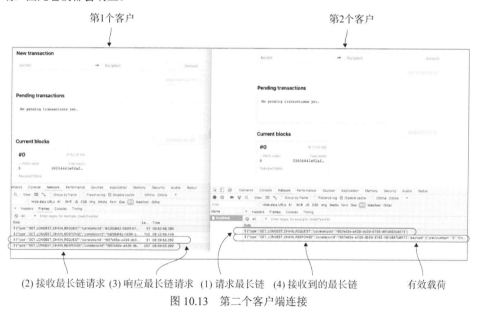

(2) 接收最长链请求 (3) 响应最长链请求　(1) 请求最长链　(4) 接收到的最长链　　　有效载荷

图 10.13　第二个客户端连接

接下来，第一个客户端(在图 10.14 的左侧)创建两个挂起事务，如图 10.14 所示。这是一个本地事件，不会有消息发送到 WebSocket 服务器。

现在，第一个客户端单击 GENERATE BLOCK 按钮，开始进行区块挖掘，并请求其他节点执行相同的操作。NEW_BLOCK_REQUEST 消息是挖掘区块邀请。一段时间后，挖掘完成(在我们的情况下，第一个挖掘器首先完成)，并且第一个客户端通过发送 NEW_BLOCK_ANNOUNCEMENT 消息宣布新的候选块。图 10.15 显示了与块挖掘有关的消息和 NEW_BLOCK_ANNOUNCEMENT 消息的内容。

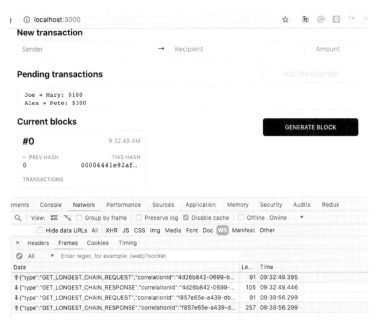

图 10.14　添加事务不会发送消息

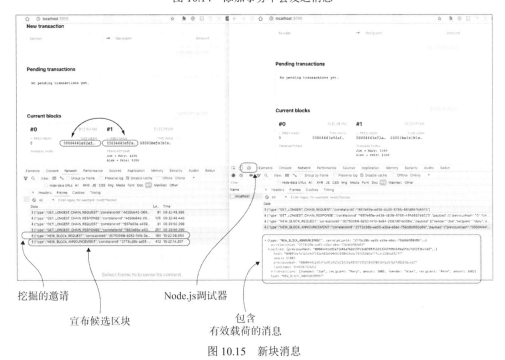

挖掘的邀请

宣布候选区块

Node.js调试器

包含
有效载荷的消息

图 10.15　新块消息

现在，两个客户端都显示相同的两个块：#0 和#1。注意，块#0 的 hash 值和块#1 的 previousHash 值相同。

代码清单 10.17 显示了 NEW_BLOCK_ANNOUNCEMENT 消息的内容。我们缩短了哈希值以提高可读性。

代码清单 10.17　包含新块的消息

```
correlationId: "2773c28b-aa55-e2ba-a6ec-75bb6b980d89"  ◀── 关联 ID(UUID)
payload: {previousHash: "00004441e92af1",…}
  hash: "00001befe1b1e4df392e601..."        区块#1 的哈希值
  nonce: 51803   ◀── 计算的随机数(工作量证明)
  previousHash: "00004441e92a..."
  timestamp: 1549207329217                   块#0 的哈希值
  transactions: [{sender: "Joe", recipient: "Mary", amount: 100},
  {sender: "Alex", recipient: "Pete", amount: 300}]
                                               区块的事务
type: "NEW_BLOCK_ANNOUNCEMENT"  ◀── 消息类型
```

重新访问代码清单 10.11，以查找此消息中使用的自定义数据类型的定义。下一个问题是：谁发送了带有包含新近挖掘区块的有效载荷的消息？Web 客户端已经做到了，在下一节中，我们将审查来自 Web 客户端的相关代码。

在浏览器中调试 Node.js 代码

使用--inspect 选项启动 Node.js，当你打开 Chrome 的开发工具时，会在 Elements 标签的左侧看到一个绿色的八边形(见图 10.15)。该八边形代表 Node.js 调试器——单击它以打开 Node.js 开发人员工具的分离窗口。

打开 Chrome 的 Node.js 开发工具

如代码清单 10.8 所示，当我们启动服务器时，Node.js 通过 9229 端口与开发工具连接。默认情况下，Node.js 窗口显示 Connection 选项卡中的内容。切换到 Sources 选项卡，如下图所示，找到要调试的 TypeScript 代码，然后添加一个断点。下图显示了 blockchain-server.ts 脚本中第 9 行的断点。

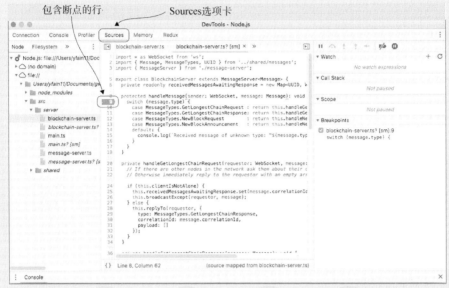

选择 Sources 选项卡

我们想截获客户端向服务器发送消息的那一刻。在客户端创建"Alice-> Julie->$200"事务并单击 GENERATE BLOCK 按钮后，获取了以下屏幕快照。

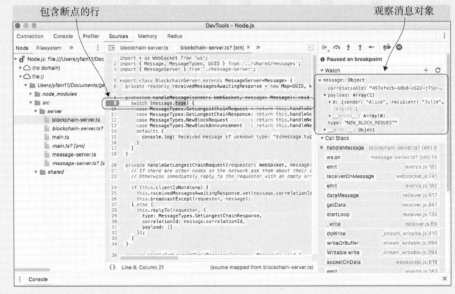

在 Chrome 浏览器中调试 Node.js

程序执行在第 9 行停了下来。我们将 message 变量添加到右上方的 Watch 面板中，并且可以调试或监视此变量。Chrome 开发工具的调试器的所有功能均可用于 Node.js 代码。

10.6.2　回顾客户端代码

我们一直使用"客户端"一词，因为在此应用中，正在讨论客户端 Web 应用与服务器之间的通信。但是"节点"在这里才是正确的词。节点的代码是作为 Web 应用实现的，但在真正的区块链中，挖掘区块的节点和用户可以添加事务的 UI 将是独立的应用程序。

> **注意**　本章主要的话题是介绍消息传递服务器。我们不会回顾代码的每一行，但是会展示代码的哪些对于理解客户端的实现是至关重要的部分。

在 Web 浏览器中运行的代码位于 src/client 目录中。对于 HTML，使用一个名为 lit-html 的小型库(http://www.npmjs.com/package/lit-html)，它可让你使用 JavaScript 字面量模板编写 HTML模板。该库使用带标签的模板，这些模板是与 HTML 结合的普通 JavaScript 函数(如附录 A.3.1节所述)。简言之，该库可以使用带有 HTML 标记的字符串，创建浏览器 DOM 节点，并在其数据更改时重新呈现它。

lit-html 库只更新那些需要显示更新值的节点，从而有效地将内容从字符串模板渲染到DOM。代码清单 10.18 来自 lit-html 文档(http://mng.bz/m4D4)，它使用${name}表达式定义了带标签的模板，然后将"Steve"作为要渲染的名称：<div>Hello Steve</div>。然后，当 name 变量的值更改为"Kevin"时，它将仅更新该<div>中的名称。

代码清单 10.18　lit-html 是如何渲染 HTML 的

```
import {html, render} from 'lit-html';

const helloTemplate = (name) => html`<div>Hello ${name}!</div>`;
render(helloTemplate('Steve'), document.body);
render(helloTemplate('Kevin'), document.body);
```

导入函数 html 并渲染

声明已经标记的模板

渲染<div>来问候 Steve

将<div>中的名字由 Steve 替换为 Kevin

> **注意**　lit-html 的主要思想是，它解析 HTML 并构建一次 DOM 节点，之后，它仅在嵌入式变量发生更改时才呈现新值。它不会创建诸如 React.js 的虚拟 DOM，也不会使用像 Angular这样的变化检测器。它只更新变量值。

在读取 client/ui 目录中的脚本时，将不会看到 HTML 文件，而是调用与前面的示例类似的render()函数。如果你熟悉 Angular 或 React 库，可以将具有 render()函数的类想象成一个 UI 组件。litl-html 的主要 API 是 html，可以看到每个 render()函数都使用它。

让我们考虑 PendingTransactionsPanel 类，它为面板呈现挂起事务。代码清单 10.19 显示了实现 render()函数的 ui/pending-transactions-panel.ts 文件。

代码清单 10.19   pending-transaction-panel.ts：挂起事务面板

```
import { html, TemplateResult }
➡ from '../../../node_modules/lit-html/lit-html.js';
import { BlockchainNode } from '../lib/blockchain-node.js';
import { Callback, formatTransactions, Renderable, UI } from './common.js';

export class PendingTransactionsPanel implements
➡ Renderable<Readonly<BlockchainNode>> {

  constructor(readonly requestRendering: Callback) {}

  render(node: Readonly<BlockchainNode>): TemplateResult {
    const shouldDisableGenerate = node.noPendingTransactions || node.isMining;
    const formattedTransactions = node.hasPendingTransactions
      ? formatTransactions(node.pendingTransactions)
      : 'No pending transactions yet.';

    return html`
      <h2>Pending transactions</h2>
      <pre class="pending-transactions__list">${formattedTransactions}</pre>
      <div class="pending-transactions__form">${UI.button('GENERATE BLOCK',
➡ shouldDisableGenerate)}</form>
      <div class="clear"></div>
      `;
  }
}
```

向构造函数提供回调函数

render()函数的参数类型在 blockchain-node.ts 中定义

lit-html 需要 html 标记模板

PendingTransactionsPanel 类实现了 Renderable 接口，该接口要求它具有 requestRendering 属性和 render()方法，两者均在 common.ts 文件中定义，如代码清单 10.20 所示。

代码清单 10.20   ui/common.ts 的片段

```
// other type definition go here
export type Callback = () => void;

export interface Renderable<T> {
  requestRendering: Callback;
  render(data: T): TemplateResult;
}
```

定义回调函数的自定义类型

定义一个通用接口

一个回调函数

使用 lit-html 渲染 HTML 的功能

你会在客户端的代码中找到多个 render()函数，但是它们的工作方式都相似：它们将 JavaScript 变量的值插入 HTML 模板，并在这些变量的值更改时刷新 UI 的相应部分。

客户端的顶层类称为 Application，它还实现了 Renderable 接口，因此 lit-html 知道如何渲染它。client/main.ts 文件创建了一个 Application 类的实例，并向其传递一个回调，以调用其 render()函数(见代码清单 10.21)。

代码清单 10.21　ui/main.ts：创建顶级组件的脚本

```
import { render } from '../../node_modules/lit-html/lit-html.js';
import { Application } from './ui/application.js';


let renderingIsInProgress = false;        ← 防止双重渲染的标志
let application = new Application(async () => {    ← 将回调传递给
                                                     Application 实例
  if (!renderingIsInProgress) {
    renderingIsInProgress = true;
    await 0;
    renderingIsInProgress = false;
    render(application.render(), document.body);   ← 调用 render()函数
  }
});
```

> **提示**　即使 render()函数将 document.body 作为参数，lit-html 库也不会重新渲染整个页面——只有模板的占位符中已经更改的值。

实例化 Application 类时，它将接收回调函数(构造函数的参数称为 requestRendering)，该函数调用 render()函数。我们将展示 Application 类的两个片段，在这里，将看到 this.requestRendering()，它调用此回调。接下来是 application.ts 脚本的第一个片段(见代码清单 10.22)。

代码清单 10.22　ui/application.ts 的第一个片段

```
export class Application implements Renderable<void> {      该对象负责
  private readonly node: BlockchainNode;                    WebSocket
  private readonly server: WebsocketController;    ←        通信

  private readonly transactionForm = new
➡ TransactionForm(this.requestRendering);                将顶级回调传递
  private readonly pendingTransactionsPanel =             给每个 UI 组件
➡ new PendingTransactionsPanel(this.requestRendering);
  private readonly blocksPanel = new BlocksPanel(this.requestRendering);

  constructor(readonly requestRendering: Callback) {    ←  回调引用将存储在
                                                            requestRendering 属
                                                            性中
    this.server = new WebsocketController(this.handleServerMessages);  ←
    this.node = new BlockchainNode();    ←                连接到 WebSocket
                              所有区块链和                  服务器
                              节点的创建逻
    this.requestRendering();   辑都在这里
    this.initializeBlockchain();    ←
  }                             初始化区块链

  private async initializeBlockchain() {
    const blocks = await this.server.requestLongestChain();  ←
    if (blocks.length > 0) {                    从所有节点请
      this.node.initializeWith(blocks);         求最长链
```

```
    } else {
      await this.node.initializeWithGenesisBlock();
    }

    this.requestRendering();
  }

  render(): TemplateResult {          ◀——— 渲染 UI 组件
    return html`
      <main>
        <h1>Blockchain node</h1>
        <aside>${this.statusLine}</aside>
        <section>${this.transactionForm.render(this.node)}</section>  ◀——┐
        <section>                                       重新渲染子组件 │
          <form @submit="${this.generateBlock}">                       │
            ${this.pendingTransactionsPanel.render(this.node)}  ◀——————┤
          </form>                                                      │
        </section>                                                     │
        <section>${this.blocksPanel.render(this.node.chain)}</section> ◀——┘
      </main>
    `;
  }
```

通过调用 this.requestRendering() 从构造函数启动初始渲染。几秒钟后，通过 initializeBlockchain()方法完成第二次渲染。子 UI 组件获取对 requestRendering 回调的引用，它们可以决定何时刷新 UI。

初始渲染 UI 之后，将调用 initializeBlockchain()方法，此方法从 WebSocket 服务器请求最长链。如果该节点不是第一个节点，而是唯一的节点，则返回最长链，并在屏幕底部的区块面板中呈现该链。否则，将会生成并渲染创世区块。requestLongestChain()和 initializeWithGenesisBlock()都是异步操作，并且代码使用 await 这个 JavaScript 关键字等待其完成。

代码清单 10.23 显示了 application.ts 中的两种方法。WebSocket 服务器将消息发送到客户端时，将调用 handleServerMessages()方法。通过使用 switch 语句，它可以根据消息类型调用适当的处理程序。当客户端收到发送最长链的请求时，将调用 handleGetLongestChainRequest()方法。

代码清单 10.23　ui/application.ts 的第二部分

```
处理来自 WebSocket 服务器的消息                            将消息发送给正确的处理程序
┌→ private readonly handleServerMessages = (message: Message) => {
│    switch (message.type) {  ◀——————————————————————————————┘
│      case MessageTypes.GetLongestChainRequest: return
│                          this.handleGetLongestChainRequest(message);
│      case MessageTypes.NewBlockRequest :
➡ return this.handleNewBlockRequest(message);
      case MessageTypes.NewBlockAnnouncement : return
➡ this.handleNewBlockAnnouncement(message);
      default: {
        console.log(`Received message of unknown type: "${message.type}"`);
```

```
      }
    }
  }
```

节点将自己的链发送到服务器

```
  private handleGetLongestChainRequest(message: Message): void {
    this.server.send({
      type: MessageTypes.GetLongestChainResponse,
      correlationId: message.correlationId,
    payload: this.node.chain
    });
```

条件和映射类型的示例

第 5 章介绍了条件类型和映射类型。在这里，将看到如何在区块链应用程序中使用它们。我们不会回顾整个 client/lib/blockchain-node.ts 脚本，可在 http://mng.bz/5AJa 的 TypeScript 文档中阅读泛型和映射类型 Pick。

在 3.5 版之前，TypeScript 不包含 Omit 类型，必须声明自己的自定义 Omit 类型。最近，Omit 成为内置的实用程序类型，但是我们决定按原样保留此侧边栏中的代码示例以用于说明。讨论以下代码中介绍的 Omit、WithoutHash 和 NotMinedBlock 自定义类型。

```
export interface Block {        ←── 声明区块类型
  readonly hash: string;
  readonly nonce: number;
  readonly previousHash: string;
  readonly timestamp: number;
  readonly transactions: Transaction[];
}
export type Omit<T, K> = Pick<T, Exclude<keyof T, K>>;
export type WithoutHash<T> = Omit<T, 'hash'>;
export type NotMinedBlock = Omit<Block, 'hash' | 'nonce'>;
```

声明类似于 Block 的类型，但没有 hash 属性

使用 Pick 的辅助类型

声明类似于 Block 的类型，但没有 hash 和 nonce 属性

下一行的 Omit 类型允许声明一个类型，该类型将具有 T 类型的所有属性(hash 除外):

```
type WithoutHash<T> = Omit<T, 'hash'>;
```

生成区块哈希值的过程很费时间，直到有了它，我们才能使用 WithoutHash<Block>类型，该类型不具有 hash 属性。

可以指定多个要排除的属性:

```
type NotMinedBlock = Omit<Block, 'hash' | 'nonce'>;
```

可以像下面这样使用这些类型:

```
let myBlock: NotMinedBlock;
```

```
myBlock = {
    previousHash: '123',
    transactions: ["Mary paid Pete $100"]
};
```

NotMinedBlock 类型将始终为 Block 去掉 hash 和 nonce 属性。如果在某个时候有人向 Block 接口添加了另一个必需的只读属性,变量 myBlock 的赋值将无法编译,并抱怨必须对新添加的属性进行初始化。在 JavaScript 中,在相同的情况下会出现运行时错误。

该接口定义了具有五个属性的自定义块类型,并且所有属性都是必需的且只读的,这意味着它们只能在块实例化期间进行初始化。但是创建一个区块需要一些时间,并且在实例化期间并非所有属性的值都可用。我们想从强类型中受益,但也希望在创建 Block 实例后可以自由初始化一些属性。

TypeScript 带有 Pick 映射类型和条件 Exclude 类型,可以使用它们定义一个新类型,该类型排除现有属性中的某些属性。Exclude 将枚举剩余的属性。Pick 类型使你可以从提供的属性列表中创建类型。

下面这行代码表示我们要声明一个通用类型 Omit,该通用类型可以采用类型 T 和键 K,并从 T 中排除与 K 相匹配的属性:

```
type Omit<T, K> = Pick<T, Exclude<keyof T, K>>;
```

通用 Omit 类型可以与任何类型 T 一起使用,并且 keyof T 返回具体类型的属性列表。例如,如果我们将 Block 作为 T 类型提供,则 keyof T 构造将表示在 Block 接口中定义的属性列表。使用 Exclude<keyof T, K>可以从列表中删除某些属性,而 Pick 将根据该新属性列表创建一个新类型。

代码清单 10.22 和 10.23 显示了大部分 application.ts 文件,其中客户端通过 WebsocketController 类与 WebSocket 服务器通信,该类通过其构造函数获取回调以处理消息。通过回顾用户单击 GENERATE BLOCK 按钮时的工作流程来熟悉 WebsocketController 类的代码。这将引起以下操作:

(1) 通过 WebSocket 服务器将 GET_LONGEST_CHAIN_REQUEST 消息广播到其他节点。

(2) 通过 WebSocket 服务器将 NEW_BLOCK_REQUEST 消息广播到其他节点。

(3) 挖掘区块。

(4) 处理从其他节点收到的所有 GET_LONGEST_CHAIN_RESPONSE 消息。

(5) 将 NEW_BLOCK_ANNOUNCEMENT 消息广播到其他节点,并在本地保存候选块。

在代码清单 10.22 中,render()方法包含如下形式:

```
<form @submit="${this.generateBlock}">
    ${this.pendingTransactionsPanel.render(this.node)}
</form>
```

在 PendingTransactionsPanel 类中实现了带有挂起事务以及 GENERATE BLOCK 按钮的 UI 元素。我们使用 lit-html 中的@submit 指令,当用户单击 GENERATE BLOCK 按钮时,将调用 generateBlock()异步方法(见代码清单 10.24)。

代码清单 10.24　Application 类的 generateBlock()方法

防止页面刷新　　　　　　　　　　　　　　　　　让所有其他节点知道此节点已开始挖掘

```
private readonly generateBlock = async (event: Event): Promise<void> => {
    event.preventDefault();

    this.server.requestNewBlock(this.node.pendingTransactions);
    const miningProcessIsDone =
    this.node.mineBlockWith(this.node.pendingTransactions);

    this.requestRendering();        刷新 UI 上的状态                开始区块挖掘

    const newBlock = await miningProcessIsDone;        等待挖掘完成
    this.addBlock(newBlock);
};                        将区块添加到本地区块链
```

当我们宣布开始区块挖掘时，会提供挂起事务列表 this.node. pendingTransactions，以便其他节点可以竞争并尝试更快地为同一事务挖掘区块。然后，该节点也开始挖掘。

当新块被拒绝时

Application.addBlock()方法调用 BlockchainNode 类中的 addBlock()方法。我们已经在第 8 章和第 9 章中讨论了块挖掘的过程，但是想重点介绍拒绝尝试添加新块的代码：

　　　　　　　　　　　　　　　　　　　　　　　新块是否包含现有的 previousHash？

```
const previousBlockIndex = this._chain.findIndex(b => b.hash ===
newBlock.previousHash);
    if (previousBlockIndex < 0) {
        throw new Error(`${errorMessagePrefix} - there is no block in the
chain with the specified previous hash "${newBlock.previousHash
.substr(0, 8)}".`);
    }
const tail = this._chain.slice(previousBlockIndex + 1);
if (tail.length >= 1) {
    throw new Error(`${errorMessagePrefix} - the longer tail of the
current node takes precedence over the new block.`);
}
```

　　　　　　　　　　　　　　　　　　　　　　链是否已经至少有
　　　　　　　　　　　　　　　　　　　　　　一个额外的区块？

此代码与尝试添加块失败有关，如图 10.10 的右下角所示。首先，检查新块的 previousHash 值是否存在于区块链中。它可能存在，但不在最后一个块中。

第二个 if 语句检查在包含这个 previousHash 的块之后是否至少有一个块。这意味着至少一个新块已被添加到链中(从其他节点接收)。在这种情况下，最长链优先，新生成的块将被拒绝。

现在，让我们回顾与 WebSocket 通信相关的代码。如果你阅读 addBlock()方法的代码，则会在其中看到下面这行代码：

```
this.server.announceNewBlock(block);
```

这就是节点请求 WebSocket 服务器宣布刚出炉的候选块的方式。Application 类还有一个

handleServerMessages()方法，用于处理来自服务器的消息。它在 client/lib/websocket-controller.ts 文件中实现，该文件声明了 PromiseExecutor 接口和 WebsocketController 类。

Application 类创建一个 WebsocketController 实例，它是我们与服务器进行所有通信的唯一联系。当客户端需要向服务器发送消息时，它将使用 send()或 requestLongestChain()等方法，但有时服务器将向客户端发送消息。这就是为什么我们向 WebsocketController 的构造函数传递一个回调方法(见代码清单 10.25)。

代码清单 10.25　websocket-controller.ts：WebsocketController 类

等待响应的 WebSocket 客户端映射

```
export class WebsocketController {
  private websocket: Promise<WebSocket>;
  private readonly messagesAwaitingReply = new Map<UUID,
  PromiseExecutor<Message>>();                          将回调传递给构造函数

  constructor(private readonly messagesCallback: (messages: Message) =>
  void) {
    this.websocket = this.connect();         连接到 WebServer
  }

  private connect(): Promise<WebSocket> {
    return new Promise((resolve, reject) => {
      const ws = new WebSocket(this.url);
      ws.addEventListener('open', () => resolve(ws));
      ws.addEventListener('error', err => reject(err));       为 WebSocket
      ws.addEventListener('message', this.onMessageReceived);  消息分配回调
    });
  }
                                                       处理传入的消息
  private readonly onMessageReceived = (event: MessageEvent) => {
    const message = JSON.parse(event.data) as Message;

    if (this.messagesAwaitingReply.has(message.correlationId)) {
      this.messagesAwaitingReply.get(message.correlationId).
      resolve(message);
      this.messagesAwaitingReply.delete(message.correlationId);
    } else {
      this.messagesCallback(message);
    }
  }

  async send(message: Partial<Message>, awaitForReply: boolean = false):
  Promise<Message> {
    return new Promise<Message>(async (resolve, reject) => {
      if (awaitForReply) {
        this.messagesAwaitingReply.set(message.correlationId, { resolve,
  reject });        存储需要响应的消息
      }
```

```
        this.websocket.then(
          ws => ws.send(JSON.stringify(message)),
          () => this.messagesAwaitingReply.delete(message.correlationId)
        );
    });
}
```

提示　Partial 类型曾在第 5 章介绍过。

---

connect()方法连接到服务器并订阅标准 WebSocket 消息。这些操作包装在 Promise 中，因此，如果此方法返回，则可以确保创建了 WebSocket 连接并分配了所有处理程序。另一个好处是，现在可以将 async 和 await 关键字与这些异步函数一起使用。

onMessageReceived()方法处理来自服务器的消息——服务器本质上是消息路由器。在该方法中，对消息进行反序列化，并检查其关联 ID。如果传入的消息是对另一条消息的响应，下面的代码将返回 true：

```
messagesAwaitingReply.has(message.correlationId)
```

每次客户端发送一条消息时，我们会将其关联 ID 映射到 PromiseExecutor 中，并存储在 messagesAwaitingReply 中。PromiseExecutor 知道哪个客户端等待响应(见代码清单 10.26)。

代码清单 10.26　来自 websocket-controller.ts 的 PromiseExecutor 接口

```
tsc 内部使用此类型来初始化 promise
  interface PromiseExecutor<T> {                          强制 resolve()
      resolve: (value?: T | PromiseLike<T>) => void;   ◄── 方法的签名
      reject: (reason?: any) => void;     ◄──  强制 reject()方法
  }                                                      的签名
```

为了构造 Promise，PromiseConstructor 接口(请参见 lib.es2015.promise.d.ts 中的声明)使用 PromiseLike 类型。TypeScript 具有许多以 "Like" 结尾的类型(例如 ArrayLike)，并且它们定义的子类型具有比原始类型少的属性。PromiseLike 可能具有各种构造函数签名，例如，它们都具有 then()，但是它们不一定有 catch()。PromiseLike 告诉 tsc："我不知道这件事如何实现,但至少是可以实现的。"

客户端发送需要响应的消息时，将使用代码清单 10.25 中所示的 send()方法，该方法使用关联 ID 和 PromiseExecutor 类型的对象来存储对客户端消息的引用：

```
this.messagesAwaitingReply.set(message.correlationId,{resolve,reject});
```

响应是异步的，我们不知道它会何时到达。在这种情况下，JavaScript 调用者可以创建一个 Promise，如附录 A.10.2 节中所述，提供 resolve 和 reject 回调。这就是为什么 send()方法将发送消息的代码包装在 Promise 中，我们将对包含 resolve 和 reject 的对象的引用以及关联 ID 存储在 messagesAwaitingReply 中。

对于期望得到回复的消息，需要一种方法在它到达时推送回复。可以使用 Promise，它可以通过作为 Promise(resolv,reject)传递给构造函数的回调来解析(或拒绝)。为了在得到答复为止始终保留对这对 resolve/reject 函数的引用,创建一个 PromiseExecutor 对象并将它们放在一边,该对象恰好具有 resolve 和 reject 这两个属性。换言之,PromiseExecutor 只是两个回调的容器。

PromiseExecutor 界面只描述了存储在 messagesAwaitingReply 映射中的对象类型。响应到达时,onMessageReceived()方法通过关联 ID 查找 PromiseExecutor 对象,它调用 resolve(),然后从映射中删除此消息:

```
this.messagesAwaitingReply.get(message.correlationId).resolve(message);
this.messagesAwaitingReply.delete(message.correlationId);
```

既然你了解了 send()方法的工作原理,那么应该能够理解调用它的代码。代码清单 10.27 显示了客户端如何请求最长链。

代码清单 10.27　在 websocket-controller.ts 中请求最长链

调用 send()方法并等待响应
```
    async requestLongestChain(): Promise<Block[]> {
        const reply = await this.send(
          {
            type: MessageTypes.GetLongestChainRequest,
            correlationId: uuid()
          }, true);
        return reply.payload;
    }
```
第一个参数是 Message 对象

true 表示"等待回复"

从响应中返回有效载荷

WebsocketController 类具有另外几种处理其他类型消息的方法。它们的实现类似于 requestLongestChain()。可以通过查看 client/lib/websocket-controller.ts 文件来查看 WebsocketController 的完整代码。

要查看此应用程序的运行情况,请运行 npm install,然后运行 npm start。打开几个浏览器窗口,然后尝试挖掘一些区块。

10.7　本章小结

- 在区块链中,多个节点可能正在挖掘包含同一事务的区块。最长链规则有助于找到获胜的节点并在节点之间达成共识。
- 如果在开发应用程序时,想要在开发客户端和服务器部分均用 TypeScript 编写,请创建两个单独的基于节点的项目。每个项目都有自己的 package.json 文件和所有必需的配置脚本。
- 若需要安排双方都可以启动数据交换的客户端-服务器通信,请考虑使用 WebSocket 协议。HTTP 是基于请求的协议,而 WebSocket 不是,因此,当服务器需要将数据推送到客户端时,WebSocket 是一个不错的选择。
- 后端中使用的 Node.js 和大多数其他技术都支持 WebSocket 协议,可在 TypeScript 中实现 Node.js 服务器。

第**11**章

使用TypeScript开发Angular 应用程序

本章要点:

- 简要介绍 Angular 框架
- 如何生成、构建和服务用 Angular 和 TypeScript 编写的 Web 应用
- Angular 如何实现依赖注入

2014 年 10 月,谷歌开发团队考虑创建一种新的语言,AtScript,它将扩展 TypeScript 并用于开发全新的 Angular 2 框架。特别是,AtScript 将支持装饰器(Decorator),那时 TypeScript 中还没有出现装饰器。

然后,一位谷歌员工建议与来自微软的 TypeScript 团队会面,看看他们是否愿意为 TypeScript 本身添加装饰器。微软的人同意了,Angular 2 的框架是用 TypeScript 编写的,这也成为开发 Angular 应用的推荐语言。今天,有超过一百万的开发者使用 Angular 和 TypeScript 开发 Web 应用,这极大地提升了 TypeScript 的流行度。

在撰写本文时,Angular 在 GitHub 上有 5.6 万名用户和 1000 名贡献者。下面介绍这个框架,以及如何使用 TypeScript 开发一个普通的应用程序。本章将简要介绍 Angular 框架。第 12 章包含了用 Angular 编写的区块链应用程序的代码审查。

今天,Angular 和 React.js 是开发 Web 应用(除流行的 jQuery 外)市场上的主要参与者,而 Vue.js 越来越受到人们的关注。Angular 是一个框架,而 React.js 是一个库,它能很好地完成一件事:在浏览器的 DOM 中渲染 UI。第 13 章会让你开始使用 React.js 和 TypeScript 开发 Web 应用。在第 14 章中,将使用 React 开发另一个版本的区块链客户端。第 15 章将介绍 Vue 的基

础知识。在第 16 章中，我们将用 Vue 编写另一个版本的区块链客户端。

> **注意**　在单个章节中很难用 TypeScript 详细介绍 Angular 开发。如果你真的想学习 Angular，请阅读我们的书 *Angular Development with TypeScript*，2nd edition(Manning，2018)。

框架和库之间的区别在于，框架迫使你以某种方式编写应用程序，而库则为你提供了某些功能，你可以按自己喜欢的任何方式使用它们。从这个意义上讲，Angular 绝对是一个框架，甚至不仅仅是一个框架，它是一个"固执己见"的平台(可以扩展的框架)，其中包含了开发 Web 应用所需的一切：

- 支持依赖注入
- Angular Material——一个外观现代化的 UI 组件库
- 在应用程序中规划用户导航的路由器
- 与 HTTP 服务器通信的模块
- 一种将应用程序分割成可部署模块的方法，这些模块可以被快速加载，也可以被延迟加载
- 高级形式的支持
- 处理数据流的响应式扩展库(RxJS)
- 支持实时代码重载的 development Web 服务器
- 用于优化和绑定部署的构建工具
- 用于快速搭建应用程序、库或更小的构件(如组件、模块、服务等)的命令行界面

下面快速创建并运行一个简单的 Web 应用，它将展示一些 Angular 的特性。

11.1　使用 Angular CLI 生成并运行一个新的应用程序

CLI 代表命令行接口，Angular CLI 是一个工具，可以在不到一分钟的时间内生成和配置一个新的 Angular 项目。要在你的计算机上安装 Angular CLI，请运行以下命令：

```
npm install @angular/cli -g
```

现在，可以使用带参数的 ng 命令从终端窗口运行 CLI。此命令可用于生成新的工作区、应用程序、库、组件、服务等。在 Angular 的 CLI 文档(https://angular.io/cli)中描述了 ng 命令的参数，还可以在终端窗口中运行 ng help 来查看可用的参数。要获得特定参数的帮助，请运行 ng help，后跟需要帮助的参数的名称，如 ng help new。

> **注意**　在本章中，我们使用了 Angular CLI 7.3。要查看你的计算机上安装的是哪个版本，请运行 ng version。

本章附带了四个由 Angular CLI 生成的示例项目。即使这些项目已经准备好进行审查和运行，我们也将描述生成和运行 hello-world 项目的过程，以便可以自己尝试。

要生成一个新的最小化项目，运行 ng new 命令，后跟项目的名称(也称为工作区)。要生成一个简单的 hello-world 项目，请在终端窗口中运行以下命令：

```
ng new hello-world --minimal
```

它会问你，"Would you like to add Angular routing? (y/N)"，我们回答 N。然后你需要选择样式表的格式；按回车进入 CSS(默认)。稍后，你将在新的 hello-world 目录中看到生成的文件的名称，其中一个将是 package.json。在接下来的 30 秒内，它将运行 npm 并安装所有必需的依赖项。图 11.1 显示了项目就绪后的终端窗口。

具有依赖项的文件

图 11.1　生成最小项目

在终端窗口中，切换到新生成的 hello-world 目录，并使用 ng serve -o 命令在浏览器中运行应用程序(-o 表示"在默认主机和端口为我打开浏览器")：

```
cd hello-world
ng serve -o
```

ng serve -o 命令在内存中构建这个应用程序的包，用你的应用程序启动 Web 服务器，并打开浏览器。它将产生如图 11.2 所示的控制台输出。在编写本文时，ng serve 命令使用 Webpack 将你的应用程序和 Webpack DevServer 绑定在一起提供服务。默认情况下，你的应用程序在 localhost：4200 上提供。

如果你阅读了第 6 章，就会了解 Webpack 包和源映射文件。该应用程序的代码位于 main.js 块中，Angular 框架的代码位于 vendor.js 块中。不要被 vendor.js(3.52 MB)的大小吓倒，因为 ng serve 在没有优化的情况下在内存中构建包。运行生产构建，ng serve--prod，将生成总大小刚刚超过 100 KB 的包。

```
$ cd hello-world
$ ng serve -o
** Angular Live Development Server is listening on localhost:4200, open your browser on h
ttp://localhost:4200/ **
                                                                    u Date: 201
9-04-10T10:35:12.530Z
Hash: 617767a50a6f77b8c833
Time: 7615ms
chunk {es2015-polyfills} es2015-polyfills.js, es2015-polyfills.js.map (es2015-polyfills)
284 kB [initial] [rendered]
chunk {main} main.js, main.js.map (main) 9.11 kB [initial] [rendered]
chunk {polyfills} polyfills.js, polyfills.js.map (polyfills) 236 kB [initial] [rendered]
chunk {runtime} runtime.js, runtime.js.map (runtime) 6.08 kB [entry] [rendered]
chunk {styles} styles.js, styles.js.map (styles) 16.3 kB [initial] [rendered]
chunk {vendor} vendor.js, vendor.js.map (vendor) 3.52 MB [initial] [rendered]
ï wdm¨: Compiled successfully.
```

应用程序绑定   包含Angular代码
                                                                的绑定包

图 11.2   创建应用程序绑定(app bundles)

恭喜！你的第一个 Angular 应用程序已经启动并运行了，呈现了一个页面，上面写着 "Welcome to hello-world!"。在编写本文时，它看起来如图 11.3 所示。

尽管这不是你的应用所需的 UI，但该项目包含以下基本内容：TypeScript 代码 tsconfig.json，用于呈现此 UI 的 HTML 文件 package.json，其中包含所有必需的依赖项，一个预先配置的绑定程序以及一些其他文件。在几分钟内完成一个绑定并运行的应用程序，而不需要花时间学习 Angular，这是非常令人印象深刻的，但你仍然需要学习这个框架来开发自己的应用程序，因此我们将帮助你开始学习 Angular。

图 11.3   运行 hello-world

首先，在终端窗口中按 Ctrl+C 组合键终止正在运行的 hello world 应用程序。接下来，在 VS Code 中打开 hello world 目录，它提供了比终端窗口和纯文本编辑器更方便的开发环境。

11.2   查看生成的 App

图 11.4 是一个 VS Code 截图，显示了生成的 hello world 项目的结构。所有这些文件都是由 Angular CLI 生成的。我们不会一一介绍每个文件，但会描述那些对于理解 Angular 应用如何工作以及任何 Angular 应用的主要参与者都至关重要的文件。在图 11.4 中用箭头标记了这些文件。

应用程序的源代码位于 src 文件夹中，它至少有一个组件(app.component.ts)和一个模块(app.module.ts)。代码清单 11.1 显示了 app.component.ts 的内容。

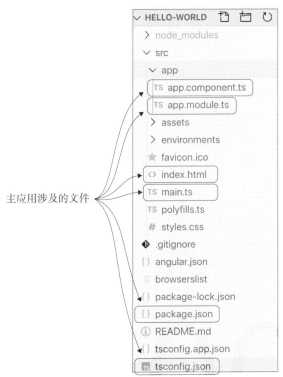

图 11.4　使用 VS Code 查看 hello world 工作区

代码清单 11.1　app.component.ts: top-level 组件

```
导入组件装饰器
    import { Component } from '@angular/core';
                                          用@Component 装饰类
       @Component({
         selector: 'app-root',                        在其他模板中，可以将此
         template: `                                  组件称为<app-root>
           <div style="text-align:center">
              <h1>
该组件            Welcome to {{title}}!    绑定 title 类属性的值
的模板           </h1>
(UI)            <img width="300" src="data:image/svg+xml;base64,PHN2ZyB4b...">
           </div>
           <h2>Here are some links to help you start: </h2>
           <!-- We removed the ul tag due to book space constraints -->
         `,
       styles: []
       })
       export class AppComponent {        装饰组件类
         title = 'hello-world';                    声明并初始化
       }                                            title 类属性
CSS 在这里
```

注意　我们已经从代码的 HTML 部分删除了图 11.3 所示的链接，以使重要的代码更加可见。

Angular 组件是一个用@Component()装饰的类；5.1 节介绍了装饰器。任何组件的 UI 都是在传递给@Component()装饰器的对象中声明的，也就是在它的 selector、template、styles 属性或其他一些属性中声明的。

selector 属性包含一个可以在必须包含此组件的 HTML 文件中使用的值。在代码清单 11.1 中，CLI 生成值 app-root 作为 App 组件的选择器，如果打开 index.html 文件，你将看到一个<body>部分，其中包含与该选择器匹配的开始和结束标记：

```
<body>
  <app-root></app-root>
</body>
```

任何组件的 UI 元素都放在@Component()装饰器的 template 属性中。注意允许多行字符串的反引号，这在格式化 HTML 时非常方便。

提示　Angular 允许你将 HTML 从 TypeScript 代码中分离出来。如果你想把 HTML 保存在一个单独的文件中，使用 templateURL 属性而不是 template；例如，templateUrl:"app.component.html"。

现在看一下代码清单 11.1 中显示 Welcome to {{title}}!的一行。双花括号表示插值——将表达式嵌入文本中。它也是一种将值绑定到字符串的方法。绑定是为了保持你的 TypeScript 类成员和 UI 的值同步。那么这个 title 是怎么来的呢？它是 AppComponent 类的一个属性。

title 类属性的值是 hello-world，这解释了为什么图 11.2 中的 UI 显示"Welcome to hello-world!"。在应用程序运行时修改 title 属性的值，UI 将立即更新。

注意　双花括号用于将模板中的变量值绑定到字符串。另一方面，方括号用于将值绑定到组件的属性：<CustomerComponent [name]=lastName>。在这里，将 lastName 变量的值绑定到 CustomerComponent 的 name 属性。将在代码清单 11.26 和 11.32 中看到更多属性绑定语法的例子。

在代码清单 11.1 中，styles 属性指向空数组。如果想添加 CSS 样式，可以内联地添加它们，或者在 styleUrls 属性中指定一个或多个 CSS 文件的文件名，例如 styleUrls: [app.component.css]。

但是声明一个组件类是不够的，因为你的应用必须至少有一个 Angular 模块(不要和 ECMAScript 模块混淆)。Angular 模块是一个 TypeScript 类，用@NgModule()装饰器装饰。它就像组件、服务以及可能属于其他模块的注册表一样。通常，该类的代码为空，并且在装饰器的属性中指定模块成员的列表。

下面介绍在 app.module.ts 文件中生成的代码(见代码清单 11.2)。

代码清单 11.2　src/app/app.module.ts 文件

需要实现 NgModule()
装饰器

Web 应用需要 BrowserModule
```
import { BrowserModule } from '@angular/platform-browser';
import { NgModule } from '@angular/core';

import { AppComponent } from './app.component';
```
这是应用程序的
唯一组件

```
@NgModule({
  declarations: [
    AppComponent
  ],
  imports: [
    BrowserModule
  ],
  providers: [],
  bootstrap: [AppComponent]
})
export class AppModule { }
```
应用 NgModule()装饰器

声明属于此模块
的所有组件

如果需要，导入其他模块

声明 Angular 服务的
提供者(如果有)

指定必须加载的根组件

@NgModule()装饰器要求你列出应用中使用的所有组件和模块。在 declarations 属性中，只有一个组件，但如果有几个组件(如 CustomerComponent 和 OrderComponent)，还必须列出它们：

```
declarations: [ AppComponent, CustomerComponent, OrderComponent ]
```

当然，如果你提到类、接口、变量或函数名，就必须在模块文件的顶部导入它们，就像我们在 AppComponent 中所做的那样。顺便说一下，你注意到代码清单 11.1 中的 export 关键字了吗?如果没有它，就不能在 app.module.ts 文件中导入 AppComponent，或者任何其他文件。

imports 属性是列出其他所需模块的地方。Angular 本身被分成模块，你的实际应用也很可能被模块化。代码清单 11.1 在 imports 中只有 BrowserModule，它必须包含在浏览器中运行的任何应用程序的根模块中。代码清单 11.3 显示了 imports 属性的另一个示例，演示了可以在其中包含哪些内容。

代码清单 11.3　导入其他模块

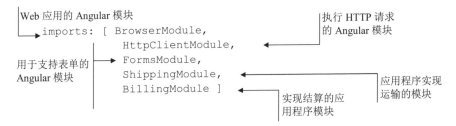

Web 应用的 Angular 模块
```
imports: [ BrowserModule,
           HttpClientModule,
           FormsModule,
           ShippingModule,
           BillingModule ]
```
执行 HTTP 请求
的 Angular 模块

用于支持表单的
Angular 模块

应用程序实现
运输的模块

实现结算的应
用程序模块

注意　除了在@NgModule()装饰器的 imports 属性中列出模块外, 还需要为每个模块添加一条
　　　ES6 导入语句, 以指向它们实现的文件。

在下一节中, 将讨论服务和依赖项注入。还将讨论可以在模块 providers 属性中列出的服务
提供者。

bootstrap 属性指定模块必须首先加载的 top-level 组件(根组件)。根组件可能使用子组件,
Angular 会识别并加载这些子组件, 而这些子组件可能有自己的子组件, Angular 会找到并加载
所有的子组件。代码清单 11.2 中的 Angular 模块在 declaration 部分只有一个组件, 因此它也在
bootstrap 中列出, 但如果它有多个组件, 那么在加载模块时需要指定一个来引导。

用模块的 AppComponent 引导模块的代码在哪里(如代码清单 11.1 所示)? 它位于 CLI 生成
的 main.ts 文件中(见代码清单 11.4)。

代码清单 11.4　src/main.ts 文件

```
import { enableProdMode } from '@angular/core';
import { platformBrowserDynamic } from '@angular/platform-browser-
          dynamic';

import { AppModule } from './app/app.module';
import { environment } from './environments/environment';

if (environment.production) {          ◄────────     检查 environment.production
  enableProdMode();                                  变量
}
                                      创建应用程序
                                      的入口
platformBrowserDynamic()      ◄───────
  .bootstrapModule(AppModule)      ◄──────  引导根模块
  .catch(err => console.error(err));      ◄──────     捕获错误(如果有)
```

首先, main.ts 中的代码读取 environments 目录中的一个文件, 以检查 environment.production
布尔变量的值。在不赘述的情况下, 我们仅说明该值会影响 Angular 的更改检测器通过应用程
序组件树的次数, 以查看 UI 上必须更新的内容。更改检测器监视绑定到 UI 的每个变量, 并向
渲染引擎发出关于更新内容的信号。

其次, platformBrowserDynamic() API 创建了一个平台, 它是 Web 应用的入口点。然后,
它引导模块, 这反过来加载了渲染模块所需的根目录和所有子组件。它还将呈现 imports 属性
中列出的其他模块, 并创建一个注入器, 该注入器知道如何注入@NgModule()装饰器的
providers 属性中列出的服务。

我们已经完成了 TypeScript 代码, 并且构建了包, 你可能会猜到图 11.4 中所示的 index.html
文件将使用这个包, 对吗? 错了! 这是 index.html 的初始版本。它只包含根组件的选择器, 如
代码清单 11.5 所示。

代码清单 11.5　src /index.html: 加载应用程序的 HTML 文件

```html
<!doctype html>
<html lang="en">
<head>
  <meta charset="utf-8">
  <title>HelloWorld</title>
  <base href="/">

  <meta name="viewport" content="width=device-width, initial-scale=1">
  <link rel="icon" type="image/x-icon" href="favicon.ico">
</head>
<body>
  <app-root></app-root>          ◀──── 应用程序的根组件块
</body>
</html>
```

在此文件中，你将看不到指向图 11.2 所示的 JavaScript 包的<script>标签。但当你用 ng serve 运行应用程序时，Angular 会添加<script>标签到 HTML 文件，可以在运行时在 Chrome 开发工具中看到它们，如图 11.5 所示。

注意　ng serve 命令可在内存中构建和重建绑定包，以加快开发过程，但如果你想查看实际文件，请运行 ng build 命令，它将创建 index.html 文件以及 dist 目录中的所有绑定包。

提示　CLI 生成的 angular.json 文件包含所有项目配置，可在此处更改输出目录以及许多其他默认选项。

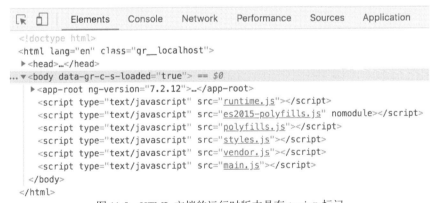

图 11.5　HTML 文档的运行时版本具有<script>标记

这是对 ng new hello-world --minimum CLI 命令生成的项目的高级概述。如果不使用--minimum 选项，CLI 还会为单元测试和端到端测试生成一些样板代码。可以使用简单的生成项目作为本章应用程序的基础，这将需要更多的组件和服务，而 Angular CLI 可以帮助你为应用程序中的各种构件(如组件和服务)生成样板代码。下面介绍 Angular 应用中服务的角色。

11.3　Angular 服务和依赖注入

如果组件是一个带有 UI 的类，那么服务就是一个实现应用程序的业务逻辑的类。可以创建一个计算运输成本的服务，另一个服务可以封装与服务器的所有 HTTP 通信。所有这些服务的共同之处在于它们没有 UI。Angular 可以实例化一个服务，并将其注入应用程序的组件或其他服务中。

什么是依赖注入

如果你曾经编写过以对象作为参数的函数，那么你已经编写了一个实例化该对象并将其注入函数的程序。想象一个运送产品的配送中心。跟踪已发货产品的应用程序可以创建产品对象并调用一个函数来创建和保存发货记录：

```
var product = new Product();
createShipment(product);
```

createShipment() 函数依赖于 Product 对象实例的存在。换言之，createShipment() 函数有一个依赖项：Product，但是函数本身并不知道如何创建 Product。调用脚本应该以某种方式创建该对象并将其作为函数的参数(考虑注入)。

从技术上讲，可以将 Product 对象的创建与其使用解耦。但是前面的两行代码都位于同一个脚本中，因此这并不是真正的解耦，如果你需要用 MockProduct 替换 Product，那么在这个简单的示例中，这只是一个小小的代码更改。

如果 createShipment() 函数有三个依赖项(如 product、shipping company 和 fulfillment center)，并且每个依赖项都有自己的依赖项，那该怎么办呢？在这种情况下，为 createShipment() 函数创建一组不同的对象需要进行更多的手工代码更改。是否可以让别人为你创建依赖项的实例(及其依赖项)呢？

这就是依赖注入(Dependency Injection，DI)模式：如果对象 A 依赖于令牌(一个唯一的 ID)B 标识的对象，则对象 A 不会显式地使用 new 运算符实例化 B 指向的对象。相反，它将从操作环境中注入 B。

对象 A 只需要声明，"我需要一个对象 B；有人能把它给我吗？"。对象 A 不请求特定的对象类型(例如 Product)，而是将向令牌 B 注入内容的责任委托给框架。似乎对象 A 不想控制创建实例，并准备让框架控制该过程，是这样吗？我们在这里讨论的是控制反转(Inversion of Control，IoC)原则。"嘿，框架，实例化我现在需要的对象并把它给我，好吗？"

DI 的另一个很好的用途是编写单元测试，在单元测试中，实际的服务需要用模拟来替代。在 Angular 中，可以很容易地配置哪些对象(模拟对象还是真实对象)必须注入你的测试脚本中，如下图所示。

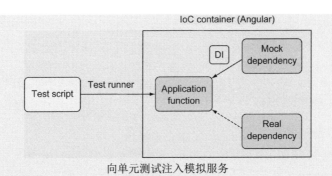

向单元测试注入模拟服务

Angular 框架实现了 DI 模式,并为你提供了一种在需要时将一个对象替换为另一个对象的简单方法。

让我们用 Angular CLI 在 hello-world 项目中生成 ProductService 类。为此,将使用 ng generate CLI 命令,它可以生成服务、组件、模块等。要生成服务,需要使用命令 ng generate service(或 ng g s),后跟服务的名称。下面的命令将在 src/app 目录中生成一个新的 product.service.ts 文件:

```
ng generate service product --skip-tests
```

提示 要查看 ng generate 命令的所有参数和选项,请在终端窗口中运行 ng --help generate。

如果没有指定--skip-tests 选项,CLI 还会生成一个文件,其中包含测试产品服务的样板代码。代码清单 11.6 显示了 product.service.ts 文件的内容。

代码清单 11.6 生成的 product.service.ts 文件

```
该装饰器将该类标记为可注入
  import { Injectable } from '@angular/core';

⟶ @Injectable({
    providedIn: 'root'              ⟵  服务实例必须对根模
  })                                    块的所有成员均可用
  export class ProductService {

    constructor() { }
  }
```

@Injectable()装饰器会指示 Angular 生成实例化和注入服务所需的额外元数据。ProvidedIn 属性允许你指定必须在何处提供此服务。值 root 表示希望在应用程序级别上提供此服务并将其作为单例,这意味着所有其他组件和服务将使用 ProductService 对象的单个实例。如果你的应用程序包含几个功能模块,可以限制服务只能在一个特定的模块中使用,比如 providedIn: ShippingModule。

使用 providedIn 属性的另一种方法是在@NgModule 模块的 providers 属性中指定 provider:

```
@NgModule({
  ...
  providers: [ProductService]
})
```

假设你有一个使用 ProductService 类获取产品详细信息的 ProductComponent。如果没有 DI,
ProductComponent 需要知道如何实例化 ProductService 类。这可以通过多种方式实现,例如使
用 new 运算符、在单例对象上调用 getInstance() 或调用某个 createProductService() 工厂函数。在
任何情况下,ProductComponent 都与 ProductService 紧密耦合,因为用该服务的另一个实现替
换 ProductService 需要在 ProductComponent 中进行代码更改。

如果想在另一个使用不同服务来获取产品详细信息的应用程序中重用 ProductComponent,
那么必须修改代码,比如 productService = new AnotherProductService()。DI 使你无须了解如何
创建依赖关系,从而使应用程序的组件和服务脱钩。

Angular 的文档使用了令牌的概念,令牌表示要注入对象的任意键。可以通过指定 providers
将令牌映射到 DI 的值。provider 是给 Angular 的一条指令,说明如何创建对象的实例以供将来
注入目标组件或其他服务中。

我们已经提到过,可在模块声明中指定 provider(如果需要单例服务),但也可以在代码清
单 11.7 所示的组件级别上指定 provider,其中 ProductComponent 会注入 ProductService。

Angular 实例化并注入构造函数的参数中使用的任何类。如果在 @Component() 装饰器中声
明了一个 provider,则组件将获得自己的服务实例,一旦组件被销毁,该实例就会被销毁。

代码清单 11.7　将 ProductService 注入 ProductComponent 中

```
@Component({
  providers: [ProductService]          ←──────  ProductService 令牌被
})                                              指定为注入提供者
class ProductComponent {
  product: Product;
                                                注入由 ProductService
  constructor(productService: ProductService) {  ←──────  令牌表示的对象

    this.product = productService.getProduct();  ←──────
  }                                               假设服务中存在 getProduct(),
}                                                 则使用注入对象的 API
```

令牌名称通常与要注入对象的类型相匹配。前面的代码片段使用缩写[ProductService]来指
示 Angular 通过实例化具有相同名称的类来提供 ProductService 令牌。长版本应该是这样的:
providers:[{provide: ProductService, useClass: ProductService}]。表示你对 Angular 说,如果看到
带有使用令牌 ProductService 的构造函数的类,请注入 ProductService 类的实例。

ProductComponent 不需要知道要使用哪个 ProductService 类型的具体实现,只要使用指定
为 provider 的任何对象即可。对 ProductService 对象的引用将通过构造函数参数注入,并且不
需要在 ProductComponent 中显式实例化 ProductService。只需要像前面的代码中那样使用它,
在 Angular 创建的 ProductService 实例上调用 getProduct() 服务方法。

如果需要将相同的 ProductComponent 与 ProductService 类型的不同实现一起重用，请按以下方式更改 providers 行：providers: [{provide:ProductService, useClass: AnotherProductService}]。现在，Angular 将实例化 AnotherProductService，但使用 ProductService 的 ProductComponent 的代码不需要修改。在此示例中，使用 DI 可提高 ProductComponent 的可重用性，并消除其与 ProductService 的紧密耦合。

11.4　使用 ProductService 注入的应用

本章附带一个示例项目 di-products，该项目显示了如何将 ProductService 注入 ProductComponent。代码清单 11.8 显示了 ProductService 的代码。

代码清单 11.8　di-products 项目的 product.service.ts 文件

```
import { Injectable } from '@angular/core';
import { Product } from './product';
                                              创建 ProductService
@Injectable({                                 的单例实例
  providedIn: 'root'              ◀────────────
})
export class ProductService {

  getProduct(): Product {          ◀────────────   返回硬编码的
    return { id: 0,                                 产品数据
            title: "iPhone XI",
            price: 1049.99,
            description: "The latest iPhone" };
  }
}
```

在此服务中，我们具有 getProduct()方法，该方法返回产品类型的硬编码数据，如代码清单 11.9 所示，但在实际应用中，我们会向服务器发出 HTTP 请求以获取数据。

代码清单 11.9　product.ts 文件

```
export interface Product {
  id: number,
  title: string,
  price: number,
  description: string
}
```

注意　我们将 Product 类型声明为接口，该接口在 getProduct()中强制进行类型检查，但在已编译的 JavaScript 中不占用任何资源。我们本可以将 Product 类型声明为一个类，但这将导致生成 JavaScript 代码(例如类或函数，具体取决于目标编译器选项中的值)。要声明自定义类型，最好使用接口而不是类。

现在介绍使用以下 CLI 命令生成的产品组件：

```
ng generate component product --t --s --skip-tests
```

--t 选项指定我们不想为组件的模板生成单独的 HTML 文件。--s 选项指定我们将使用内联样式，而不是生成单独的 CSS 文件。而--skip-tests 会生成没有样板单元测试代码的文件。

代码清单 11.10 显示了添加模板并注入 ProductService 之后的 ProductComponent。

代码清单 11.10   product.component.ts: 产品组件

```
import {Component} from '@angular/core';
import {ProductService} from "../product.service";
import {Product} from "../product";

@Component({
  selector: 'di-product-page',
  template: `<div>
  <h1>Product Details</h1>
  <h2>Title: {{product.title}}</h2>           ◄─── 将标题绑定到 UI
  <h2>Description: {{product.description}}</h2>  ◄─── 将说明绑定到 UI
  <h2>Price: \${{product.price}}</h2>
</div>`                                         ◄─── 将价格绑定到用户界面
})

export class ProductComponent {               该对象的属性
  product: Product;          ◄───           绑定到 UI

  constructor( productService: ProductService) {  ◄─── 注入 ProductService

    this.product = productService.getProduct();   ◄─── 使用 ProductService
  }                                                    的 API
}
```

Angular 实例化 ProductComponent 时，也会将 ProductService 注入组件，因为它是构造函数参数。然后，构造函数将调用 getProduct()，填充组件的 product 属性，并使用绑定更新 UI。

注意   请不要因为我们从组件的构造函数调用 getProduct()而责怪我们。在实际项目中，将使用专门的 ngOnInit()回调，但我们想向你展示最简单的代码。

最后，AppComponent 通过在模板中使用其选择器将 ProductComponent 指定为子级(见代码清单 11.11)。

代码清单 11.11   app.component.ts: top-level 组件

```
import { Component } from '@angular/core';

@Component({
  selector: 'app-root',
  template: `<h1> Basic Dependency Injection Sample</h1>
            <di-product-page></di-product-page>`
})                                        ◄─── 将 ProductComponent 添加到模板
```

```
export class AppComponent {}
```

构建绑定包并使用 ng serve -o 命令启动 dev 服务器，浏览器将呈现 UI，如图 11.6 所示。

提示 如果你不太喜欢组件的 UI(如图 11.6 所示)，则可以向其@Component()装饰器添加一个 styles 属性，并使用你喜欢的任何样式。

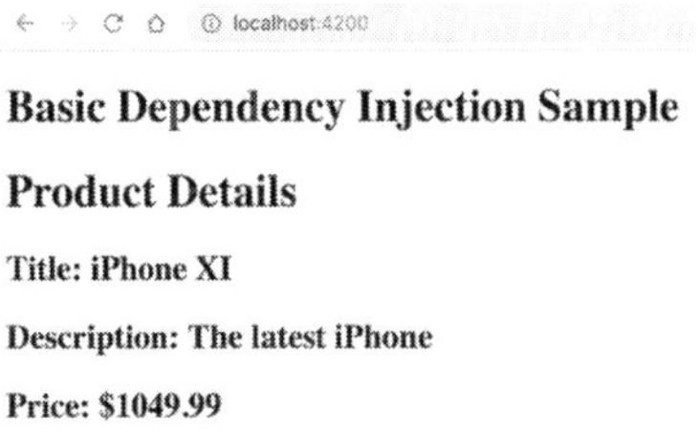

Basic Dependency Injection Sample

Product Details

Title: iPhone XI

Description: The latest iPhone

Price: $1049.99

图 11.6　显示产品数据

Angular 中的状态管理

状态管理是任何应用程序中最重要的部分之一。它本身应该有一个章节，但我们只有侧边栏的空间。我们将这一侧边栏放在 DI 的讨论中，因为在 Angular 中，DI 被广泛用于实现状态管理。

在 Web 应用中，一个组件可以更改另一个组件中使用的一个或多个变量的值。这可能是由于用户的操作或服务器生成的新数据引起的。例如，你在 Facebook 上，顶部工具栏(一个组件)显示你有 3 条未读邮件。当你单击数字 3 时，它将打开 Messenger(另一个组件)，向你显示这 3 则消息。

在用户会话期间，除了工具栏和 Messenger 组件外，还可以存储和维护消息计数器。这是应用程序状态管理的一个示例，在任何应用程序中都起着非常重要的作用。

Angular 可注入服务(与 RxJS 组合)为你提供了一种实现状态管理的直接方法。如果创建 AppState 服务并在@NgModule()装饰器中声明其 provider，则 Angular 将创建一个 AppState 单例，可以将其注入需要访问当前应用程序状态的任何组件或服务中。

AppState 服务可能具有 messageCounter 属性，并且 MessengerComponent 可在每次收到新消息时将其递增。因此，ToolbarComponent 将获取 AppState.messageCounter 的当前值并将其呈现在 UI 中。这样，AppState 成为存储和提供应用程序状态值的唯一一事实来源。 而且，当一个组件更新消息计数器时，AppState 可以将其新值广播给其他对获取新状态感兴趣的组件。

尽管可注入服务为状态管理提供了一个简单的解决方案，但有些人还是喜欢使用第三方库(例如 NGRX 或 NGXS)在 Angular 应用中实现状态管理。这些库可能需要你编写许多其他样板代码，并且在决定应用程序中状态管理的实现之前，你应该三思而后行。实现不佳的状态管理可能会使应用程序有 bug，并且维护成本很高。

Yakov Fain 发布了一个名为 "Angular: When ngrx is an overkill" 的视频，他在其中比较了在一个简单的应用程序中使用单例服务和使用 NGRX 库实现状态管理。

11.5　使用 TypeScript 进行抽象编程

在 3.2.3 节中，建议对接口进行编程(也称为抽象)。由于 Angular DI 允许你替换可注入对象，因此，如果可以声明 ProductService 接口并将其指定为提供程序，那就太好了。注入点看起来像 constructor(productService：ProductService)，可以编写一些具体的类来实现此接口，并根据需要在 provider 的声明中进行切换。

可以使用 Java、C#和其他面向对象的语言来实现。在 TypeScript 中,问题在于将代码编译成 JavaScript 后,接口会被删除,因为 JavaScript 不支持它们。换言之,如果将 ProductService 声明为接口,则构造函数 constructor(productService：ProductService 会变成 constructor (productService,而 Angular 将对 ProductService 一无所知。

好消息是 TypeScript 支持抽象类,该类可以实现某些方法,也可以声明某些抽象方法,但尚未实现(有关详细信息,请参见 3.1.5 节)。然后,需要实现扩展抽象类的具体类,并实现所有抽象方法。例如,可以在代码清单 11.12 中包含这些类。

代码清单 11.12　声明一个抽象类和两个子类

```
export abstract class ProductService{          ◀─── 声明一个抽象类
  abstract getProduct(): Product;          ◀─── 声明一个抽象方法
}

export class MockProductService extends ProductService{          ◀──────┐
  getProduct(): Product {                          创建抽象类的第一个具体实现
    return new Product('Samsung Galaxy S10');
  }
}
                                                          创建抽象类
                                                          的第二个具
export class RealProductService extends ProductService{   ◀── 体实现
  getProduct(): Product {
    return new Product('iPhone XII');
  }
}
```

好消息是,可以在构造函数中使用抽象类的名称,并且在 JavaScript 代码生成期间,Angular 将基于 provider 声明使用特定的具体类。代码清单 11.12 声明了 ProductService、Mock-ProductService 和 RealProductService 类,将使你可以编写类似于代码清单 11.13 所示的代码。

代码清单 11.13　使用抽象类作为 provider

```
// A fragment from app.module.ts
@NgModule({
  providers: [{provide: ProductService, useClass: RealProductService}],   ◀──┐
  ...                                              将具体类型映射到抽象标记
})
export class AppModule { }

// A fragment from product.component.ts
@Component({...})                                          在注入点使
export class ProductComponent {                            用抽象令牌
  constructor(productService: ProductService) {...};   ◀──
  }
  ...
}
```

在这里,我们在声明 provider 时将 ProductService 抽象用作构造函数参数。代码清单 11.8

中的情况并非如此，其中 ProductService 是某些功能的具体实现。可以按照前面所述的方式替换提供程序，或从一种具体的服务实现切换到另一种。

如果你不使用抽象类，则在声明 ProductService 和 MockProductService 类时需要非常小心，以使它们具有完全相同的 getProducts() API。如果使用抽象类方法，当试图实现一个具体的类，但是没有实现其中一个抽象方法时，TypeScript 编译器将会给你一个错误，Program to abstractions！

> **提示**　还有另一种使用 DI 的方法，请确保多个类具有相同的 API。在 TypeScript 中，一个类可以实现另一个类，例如 class MockProductService implements ProductService。这种语法允许类型分析器确保 MockProductService 类实现在 ProductService 中定义的所有公共方法，并将这些类中的任何一个与 DI 一起使用。

11.6　开始处理 HTTP 请求

Angular 应用程序可以与任何支持 HTTP 的 Web 服务器进行通信，在本节中，将展示如何开始发出 HTTP 请求。这将帮助你理解下一章中介绍的区块链应用程序的代码。

基于浏览器的 Web 应用异步运行 HTTP 请求，因此 UI 保持响应。服务器正在处理 HTTP 请求时，用户可以继续使用该应用程序。在 Angular 中，异步 HTTP 是使用 Angular 附带的 RxJS 库提供的一个特殊的 Observable 对象来实现的。

如果你的应用程序需要 HTTP 通信，则需要将 HttpClientModule 添加到@NgModule() 装饰器的 imports 部分。之后，可以使用可注入服务 HttpClient 调用 get()、post()、put()、delete()和其他请求。这些请求均返回一个 Observable 对象。

在客户端-服务器通信的上下文中，可以将 Observable 视为可由服务器推送到 Web 应用的数据流。如果与 WebSocket 通信一起使用，则此概念更容易掌握——服务器不断通过打开的套接字将数据推入流中。使用 HTTP，你总是只能获得一个结果集，但是可以将其视为一个数据流。

> **提示**　Yakov Fain 发布了一系列有关 RxJS 和 observable 流的博客 该系列可以在他的网站上找到，网址为 http://mng.bz/omBp。

下面介绍 Web 客户端如何向服务器的/product/123 端点发出请求，以检索 ID 为 123 的 Product。代码清单 11.14 说明了通过将 URL 作为 string 传递来调用 HttpClient 服务的 get()函数的一种方法。

代码清单 11.14　发出 HTTP GET 请求

```
interface Product {       ◀—— 定义 Product 类型
    id: number,
    title: string
}
```

```
...
class ProductService {
  constructor(private httpClient: HttpClient) { }  ◄──── 注入 HttpClient 服务

                              ┌──── 此回调方法由 Angular 调用
  ngOnInit() {
    this.httpClient.get<Product>('/product/123')              "订阅" get()的结果
      .subscribe(
        data => console.log(`id: ${data.id} title: ${data.title}`),  ◄────
        (err: HttpErrorResponse) => console.log(`Got error: ${err}`)  ◄────
      );
  }                                                        记录错误(如果有)
}
```

声明一个 get()请求

HttpClient 服务注入构造函数中，并且由于添加了一个私有限定符，因此 httpClient 成为
Angular 实例化的 ProductService 对象的属性。我们将发出 HTTP 请求的代码放在所谓的钩子方
法 ngOnInit()中，该方法在实例化组件并初始化其所有属性时由 Angular 调用。

在 get()方法中，没有指定完整的 URL(例如 http://localhost:8000/product/123)。假设 Angular
应用向部署它的同一服务器发出请求，因此可以省略 URL 的基础部分。请注意，在 get <Product>()
中，使用<Product>类型断言(等效于 as Product)来指定 HTTP 响应正文中预期的数据类型。此
类型断言告诉静态类型分析器，如下所示："尊敬的 TypeScript，你很难推断服务器返回的数据
类型。让我来帮助你——它是 Product。"

返回的结果始终是 RxJS Observable 对象，该对象具有 subscription()方法。我们指定了两个
回调作为其参数：

- 如果接收到数据，则将调用第一个。它会在浏览器的控制台上打印数据。
- 如果请求返回错误，第二个将被调用。

post()、put()和 delete()方法以类似的方式使用。可以调用其中一个方法并订阅结果。

> **注意**　前面我们已经说过，每个可注入服务都需要一个 provider 声明，但是 HttpClient 的
> providers 是在 HttpClientModule 内部声明的，它包含在@NgModule 的 imports 中，因
> 此你不必在应用程序中显式声明它们。

默认情况下，HttpClient 期望数据为 JSON 格式，并且该数据会自动转换为 JavaScript 对象。
如果需要非 JSON 数据，请使用 responseType 选项。例如，可以从文件中读取任意文本，如代
码清单 11.15 所示。

代码清单 11.15　将字符串指定为返回数据类型

```
let someData: string;
                                                        指定字符串作为
                                                        响应主体类型
this.httpClient
  .get<string>('/my_data_file.txt', {responseType: 'text'})  ◄────
  .subscribe(
```

```
        ┌──────► data => someData = data,
        │           (err: HttpErrorResponse) => console.log(`Got error: ${err}`) ◄──────┐
    │   );                                                                               │
    │                                                                     记录错误(如果有)│
将接收到的数据
分配给变量
```

现在，让我们看看如何使用 HttpClient 从 JSON 文件读取一些数据。本章附带一个 read-file 项目，该项目说明如何使用 HttpClient.get()读取包含 JSON 格式的产品数据的文件。此应用程序有一个数据目录，其中包含代码清单 11.16 中显示的 products.json 文件。

代码清单 11.16　data/products.json 文件

```
[
  { "id": 0, "title": "First Product", "price": 24.99 },
  { "id": 1, "title": "Second Product", "price": 64.99 },
  { "id": 2, "title": "Third Product", "price": 74.99}
]
```

数据目录包含项目 assets(products.json 文件)，并且需要包含在项目绑定包中，因此将该目录添加到 angular.json 文件中应用程序的 assets 属性中(见代码清单 11.17)。

代码清单 11.17　angular.json 的代码片段

```
"assets": [
  "src/favicon.ico",           Angular CLI 生成的
  "src/assets",                默认 assets
  "src/data"  ◄──────
]                        已添加到项目中
                         的 assets 目录的名称
```

通常，在使用 HttpClient 服务时将指定服务器的 URL，但是在示例应用程序中，URL 指向本地 data/products.json 文件。应用程序将读取此文件，并将呈现如图 11.7 所示的 products 信息。

ApplicationComponent 将使用 HttpClient.get()发出 HTTP GET 请求，我们将声明一个 Product 接口，定义预期 product 数据的结构(见代码清单 11.18)。

Products

- First Product: $24.99
- Second Product: $64.99
- Third Product: $74.99

图 11.7　呈现 products.json 的内容

代码清单 11.18　src/product.ts：自定义 Product 类型

```
export interface Product {
    id: string;
    title: string;
    price: number;
}
```

代码清单 11.19 中显示了 app.component.ts 文件，在该文件中，将实现一种更简单的订阅 HttpClient 响应的方式。这次你将看不到显式的 subscribe()，我们将改用异步管道(async pipe)。

注意　Angular 管道是特殊的转换器功能，可在组件的模板中使用，并由竖线和管名表示。例如，currency 管道将数字转换为货币。123.5521 | currency 将显示 $ 123.55(美元是默认货币符号)。

代码清单 11.19　app.component.ts：顶层组件

```typescript
import {HttpClient} from '@angular/common/http';
import {Observable} from 'rxjs';                     ← 从 RxJS 库导入 Observable
import {Component, OnInit} from "@angular/core";
import {Product} from "./product";

@Component({
  selector: 'app-root',                              遍历可观察的 products，并
  template: `<h1>Products</h1>                        通过异步管道自动订阅
  <ul>
    <li *ngFor="let product of products$ | async">   ← 渲染 product 标题和以货币格式设置的价格
      {{product.title }}: {{product.price | currency}}  ←
    </li>
  </ul>
  `})
export class AppComponent implements OnInit{          声明 products 的可观察类型
  products$: Observable<Product[]>;                   ←

  constructor(private httpClient: HttpClient) {}      ← 注入 HttpClient 服务

  ngOnInit() {
    this.products$ = this.httpClient
                .get<Product[]>('/data/products.json');  ← 发出 HTTP GET 请求以指定期望数据的类型
  }
}
```

由 get()返回的 observable 将被异步管道在模板中解包，每个 product 的标题和价格将由下面的代码呈现：

```html
<li  *ngFor="let product of products$ | async">
  {{product.title }}: {{product.price | currency}} 1((CO17-1))
</li>
```

*ngFor 是一个 Angular 结构指令，它遍历 products$ 观察到的每个项目，并呈现\<li\>元素。每个元素将使用绑定显示 product 标题和价格。products$ 末尾的美元符号只是表示可观察变量的命名约定。

要查看此应用程序的运行情况，请在客户端目录中运行 npm install，然后运行以下命令。

```
ng serve -o
```

11.7　表单入门

HTML 提供了用于显示表单，验证输入的值以及将数据提交到服务器的基本功能。但是 HTML 表单对于实际应用程序可能不够好，这些应用程序需要一种方法来以编程方式处理输入的数据，应用自定义验证规则，显示用户友好的错误消息，转换输入数据的格式以及选择数据提交到服务器的方式。

Angular 提供了以下两个 API 来处理表单。

- Template-driven API——使用模板驱动的 API，可以使用指令在组件模板中对表单进行完全编程，而 Angular 会隐式创建模型对象。由于你在定义表单时仅限于 HTML 语法，因此模板驱动方法仅适用于简单表单。
- Reactive API——使用响应式(Reactive)API，可以在 TypeScript 代码中显式创建模型对象，然后使用特殊指令将 HTML 模板元素链接到该模型的属性。可以使用 FormControl、FormGroup 和 FormArray 类显式构造表单模型对象。

对于非平凡形式，响应式方法是更好的选择。在本节中，将简要介绍如何使用响应式表单，该表单也将在我们的区块链应用程序中使用。

要启用响应式表单，需要将@angular/forms 中的 ReactiveFormsModule 添加到@NgModule() 装饰器的 imports 列表中，如代码清单 11.20 所示。

代码清单 11.20　添加对响应式表单的支持

```
import { ReactiveFormsModule } from '@angular/forms';

@NgModule({
  ...
  imports: [                          导入支持响应式
  ...                                 表单的模块
  ReactiveFormsModule  ◀────
  ],
  ...
})
```

现在，介绍创建表单模型，该模型是一种保存表单数据的数据结构。可以使用 FormControl、FormGroup 和 FormArray 类构造它。例如，代码清单 11.21 声明了一个 FormGroup 类型的类属性，并使用一个新对象对其进行了初始化，该对象将包含表单的表单控件实例。

代码清单 11.21　创建表单模型对象

```
myFormModel: FormGroup;

  constructor() {                              创建表单模
    this.myFormModel = new FormGroup({  ◀──   型的实例
      username: new FormControl(''),
      ssn: new FormControl('')                 将表单控件添
                                               加到表单模型
```

```
        });
    }
```

FormControl 是一个原子表单单元，通常对应于一个<input>元素，但它也可以表示一个更复杂的 UI 组件，例如：日历或滑块。FormControl 实例存储与之对应的 HTML 元素的当前值、该元素的有效状态以及是否已被修改。

创建控件并将其初始值作为构造函数的第一个参数传递的方法如下：

```
city = new FormControl('New York');
```

还可以创建一个 FormControl 并附加一个或多个内置或自定义验证器，这些验证器可以附加到窗体控件或整个窗体。代码清单 11.22 显示了如何将两个内置的 Angular 验证器添加到窗体控件。

代码清单 11.22　向表单控件添加验证器

创建一个初始值为'New York'的窗体控件

将所需的验证器添加到表单控件

```
city = new FormControl('New York',
                [Validators.required,
                 Validators.minLength(2)]);
```

将 minLength 验证器添加到窗体控件

FormGroup 是 FormControl 对象的集合，它代表整个表单或一部分表单。FormGroup 汇总组中每个 FormControl 的值和有效性。如果组中的某个控件无效，则整个组都将变为无效。

可注入的 FormBuilder 服务是创建表单模型的一种方法。它的 API 更简洁，使你免于如代码清单 11.21 所示的对 FormControl 对象的重复实例化。在代码清单 11.23 中，Angular 注入用于声明表单模型的 FormBuilder 对象。

代码清单 11.23　使用 FormBuilder 创建 formModel

注入 FormBuilder 服务

FormBuilder.group()使用传递给它的配置对象创建 FormGroup

```
constructor(fb: FormBuilder) {
    this.myFormModel = fb.group({
        username: [''],
        ssn: [''],
        passwordsGroup: fb.group({
            password: [''],
            pconfirm': ['']
        })
    });
}
```

每个 FormControl 都使用一个数组实例化，该数组可能包含初始控件的值及其验证器

与 FormGroup 一样，FormBuilder 允许你创建嵌套组

FormBuilder.group()方法接收带有额外配置参数的对象作为最后一个参数。如果需要，可以使用它指定组级别的验证器。

响应式方法要求你在组件模板中使用指令，这些指令以 form 为前缀，例如 formGroup(注

意小写 f)，如代码清单 11.24 所示。

代码清单 11.24　将 FormGroup 绑定到 HTML 表单标签

```
@Component({
  selector: 'app-root',
  template: `                              将表单模型的实例绑定
   <form [formGroup]="myFormModel">  ◄──────  到<form>的 formGroup
   </form>                                   指令
  `
})
class AppComponent {                        创建表单模型的实例
  myFormModel = new FormGroup({  ◄──────
              username: new FormControl(''),
              ssn: new FormControl('')
             });
}
```

响应式指令 formGroup 和 formControl 使用带方括号的属性绑定语法将诸如<form>和
<input>之类的 DOM 元素绑定到模型对象(例如 myFormModel)：

```
<form  [formGroup]="myFormModel">
  ...
</form>
```

通过名称将 DOM 元素链接到 TypeScript 模型的属性的指令是 formGroupName、formControlName
和 formArrayName。它们只能在带有 formGroup 指令标记的 HTML 元素内使用。

formGroup 指令将代表整个表单模型的 FormGroup 类的实例绑定到顶级表单的 DOM 元素，
通常是<form>。在组件模板中，使用 formGroup(带有小写字母 f)，在 TypeScript 中创建类
FormGroup(带有大写字母 F)的实例。

formControlName 指令必须在 formGroup 指令的范围内使用，它将单个 FormControl 实例链
接到 DOM 元素。继续将代码添加到上一节中的 dateRange 模型示例中。组件和表单模型保持不
变，只需要添加带有 formControlName 指令的 HTML 元素即可完成模板(见代码清单 11.25)。

代码清单 11.25　填写表单模板

```
<form [formGroup]="myFormModel">
  <div formGroupName="dateRange">         from 是模型的 dateRange
                                          嵌套组中的属性名称
    <input type="date" formControlName="from">  ◄──────
    <input type="date" formControlName="to">    ◄──────
  </div>                                        to 是模型的 dateRange
</form>                                          嵌套组中的属性名称
```

与 formGroupName 指令中一样，可以指定要链接到 DOM 元素的 FormControl 的名称。同
样，这些是你在定义表单模型时选择的名称。

　　formControl 指令与单个表单控件或单控件表单一起使用。当你不想使用 FormGroup 创建表单模型但仍想使用 Forms API 功能(例如：Observable 类型的 FormControl.valueChanges 属性提供的验证和响应行为)时，这很有用(即，可以订阅 valueChanges，每次用户在此处输入字符时，都会接收表单字段的数据)。

　　代码清单 11.26 所示的代码段查找在表单上输入的城市的天气,然后将其打印在控制台上。

代码清单 11.26　使用 FormControl 的天气组件

```
将 formControl 与属性绑定一起使用
  @Component({
    ...                                     创建一个 FormControl 的独立实
                                            例，而不是定义一个表单模型
    template: `<input type="text" [formControl]="weatherControl">`
  })
class FormComponent {
  weatherControl: FormControl = new FormControl();

  constructor() {                           使用 RxJS 操作符切换到 getWeather()
                                            返回的另一个可观察对象
    this.weatherControl.valueChanges
        .pipe(
           switchMap(city => this.getWeather(city))
        )
        .subscribe(weather => console.log(weather));
  }
}                                           订阅 valueChanges 并打印从可观
                                            察对象接收到的天气
使用可观察到的 valueChanges
从表单获取值
```

　　RxJS 附带了数十种操作符，可将这些操作符应用于可观察对象发出的数据项，然后再将其提供给 subscribe()方法。我们只是说在前面的代码片段中，getWeather()方法向天气服务器发出 HTTP 请求并返回一个可观察对象。switchMap 操作符从可观察对象 valueChanges 中获取数据，并将其传递给 getWeather()，后者也返回一个可观察对象。

　　在第 12 章中，将使用 AppComponent 类中的响应式 Forms API 通过区块链交易处理表单:

```
this.transactionForm = fb.group({
  sender : ['', Validators.required],
  recipient: ['', Validators.required],
  amount : ['', Validators.required]
});
```

　　这段代码将呈现具有三个输入控件的表单：发件人(sender)、收件人(recipient)和数量(amount)。这些控件中的每个控件都将获得一个空字符串作为其初始值，并将附加 Validators.required。

11.8　Router 基础

在单页应用程序(SPA)中，不会重新加载该网页，但其部分可能会更改。我们希望向这样的应用程序添加导航，以便它会根据用户的操作更改页面的内容区域。Angular 路由器允许你配置和实施这种导航，而无须执行整个页面的重新加载。

SPA 的登录页面将包含始终保留在页面上的某些部分，而一些其他部分将根据用户操作或其他事件来呈现不同的组件。图 11.8 显示了一个示例网页，其中始终在页面上呈现导航栏在顶部，搜索面板在左侧和页脚。但是用<router-outlet>标签标记的大区域是可以一次渲染一个不同组件的位置。最初，路由器出口可以显示 HomeComponent，当用户单击链接时，路由器可以在此处显示 ProductComponent。

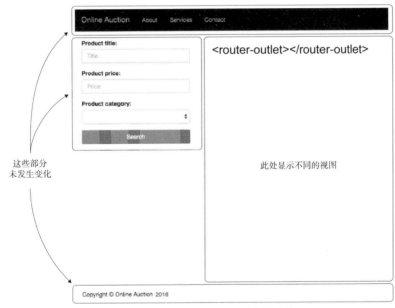

图 11.8　带有 router-outlet 区域的页面

每个应用程序都有一个路由器对象，要安排导航，你需要配置应用程序的路由。Angular 包含许多支持导航的类，例如 Router、Route、Routes、ActivatedRoute 等。可以在 Route 类型的对象数组中配置路由(见代码清单 11.27)。

代码清单 11.27　路由配置示例

空路径表示默认情况下
呈现 HomeComponent

如果 URL 包含产品细分，则
呈现 ProductDetailComponent

```
const routes: Routes = [
    {path: '',        component: HomeComponent},
    {path: 'product', component: ProductDetailComponent}
];
```

由于路由配置是在模块级别完成的,因此你需要让应用模块知道@NgModule()装饰器中的路由。如果为根模块声明路由,请使用 forRoot()方法,如代码清单 11.28 所示。

代码清单 11.28　让根模块知道路由

```
import { BrowserModule } from '@angular/platform-browser';
import { RouterModule } from '@angular/router';
...
@NgModule({
  imports: [BrowserModule,
            RouterModule.forRoot(routes)],      ◀─────  为应用程序根模块创
  ...                                                   建路由器模块和服务
})
```

回顾一下位于路由器目录中的简单应用。使用命令 ng new router --minimal 生成了它。当它询问 "Would you like to add Angular routing?" 时,我们选择了 "Yes" 选项,然后 CLI 生成了 app-routing.module.ts 文件。

AppComponent 在页面顶部有两个链接,即主页(Home)和产品(Product)。应用程序根据用户单击的链接来呈现 HomeComponent 或 ProductDetailComponent。HomeComponent 呈现文本 "Home Component",而 ProducteDtailComponent 呈现 "Product Detail Component"。最初,网页显示 HomeComponent,如图 11.9 所示。

用户单击 Product 链接后,路由器应显示 ProductDetailComponent,如图 11.10 所示。在图 11.9 和图 11.10 中查看这些路由的 URL 是什么样的。

图 11.9　渲染 HomeComponent　　　　图 11.10　渲染 ProductDetailComponent

这个基本应用程序的主要目标是要熟悉路由器,因此组件非常简单。代码清单 11.29 显示了 HomeComponent 的代码。

代码清单 11.29　home.component.ts:HomeComponent 类

```
import {Component} from '@angular/core';

@Component({
    selector: 'home',
    template: '<h1 class="home">Home Component</h1>',
    styles: ['.home {background: red}']})      ◀─────  用红色背景渲染此组件
export class HomeComponent {}
```

如代码清单 11.30 所示,ProductDetailComponent 的代码看起来类似,但是它使用的是青色背景。

代码清单 11.30　product-detail.component.ts：ProductDetailComponent 类

```
import {Component} from '@angular/core';

@Component({
    selector: 'product',
    template: '<h1 class="product">Product Detail Component</h1>',
    styles: ['.product {background: cyan}']})          ◀──── 使用青色背景渲染此组件
export class ProductDetailComponent {}
```

Angular CLI 在 app-routing.module.ts 文件中生成了一个单独的路由模块。根模块将从该文件导入已配置的 RouterModule，如代码清单 11.31 所示。将带有已声明路由的配置对象传递给 forRoot()方法。在此用法中，仅在 Routes 接口中定义了两个属性：path 和 component。

代码清单 11.31　app-routing.module.ts：具有配置路由的模块

```
import { NgModule } from '@angular/core';
import { Routes, RouterModule } from '@angular/router';
import { HomeComponent } from './home.component';
import { ProductDetailComponent } from './product-detail.component';

const routes: Routes = [
  { path: '',        component: HomeComponent },      ◀──── HomeComponent映射到
  { path: 'product', component: ProductDetailComponent }      包含空字符串的路径，
];     ◀──── 如果 URL 中包含产品细分，则在 routeroutlet      这使其成为默认路由
             中呈现 ProductDetailComponent
@NgModule({
  imports: [RouterModule.forRoot(routes)],     ◀──── 使路由在 RouterModule
  exports: [RouterModule] )                            中可用
})
export class AppRoutingModule { }     ◀──── 导出配置的 RouterModule,
                                             以便可以由根模块导入
```

下一步是创建一个根组件，其中将包含用于在 Home 视图和 Product 视图之间导航的链接(见代码清单 11.32)。

代码清单 11.32　app.component.ts：top-level 组件

```
import {Component} from '@angular/core';

@Component({                              创建一个将 routerLink
    selector: 'app-root',                绑定到空路径的链接
    template: `
     <a [routerLink]="['/']">Home</a>     ◀──┘
     <a [routerLink]="['/product']">Product Details</a>     ◀────
                                           创建一个将 routerLink 绑定
                                           到/product 路径的链接
     <router-outlet></router-outlet>     ◀──┐
                                            <router-outlet>指定页面上路由器
})                                          将渲染组件的区域(一次一个)
```

```
export class AppComponent {}
```

routerLink 周围的方括号表示属性绑定，而同一行右边的方括号表示具有一个元素的数组 (例如：['/'])。第二个锚标记具有 routerLink 属性，该属性绑定到为/product 路径配置的组件。

该路径以数组形式提供，因为它可能包含在导航过程中传递的参数。例如，['/ product', 123] 指示路由器，转到将呈现有关 ID 为 123 的 product 信息的组件。匹配的组件将在标有 <router-outlet>的区域中呈现，该区域在此应用程序中位于锚标签下方。如代码清单 11.33 所示，所有组件都不知道路由器配置，因为它是在模块级别完成的。

代码清单 11.33　app.module.ts：根模块

```
...
@NgModule({
  declarations: [
    AppComponent, HomeComponent, ProductDetailComponent    ◀─── 声明属于此模块
  ],                                                             的组件
  imports: [                            导入具有预配置
    BrowserModule,                      路由的模块
    AppRoutingModule  ◀───
  ],
  bootstrap: [AppComponent]
})
export class AppModule { }
```

要运行本节中描述的应用程序，请通过在目标路由器中运行 npm install 来安装依赖项。然后 ng serve -o 命令将启动服务器并在 localhost: 4200 端口打开浏览器。浏览器将呈现图 11.8 所示的窗口。

刚刚向你展示了一个使用 Angular 路由器的非常基本的应用，但它提供了更多功能：

- 导航期间传递参数
- 订阅更改父组件的参数
- 保护路线：应用业务逻辑可能会阻止用户导航到路线
- 导航期间延迟加载模块
- 在一个组件中定义多个路由器出口的能力

Angular 是开发单页面应用的一个非常可靠的解决方案，而路由器在客户端导航中扮演着主要角色。

到此，我们结束了对 Angular 框架的简要介绍。它不会使你成为 Angular 专家，但有助于你阅读和理解第 12 章中介绍的新版本区块链客户端代码。

由于篇幅所限，我们没有解释 Angular 中 RxJS 库支持的响应式编程原理。没有向你展示 Angular Material，这是一组具有现代外观的 UI 组件。这些主题在我们的书，*Angular Development with TypeScript*，2nd(Manning，2018)中进行了阐述。

11.9　本章小结

- Angular 是一个框架，具有开发单页应用程序所需的一切。它包括一个路由器，并支持依赖项注入，使用表单等。
- 借助 Angular CLI，可以在大约一分钟内生成第一个 Angular 应用程序。该应用程序将是完全配置好并且可运行的。
- Angular 出于各种原因使用 TypeScript 装饰器，例如，声明组件，声明可注入服务，声明输入和输出属性。
- Angular CLI 附带了一个构建工具，可让你构建用于生产的优化绑定包或用于开发模式的非优化绑定包。
- Angular 本身是用 TypeScript 编写的，它也是使用此框架开发 Web 应用的推荐语言。

第 12 章

使用Angular开发区块链客户端

本章要点：

- 查看使用 Angular 开发的区块链 Web 客户端的代码
- 如何运行与 WebSocket 服务器通信的 Angular 客户端

在本章中，我们将回顾区块链应用的新版本，其中客户端部分使用 Angular 编写。源代码位于两个目录中：客户端和服务器。但是现在这是两个不同的项目，具有单独的 package.json 文件，而在第 10 章中，这些目录是同一项目的一部分。在实际应用中，前端和后端应用通常是单独的项目。

消息传递服务器的代码与第 10 章中的代码相同，并且此版本的区块链应用程序的功能也相同。唯一的区别是前端的实现已完全用 Angular 重写。让我们看看这个应用程序的运行情况。

提示　你可能需要复习第 10 章，唤醒你对区块链客户端和消息传递服务器功能的记忆。

12.1　启动 Angular 区块链应用程序

该应用程序的代码由消息传递服务器和 Web 客户端组成。要启动服务器，请打开服务器目录中的终端窗口，运行 npm install 以安装服务器的依赖项，然后运行 npm start 命令。你会看到消息 "Listening on http://localhost:3000"。启动客户端时，请保持服务器运行。

要启动 Angular 客户端，请在客户端目录中打开另一个终端窗口，运行 npm install 以安装 Angular 及其依赖项，然后运行 npm start 命令。在客户端的 package.json 中，start 命令是熟悉的 ng serve 命令的别名。它将按照第 11 章中介绍的每个应用程序的方式构建绑定包，并且可以将浏览器打开到 localhost:4200。

　　此时，将有两个服务器正在运行：由 Angular CLI 安装的 dev 服务器和在 Node.js 下运行的 WebSocket 消息传递服务器，如图 12.1 所示。

　　如果不是运行 WebSocket 服务器而是运行 HTTP 服务器，则必须配置代理来解决同源策略施加的限制。可以在 http://mng.bz/nvl2 上的 Angular 文档中了解有关代理到后端服务器的更多信息。

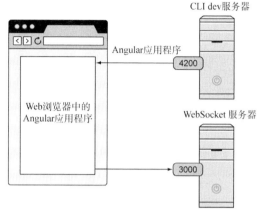

图 12.1　一个应用程序，两个服务器

> **注意**　如果必须在 production 下部署该应用程序，则需要一台 WebServer 托管区块链客户端的绑定包，并且还要在同一端口上运行 WebSocket 服务器。可以通过运行 ng build --prod 命令来构建用于部署的优化绑定包。Angular 文档中的 https://angular.io/guide/deployment 中描述了部署过程。

该应用程序将花费一些时间来生成创世区块，然后将看到一个熟悉的窗口，如图 12.2 所示。

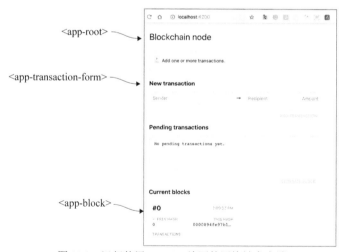

图 12.2　运行使用 Angular 编写的区块链客户端

这个应用程序包含三个组成部分：

- AppComponent——top level 组件；它的选择器是 app-root。
- TransactionFormComponent——呈现事务的组件。它的选择器是 app-transaction-form，此组件是一个包含三个输入字段和 ADD TRANSACTION 按钮的表单。
- BlockComponent——呈现块数据的组件；它的选择器是 app-block。

Angular 项目的结构如图 12.3 所示，箭头指向文件或目录，可以在其中找到区块链客户端的源代码。

代表 BlockComponent 的文件位于块目录中。TransactionFormComponent 的文件位于 transaction-form 目录中。共享目录包含可重用服务 BlockchainNodeService、CryptoService 和 WebsocketService。

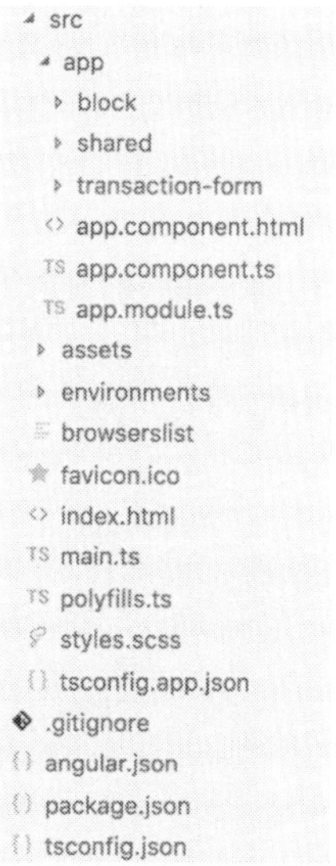

12.2　回顾 AppComponent

我们将不会回顾区块链功能的相关代码，因为已经在第 8～10 章中进行了介绍。在这里，将只阐述展示 Angular 的工作方式的代码。

根组件的代码位于两个文件中： app.component.html 和 app.component.ts。代码清单 12.1 显示了顶层组件的模板。

```
▲ src
  ▲ app
    ▶ block
    ▶ shared
    ▶ transaction-form
    <> app.component.html
    TS app.component.ts
    TS app.module.ts
  ▶ assets
  ▶ environments
  ≡ browserslist
  ★ favicon.ico
  <> index.html
  TS main.ts
  TS polyfills.ts
  ⓢ styles.scss
  {} tsconfig.app.json
  ◈ .gitignore
  {} angular.json
  {} package.json
  {} tsconfig.json
```

图 12.3　Angular 项目结构

代码清单 12.1　AppComponent 的模板：app.component.html

```html
<main>
  <h1>Blockchain node</h1>
  <aside><p>{{ statusLine }}</p></aside>
  <section>
    <app-transaction-form></app-transaction-form>
  </section>
  <section>
    <h2>Pending transactions</h2>
    <pre class="pending-transactions__list">{{ formattedTransactions }}</pre>
    <div class="pending-transactions__form">
      <button type="button"
          class="ripple"
          (click)="generateBlock()"
          [disabled]="node.noPendingTransactions || node.isMining">
        GENERATE BLOCK
      </button>
    </div>
    <div class="clear"></div>
  </section>
  <section>
    <h2>Current blocks</h2>
    <div class="blocks">
      <div class="blocks__ribbon">
        <app-block
          *ngFor="let blk of node.chain; let i = index"
              [block]="blk"
              [index]="i">
        </app-block>
      </div>
      <div class="blocks__overlay"></div>
```

用户输入交易的子组件

为生成块的按钮添加 click 事件处理程序

绑定按钮的禁用属性

显示块的子组件

遍历链中的现有区块

将迭代器的索引绑定到 BlockComponent 的 input 属性

将块对象绑定到 BlockComponent 的 block 属性

```
    </div>
  </section>
</main>
```

在此模板中，使用了三次数据绑定：

- 在代码清单 12.1 中，GENERATE BLOCK 按钮的 disable 属性将为 true 或 false，这取决于表达式 node.noPendingTransactions || node.isMining 的值。
- 当 ngFor 指令遍历 node.chain 数组时，<app-block>组件的 block 属性从当前 blk 获取一个值，这是 AppComponent 类的属性(如代码清单 12.2、12.3 和 12.4 所示)。
- <app-block>组件的 index 属性从 ngFor 指令提供的 index 变量获取值。此值表示循环迭代器的当前值。

(click)="generateBlock()"行声明了 click 事件的事件处理程序。在 Angular 模板中，可以使用括号指定事件处理程序。

代码清单 12.1 中的模板包含在 AppComponent TypeScript 类的@Component()装饰器中。代码清单 12.2 显示了它的第一部分。

代码清单 12.2　app.component.ts 的第一部分

```
import {Component} from '@angular/core';
import {Message, MessageTypes} from './shared/messages';
import {Block, BlockchainNodeService, formatTransactions, Transaction,
➡ WebsocketService}
        from './shared/services';           ◀──────── 在导入语句中使用目
                                                       录服务(不是文件)
@Component({
  selector: 'app-root',
  templateUrl: './app.component.html',
})
export class AppComponent {
constructor(private readonly server: WebsocketService,
            readonly node: BlockchainNodeService) {      ◀── 注入两项服务
  this.server.messageReceived.subscribe(message =>
                this.handleServerMessages(message));   ◀── 订阅服务消息
  this.initializeBlockchain();                    ◀── 创建区块链的实例
}

private async initializeBlockchain() {
  const blocks = await this.server.requestLongestChain();
  if (blocks.length > 0) {
    this.node.initializeWith(blocks);
  } else {
    await this.node.initializeWithGenesisBlock();
  }
}
```

重新访问代码清单 12.1 中的应用程序组件模板。如果用户单击 GENERATE BLOCK 按钮，它将调用 AppComponent TypeScript 类中声明的 generateBlock()方法。代码清单 12.3 显示了

AppComponent 类中的几种方法。

代码清单 12.3　app.component.ts 的第二部分

```
get statusLine(): string {
  return (
    this.node.chainIsEmpty          ? '⧗ Initializing the blockchain...' :
    this.node.isMining              ? '⧗ Mining a new block...' :
    this.node.noPendingTransactions ? '✉ Add one or more transactions.' :
                                      '☑ Ready to mine a new block.'
  );
}

get formattedTransactions() {
  return this.node.hasPendingTransactions
    ? formatTransactions(this.node.pendingTransactions)
    : 'No pending transactions yet.';
}

async generateBlock(): Promise<void> {          ◄──  GENERATE BLOCK 按钮
    this.server.requestNewBlock(this.node.pendingTransactions)   的 click 事件处理程序
    const miningProcessIsDone =
➜ this.node.mineBlockWith(this.node.pendingTransactions);

    const newBlock = await miningProcessIsDone;
    this.addBlock(newBlock);                        此函数尝试将新
};                                                  块添加到区块链

private async addBlock(block: Block, notifyOthers = true): Promise<void> {  ◄──
  try {
    await this.node.addBlock(block);
    if (notifyOthers) {                     ◄──  新区块被区
      this.server.announceNewBlock(block);       块链接受
    }
  } catch (error) {
    console.log(error.message);             ◄──  新区块被区
  }                                              块链拒绝
}
```

请注意，即使每个以 await 开头的函数调用都是异步执行，使用 async 和 await 关键字也可以编写看起来好像正在同步执行的代码。

代码清单 12.4 中，app.component.ts 中代码的第三部分显示了 AppComponent 类中处理通过 WebSocket 推送的服务器消息的方法。它们处理最长的链请求和新的块请求。第 10 章介绍了此功能。

使用 index.ts 组织导入

请注意，AppComponent 类将导入几个指定目录名称的类，而不是使多个 import 语句指向不同的文件。这是可能的，因为在 shared/services 目录中引入了一个特殊的 index.ts TypeScript 文件。以下代码段显示了 index.ts 的内容：

```
export * from './blockchain-node.service';
export * from './crypto.service';
export * from './websocket.service';
```

在此文件中，重新导出从该文件中列出的三个文件导出的所有成员。如果目录包含名为
index.ts 的文件，则可以仅使用目录名称来简化 import 语句，而 tsc 将在 index.ts 包含的文件中
找到要导入的成员：

```
import {Block, BlockchainNodeService, formatTransactions, Transaction,
    ➥ WebsocketService}
    from './shared/services';
```

没有这个 index.ts 文件，我们需要编写五个指向不同文件的 import 语句。

代码清单 12.4   app.component.ts 的第三部分

```
handleServerMessages(message: Message) {                      处理 WebSocket
    switch (message.type) {                  ◀──────────      服务器的消息
        case MessageTypes.GetLongestChainRequest: return
➥ this.handleGetLongestChainRequest(message);
        case MessageTypes.NewBlockRequest       : return
➥ this.handleNewBlockRequest(message);
        case MessageTypes.NewBlockAnnouncement  : return
➥ this.handleNewBlockAnnouncement(message);
        default: {
            console.log(`Received message of unknown type: "${message.type}"`);
        }
    }
}
                                                             处理最长的链请求

    private handleGetLongestChainRequest(message: Message): void {   ◀────
      this.server.send({
        type: MessageTypes.GetLongestChainResponse,
        correlationId: message.correlationId,
        payload: this.node.chain
      });
    }

    private async handleNewBlockRequest(message: Message): Promise<void> {
      const transactions = message.payload as Transaction[];
      const newBlock = await this.node.mineBlockWith(transactions);
      this.addBlock(newBlock);
    }

    private async handleNewBlockAnnouncement(message: Message):
        Promise<void> {           ◀──────────
      const newBlock = message.payload as Block;     处理新的
      this.addBlock(newBlock, false);                块请求
    }
}
```

重新访问代码清单 12.1 所示的 AppComponent 模板，你会找到对<app-transaction- form>子组件的引用。接下来，回顾该组件。

12.3　回顾 TransactionFormComponent

AppComponent 模板包含两个子组件：TransactionFormComponent 和 BlockComponent。TransactionFormComponent 模板是一个带有 ADD TRANSACTION 按钮的三控件窗体，如代码清单 12.5 所示。我们使用了常规的 HTML <form>标记，并向其添加了[formGroup]="transactionForm"指令，以启用 Angular 提供的响应式表单 API。

> **代码清单 12.5　transaction-form.component.html：TransactionFormComponent 的 UI**

将 transactionForm 类属性绑定到
Angular formGroup 指令

```
<h2>New transaction</h2>
<form class="add-transaction-form"
      [formGroup]="transactionForm"
      (ngSubmit)="enqueueTransaction()">
  <input type="text"
         name="sender"
         autocomplete="off"
         placeholder="Sender"
         formControlName="sender">
  <span class="hidden-xs">•</span>

  <input type="text"
         name="recipient"
         autocomplete="off"
         placeholder="Recipient"
         formControlName="recipient">

  <input type="number"
         name="amount"
         autocomplete="off"
         placeholder="Amount"
         formControlName="amount">

  <button type="submit"
          class="ripple"
          [disabled]="transactionForm.invalid || node.isMining">
          ADD TRANSACTION
  </button>
</form>
```

单击"提交"按钮时调用 enqueueTransaction()

表单模型中相应属性的名称

表单模型中相应属性的名称

使用属性绑定有条件地禁用"提交"按钮

在 11.7 节中简要介绍了 Angular 响应形式，代码清单 12.5 也使用了该 API 的指令。请注意，首先将 transactionForm 模型对象(在 BlockComponent 类中定义)绑定到 formGroup 属性。此外，每个表单控件都有一个 formControlName 属性，该属性与具有相同名称的 transactionForm 对象的属性相对应。代码清单 12.6 中显示了 TransactionFormComponent 的代码。

代码清单 12.6　transaction-form.component.ts：TransactionFormComponent 类

声明 transactionForm 模型对象

```
import { Component } from '@angular/core';
import { FormBuilder, FormGroup, Validators } from '@angular/forms';
import { BlockchainNodeService } from '../shared/services';

@Component({
  selector: 'app-transaction-form',
  templateUrl: './transaction-form.component.html'
})
export class TransactionFormComponent {
  readonly transactionForm: FormGroup;

  constructor(readonly node: BlockchainNodeService,    // 注入服务
                       fb: FormBuilder) {
    this.transactionForm = fb.group({
      sender : ['', Validators.required],       // 每个表单控件均附有所需
      recipient: ['', Validators.required],     // 的验证器，没有初始值
      amount : ['', Validators.required]
    });
  }

  enqueueTransaction() {                        // 将新事务添加到待处理事务
    if (this.transactionForm.valid) {           // 列表时，将调用此方法
      this.node.addTransaction(this.transactionForm.value);
      this.transactionForm.reset();
    }
  }
}
```

再次访问代码清单 12.1 所示的 AppComponent 模板，你将看到一个 *ngFor 循环，该循环呈现<app-block>子组件。接下来，将对其进行回顾。

12.4　回顾 BlockComponent

BlockComponent 负责显示一个区块，其模板如代码清单 12.7 所示。这个模板非常简单。它包含一堆<div>和<span>标记，并且使用绑定插入 Block 属性，该绑定由双花括号表示。

代码清单 12.7　block.component.html：BlockComponent 的 UI

```html
<div class="block">
  <div class="block__header">
    <span class="block__index">#{{ index }}</span>
    <span class="block__timestamp">{{ block.timestamp |
➡ date:'mediumTime' }}</span>
  </div>
  <div class="block__hashes">
    <div class="block__hash">
      <div class="block__label">• PREV HASH</div>
      <div class="block__hash-value">{{ block.previousHash }}</div>
    </div>
    <div class="block__hash">
      <div class="block__label">THIS HASH</div>
      <div class="block__hash-value">{{ block.hash }}</div>
    </div>
  </div>
  <div>
    <div class="block__label">TRANSACTIONS</div>
    <pre class="block__transactions">{{ formattedTransactions }}</pre>
  </div>
</div>
```

将 Block 属性的值
插入模板中

插入格式化的事务

在模板的顶部，使用日期管道(date pipe)来格式化日期，block.timestamp | date:'mediumTime'，它将以 h:mm:ssa 的形式呈现日期。呈现的块如图 12.4 所示。可以在 Angular 文档中了解有关日期管道的信息，网址为 https://angular.io/api/common/ DatePipe。

图 12.4　在浏览器中呈现的块

代码清单 12.8 显示了 BlockComponent TypeScript 类。这是一个 presentation 组件，仅从其父级接收值并显示它们。此处未应用任何应用程序逻辑。

代码清单 12.8　block.component.ts：BlockComponent 类

```typescript
import { Component, Input } from '@angular/core';
import { Block, formatTransactions } from '../shared/services';

@Component({
  selector: 'app-block',
  templateUrl: './block.component.html'
})
export class BlockComponent {
  @Input() index: number;
  @Input() block: Block;

  get formattedTransactions(): string {
    return formatTransactions(this.block.transactions);
  }
}
```

从父组件获取索引

从父组件获取块

格式化事务使用来自 blockchain-node.service.ts 文件的函数处理

再一次，让我们重新访问代码清单 12.1，其中父组件的模板使用*ngFor 指令循环遍历区块链中的所有块，并将数据传递到每个 BlockComponent 实例，如代码清单 12.9 所示。

代码清单 12.9　app.component.html 代码片段

```
<app-block
    *ngFor="let blk of node.chain; let i = index"
    [block]="blk" [index]="i">
</app-block>
```

块对象(blk)的实例和当前索引(i)通过@Input()属性的绑定，传递给 BlockComponent 实例。用户看到的块和索引的值如图 12.4 所示。

任何 Angular 组件都可以使用带有@Input()装饰器标记的属性从其父级接收数据，而 BlockComponent 具有两个这样的属性。前面的代码片段可能看起来有些混乱，因此让我们想象一下，父组件只需要显示一个块。代码清单 12.10 显示了这样的父级如何将数据传递给 BlockComponent。

代码清单 12.10　父节点将数据传递给子节点

```
@Component({
  selector: 'app-parent',
  template: ` Meet my child          将 blk 的值绑定到
  <app-block                          子代的 block 属性
          [block]="blk"       ◀
          [index]="blockNumber">
  </app-block>                                将 blockNumber 的值绑
                                              定到子级的 index 属性
  `
})
export class ParentComponent {
  blk: Block =
      { hash: "00005b1692f26",
              nonce: 2634,
              previousHash: "0000734b922d",
初始化父项中的值    timestamp: 25342683;
              transactions: ["John to Mary $100",
                             "Alex to Nina $400"];
      };

  blockNumber: 123;
}
```

提示　子级可以通过标有@Output()装饰器的属性将数据传递给父级。可以在 Yakov Fain 的博客 "Angular 2:Component communication with events vs callbacks" 中找到有关该内容的信息，网址为 http://mng.bz/vlQ4。

到目前为止，已经回顾了区块链应用程序的组件(带有 UI 的类)。现在，介绍服务(带有应用程序逻辑的类)。

12.5　回顾服务

在第 10 章中，区块链应用附带了 WebsocketController 类，该类已使用 new 关键字实例化。在这里，相同的功能被包装到由 Angular 实例化和注入的服务中。在此项目中，服务位于 shared/services 目录中。

代码清单 12.11 显示了 WebsocketService 的片段，该片段负责与 WebSocket 服务器的所有通信。

代码清单 12.11　websocket.service.ts 的代码片段

```
interface PromiseExecutor<T> {                          PromiseExecutor知道哪
  resolve: (value?: T | PromiseLike<T>) => void;        个客户端等待响应
  reject: (reason?: any) => void;
}

@Injectable({                        此服务是可用于所有组
  providedIn: 'root'                 件和其他服务的单例
})
export class WebsocketService {                         创建 RxJS 主题的实例
  private websocket: Promise<WebSocket>;
  private readonly messagesAwaitingReply = new Map<UUID,
➡ PromiseExecutor<Message>>();
  private readonly _messageReceived = new Subject<Message>();

  get messageReceived(): Observable<Message> {
    return this._messageReceived.asObservable();        获取主题的
  }                                                     可观察部分

  constructor(private readonly crypto: CryptoService) {
    this.websocket = this.connect();
  }                                                     连接到 WebSocket 服务器

private get url(): string {
  const protocol = window.location.protocol === 'https:' ? 'wss' : 'ws';
  const hostname = environment.wsHostname;
  return `${protocol}://${hostname}`;                   从环境变量获取
}                                                       服务器的 URL

private connect(): Promise<WebSocket> {
  return new Promise((resolve, reject) => {
    const ws = new WebSocket(this.url);
    ws.addEventListener('open', () => resolve(ws));
    ws.addEventListener('error', err => reject(err));
    ws.addEventListener('message', this.onMessageReceived);
  });
}
```

提示　代码清单 10.26 中引入了 PromiseExecutor 类型。

WebsocketService 对象被注入 AppComponent 中：

```
export class AppComponent {
   constructor(private readonly server: WebsocketService,
               readonly node: BlockchainNodeService) {
this.server.messageReceived.subscribe(message =>
                   this.handleServerMessages(message));
 ...
   }
 ...
}
```

AppComponent 订阅并处理来自服务器的消息或将消息发送到服务器，例如：请求最长的
链或宣布新的区块。

WebsocketService 服务从 environment.wsHostname 环境变量获取 WebSocket 服务器的 URL，
该环境变量在项目的 environment 目录中的每个文件中都有定义。由于我们的客户端以开发人
员模式(ng serve)启动，因此它使用 environment.ts 文件中的设置，如代码清单 12.12 所示。

代码清单 12.12   environments/environment.ts 文件

```
export const environment = {
  production: false,       ◀──── 代码在开发模式下运行
  wsHostname: 'localhost:3000'  ◀────
};                                      这是 dev WebSocket 服务器的 URL
```

RxJS: Observable, Observer 和 Subject

RxJS 库提供了处理数据流的不同方法。如果你具有 Observable 对象的实例，则可以在该
对象上调用 subscribe()，前提是 Observer 实例知道如何处理数据。每次 Observable 发出新数据
时，Observer 将处理新数据。

RxJS Subject 封装了一个 Observable 和 Observer。一个 Subject 可以有多个 Observer，每个
Observer 代表一个订阅者。为了向所有订阅者广播数据，在 Subject 上调用 next(someData)方法。
要订阅数据，可在 Subject 上调用 subscribe()。

使用 RxJS 主题广播

以下代码段创建一个 Subject 实例和两个订阅者。在最后一行，代码发出 123，每个订阅者都将获得该值。

```
const mySubject = new Subject();          ◀──── 创建一个 Subject
...
const subscription1 = mySubject.subscribe(...);?  ◀──
const subscription2 = mySubject.subscribe(...);?  ◀──        创建第一
...                                                           个订阅者
?mySubject.next(123);    ◀──────                创建第二个订阅者
                                向订阅者
                                广播 123
```

如果要限制一段代码，使其只能订阅(但不能发出)该 Subject，请使用 asObservable()方法将此代码仅提供给该 Subject 的 observable 部分，如代码清单 12.11 中的 messageReceived getter 所示。

如果使用 ng serve --prod 启动客户端或使用 ng build --prod 构建文件，则你的应用将使用 environment.prod.ts 文件，该文件的 wsHostname 值可以不同。

shared/services 目录还具有以下文件：

- blockchain-node.service.ts——此代码创建一个块。在第 10 章的应用程序中，此功能在 blockchain-node.ts 文件中实现。
- crypto.service.ts——此文件具有 sha256()方法，该方法知道如何计算哈希值。

到此，我们结束了对区块链客户端应用程序的 Angular 版本的代码回顾。

注意　如果你喜欢 Angular 用于开发 Web 应用客户端的语法，请查看名为 NestJS 的服务器端框架(请参阅 https://github.com/nestjs)。它在 Node.js 下运行，其语法对于任何 Angular 开发人员而言都非常熟悉。Nest.js 支持 TypeScript，它随 CLI 工具一起提供，甚至还具有 TypeORM 模块，该模块允许你使用服务器端 TypeScript 的关系数据库。

12.6　本章小结

- 在 dev 模式下，通常使用两个 Web 服务器来运行 Angular 应用程序：一个用于提供数据，另一个用于提供 Web 应用。后者使用 Angular 框架。
- 通常，与服务器的所有通信都是在注入组件的服务中实现的。在区块链客户端中，Web 客户端在 WebsocketService TypeScript 类中与 WebSocket 服务器实现通信。
- Subject RxJS 类提供广播功能，该功能在区块链应用程序中用于向多个区块链节点发送消息。

第 13 章

使用TypeScript开发React.js
应用程序

本章要点：

- 简要介绍 React.js 库
- React 组件如何使用自定义属性(props)和状态(state)
- React 组件之间如何进行通信

React.js 库(又名 React)是由 Facebook 工程师 Jordan Walke 于 2013 年创建的，如今它在 GitHub 上有 1300 名贡献者和 14 万颗星！根据 2019 年 Stack Overflow 开发人员调查，它是第二受欢迎的 JavaScript 库(jQuery 仍然是使用最广泛的库)。React 不是一个框架，而是一个负责在浏览器中呈现视图的库(想想 MVC 设计模式中的字母 V)。在本章中，将展示如何使用 TypeScript 开发 React Web 应用。

React 中的主要"参与者"是组件，Web 应用的 UI 由具有父子关系的组件组成。但是在 Angular 控制了网页的整个根元素的情况下，React 允许你控制较小的页面元素(例如<div>)，即使页面的其余部分是通过其他框架或使用纯 JavaScript 实现的。

可以使用 JavaScript 或 TypeScript 开发 React 应用，并使用 Babel 和 Webpack 之类的工具进行部署(在第 6 章中进行了介绍)。事不宜迟，让我们开始使用 React 和 JavaScript 编写最简单的 Hello World 应用程序。将在 13.2 节中切换到 TypeScript。

13.1 使用 React 开发最简单的网页

本节将展示使用 React 和 JavaScript 编写简单网页的两个版本。每个页面都会呈现"Hello World",但是第一个版本将使用 React 而无需任何其他工具;第二个版本将使用 Babel。

在实际应用中,React 应用是一个具有配置依赖项、工具和构建过程的项目。但是为了简单起见,第一个网页将只有一个 HTML 文件,可从 CDN 加载 React 库。此版本的 Hello World 页面位于 hello-world-simplest / index.html 文件中,其内容显示在代码清单 13.1 中。

代码清单 13.1　hello-world-simplest/index.html:Hello World 应用程序

```
<!DOCTYPE html>
<html>
  <head>
    <meta charset="utf-8">                          从 CDN 加载 React 包
    <script
  crossorigin src="https://unpkg.com/react@16/umd/react. development.js">
    </script>
    <script
  crossorigin src="https://unpkg.com/react-dom@16/umd/
  react-dom.development.js">
    </script>                                         从 CDN 加载
  </head>                                              ReactDOM 包
  <body>
                                                              使用 createElement
    <div id="root"></div>                                     函数创建<h1>元素
                                添加 id 为"root"
                                的<div>
    <script >
      const element = React.createElement('h1',
                                    null,
                                    'Hello World');           <h1>元素的文本

      ReactDOM.render(element,
                    document.getElementById('root'));
    </script>
                                              在<div>内部呈现<h1>
  </body>
</html>
```

我们不会将任何数据(自定义属性对象)传递给<h1>元素

声明页面内容(React.createElement())并将其呈现到浏览器 DOM(ReactDOM. render())的过程是分离的。前者由 React 对象的 API 支持,而后者由 ReactDOM 完成。这就是在页面的<head>部分中加载了这两个软件包的原因。

在 React 中,UI 元素被表示为始终具有单个根元素的组件树。该网页有一个 ID 为 root 的<div>,作为 React 呈现内容的元素。在代码清单 13.1 的脚本中,准备使用 React.createElement()呈现元素,然后调用 ReactDOM.render(),后者找到 ID 为 root 的元素并将其呈现在该元素中。

提示　在 Chrome 中,右键单击 Hello World 网页并选择 Inspect 菜单选项。它将打开开发工具,显示包含<h1>元素的<div>。

createElement()方法具有三个参数：HTML 元素的名称、自定义属性(要传递给该元素的不可变数据)和内容。在本例中，不需要提供任何自定义属性(比如属性)，这里使用了 null；将在13.4.3 节中解释什么是自定义属性。h1 的内容为 Hello World，但可以包含子元素(例如带有嵌套 li 元素的 ul)，可以通过嵌套 createElement()调用来创建子元素。

在浏览器中打开 index.html 文件，它将呈现文本 Hello World，如图 13.1 所示。

在只有一个元素的页面上调用 createElement()是可以的，但是对于有几十个元素的页面，这将是乏味和恼人的。React 允许你将 UI 标记嵌入 JavaScript 代码中，该 JavaScript 代码看起来像HTML 却是 JSX。这将在本章稍后的 "JSX 和 TSX" 侧边栏中进行讨论。

让我们看看如果使用 JSX，Hello World 页面会是什么样。请注意代码清单 13.2 中的 constmyElement = <h1> Hello World </h1>行，我们用它代替了调用 createElement()。

← → C △ ① File /Users/yfain11,

Hello World

图 13.1　呈现 hello-world-simplest/index.html文件

代码清单 13.2　index_jsx.html：Hello World 的 JSX 版本

初始化 myElement 到<div>的呈现

```
<!DOCTYPE html>
    <head>
        <meta charset="utf-8">
        <script
            src="https://unpkg.com/react@16/umd/react.development.
                js"></script>
        <script
            src="https://unpkg.com/react-dom@16/umd/
➡ react-dom.development.js"></script>

        <script src="https://unpkg.com/babel-standalone/
➡ babel.min.js"></script>                         ◀──── 从 CDN 添加 Babel
    </head>
    <body>
        <div id="root"></div>                          脚本的类型是
        <script type="text/babel">            ◀──── text/babel
        const myElement = <h1>Hello World</h1>;
                                                        将 JSX 值分
        ReactDOM.render(                                配给变量
            myElement,
            document.getElementById('root')
        );
        console.log(myElement);           ◀──── 监视呈现的 JavaScript
        </script>                                       对象

    </body>
</html>
```

这个应用程序将呈现与图 13.1 中相同的页面，但编写方式不同。JavaScript 代码具有嵌入的<h1> Hello World! </h1>字符串, 看起来像 HTML, 但实际上是 JSX。浏览器无法解析它, 因此需要一个工具将 JSX 转换为有效的 JavaScript。Babel 可以做这件事!

代码清单 13.2 中的<head>部分有一个附加的<script>标记, 用于从 CDN 加载 Babel。另外, 将脚本的类型更改为 text/babel, 这使浏览器将其忽略, 但告诉 Babel 将此<script>标记的内容转换为 JavaScript。

> **注意** 在实际的项目中, 不会使用 CDN 将 Babel 添加到基于 Node 的项目中(如代码清单 13.2 所示), 但是它足以满足演示需求。在基于 Node 的应用程序中, Babel 将安装在项目中的本地, 这将是构建过程的一部分。

图 13.2 显示了打开浏览器控制台的屏幕截图。Babel 将 JSX 值转换为在<div>内部呈现的 JavaScript 对象, 然后我们在控制台中打印了该对象。

现在, 你已经对基本页面如何使用 React 有了一个很好的了解, 我们将切换到基于 Node 的项目和基于组件的应用程序。让我们看一下 React 开发人员在实际使用的一些工具。

对象类型是h1   自定义属性对象

图 13.2 呈现的 JavaScript 对象

13.2 使用 Create React App 生成并运行一个新应用

如果你要创建一个包含编译器和绑定器的 React 应用, 则需要将配置文件添加到你的应用中。这个过程由命令行界面(CLI)自动执行, 该界面名为 Create React App(参见 www.npmjs.com/package/create-react-app)。该工具会生成 Babel 和 Webpack 所需的所有配置文件, 因此可以专注于编写应用程序, 而不必浪费时间配置工具。要在你的计算机上全局安装 create-react-app 软件包, 请在终端窗口中运行以下命令:

```
npm install create-react-app -g
```

现在，可以生成该应用程序的 JavaScript 或 TypeScript 版本。要生成 TypeScript 应用程序，请运行命令 create-react-app，后跟应用程序名称和--typescript 选项：

```
create-react-app hello-world --typescript
```

大约一分钟后，所有需要的文件将在 hello-world 目录中生成，项目依赖项将被安装。特别是，它安装以下 React 包：

- react——用于创建用户界面的 JavaScript 库。
- react-dom——用于处理 DOM 的 React 包。
- react-scripts——Create React App 使用的脚本和配置；要获得 TypeScript 支持，需要 2.1 版或更高版本的 react-scripts。

除了上述软件包外，CLI 还安装 Webpack、Babel、TypeScript、它们的类型定义文件以及其他依赖项。

要启动生成的 Web 应用，请切换到 hello-world 目录并运行 npm start，而后者又运行 react-scripts start。Webpack 将绑定该应用程序，而 webpack-dev-server 将在 localhost:3000 上为该应用程序提供服务，如图 13.3 所示。Webpack DevServer 提供了此功能。

提示　对于绑定，Webpack 使用位于 node_modules/react-scripts/config 目录中的 webpack.config.js 文件中的配置选项。

生成的应用程序的用户界面告诉我们编辑 src/App.tsx 文件，该文件是生成的应用程序的主要 TypeScript 文件。在 VS Code 中打开目录，你将看到项目文件，如图 13.4 所示。

应用程序的源代码位于 src 目录中，公共目录用于存储应用程序绑定包中不应包含的应用程序资产。例如，应用有数千张图片，需要动态引用它们的路径，则它们会与其他在部署前不需要任何处理的文件一起放到公共目录中。

index.html 文件包含一个\<div id ="root"> \</div>元素，该元素用作生成的 React 应用程序的容器。你不会在其中找到任何用于加载 React 库代码的\<script>标签，它们将在构建过程中，当应用绑定包就绪时被添加。

提示　运行该应用程序，并在 Elements 选项卡下打开 Chrome 开发工具，以查看 index.html 的运行时内容。

注意　serviceWorker.ts 文件仅在当你想开发一个可以使用缓存 assets 离线启动的渐进式 Web 应用(PWA)时生成。我们不会在示例应用中使用它。

如你所见，其中一些文件具有不寻常的扩展名：.tsx。如果使用 JavaScript 编写代码，则 CLI 将生成扩展名为.jsx(而不是.tsx)的应用文件。JSX 和 TSX 在 "JSX 和 TSX" 侧栏中进行说明。

图 13.3　运行 hello-world 应用程序　　　　　图 13.4　生成的文件和目录

JSX 和 TSX

JSX 规范草案(https://facebook.github.io/jsx)提供了以下定义："JSX 是 ECMAScript 的类似 XML 的语法扩展，没有任何定义的语义。它不打算由引擎或浏览器实现。"

JSX 代表 JavaScript XML，它定义了一组可以嵌入 JavaScript 代码中的 XML 标签。这些标签可以被解析并转换为常规的 HTML 标签，以便由浏览器呈现，React 包含这样的解析器。第 6 章演示了 Babel 的 REPL，下页阴影图显示了该 REPL 的屏幕截图以及一些示例 JSX。

在左侧，选择了 React 预设并粘贴了 JSX 规范中的一些示例代码。此预设指定我们要将每个 JSX 标签转换为 React.createElement()调用。示例代码应呈现一个包含三个项目的下拉菜单。在右侧，可以看到 JSX 如何解析为 JavaScript。

每个 React 应用程序都至少有一个组件，即根组件，而我们生成的应用只有一个根组件 App。带有 App 函数代码的文件具有扩展名.tsx，它告诉 TypeScript 编译器它包含 JSX。但是，仅具有.tsx 扩展名不足以使 tsc 进行处理，你需要通过添加 jsx 编译器选项来启用 JSX。 打开 tsconfig.json 文件，你会发现以下行：

```
"jsx": "preserve"
```

在 Babel 中解析 JSX

jsx 选项仅影响发射阶段——类型检查不受影响。preserve 值告诉 tsc 将 JSX 部分复制到输出文件中，并将其扩展名更改为.jsx，因为会有另一个进程(例如 Babel)对其进行解析。如果该值是 react，则 tsc 会将 JSX 标记转换为 React.createElement()调用。

React 组件可以声明为函数，也可以声明为类。功能(基于功能)组件被实现为函数，其结构如代码清单 13.3 所示(省略类型)。

代码清单 13.3　一个功能性组件

```
const MyComponent = (props) => {        ◄──── props 用于将数据传递到组件

  return (
    <div>...</div>        ◄──── 返回组件的 JSX
  )

  // other functions may go here
}

export default MyComponent;
```

喜欢使用类的开发者可以创建基于类的组件，将其作为 React.Component 的子类实现。它们的结构类似于以下示例(见代码清单 13.4)。

代码清单 13.4　基于类的组件

```
class MyComponent extends React.Component {        ◄──── 该类必须继承自 React.Component

  render() {        ◄──── render()方法由 React 调用
    return (
      <div>...</div>        ◄──── 返回 JSX 进行呈现
```

```
  );
}

// other methods may go here
}

export default MyComponent;
```

功能性组件仅返回 JSX，但是基于类的组件必须包含 render()方法，该方法返回 JSX。我们更喜欢使用功能性组件，与基于类的组件相比，它具有多个优点：

- 一个函数需要编写的代码更少，而且不需要从任何类继承组件的代码。
- 功能性组件在 Babel 编译期间生成的代码更少，并且代码缩减器可以更好地推断未使用的代码，并且由于所有变量都是函数本地的，因此可以更好地缩短变量名称，这与类成员不同，类成员被认为是公共 API，无法重命名。
- 功能性组件不需要 this 引用。
- 函数比类更容易测试；断言只是将自定义属性映射到返回的 JSX。

注意　只有当你必须使用早于 16.8 的 React 版本时，才应该使用基于类的组件。在旧版本中，只有基于类的组件将支持状态和生命周期方法。

如果你将当前版本的 Create React App 与--typescript 选项一起使用，则生成的 App.tsx 文件将已经包含函数组件(React.FC 类型的函数)的样板代码，如代码清单 13.5 所示。

代码清单 13.5　App.tsx 文件

导入 React 库

```
import React from 'react';
import logo from './logo.svg';
import './App.css';

const App: React.FC = () => {      ◀── 指定一个函数组件
  return (
    <div className="App">          ◀── 在 JSX 中，请使用 className 而不是
      <header className="App-header">     " class " CSS 选择器，以避免与
        <img src={logo} className="App-logo" alt="logo" />   JavaScript " class " 关键字发生冲突
        <p>
          Edit <code>src/App.tsx</code> and save to reload.
        </p>
        <a
          className="App-link"
          href="https://reactjs.org"
          target="_blank"
          rel="noopener noreferrer"
        >
          Learn React
        </a>
```

以 JSX 表达式的形式返回组件的模板(不是字符串)

```
    </header>
  </div>
 );
}

export default App;
```

导出 App 组件声明，以便
可以在其他模块中使用

注意　我们使用的是 Create React App 的 3.0 版本。这个工具的旧版本会生成一个基于类的
　　　App 组件。

生成的 App 函数返回 React 用于呈现该组件 UI 的标记(或模板)，如图 13.3 所示。在构建
过程中，Babel 将使用<div>容器把标记转换为纯 JavaScript 对象 JSX.element，该容器将更新
Virtual DOM 和浏览器 DOM(我们将在 13.5 节中讨论 Virtual DOM)。这个 App 组件没有单独的
位置来存储其数据(它的状态)，因此将在下一节中添加它。

13.3　管理组件的状态

组件的状态(state)是一个数据存储，其中包含应由组件呈现的数据。即使 React 重新呈现组
件，组件状态中的数据也会保留下来。如果你具有 Search 组件，则其状态可以存储最后的搜索
条件和最后的搜索结果。每当代码更新组件的状态时，React 都会更新组件的 UI，以反映由用
户的操作(例如单击按钮或在输入字段中输入内容)或其他事件引起的更改。

注意　*不要将单个组件的状态与应用程序的状态混淆。应用程序状态存储的数据可能来自多*
　　　个组件、功能或类。

那么如何定义和更新组件的状态呢？这取决于组件最初是如何创建的。我们将暂时回到基
于类的组件，以便你能够理解在基于类的组件和函数组件中处理状态的区别。然后将回到建议
使用的函数组件。

13.3.1　向基于类的组件添加状态

如果你必须使用基于类的组件，则可以定义一个表示状态的类型，创建和初始化此类型的
对象，然后根据需要通过调用 this.setState(…)对其进行更新。

让我们考虑一个简单的基于类的组件，它的状态对象有两个属性：用户名和要显示的图像。
为了提供图像，将使用 Lorem Picsum 网站，它将返回指定大小的随机图像。例如，如果输入
URL https://picsum.photos/600/150，浏览器将显示一个随机图像，宽 600 像素，高 150 像素。
代码清单 13.6 显示了具有两个属性状态对象的基于类的组件。

代码清单 13.6　具有状态的基于类的组件

```
interface State {
  userName: string;
```

定义组件状
态的类型

```
  imageUrl: string;
}
+
export default class App extends Component {

  state: State = { userName: 'John',          ◄──────  初始化 State 对象
        imageUrl: 'https://picsum.photos/600/150' };

  render() {
    return (
      <div>
        <h1>{this.state.userName}</h1>          ◄──────  在此处呈现 userName
        <img src={this.state.imageUrl} alt=""/>  ◄──────
        </div>                                           在此处呈现 imageUrl
    );
  }
}
```

根据 render()方法的代码，你可能已经猜到该组件将呈现 John 和一个图像。请注意，通过将状态属性的值放在花括号中来将它们嵌入 JSX 中：{this.state.userName}。

任何基于类的组件都是从 Component 类继承的，Component 类具有状态属性和 setState()方法。如果需要更改任何状态属性的值，则必须使用以下方法进行操作：

```
this.setState({userName: "Mary"});
```

通过调用 setState()，可以让 React 知道可能需要更新 UI。如果你直接更新状态(例如使用 this.state.userName ='Mary')，React 将不会调用 render()方法来更新 UI。状态属性是在基类 Component 上声明的。

在 13.2 节中列出了函数组件优于基于类的组件的好处，并且将不再使用基于类的组件。在函数组件中，通过钩子管理状态，钩子是在 React 16.8 中引入的。

13.3.2　使用钩子管理函数组件的状态

通常，钩子允许你将行为"附加"到函数组件，而不必编写类、创建封装或使用继承。这就好像你对函数组件说："我希望在保留原有功能的同时拥有其他功能。"

钩子的名称必须以 use 一词开头，这就是 Babel 如何检测到它们并将它们与常规函数分开的方式。例如，useState()是用于管理组件状态的钩子，useEffect()用于添加副作用行为(例如，从服务器获取数据)。在本节中，将使用与上一节相同的示例来关注 useState()钩子：以用户名和图片 URL 表示状态的组件，但是这次它将是函数组件。

useState()钩子可以创建一个原始值或一个复杂对象，并在函数组件调用之间保存它。下面一行显示了如何为用户名定义状态。

```
const [userName, setUserName] = useState('John');
```

useState()函数返回一对值：当前状态值和一个用于更新它的函数。你还记得 ECMAScript 6

中引入的数组解构语法吗？(如果不记得，请查看附录中的 A.8.2 节。)上一行表示 useState()钩子将字符串'John'作为初始值并返回一个数组，然后使用解构法将此数组的两个元素分成两个变量：userName 和 setUserName。数组解构的语法允许你为这些变量指定任何名称。如果需要将 userName 的值从'John'更新为'Mary'，并让 React 更新 UI(如果需要)，可以执行以下操作：

```
setUserName('Mary');
```

> **提示**　在你的 IDE 中，Cmd+Click 或 Ctrl+Click useState()函数，它将打开此函数的类型定义，该定义将声明该函数返回一个有状态值以及一个对其进行更新的函数。useState()函数不是纯函数，因为它会将组件的状态存储在 React 内部的某个位置。这是一个具有副作用的函数。

代码清单 13.7 显示了一个函数组件，该函数组件将其状态存储在 userName 和 imageUrl 中，并使用 JSX 显示其值。

代码清单 13.7　使用 primitives 存储状态的函数组件

```
import React, {useState} from 'react';          ◀—— 导入 useState 钩子

const App: React.FC = () => {                         定义userName
                                                      状态
  const [userName, setUserName] = useState('John');   ◀
  const [imageUrl, setImageUrl] = useState('https://picsum.photos/600/150'); ◀
                                                      定义 imageUrl 状态
  return (
    <div>
      <h1>{userName}</h1>                        ◀—— 呈现 userName
      <img src={imageUrl} alt=""/>                    状态变量的值
    </div>
  );                                   呈现 imageUrl 状态变量的值
}

export default App;
```

现在重写前面的组件，使其不再是两个 primitives，而是将其状态声明为具有两个属性的对象：userName 和 imageUrl。代码清单 13.8 声明了一个 State 接口，并使用 useState()钩子处理 State 类型的对象。

代码清单 13.8　使用对象存储状态

```
import React, {useState} from 'react';

interface State {                ◀——┐ 定义组件 State 的类型
  userName: string;
  imageUrl: string;
}

const App: React.FC = () => {
```

```
const [state, setState] = useState<State>({
  userName: 'John',
  imageUrl: 'https://picsum.photos/600/150'
});
```

◄── 定义并初始化
State 对象

```
return (
  <div>
    <h1>{state.userName}</h1>
    <img src={state.imageUrl} alt=""/>
  </div>
);
}
```

◄── 呈现 userName
状态属性的值

呈现 imageUrl
状态属性的值

```
export default App;
```

请注意，useState()是一个泛型函数，在调用过程中，我们提供了具体的 State 类型。

该示例应用程序的源代码位于 hello-world 目录中。运行 npm start 命令，浏览器将呈现一个类似于图 13.5 的窗口(不过，图像可能有所不同)。

用户名和图像太靠近窗口的左侧边界，但这很容易用 CSS 解决。如代码清单 13.5 所示的生成的应用程序有一个单独的 app. css 文件，其中 CSS 选择器使用 className 属性应用于组件(你不能使用 class，因为它会与 JavaScript 保留的 class 关键字冲突)。这一次，将通过声明具有样式的 JavaScript 对象并在 JSX 中使用它来添加边距(margin)。在代码清单 13.9 中，添加了 myStyles 变量并将其用于组件的 JSX 中。

图 13.5　呈现用户名和图像

代码清单 13.9　向组件添加样式

```
const App: React.FC = () => {

  const [state, setState] = useState<State>({
    userName: 'John',
    imageUrl: 'https://picsum.photos/600/150'
  });

  const myStyles = {margin: 40};          ◄──── 声明样式
```

```
  return (
   <div style ={myStyles}>          ◄———— 应用样式
     <h1>{state.userName}</h1>
     <img src={state.imageUrl} alt=""/>
   </div>
  );
}
```

请注意，style 属性是强类型的，这有助于验证 CSS 属性。这是 JSX 与纯 HTML 相比的优势之一——JSX 将变成 JavaScript，TypeScript 将通过类型定义文件为 HTML 和 CSS 元素添加强类型。

使用此边距，浏览器将在<div>周围增加 40 像素的空间，如图 13.6 所示。

图 13.6　添加边距

我们的第一个 React 应用程序可以正常运行，而且看起来不错！它具有一个函数组件，该组件将硬编码数据存储在状态对象中，并使用 JSX 呈现该数据。这是一个好的开始，在下一节中将开始编写具有更多功能的新应用。

13.4　开发一个天气应用程序

在本节中，我们将开发一个应用程序，该应用程序将允许用户输入城市的名称并获取当前的天气。我们将逐步开发此应用程序：

(1) 将在 App 组件中添加 HTML 表单，用户可以在其中输入城市名称。

(2) 将添加代码以从天气服务器获取真实的天气数据，然后 App 组件将显示天气。

(3) 将创建另一个组件 WeatherInfo，它将是 App 组件的子组件。App 组件将检索天气数据，并将其传递给 WeatherInfo，后者将显示天气。

我们将从 http://openweathermap.org 上的天气服务中获取真实的天气数据，该服务提供了一个 API，可用于向全球许多城市发出天气请求。该服务以 JSON 格式的字符串返回天气信息。

例如，要获取华氏温度下伦敦的当前温度(units = imperial)，URL 如下所示：http://api.openweathermap. org/data/2.5/find?q=London&units= imperial&appid=12345。(此服务的创建者要求你申请一个应用程序 ID，这是一个简单的过程。如果要运行天气应用程序，请申请一个应用程序 ID，并将前面 URL 中的 12345 替换为收到的 APPID。)

本章的示例代码包括位于 weather 目录中的天气应用程序，它最初是用以下命令生成的：

```
create-react-app weather --typescript
```

然后，用一个简单的 HTML 表单替换了 app.tsx 文件中的 JSX 代码，用户可以在其中输入城市的名称并按下 Get Weather 按钮。此外，输入的城市表示该组件的状态，当用户输入城市名时，App 组件将更新其状态。

13.4.1　向 App 组件添加状态钩子

App 组件的第一个版本使用 useState()钩子定义其状态，如下所示：

```
const [city, setCity] = useState('');
```

必须使用 setCity()函数更新 city 变量中的值。useState()钩子用空字符串初始化 city 变量，因此 TypeScript 将推断 city 的类型为字符串。代码清单 13.10 显示了声明状态的 App 组件，以及 JSX 部分中定义的表单。这段代码还有一个事件处理程序 handleChange()，它在用户每次输入或更新输入字段中的任何字符时被调用。

代码清单 13.10　天气应用程序中的 app .tsx 文件

```
import React, { useState, ChangeEvent } from 'react';

const App: React.FC = () => {

  const [city, setCity] = useState('');          ◀──── 声明 city 状态

  const handleChange = (event: ChangeEvent<HTMLInputElement>) => {  ◀─┐
    setCity(event.target.value);                                      │
  }                                         声明函数来处理
                         通过调用 setCity()        输入字段事件
                         更新状态
  return (
    <div>
      <form>
        <input type="text" placeholder="Enter city"
               onChange = {handleChange} />
        <button type="submit">Get weather</button>  ◀──┐
        <h2>City: {city}</h2>   ◀──                     │  将处理程序分配
      </form>                            显示当前状态值      给 onChange 属性
    </div>
  );
}

export default App;
```

输入字段定义事件处理程序：onChange = {handleChange}。请注意，在这里没有调用 handleClick()；只是提供了这个函数的名称。React 的 onChange 的行为与 onInput 一样，并且在输入字段的内容更改时立即触发。用户在输入字段中输入(或更改)字符后，将调用 handleChange()函数，该函数会更新状态并因此导致 UI 更新。

> 提示　没有关于可以与特定 JSX 元素一起使用的 React 事件类型的文档。为了避免使用事件(event)：在事件处理程序函数中将 any 作为参数，请打开 node_modules/@types/react 目录中的 index.d.ts 文件，然后搜索 "Event Handler Types"。这应该可以帮助你确定 onChange 事件的正确类型是通用的 ChangeEvent <T>，它将特定元素的类型作为参数，例如 ChangeEvent <HTMLInputElement>。

为了说明状态更新，添加了一个<h2>元素来显示该状态的当前值：<h2>Entered city: {city}</h2>。请注意，要重新呈现 city 的当前值，不需要编写任何类似 jQuery 的代码来找到对此<h2>元素的引用并更改其值。setCity(event.target.value)的调用会强制 React 更新 DOM 中的相应节点。

通常，如果需要更新函数组件的状态，只需要使用 useState()钩子返回的相应 setXXX()函数来进行更新即可。通过调用 setXXX()，可以让 React 知道可能需要 UI 更新。如果你直接更新状态(例如使用 city="London")，React 将不会更新 UI。在将 Virtual DOM 与浏览器 DOM 协调之前，React 可能会批处理 UI 更新。图 13.7 显示了用户在输入字段中输入 Londo 后拍摄的屏幕截图。

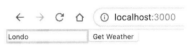

City: Londo

图 13.7　用户输入 Londo 后

> 提示　要查看 React 仅更新 DOM 中的<h2>节点，请运行该应用程序(使用 npm start)，并将 Chrome 开发工具打开到 Elements 选项卡。展开 DOM 树，使<h2>元素的内容可见，然后开始在输入字段中输入。你会看到浏览器仅更改<h2>元素的内容，而所有其他元素保持不变。

Redux 和应用程序状态管理

函数组件中的 useState()钩子(或基于类的组件中的 setState()方法)用于存储组件的内部数据并将该数据与 UI 同步，但是整个应用可能还需要存储和维护多个组件使用的数据或有关 UI 当前状态的数据(例如，用户在组件 Y 中选择的产品 X)。在 React 应用程序中，最流行的状态管理 JavaScript 库是 Redux(也可以选择使用另一个流行的 MobX 库)。Redux 基于以下三个原则：

- 单一事实来源——只有一个数据存储，其中包含应用程序的状态。
- 状态为只读——当发出操作时，reducer 函数会克隆当前状态并根据该操作更新克隆的对象。
- 状态更改是通过纯函数完成的——reducer 函数执行一个操作和当前状态对象，然后它们返回一个新状态。

在 Redux 中，数据流是单向的：

1. 应用程序组件在存储(store)上分派操作。

2. reducer(一个纯函数)获取当前状态对象，然后克隆、更新并返回它。

3. 应用程序组件订阅存储，接收新的状态对象，并相应地更新 UI。

下图显示了单向的 Redux 数据流。

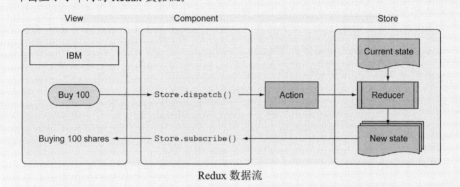

Redux 数据流

用户单击按钮购买 100 股 IBM 股票。单击处理程序函数将调用 dispatch()方法，并发出一个操作，该操作是一个 JavaScript 对象，该对象具有 type 属性，该属性描述了应用程序中发生的事情(例如，用户想购买 IBM 股票)。除了 type 属性外，操作对象还可以选择具有另一个属性，该属性包含要存储在应用程序状态下的数据有效载荷：

```
{
  type: 'BUY_STOCK',                              ◀── 操作类型
  stock: {symbol: 'IBM', quantity: 100}           ◀── 操作的有效载荷
}
```

此对象仅描述操作并提供有效载荷，但不知道应该如何更改状态。那谁来更改呢? reducer 来做这件事情——它是一个纯函数，指定应如何更改应用程序状态。该 reducer 不会更改当前状态，但会创建一个新版本并返回对该版本的新引用。组件订阅状态更改并相应地更新 UI。

reducer 函数不实现任何需要使用外部服务(比如下订单)的应用程序逻辑。reducer 会根据操作及其有效载荷(如果有)更新并返回应用程序状态。实现应用程序逻辑将需要与 reducer 外部的环境进行交互，从而导致副作用，而纯函数不可能有副作用。要了解更多细节，请阅读 GitHub 上的 Redux 文档，网址是 http://mng.bz/Q0lv。

处理组件的状态是组件的内部功能。但在某些时候，组件可能需要开始处理外部数据，这就是 useEffect()钩子的作用。

13.4.2 在 App 组件中使用 useEffect 钩子获取数据

你已经学习了如何在 App 组件的状态中存储城市名称，但最终目标是通过从外部服务器获取数据来查找给定城市的天气。使用函数式编程的术语，需要编写一个具有副作用的函数。与

纯函数不同，具有副作用的函数使用外部数据，即使函数参数保持不变，每次调用也可能产生不同的结果。

在 React 的功能组件中，将使用 useEffect()钩子改变带有副作用的功能。默认情况下，React 在每次 DOM 呈现后都会自动调用传递给 useEffect()的回调函数。将以下函数添加到代码清单 13.10 的 App 组件中：

```
useEffect(() => console.log("useEffect() was invoked"));
```

如果打开浏览器控制台运行应用程序，那么每次在输入字段中输入字符并刷新 UI 时，都会看到"useEffect() was invoked"的消息。每个 React 组件都会经历一组生命周期事件，如果需要在组件被添加到 DOM 之后执行代码，或者在每次组件被重新呈现之后执行代码，useEffect()钩子就是放置这些代码的合适位置。但是，如果你希望 useEffect()中的代码只执行一次，那么在初始呈现之后，指定一个空数组作为第二个参数。

```
useEffect(() => console.log("useEffect() was invoked"), []);
```

前一个钩子中的代码只会在组件呈现之后执行一次，这使它成为执行初始数据获取的好地方。

假设你住在伦敦，并且希望这个应用程序一启动就能看到伦敦的天气情况。那么首先用"London"初始化 city 状态：

```
const [city, setCity] = useState('London');
```

现在需要编写一个函数来获取指定城市的数据。该 URL 将包括以下静态部分(用你的 APPID 替换 12345)。

```
const baseUrl = 'http://api.openweathermap.org/data/2.5/weather?q=';
const suffix = "&units=imperial&appid=12345";
```

在两者之间，你需要放置城市的名称，因此完整的 URL 可能如下所示：

```
baseUrl + 'London' + suffix
```

为了发出 Ajax 请求，将使用浏览器的 Fetch API。fetch()函数返回一个 Promise，将在 getWeather()方法中使用 async 和 await 关键字(参见附录中的 A.10.4 节)，如代码清单 13.11 所示。

代码清单 13.11　获取天气数据

```
const getWeather = async (city: string) => {
  const response = await fetch(baseUrl + city + suffix);    ← 对天气服务器
  const jsonWeather = await response.json();                  进行异步调用
  console.log(jsonWeather);
}
```

在控制台上打印天气 JSON

将 response 转换为 JSON 格式

注意　对于异步代码，我们更喜欢使用 async 和 await 关键字，但是在这里使用带链式.then()调用的 promise 也可以。

当使用标准浏览器的 fetch()方法时，获取数据需要两个步骤：首先获取 response，然后调用 response 对象上的 json()函数来获取实际数据。

提示　JavaScript 开发人员经常使用第三方库来处理 HTTP 请求。最流行的一种是基于 promise 的库 Axios(www.npmjs.com/package/axios)。

现在可以使用这个函数在 useEffect()中获取初始数据：

```
useEffect( () => getWeather(city), []);
```

如果你希望 useEffect()中的代码仅在特定状态变量发生更改时执行，可以将钩子附加到该状态变量。例如，可以指定 useEffect()只在 city 更新时运行：

```
useEffect(() => console.log("useEffect() was invoked"),
                  ['city']);
```

App 组件的当前版本如代码清单 13.12 所示。

代码清单 13.12　在 useEffect()中获取伦敦天气

```
import React, { useState, useEffect, ChangeEvent } from 'react';

const baseUrl = 'http://api.openweathermap.org/data/2.5/weather?q=';
const suffix = "&units=imperial&appid=12345";

const App: React.FC = () => {

  const [city, setCity] = useState('London');

  const getWeather = async (city: string) => {        ◄── 异步获取指定城
      const response = await fetch(baseUrl + city + suffix);   市的天气数据
      const jsonWeather = await response.json();
      console.log(jsonWeather);
  }
                                                      ◄── 空数组意味着运
  useEffect( { () => getWeather(city) }, []);            行此钩子一次

const handleChange = (event: ChangeEvent<HTMLInputElement>) => {
    setCity( event.target.value );      ◄── 更新状态
}

  return (
    <div>
      <form>
        <input type="text" placeholder="Enter city"
               onInput = {handleChange} />
        <button type="submit">Get Weather</button>
        <h2>City: {city}</h2>
      </form>
    </div>
```

```
  );
}

export default App;
```

　　useEffect()的第二个参数是一个空数组,因此 getWeather()只会在 App 组件最初呈现时调用一次。

注意　如果你运行此应用程序,浏览器控制台将显示以下警告: "React Hook useEffect has a missing dependency: 'city'. Either include it or remove the dependency array react-hooks/exhaustive-deps." 这是因为在这个钩子中使用状态变量 city,它是一个依赖项,应该在数组中列出。这并不是一个错误,为了简单起见,将保持代码的原样,但是在设计钩子时应该记住这一点。

提示　要深入了解 useEffect()钩子,请阅读 Dan Abramov 撰写的"A complete guide to useEffect",该指南可在其 Overreacted 博客中找到,网址为 https://overreacted.io/a-complete-guide-to-useeffect。

　　打开浏览器控制台运行此应用程序,它将打印检索到的带有伦敦天气的 JSON,如图 13.8 所示。

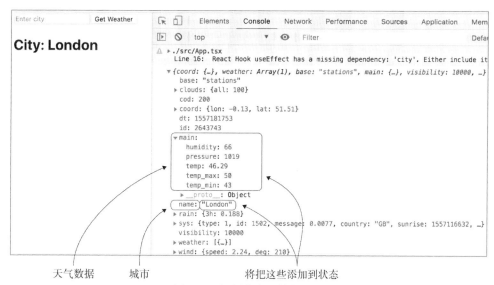

　　　　天气数据　　　城市　　　　　　　将把这些添加到状态
图 13.8　控制台中的伦敦天气

　　对于默认城市的初始数据获取已经完成,将检索到的天气数据存储在组件状态中似乎是个好主意。让我们定义一个新的 Weather 类型,用于存储 name 和 main 属性的内容,这两个属性都在图 13.8 中标记出来了(见代码清单 13.13)。

代码清单 13.13　weather.ts 文件

```
export interface Weather {
  city: string;
  humidity: number;
  pressure: number;
  temp: number;
  temp_max: number;
  temp_min: number;
}
```

此属性对应于图13.8中的 name 属性

这些值来自图13.8 中的 main 属性

这些值来自图13.8 中的 main 属性

在 App 组件中，将添加一个新的 weather 状态变量和一个用于更新它的函数，如下所示：

```
const [weather, setWeather] = useState<Weather | null>(null);
```

注意，useState()钩子允许你使用泛型参数以获得更好的类型安全性。

现在需要更新 getWeather()函数，以便它将检索到的天气和城市名称保存在组件的状态中 (见代码清单 13.14)。

代码清单 13.14　在 getWeather 中保存状态

```
async function getWeather(location: string) {
  const response = await fetch(baseUrl + location + suffix);
  if (response.status === 200){
    const jsonWeather = await response.json();
    const cityTemp: Weather = jsonWeather.main;
    cityTemp.city=jsonWeather.name;
    setWeather(cityTemp);
  } else {
      setWeather(null);
  }
}
```

存储 main 属性的内容

存储城市名称

保存组件状态下的天气

天气检索失败

这段代码使用 jsonWeather.main 对象和 jsonWeather.name 中的城市名，并将它们保存在 weather 状态变量中。

到目前为止，getWeather()函数已经被 useEffect()钩子调用，用于初始检索伦敦天气。下一步是添加代码，以便在用户输入任何其他城市并单击 Get Weather 按钮时调用 getWeather()。如代码清单 13.12 所示，这个按钮是表单的一部分(它的类型是 submit)，因此将向<form>标记添加一个事件处理程序。handleSubmit()函数和 JSX 的第一个版本如代码清单 13.15 所示。

代码清单 13.15　处理按钮单击事件

当单击 Submit 按钮时，就会分派 FormEvent

```
const handleSubmit = (event: FormEvent) => {
    event.preventDefault();
    getWeather(city);
  }
```

阻止表单提交按钮的默认行为

对输入的城市调用 getWeather()

```
return (
  <div>
    <form onSubmit = {handleSubmit}>
      <input type="text" placeholder="Enter city"
             onInput = {handleChange} />
      <button type="submit">Get Weather</button>
      <h2>City: {city}</h2>
      {weather && <h2>Temperature: {weather.temp}F</h2>}
    </form>
  </div>
);
```

将事件处理程序附加到表单

显示检索的温度

在 React 中，事件处理程序获得 SyntheticEvent 的实例，它是浏览器本地事件的增强版本(参见 https://reactjs.org/docs/events.html 了解详细信息)。SyntheticEvent 与浏览器的本地事件(如 preventDefault())具有相同的接口，但是这些事件在所有浏览器上的工作方式是相同的(与本地浏览器事件不同)。

要将参数的值提供给 getWeather(city)，不必在 UI 上找到对<input>字段的引用。当用户输入城市名称时，组件的 city 状态已更新，因此 city 变量的值已经显示在<input>字段中。图 13.9 显示了用户输入 Miami 并单击 Get Weather 按钮后的页面截图。

City: Miami

Temperature: 57.6

图 13.9　迈阿密气温很高

> **注意**　在我们的书 *Angular Development with TypeScript*，2nd(Manning，2018)中，也使用了这种天气服务。可以在 GitHub 上 http://mng.bz/yzMd 找到这个应用程序的 Angular 版本。

如果用户输入的城市不存在，或者 openweathermap.org 不支持该城市怎么办？服务器返回 404，应该添加适当的错误处理。到目前为止，如果 weather 状态错误，可以通过以下代码来防止显示温度：

```
{ weather && <h2>Temperature: {weather.temp}F</h2> }
```

在这个应用程序的下一个版本中，将创建一个类型保护来检查是否收到了所提供城市的天气。

现在，让我们休息一下，回顾到目前为止开发天气应用程序所做的工作。

(1) 在 openweathermap.org 上申请 APPID。

(2) 生成了一个新应用，并用简单的<form>替换了 JSX。

(3) 使用 useState()钩子声明 city 状态。

(4) 添加了 handleChange()函数，该函数根据输入字段中的每次更改更新 city。

(5) 添加了 useEffect()钩子，只在应用程序启动时调用一次。

(6) 确保 useEffect()调用 getWeather()函数，该函数使用 fetch() API 检索 London 的天气。

(7) 声明 weather 状态以存储检索到的温度和湿度，这是检索到的天气对象的一些属性。

(8) 添加 handleSubmit()事件处理程序，在用户输入城市名并单击 Get Weather 按钮后调用

getWeather()。

(9) 修改 getWeather()函数，将检索到的天气保存在 weather 状态中。

(10) 在表格下方的网页上显示检索到的温度。

一切都很好，但是不应该将所有应用逻辑都放在一个 App 组件中。在下一节中，将创建一个单独的组件，它将负责显示天气数据。

13.4.3　使用 props

React 应用程序是一个组件树，你需要决定哪些是容器(container)组件，哪些是展示(presentation)组件。容器(又称 smart)组件包含应用程序逻辑、与外部数据提供程序通信，并将数据传递给其子组件。通常，容器组件是有状态的，几乎没有标记。

展示(又称哑巴)组件仅从其父级接收数据并进行显示。典型的展示组件是无状态的，并且有很多标记。展示组件通过其自定义属性(props)JavaScript 对象获取要显示的数据。

提示　在 14.4 节中，我们将查看 React 版本的区块链应用程序的 UI 组件。你将看到一个容器组件和三个展示组件。

提示　如果你使用一个库来管理整个应用程序的状态(比如 Redux)，那么只有容器组件会与这样的库通信。

在天气应用程序中，App 是一个容器组件，它知道如何从外部服务器接收天气数据。到目前为止，App 组件还会显示接收到的温度，如图 13.9 所示，但是应该将天气呈现功能委托给一个单独的展示组件，比如 WeatherInfo。任何应用程序都由多个组件组成，拥有一个独立的 WeatherInfo 组件将允许演示父组件如何向子组件发送数据。此外，有一个单独的 WeatherInfo 组件，它仅知道如何显示通过自定义属性传递的数据，这使得它可以重用。

App 组件(父级)将包含 WeatherInfo 组件(子级)，并且父级需要把接收到的天气数据传递给子级。将数据传递给 React 组件与将数据传递给 HTML 元素的工作原理类似。

将通过使用 JSX 元素作为示例来熟悉自定义属性的作用。任何 JSX 元素都可以根据其获取的数据以不同的方式呈现。例如，红色禁用按钮的 JSX 看起来像这样：

```
<button className="red" disabled />
```

这段代码指示 React 创建一个 button 元素，并通过 className 和 disabled 属性传递特定值。React 将从把前面的 JSX 转换为 createElement()的调用开始：

```
React.createElement("button", {
    className: "red",
    disabled: true
});
```

然后，上面的代码将生成如下所示的 JavaScript 对象：

```
{
  type: 'button',
  props: { className: "red", disabled: true }
}
```

如你所见，props 包含传递给 React 元素的数据。React 使用自定义属性在父组件和子组件之间交换数据(前面的按钮也是父元素的一部分)。

假设我们创建了一个自定义的 Order 组件并将其添加到父级的 JSX 中。也可以通过 props 将数据传递给它。例如，一个 Order 组件需要接收 operation、product 和 price 等自定义属性的值：

```
<Order operation="buy" product="Bicycle" price={187.50} />
```

同样，我们将 WeatherInfo 组件添加到 App 组件的 JSX 中，传递接收到的天气数据。此外，我们还承诺添加一个用户定义的类型保护，以确保当该城市的天气无法获得时，WeatherInfo 组件将不会呈现任何内容。代码清单 13.16 显示了来自 App 组件的代码，该组件定义并使用名为 has 的类型保护。

代码清单 13.16　添加 has 类型保护

```
const has = (value: any): value is boolean => !!value;          ◀── 声明 has 类型保护
...
return (          空的 JSX 标记可以
  <>              用作容器
    <form onSubmit = {handleSubmit}>
      <input type="text" placeholder="Enter city"
             onInput = {handleChange} />
      <button type="submit">Get Weather</button>
    </form>
    {has(weather) ? (                                           将天气传递给 WeatherInfo
      <WeatherInfo weather={weather} />          ◀──           并呈现它
    ) : (
      <h2>No weather available</h2>               ◀──           呈现文本消息而不
    )}                                                         是 WeatherInfo
  </>          ◀────  关闭空的 JSX 标记
);
```
应用 has 类型保护

App 组件托管表单和 WeatherInfo 组件，WeatherInfo 组件应呈现天气数据。所有 JSX 标签必须包装到一个容器标签中。之前，使用<div>作为父标记。在代码清单 13.16 中，改为使用空标签，这是特殊标签容器<React.Fragment>的快捷方式，该容器不会向 DOM 添加额外的节点。

在 2.3 节中，介绍了 TypeScript 用户定义的类型保护。在代码清单 13.16 中，将 has 类型保护声明为返回类型为类型谓词的函数。

```
const has = (value: any): value is boolean => !!value;
```

它采用 any 类型的值，并将其应用于 JavaScript double bang 操作符，以检查所提供的值是否正确。现在表达式 has(weather) 将检查是否接收到天气(如代码清单 13.17 中的 JSX 所示)。接收到的天气通过其 weather 自定义属性提供给 WeatherInfo 组件：

```
<WeatherInfo weather={weather} />
```

现在，讨论如何创建接收和呈现天气数据的 WeatherInfo 组件。在 VS Code 中，创建了一个新的 weather-info.tsx 文件，并在那里声明了 WeatherInfo 组件。就像在 App 功能组件中一样，为 WeatherInfo 使用了箭头函数符号，但是这次组件接收一个显式的 props。将鼠标悬停在 FC 上，你将看到它的声明，如图 13.10 所示。

图 13.10   具有默认参数的泛型类型

React.FC 是一个泛型类型，它以 P(props)作为类型参数。那么，当在不使用通用符号和具体类型的情况下声明 App 组件时，为什么 TypeScript 编译器没有抱怨呢？P = {}部分可以解决该问题。这就是使用默认值声明泛型类型的方法。App 组件不使用 props，并且在默认情况下，React 假设 props 是一个空对象。

每个组件都有一个称为 props 的属性，该属性可以是具有特定于应用程序属性的任意 JavaScript 对象。在 JavaScript 中，你不能指定 props 内容的类型，但 TypeScript 泛型允许你让组件知道它将获取包含 Weather 的 props，如代码清单 13.17 所示。

代码清单 13.17   WeatherInfo.tsx：WeatherInfo 功能组件

组件是一个泛型函数，参数类型为 Weather

```
import * as React from 'react';
import {Weather} from './weather';

const WeatherInfo: React.FC<{weather: Weather} >=
```

粗箭头函数有一个参数——weather 对象

```
({ weather }) => {

  const {city, humidity, pressure, temp, temp_max, temp_min} = weather;
```

解构 weather 对象

```
  return (
    <div>
      <h2>City: {city}</h2>
```

呈现 city

```
        <h2>Temperature: {temp}</h2>
        <h2>Max temperature: {temp_max}</h2>           呈现天气数据
        <h2>Min temperature: {temp_min}</h2>
        <h2>Humidity: {humidity}</h2>
        <h2>Pressure: {pressure}</h2>
    </div>
  );
}

export default WeatherInfo;
```

WeatherInfo 组件是一个泛型函数，只有一个参数<P>，如图 13.10 所示，使用了{weather: Weather}类型作为它的参数。为了呈现数据，可以使用点符号(如 weather.city)访问 weather 对象的每个属性，但是将这些属性的值提取到本地变量中的最快方法是解构(在附录的 A.8 节中讨论)，如下所示。

```
const {city, humidity, pressure, temp, temp_max, temp_min} = weather;
```

现在，所有这些变量都可以在此组件返回的 JSX 中使用。例如，<h2>City: {city}</h2>。

将标记传递给子组件

props 不仅可以用于向子组件传递数据，还可以用于传递 JSX 片段。如果将 JSX 片段放置在组件的开始和结束标记之间，如下面的代码片段所示，则此内容将存储在 props.children 属性中，并且可以根据需要进行呈现。

```
<WeatherInfo weather = {weather} >            将此标记传递给
    <strong>Hello from the parent!</strong> ◄   WeatherInfo
</WeatherInfo>
```

在这里，App 组件将 HTML 元素Hello from the parent!传递给 WeatherInfo 子组件，并且它可能已经以相同的方式传递给任何其他 React 组件。

WeatherInfo 组件还必须声明其不仅要接收 Weather 对象(如代码清单 13.13 所示)，而且还要接收来自 React.FC 的 props.children 的内容，如下所示：

```
const WeatherInfo: React.FC<{weather: Weather} >=
➥  ({ weather, children }) =>...
```

该行告诉 React，我们将为你的 React.FC 组件提供带有 weather 属性的对象，但我们也想使用 children 属性。现在，本地 children 变量包含父级提供的标记，可以将其与天气数据一起呈现：

```
return (
    <div>                        呈现从父级接收
      {children}                 到的标记
      <h2>City: {city}</h2>
      <h2>Temperature: {temp}</h2>
      { /* The rest of the JSX is omitted */ }
    </div>
);
```

在嵌入 {children} 表达式之后，将呈现 WeatherInfo 组件，如下所示。

显示通过 props.children 接收到的内容

　　为了可视化每个组件的自定义属性和状态，安装名为 React Developer Tools 的 Chrome 扩展，并在 Chrome 开发工具打开的情况下运行 React 应用程序。你将看到一个额外的 React 选项卡，它在左边显示呈现的元素，在右边显示每个组件的自定义属性和状态(如果有的话) (见图 13.11)。WeatherInfo 组件是无状态的，否则你还会看到状态的内容。

图 13.11　React 开发工具

　　父组件通过自定义属性将数据传递给子组件是不错的，但如果从相反的方向发送数据呢？

13.4.4　子组件如何将数据传递给其父组件

在某些情况下，子组件需要向父组件发送数据，这也是通过自定义属性完成的。想象一下，一个子组件连接到一个股票交易所，它每秒钟都会收到最新的股票价格。如果父组件负责处理该数据，则子组件需要能够将数据传递给父节点。

为了简单起见，我们将演示 WeatherInfo 组件如何将一些文本发送给它的父组件。这将需要在父组件和子组件两端都进行一些编码，让我们从父组件开始。

如果父组件期望从子组件获得一些数据，它就必须声明一个知道如何处理这些数据的函数。然后，在嵌入子组件的父组件 JSX 中，向子组件的标记添加一个属性，其中包含对该函数的引用。在天气应用程序中，App 组件是父组件，我们希望它能够从子组件 Weather-Info 接收文本消息。代码清单 13.18 显示了需要向上一节中开发的 App 组件的代码中添加的内容。

代码清单 13.18　向 App 组件添加用于接收数据的代码

声明 msgFromChild 状态变量来存储子组件的消息

```
const [msgFromChild, setMsgFromChild] = useState('');

const getMsgFromChild = (msg: string) => setMsgFromChild(msg);

return (
  <>
  /* The rest of the JSX is omitted */
  {msgFromChild}          ←—— 显示子组件的消息
  {has(weather) ? (
    <WeatherInfo weather = {weather} parentChannel = {getMsgFromChild}>
  </>
```

声明以 msgFromChild 状态存储子组件消息的函数

将 parentChannel 属性添加到子组件

这里添加了 msgFromChild 状态变量来存储从子组件接收到的消息。getMsgFromChild()函数获取消息并使用 setMsgFromChild()函数更新状态，这会导致在 App 组件的 UI 中重新呈现{msgFromChild}。

最后，需要为子组件提供一个调用消息处理程序的引用。我们决定调用这个引用parentChannel，并将其传递给 WeatherInfo，如下所示：

```
parentChannel = {getMsgFromChild}
```

parentChannel 是子组件用来调用 getMsgFromChild()消息处理程序的任意名称。

对父组件代码的修改已经完成，接下来处理 WeatherInfo 子组件。代码清单 13.19 显示了添加到子组件代码中的内容。

代码清单 13.19　在 WeatherInfo 中添加发送数据到父组件的代码

将 parentChannel 添加到
泛型函数的类型

```
const WeatherInfo: React.FC<{weather: Weather, parentChannel:
    (msg: string) => void}> =
    ({weather, children, parentChannel}) => {                    将 parentChannel 添加到函数参数
/* The rest of the WebInfo code is omitted */

return (                                                  在单击按钮时调用父组件的
<div>                                                    函数，使用 parentChannel 作
    <button                                              为引用
      onClick ={() => parentChannel ("Hello from child!")}>
      Say hello to parent
    </button>

/* The rest of the JSX code is omitted */
</div>
);
```

由于父组件将 parentChannel 引用提供给子组件以调用消息处理程序，因此需要修改组件的类型参数以包含该引用。

```
<{weather: Weather, parentChannel: (msg: string) => void}>
```

parentChannel 的类型是接收一个字符串参数但不返回值的函数。WeatherInfo 组件将处理 props，它现在是一个具有三个属性的对象:weather、children 和 parentChannel。

onClick 按钮处理程序返回一个函数，该函数将调用 parentChannel()，并将消息文本传递给该函数:

```
() => parentChannel ("Hello from child!")
```

运行这个版本的天气应用程序，如果单击 WeatherInfo 组件底部的按钮，父组件将收到消息并呈现它，如图 13.12 所示。

父组件呈现来自
子组件的消息

子组件呈现来自
父组件的消息

单击子组件的按钮将
消息发送给父组件

图 13.12　来自子组件的消息

注意　代码清单 13.19 中的代码可以优化，这是你的作业。这段代码有效，但在每次 UI 重新
　　　呈现时都会重新创建函数()？parentChannel("Hello from child! ")。要避免这种情况的发
　　　生，请阅读 http://mng.bz/MO8B 上 React 文档中的 useCallback()，并将 parentChannel()
　　　函数包装在此钩子中。

现在已经介绍了状态(state)和自定义属性(props)，我们想强调一下它们具有不同的用途：

- state 存储私有组件的数据；props 用于将数据传递给子组件或返回给父组件。
- 组件可以使用接收到的 props 来初始化其 state(如果有的话)。
- 禁止直接修改 state 属性值；必须在功能组件中使用 useState()钩子返回的函数，或在基于
  类的组件中使用 setState()方法，以确保更改反映在 UI 上。
- props 是不可变的，组件不能修改通过自定义属性接收到的原始数据。

注意　状态和自定义属性有不同的用途,但是 React 中的 UI 是包含状态和自定义属性的函数。

在对 React 框架的简要概述中，讨论了组件、状态和自定义属性，但即使是对 React 最简
短的概述也必须包含另外一个主题：Virtual DOM。

13.5　Virtual DOM

React 的一个独特特性是 Virtual DOM，这是组件
和浏览器 DOM 之间的一层。每个组件都由 UI 元素组
成，而 Virtual DOM 优化了将这些元素呈现到浏览器
DOM 的过程，如图 13.13 所示。

当启动应用程序时,React 在它自己的 Virtual DOM
中创建一个 UI 组件树，并将此树呈现给浏览器的
DOM。当用户使用 React 应用程序时，浏览器的 DOM
会触发该应用程序的事件。如果事件是由 JavaScript 处
理的，并且处理程序代码更新了组件的状态，则 React
重新创建 Virtual DOM，将其新版本与前一个版本区别
开，并将差异与浏览器的 DOM 同步。应用这种 diffing

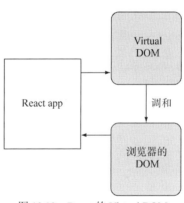

图 13.13　React 的 Virtual DOM

算法称为调和(更多信息请参见 React 的文档，网址为 https://reactjs.org/docs/reconciliation.html)。

注意　Virtual DOM 这个术语有点用词不当，因为 React Native 库使用相同的原理来呈现没有
　　　DOM 的 iOS 和 Android UI。

通常，从浏览器的 DOM 中加载呈现 UI 是一个缓慢的操作，为了使其更快，React 不会在
每次元素改变时重新呈现浏览器的 DOM 的所有元素。对于一个只有少量 HTML 元素的 Web
页面，你可能看不到在分配速度上有多大差别，但是对于一个有成千上万个元素的页面，由

React 执行的呈现与常规 JavaScript 执行的呈现之间的差别就很明显了。

如果你无法想象一个包含成千上万个 HTML 元素的 Web 页面,那么可以想象一个以表格形式显示最新交易活动的金融门户。如果这样的表格包含 300 行和 40 列,则它有 12 000 个单元格,每个单元格由几个 HTML 元素组成。门户可能需要呈现几个这样的表。

Virtual DOM 使开发人员免于像 jQuery 一样使用浏览器 DOM API 仅更新组件的状态,React 将以最有效的方式更新相应的 DOM 元素。这基本上就是 React 库所做的全部工作,这意味着你将需要其他库来实现诸如发出 HTTP 请求、路由选择或处理表单等功能。

到此,我们简要介绍了使用 React.js 库和 TypeScript 开发 Web 应用。在第 14 章中,将展示用 React.js 编写的区块链客户端的代码。

13.6   本章小结

- React.js 是一个很棒的用于呈现 UI 组件的库。可以在使用其他框架或仅使用 JavaScript 的现有应用程序的任何部分中使用 React.js。换言之,如果需要,可以使用 React 开发非单页应用。

- 可以使用 Create React App 命令行工具在大约一分钟内生成一个 TypeScript-React 应用程序。该应用程序将是完全配置好的和可运行的。

- React 组件通常以类或函数的形式实现。

- 组件的 UI 部分通常使用 JSX 语法声明。用 TypeScript 编写的 React 组件存储在扩展名为.tsx 的文件中,该文件告诉 tsc 编译器它包含 JSX。

- 一个 React 组件通常具有 state,可以表示为该组件的一个或多个属性。每当 state 属性被修改时,React 重新呈现该组件。

- 父组件和子组件可以使用 props 交换数据。

- React 使用内存中的 Virtual DOM,它是组件和浏览器的 DOM 之间的一层。每个组件都由 UI 元素组成,而 Virtual DOM 优化了将这些元素呈现到浏览器的 DOM 的过程。

第 14 章

使用**React.js**开发区块链客户端

> **本章要点：**
> - 回顾使用 React.js 编写一个区块链客户端
> - React.js Web 客户端如何与 WebSocket 服务器交互
> - 运行一个在开发模式下与两个服务器一起工作的 React app
> - 将区块链客户端的 UI 拆分为多个组件，并组织它们之间的交互

在之前的章节中，你已经学习了 React 的基础，现在将介绍一个新版本的区块链应用程序，它的客户端部分使用 React 编写。Web 客户端的源代码放在 blockchain/client directory 目录下，消息服务器源代码放在 blockchain/server 目录下。

服务器的代码和第 10 章以及第 12 章中的保持不变，这个版本的区块链 App 功能也是一样的，但是 App 的 UI 部分则是完全使用 React 重写。

本章不再回顾区块链的功能，因为之前的章节中已经介绍过，但是将会介绍 React.js 库特有的代码。你可能需要回顾第 10 章，唤醒对区块链客户端和消息服务器功能的记忆。

首先，要启动区块链消息服务器和 React 客户端。然后，将介绍 UI 组件的代码，突出 smart 组件和 presentation 组件之间的区别。你还将看到多个代码示例，这些示例通过 props 演示了内部组件交互。

14.1 启动客户端和消息服务器

为了启动服务器，打开 blockchain/server 目录下的终端窗口，运行 npm install 以安装服务器的依赖项，然后运行 npm start 命令。你将会看到消息提示："Listening on http://localhost:3000"，

保持服务器运行。

为了启动 React 客户端，打开 blockchain/server 目录下的另一个终端窗口，运行 npm install 以安装 React 以及它的依赖项，然后运行 npm start 命令。

区块链客户端启动接口是 3001，在一个短的延迟之后，将会生成"创世区块"。图 14.1 展示了 React 客户端的截图，其中标签指向 App 的 UI 文件，App.tsx 文件包含了名为 App 的根组件的代码。

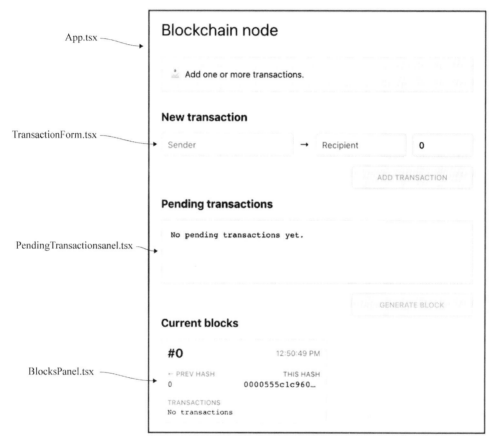

图 14.1　启动区块链客户端

start 命令被定义在 package.json 中，又被称为 react-scripts start 命令，它使用 Webpack 构建绑定包，并使用 webpack-dev-server 启动 App。我们在第 12 章启动 Angular 区块链客户端时经历了类似的流程。

但通过 Create React App CLI 生成的 App 的 webpack-dev-server 的预设置启动接口是 3000，因为接口 3000 已经被消息服务器占用，所以在这里有接口冲突。我们必须找到一种为客户端配置不同端口的方法，稍后解释如何配置。

通过 Create React App 工具生成的项目在开发(dev)模式下还被预设置从.env.development 文件

中读取自定义环境变量(如代码清单 14.1 所示)，或者在 prod 模式下来自.env.production 文件。

提示　为了准备一个 optimized production build，运行 npm run build 命令，你会发现 build 目录下的 index.html 和 app bundles。这条命令使用.env.production 文件中的环境变量。

代码清单 14.1　env.development: 定义 environment 变量

```
PORT=3001
REACT_APP_WS_PROXY_HOSTNAME=localhost:3000
```

在代码清单 14.1 中，首先声明 webpack-dev-server 启动 App 时使用接口 3001，这可以解决和服务器的接口 3000 冲突问题。然后声明一个自定义环境变量 REACT_APP_WS_PROXY_HOSTNAME，这个变量可以用于将客户端请求代理到服务器上，运行接口是 localhost:3000。这个变量将会被应用于 websocket- controller.ts 脚本中。可以在文档中阅读有关在 Create React App projects 中添加自定义环境变量的更多信息，参见 http://mng.bz/adOm。

图 14.2 展示了区块链客户端如何在 dev 模式下运行。CLI dev 服务器在端口 3001 上为 React App 提供服务，React App 之后将会连接另一个运行在端口 3000 上的服务器。

注意　Create React App CLI 允许向 package.json 添加 proxy 属性以及指定在开发服务器找不到请求的资源时要使用的 URL(例如，"proxy": "http://localhost:3000")。但是这个属性不适用于 WebSocket 协议，因此必须使用一个自定义环境变量来指定消息传递服务器的 URL。

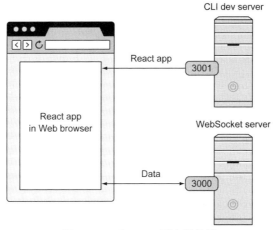

图 14.2　一个 App，两个服务器

Angular 和 React 项目具有相似的文件结构以及启动程序。但由于 React App 在工作时使用 Babel，支持的浏览器的配置与 tsc 不同。代码清单 14.2 显示了我们的 App 应该支持的特定的浏览器版本。在 6.4 节中，展示了 Babel 如何使用预设来指定 App 必须支持的浏览器版本。Create

React App 工具在 package.json 中添加一个默认的 browserslist 部分。打开这个文件，你将发现如下预设的浏览器配置。

代码清单 14.2　package.json 的代码片段

```
"browserslist": {
  "production": [
    ">0.2%",
    "not dead",
    "not op_mini all"
  ],
  "development": [
    "last 1 chrome version",
    "last 1 firefox version",
    "last 1 safari version"
  ]
}
```

prod builds 下必须
支持的浏览器

dev builds 下必须
支持的浏览器

> 提示　尽管没有使用 tsc 编译代码以及触发 JavaScript，但仍然在 tsconfig.json 中指定"target":
> "es5"选项，从而保证 TypeScript 不会排斥我们区块链 App 中的 TypeScript 语法。移除
> target 选项或者将它的值变成 es3，代码清单 14.5 中的 geturl() getter 将被一条红色波浪
> 下画线标记，并且会伴随如下错误提示："Accessors are only available when targeting
> ECMAScript 5 and higher."。

在 6.4 节中讲解了 browserslist 的作用，browserslist 允许你配置 tsc 在特定浏览器上运行 JavaScript。Create React App 也支持这个功能，当运行 npm build script 以创建一个 production build 或者运行 start script 以创建 dev bundles 时将会用到来自 package.json 的设置。从 App 的 browserslist 中复制粘贴每一个条目到 https://browserl.ist 网页上，将会看到哪些浏览器被这个条目所覆盖。

和之前版本的区块链 App 一样，代码分成了 UI 部分和实现区块链算法的脚本部分。在 React 的版本中，UI 组件放在 components 目录下，算法脚本则放在 lib 中。

14.2　lib 目录中发生的变化

提醒一下，lib 目录包含生成新块、请求最长链、通知其他节点新生成块的代码，并邀请区块链的其他成员开始为指定的事务生成新块。我们稍微修改了一下 websocket-controller.ts 文件，文件中包含了与 WebSocket 服务器通信的脚本。在第 10 章中，没有使用 JavaScript 框架，只是简单使用新运算符实例化了 WebsocketController 类。我们将 messageCallback 传递给构造函数以处理来自服务器的消息。

在代码清单 12.2 中，使用 Angular 的依赖注入，这个框架实例化 WebsocketService 对象并将其注入 AppComponent 中。可以依赖 Angular 先实例化服务，然后再创建 App 组件。

> **提示**　如果你有 Angular 基础，并且习惯于创建可以注入组件的单例服务，学习 React 的 Context(https://reactjs.org/docs/context.html)，它可以用作从一个组件传递到另一个组件的数据的公共存储。换言之，props 并不是在组件之间传递数据的唯一方式。

在 React 版本的区块链 App 中，将手动实例化 Websocket-Controller。App.tsx 脚本启动如代码清单 14.3 所示。

代码清单 14.3　在组件之前实例化类

```
const server = new WebsocketController();          ← 第一步，实例化
const node = new BlockchainNode();                    WebsocketController 类
                                                   ← 第二步，实例化
const App: React.FC = () => {                         BlockchainNode 类
    // The code of the App component is omitted
    // We'll review it later in this chapter
}
```
第三步，声明根 UI 组件

为了确保 WebsocketController 和 BlockchainNode 是全局对象，我们通过实例化它们来启动脚本。但是 WebsocketController 需要来自 App 组件的回调方法来处理更改组件状态的服务器消息。问题是 App 组件还没有被实例化，因此不能向组件的构造函数提供这样的回调。

这也是我们在 WebsocketController 中创建 connect()方法的原因。此方法将回调作为其参数。connect()方法的完整代码如代码清单 14.4 所示。

代码清单 14.4　WebsocketController 的 connect()方法

将回调传递给控制器
```
connect(messagesCallback: (messages: Message) => void):
                                        Promise<WebSocket> {
    this.messagesCallback = messagesCallback;
    return this.websocket = new Promise((resolve, reject) => {
        const ws = new WebSocket(this.url);         ← 在 Promise 中封
        ws.addEventListener('open', () => resolve(ws));   装套接字创建
        ws.addEventListener('error', err => reject(err));
        ws.addEventListener('message', this.onMessageReceived);
    });
}
```

App 组件将调用 connect()方法以传递正确的回调(我们将会在下一节中讨论，你将会在代码清单 14.10 中看到)。this.url 的值是多少，这个值应该指向 WebSocket 服务器。在 14.1 节中，声明服务器的域名和端口将取自环境变量。代码清单 14.5 显示了 WebsocketController 中 url getter 的代码。

代码清单 14.5　url getter

从环境变量获取主机名和端口

```
private get url(): string {
  const protocol = window.location.protocol === 'https:' ? 'wss' : 'ws';
  const hostname = process.env.REACT_APP_WS_PROXY_HOSTNAME
                            || window.location.host;
  return `${protocol}://${hostname}`;
}
```

如果在 process.env 中找不到主机，使用当前 App 主机

如代码清单 14.1 所示，REACT_APP_WS_PROXY_HOSTNAME 变量定义在 env.development 文件中。Node.js 的 env 属性是代码可以访问所有可用环境变量的地方。你可能会反对并说我们的 App 在浏览器中运行，而不是在 Node.js 运行！这是正确的，但是在绑定期间，Webpack 读取 process.env 中可用变量的值，并将它们内联到 Web 应用的绑定包中。

提示　自定义环境变量的值被内联到包中。运行 npm run build 命令并从 build/static 目录打开主包。然后从.env.production 文件中搜索其中一个变量的值，例如 localhost:3002。

在添加 connect()方法之后，我们决定添加 disconnect()方法，它将关闭套接字连接。

```
disconnect() {
  this.websocket.then(ws => ws.close());
}
```

在我们版本的区块链客户端中，WebSocket 连接是由 App 组件创建的，因此，当 App 组件被销毁时，整个应用程序都会被销毁，包括套接字连接。但这种情况并不总是如此，因此最好有一个单独的方法来关闭套接字。这允许其他组件在需要时创建和销毁连接。

14.3　smart App 组件

这个版本的区块链的 UI 包含五个 React 组件，位于组件目录的.tsx 文件中。

- App
- BlocksPanel
- BlockComponent
- PendingTransactionsPanel
- TransactionForm

App.tsx 文件包含根 App 组件。其他的.tsx 文件包含它的子类代码，TransactionForm、PendingTransactionsPanel 和 BlocksPanel，它也是一个或多个 BlockComponent 实例的父类，如图 14.3 所示。

在 13.4.3 节中，介绍了 container (smart)组件和 presentation(dumb)组件的概念。App 组件是一个 smart 组件，它包含对区块链节点实例和所有相关算法的引用。App 组件还执行与消息服

务器的所有通信。

　　一个典型的 presentation 组件要么显示数据，要么根据用户的操作将其数据发送到其他组件。presentation 组件不实现复杂的应用程序逻辑。例如，如果 PendingTransactionsPanel 组件需要启动新块的创建，它只是在 App 组件上调用正确的回调，这将启动块生成进程。在区块链客户端中，presentation 组件包括 TransactionForm、PendingTransactionPanel 和 BlocksPanel。

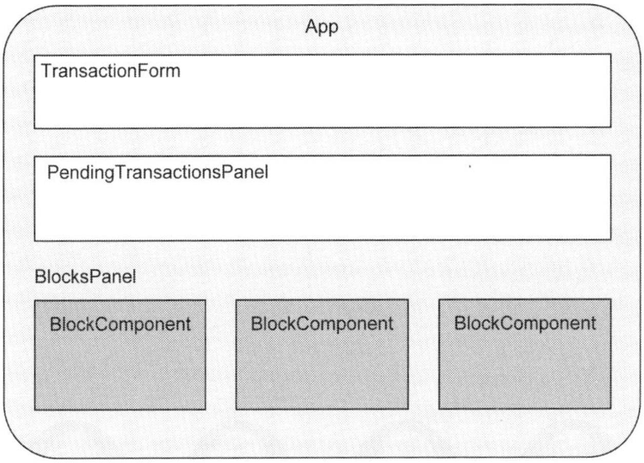

图 14.3　父类组件和子类组件

　　Smart App 组件在 App.tsx 文件中实现，BlockchainNode 和 WebsocketController 实例也是在这个文件中创建。为了让你清晰地了解 App 组件如何与其子组件通信，代码清单 14.6 显示了 App 组件的 JSX 部分。

代码清单 14.6　App 组件的 JSX

```
const App: React.FC = () => {

  // Other code is omitted for brevity

  return (
    <main>
      <h1>Blockchain node</h1>          第一个子类组件
      <aside><p>{status}</p></aside>
      <section>                          这个子类组件可以
        <TransactionForm                 调用 App 组件上的
          onAddTransaction={addTransaction}   addTransaction()方法
          disabled={node.isMining || node.chainIsEmpty}
        />
      </section>
      <section>                          第二个子类组件
        <PendingTransactionsPanel
          formattedTransactions={formatTransactions(node.pendingTransactions)}
          onGenerateBlock={generateBlock}
          disabled={node.isMining || node.noPendingTransactions}
```

这个子类组件可以调用 App 组件上的 generateBlock()方法

```
      />
    </section>
    <section>
      <BlocksPanel blocks={node.chain} />        ◀——— 第三个子类组件
    </section>
  </main>
);
}
```

14.3.1 添加事务

App 组件的 JSX 包含子组件，这些子组件可以调用 App 上的回调方法。在 13.4.4 节中讨论了 React 子组件如何与其父组件交互，在代码清单 14.6 中，可以看到 App 组件通过 props 将 onAddTransaction 回调传递给 TransactionForm。

因此，当用户单击 TransactionForm 组件上的 ADD TRANSACTION 按钮时，它将调用其 onAddTransaction()方法，这将导致 App 组件上的 addTransaction()方法被调用。这就是图 14.4 中 implicitly 一词的意思，图 14.4 是 App 组件的一些 VS 代码的截图。

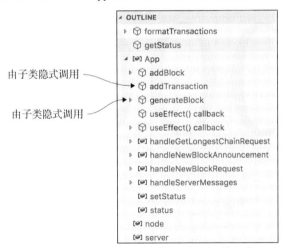

图 14.4 App 组件具有由其子组件调用的方法

为了完成添加事务工作流，让我们看看添加新事务时是什么触发了 UI 的变化。在 React 中，更改组件的状态以更新 UI，并通过调用 useState()钩子返回的函数来实现这一点。在 App 组件中，这个函数名称是 setStatus()(见代码清单 14.7)。

代码清单 14.7 添加事务的 App 代码

```
const node = new BlockchainNode();        ◀——— 节点实例

const App: React.FC = () => {
  const [status, setStatus] = useState<string>('');        ◀—— 声明 App 组件
                                                                的 status 状态
```

```
function addTransaction(transaction: Transaction): void {
  node.addTransaction(transaction);                    添加从子组件接
  setStatus(getStatus(node));                          收的事务
}

// the rest of the code is omitted for brevity
}                                                      此函数在 App
                                                       组件外部实现
function getStatus(node: BlockchainNode): string {
  return node.chainIsEmpty            ? 'X Initializing the blockchain...':
         node.isMining                ? 'XX Mining a new block...' :
         node.noPendingTransactions   ? '✉ Add one or more transactions.':
                                        '✅ Ready to mine a new block.';
}
```

更新
状态

我们回顾了区块链节点的实现，并确定了改变节点内部状态的操作。添加了 helper 属性
chainIsEmpty、isMining 和 noPendingTransactions 来探测节点的内部状态。在每个可能更改内部
节点状态的操作之后，将根据节点的内部状态验证 UI 状态，React 应用到任何需要的更改。如
果这些值中有任何更改，需要更新 App 组件的 UI。但是在 App 组件中可以使用什么来触发
setStatus()方法的调用？

getStatus()函数的作用是返回描述当前区块链节点状态的文本，App 组件将呈现相应的
消息(见代码清单 14.7)。最初状态值是"正在初始化区块链……"如果用户添加了一个新
的事务，getStatus()方法将会返回"添加一个或更多事务"，还有 setStatus(getStatus(node));
行将更改组件的状态，导致 UI 被重新呈现。图 14.5 显示了 App 的状态："添加一个或多个
事务。"

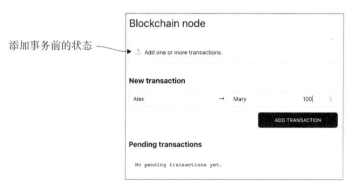

添加事务前的状态

图 14.5　用户已准备好添加事务

图 14.6 显示了用户单击 ADD TRANSACTION 按钮后的截图。App 组件的状态是"准备挖
掘新块"，并且 GENERATE BLOCK 按钮是可以单击状态。

在测试这个 App 时，我们注意到一个问题：如果用户添加了多个事务，它仍然只会在
Pending Transactions 字段中显示第一个事务。但是在单击 GENERATE BLOCK 按钮之后，
新的块将包括所有挂起的事务。出于某些原因，除第一个事务外，React 没有为任何新事务
重新呈现 UI。

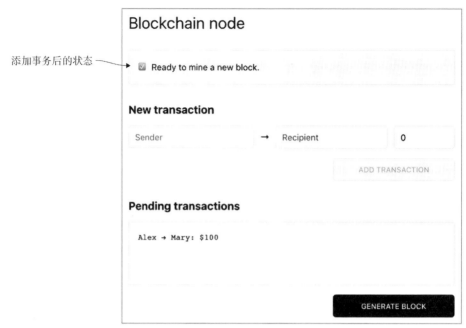

图 14.6　用户已准备好挖掘新块

问题是在添加第一个事务之后，App 组件的状态是"Ready to mine a new block"，而这个值在添加其他事务后没有改变。因此，setStatus(getStatus(node)); 行没有更改组件的状态，React 也没有看到任何重新呈现 UI 的原因！

这个问题很容易解决。通过在状态行中添加一个事务计数器对 getStatus()函数进行了一些简单修改。现在，该状态不再保持"Ready to mine new block"状态，而是包含一个变化的部分：

```
`Ready to mine a new block (transactions:
➥ ${node.pendingTransactions.length}).`;
```

现在每次调用 addTransaction()都会更改组件的状态。

提示　使节点不可变将是解决此问题的更好方法。对于一个不可变的对象，每当它的状态发生变化时，就会创建一个新的实例(和一个引用)，并且不需要对事务计数器进行侵入。

14.3.2　生成一个新区块

让我们再看一下代码清单 14.6。App 组件使用 props 将 onGenerateBlock()回调传递给 PendingTransactionsPanel。当用户单击 GENERATE BLOCK 按钮时，PendingTransactionsPanel 组件调用 onGenerateBlock()方法，后者又调用 App 组件上的 generateBlock()方法。这个方法如代码清单 14.8 所示。

代码清单 14.8　generateBlock()方法

邀请其他节点启动，为挂起
的事务生成新区块

```
async function generateBlock() {
    server.requestNewBlock(node.pendingTransactions);
    const miningProcessIsDone = node.mineBlockWith(node. pendingTransactions);

    setStatus(getStatus(node));

    const newBlock = await miningProcessIsDone;
    addBlock(newBlock);
}
```

声明用于区块
挖掘的表达式

改变组件的状态

开始区块挖掘
并等待完成

为区块链添加
新区块

> **注意**　通过向子组件提供父类方法引用，可以控制子类在父类中可以访问的内容。在这个 App 中，TransactionForm 和 PendingTransactionsPanel 组件都无法访问 BlockchainNode 和 WebsocketController 对象。这些子类组件是严格的 presentational 组件；它们可以显示数据或通知父类组件某些事件。

14.3.3　解释 useEffect()钩子函数

在 App 组件的代码中，可以发现两个 useEffect()钩子函数。当指定的变量发生更改时，可以自动调用 useEffect()钩子函数。App 组件有两个这样的钩子。代码清单 14.9 显示了第一个 useEffect()钩子，它只在应用程序启动时工作一次。

代码清单 14.9　第一个 useEffect()钩子

```
useEffect(() => {
    setStatus(getStatus(node));
}, []);
```

此效果的目标是初始化组件的状态,同时伴随着"Initializing the blockchain…"消息提示。如果你注释掉这个钩子，应用程序仍然可以工作，但当应用程序启动时不会有任何状态消息。

代码清单 14.10 显示了第二个 useEffect()钩子，它连接到 WebSocket 服务器，向它传递 handleServerMessages 回调函数，该回调函数处理服务器推送的消息。

代码清单 14.10　useEffect()钩子附加至 handleServerMessages

声明 initializeBlockchainNode()
函数

```
useEffect(() => {
    async function initializeBlockchainNode() {

        await server.connect(handleServerMessages);
```

连接到提供回调的
WebSocket 服务器

请求最
长的链

```
                const blocks = await server.requestLongestChain();
                if (blocks.length > 0) {
区块链已     ➤   node.initializeWith(blocks);                              还没有区块存在;
经拥有一         } else {                                              ◄── 创建创世区块
些区块            await node.initializeWithGenesisBlock();
                }
                setStatus(getStatus(node));              ◄──  更新 App 状态
            }

            initializeBlockchainNode();                  ◄──
                                                              调用 initializeBlockchainNode()
            return () => server.disconnect();            ◄──  函数
        }, [handleServerMessages]);                                当 App 组件被销毁时,断
                                                                   开与 WebSocket 的连接
                            这个钩子连接到
                         handleServerMessages
```

如果函数只在效果内部使用,建议在效果内部声明它。因为 initializeBlockchainNode()只在前面的 useEffect()中使用,所以我们在这个钩子中声明了它。

这个 useEffect()钩子在创建到服务器的初始连接并初始化区块链时用到,因此希望它只被调用一次。为了确保这一点,尝试使用一个空数组作为第二个参数。空数组意味着此效果不使用任何可以参与到 React 数据流的值,因此只调用一次是安全的。

但是 React 注意到这个钩子使用了组件-范围的 handleServerMessages()函数,作为一个闭包,它可能会捕获组件的状态变量。这在下一次呈现时可能会过时,但我们的效果将保留对 handleServerMessages()的引用,后者捕获了旧状态。因此,React 迫使我们用 [handleServerMessages]替换空数组。但是,因为我们不会在这个回调中更改状态,所以这个 useEffect()方法将只被调用一次。

注意   代码清单 14.10 中 useEffect()方法末尾的 return 语句。从 useEffect()返回函数是可选的,但是如果有,React 保证在组件即将被销毁时调用该函数。如果我们在其他组件中(而不是在根组件中)创建 WebSocket 连接,那么最好在 useEffect()中使用 return 语句来避免内存泄漏。

在代码清单 14.10 中封装异步函数时,最初尝试只添加 async 关键字,如下所示:

```
useEffect(async () => { await ...})
```

但由于任何 async 函数返回一个 Promise,TypeScript 开始对"类型'Promise<void>'不能赋值给类型'()？void | undefined'"表示不满。useEffect()钩子不喜欢返回一个 Promise 的函数,因此我们稍微改变了签名:

```
useEffect(() => {
    async function initializeBlockchainNode() {...}
    initializeBlockchainNode();
  }
)
```

首先声明异步函数，然后调用它。这使 TypeScript 很"高兴"，并且能够重用第 10 章和第 12 章中的 React 的 useEffect()方法中相同的代码。

14.3.4　使用 useCallback()钩子的记忆化缓存(Memoization)

现在讨论另外一个 React 钩子 useCallback()，它返回一个 memoized 回调。记忆化缓存是一种优化技术，它存储函数调用的结果，并在相同的输入再次出现时返回缓存的结果。

假设有一个函数 doSomething(a,b)，它对提供的参数执行一些长时间运行的计算。假设计算需要 30 秒，这是一个纯函数，如果参数相同，它总是返回相同的结果。下面的代码片段应该运行 90 秒，对吗？

```
let result: number;
result = doSomething(2, 3);      // 30 秒
result = doSomething(10, 15);    // 30 秒
result = doSomething(2, 3);      // 30 秒
```

但如果将每对参数的结果保存在一个表中，就不需要第二次调用 doSomething(2, 3)，因为我们已经有了这对参数的结果。只需要在结果表中快速查找。这是一个例子，记忆化缓存可以优化代码，这样它将运行 60 秒多一点，而不是 90 秒。

在 React 组件中，不需要为每个函数手动实现记忆化缓存，可以使用提供的 useCallback()钩子。代码清单 14.11 显示了一个 useCallback()钩子，它返回 doSomething()函数的记忆化的版本。

代码清单 14.11　在 useCallback()钩子中封装函数

```
const memoizedCallback = useCallback(        ←—— useCallback()钩子
  () => {
    doSomething(a, b);        ←—— memoized doSomething()函数
  },
  [a, b],        ←—— doSomething()的依赖项
);
```

如果 doSomething()函数是 React 组件的一部分，则记忆化缓存将防止在每次 UI 呈现期间不必要地重新创建该函数，除非它的依赖项 a 或 b 发生更改。

在 App 组件中，将处理来自 WebSocket 服务器的消息的所有函数，例如 handleServerMessages()函数，封装在 useCallback()钩子中。

在图 14.7 中，第 15、23、33 和 38 行中声明的每个变量都是 App 组件的局部变量，因此 React 假设它们的值(函数表达式)可以更改。通过将这些函数的主体包装在 useCallback()钩子中，React 在每次渲染时重用同一个函数实例，从而提高效率。

请看代码清单 14.10 的最后一行——handleServerMessages 是 useEffect()的依赖项。从技术上讲，如果使用函数 handleNewBlockRequest()代替函数表达式 const handleNewBlockRequest = useCallback()，应用程序仍然可以工作，但是每个函数都会在每次渲染时重新创建。

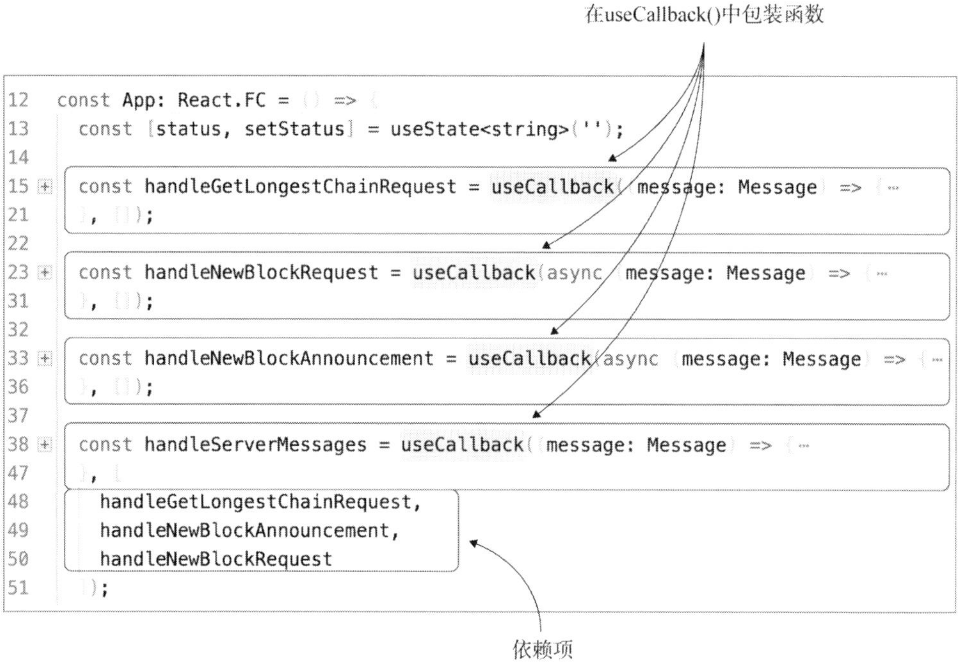

在useCallback()中包装函数

```
12  const App: React.FC = () => {
13    const [status, setStatus] = useState<string>('');
14
15 +  const handleGetLongestChainRequest = useCallback( message: Message  => {…
21    }, []);
22
23 +  const handleNewBlockRequest = useCallback(async  message: Message  => {…
31    }, []);
32
33 +  const handleNewBlockAnnouncement = useCallback(async  message: Message  => {…
36    }, []);
37
38 +  const handleServerMessages = useCallback( message: Message  => {…
47    }, [
48      handleGetLongestChainRequest,
49      handleNewBlockAnnouncement,
50      handleNewBlockRequest
51    ]);
```

依赖项

图 14.7　App 组件中的记忆化缓存函数

在图 14.7 的第 21、31 和 36 行中，依赖项数组是空的，这告诉我们这些回调不能有任何 "过时" 的值，并且不需要任何依赖项。在第 48 和 49 行，列出了变量 handleGetLongestChainRequest、handleNewBlockAnnouncement 和 handleNewBlockRequest 作为依赖项，这些变量在 handleServerMessages() 回调函数中使用，如代码清单 14.12 所示。我们不是在上一段中说过这些回调不会造成一种 "过时" 的状态吗？我们做了，但是 React 不能在这些回调中看到。

除了与 WebSocket 服务器通信的函数外，App 组件还有三个与 BlockchainNode 实例通信的函数。代码清单 14.13 展示了 addTransaction()、generateBlock() 和 addBlock() 函数。我们没有更改这些操作的逻辑，但现在每个函数都以调用 React-specific 的 setState() 函数结束，后者请求重新渲染。

代码清单 14.12　handleServerMessages()回调

```
const handleServerMessages = useCallback((message: Message) => {
  switch (message.type) {
    case MessageTypes.GetLongestChainRequest:
        return handleGetLongestChainRequest(message);
    case MessageTypes.NewBlockRequest :
        return handleNewBlockRequest(message);
    case MessageTypes.NewBlockAnnouncement :
        return handleNewBlockAnnouncement(message);
    default: {
      console.log(`Received message of unknown type: "${message.type}"`);
    }
```

在 useCallback()
中使用一个依
赖项

```
      }
    }, [
      handleGetLongestChainRequest,
      handleNewBlockAnnouncement,
      handleNewBlockRequest
    ]);
```

声明一个 useCallback()
的依赖项

代码清单 14.13　App 组件的三个函数

```
function addTransaction(transaction: Transaction): void {
  node.addTransaction(transaction);
  setStatus(getStatus(node));
}

async function generateBlock() {

  server.requestNewBlock(node.pendingTransactions);
  const miningProcessIsDone = node.mineBlockWith(node.pendingTransactions);

  setStatus(getStatus(node));

  const newBlock = await miningProcessIsDone;
  addBlock(newBlock);
}

async function addBlock(block: Block, notifyOthers = true): Promise<void> {
  try {
    await node.addBlock(block);
    if (notifyOthers) {
      server.announceNewBlock(block);
    }
  } catch (error) {
    console.log(error.message);
  }

    setStatus(getStatus(node));
}
```

此函数的调用由
子组件启动

更新
组件
的状
态

注意　addTransaction()和 generateBlock()函数的调用分别由 TransactionForm 和 PendingTransactionsPanel
子组件驱动。我们将在下一节回顾相关代码。

addTransaction()函数累积挂起的事务，这些事务由 generateBlock()函数处理。当其中一个
节点首先完成挖掘时，addBlock()函数会尝试将其添加到区块链中。如果我们的节点是挖掘的第一
个节点，这个函数将添加新块并通知其他节点；否则，新块将通过 handleNewBlockAnnouncement()
函数回调从服务器创建。

getStatus()函数位于 App.tsx 文件中，但它在 App 组件外实现(见代码清单 14.14)。

代码清单 14.14　App.tsx 的 getStatus()函数

```
function getStatus(node: BlockchainNode): string {
```

```
return node.chainIsEmpty              ? '⌧ Initializing the blockchain...' :
       node.isMining                  ? '⌧ Mining a new block...' :
       node.noPendingTransactions     ? '✉ Add one or more transactions.' :
                                        '✔✔ Ready to mine a new block.';
}
```

当 App 组件调用 setStatus(getStatus(node)); 时，有两种可能的结果：要么 getStatus()返回与以前相同的状态，要么返回一个新的状态。如果状态没有改变，调用 setStatus()将不会导致重新呈现 UI，反之亦然。

现在已经讨论了 smart App 组件的细节。接下来介绍 presentation 组件的代码。

14.4   presentation 组件——TransactionForm

图 14.8 显示了 TransactionForm 组件的 UI，它允许用户输入发送方和接收方的名称以及事务数量。当用户单击 ADD TRANSACTION 按钮时，此信息不得不被发送到父 App 组件(smart 组件)，因为它知道如何处理这些数据。

New transaction

图 14.8   TransactionForm 组件的 UI

与 TransactionForm 通信的 App 组件的 JSX 如代码清单 14.15 所示。

代码清单 14.15   渲染 TransactionForm 的 App 组件的 JSX

```
<TransactionForm
  onAddTransaction={addTransaction}            子 onAddTransaction()
  disabled={node.isMining || node.chainIsEmpty}  引出父 addTransaction()
/>                                             有条件地启用
                                               或禁用子类
```

从这个 JSX 中，可以推出，当 TransactionForm 组件调用其 onAddTransaction()函数时，App 组件将调用其 addTransaction()(如代码清单 14.13 所示)。我们还可以看到子组件具有 disabled 属性，由 node 变量的状态驱动，该变量保存对 BlockchainNode 实例的引用。

代码清单 14.16 显示了 TransactionForm.tsx 文件中代码的前半部分。

代码清单 14.16   TransactionForm.tsx 的第一部分

```
import React, { ChangeEvent, FormEvent, useState } from 'react';
import { Transaction } from '../lib/blockchain-node';

type TransactionFormProps = {                   向父类发送
  onAddTransaction: (transaction: Transaction) => void,  数据的属性
```

```
  disabled: boolean
};
const defaultFormValue = {recipient: '', sender: '', amount: 0};

const TransactionForm: React.FC<TransactionFormProps> =
➥ ({onAddTransaction, disabled}) => {
  const [formValue, setFormValue] = useState<Transaction>(defaultFormValue);
  const isValid = formValue.sender && formValue.recipient &&
➥ formValue.amount > 0;

    function handleInputChange({ target }: ChangeEvent<HTMLInputElement>) {
    setFormValue({
      ...formValue,
      [target.name]: target.value
    });
  }

  function handleFormSubmit(event: FormEvent<HTMLFormElement>) {
    event.preventDefault();
    onAddTransaction(formValue);
    setFormValue(defaultFormValue);
  }

  return (
    // The JSX is shown in listing 14.17
  );
}
```

从父类获取数据的属性

有默认值的窗体对象

这个组件接收两个属性

组件的状态

isValid 表示是否可以启用该按钮

服务所有输入字段的一个事件处理器

向父类发送 formValue 对象

重置 form

当用户单击 ADD TRANSACTION 按钮时，TransactionForm 组件必须调用父类的某些函数。由于 React 不希望子类知道父类的内部信息，因此子类只获取 onAddTransaction 属性，但它必须知道与 onAddTransaction 对应的父类函数的正确签名。

下行是将 onAddTransaction 属性的名称映射到要在父级上调用的函数的签名：

```
onAddTransaction: (transaction: Transaction) => void,
```

在代码清单 14.13 中，已经看过父类的 addTransaction()函数具有签名(transaction: Transaction) =>void。在代码清单 14.6 中，可以很容易地找到将父级的 addTransaction 映射到子级的 onAddTransaction 的代码行。

TransactionForm 组件呈现一个简单的表单，并且只定义一个状态变量 formValue，它是包含当前表单值的对象。当用户在输入框中输入时，将调用 handleInputChange()事件处理程序，并将输入的值保存在 formValue 中。在代码清单 14.17 中，将看到这个事件处理程序被分配给表单的每个输入框。

在 handleInputChange()处理程序中，使用析构来提取目标对象，该对象指向触发此事件的输入框。我们从 target 对象动态获取 DOM 元素的名称和值。

target.name 属性代表这个输入框的名称，而 target.value 属性代表它的值。在 Chrome 开发工具中，在 handleInputChange()方法中设置一个断点，以查看其工作原理。通过调用

setFormValue()，我们更改组件的状态以反映输入框的当前值。

> **提示**　在调用 setState() 时，我们将对象克隆与 spread 运算符一起使用。技术说明见附录 A.7 节。

事务表单的默认值存储在 defaultFormValue 变量中，用于初始表单呈现以及在单击 ADD TRANSACTION 按钮后重置表单。当用户单击此按钮时，handleFormSubmit() 函数调用 onAddTransaction()，将 formValue 对象传递给父类(App 组件)。

代码清单 14.17 显示了 TransactionForm 组件的 JSX。它是一个有三个输入框和一个提交按钮的表单。

代码清单 14.17　TransactionForm.tsx 的第二部分

```
return (
  <>
    <h2>New transaction</h2>
    <form className="add-transaction-form" onSubmit={handleFormSubmit}>
      <input
        type="text"
        name="sender"
        placeholder="Sender"
        autoComplete="off"
        disabled={disabled}
        value={formValue.sender}
        onChange={handleInputChange}
      />
      <span className="hidden-xs">•</span>
      <input
        type="text"
        name="recipient"
        placeholder="Recipient"
        autoComplete="off"
        disabled={disabled}
        value={formValue.recipient}
        onChange={handleInputChange}
      />
      <input
        type="number"
        name="amount"
        placeholder="Amount"
        disabled={disabled}
        value={formValue.amount}
        onChange={handleInputChange}
      />
      <button type="submit"
              disabled={!isValid || disabled}
              className="ripple">ADD TRANSACTION</button>
    </form>
  </>
);
```

仅当窗体有效时启用按钮

绑定相应状态属性的值

每次发生状态变化，调用 handleInputChange

绑定相应状态属性的值

每次发生状态变化，调用 handleInputChange

为 disabled 属性绑定 disabled 特性

绑定相应状态属性的值

每次发生状态变化，调用 handleInputChange

为 disabled 属性绑定 Disabled 特性

仅当窗体有效时，启用按钮

　　React 处理 HTML 表单的方式与其他元素不同，因为表单具有一个内部状态——一个对象具有所有表单字段的值。在 React 中，可以通过绑定 state 对象的属性(例如 formValue.sender)到它的 attribute 值上，以及添加一个 onChange 事件处理器将常规表单字段转换为一个 controlled component。

　　表单有三个 controlled 组件(输入框)，每次状态变化都有一个相关的处理函数。在 TransactionForm 组件中，handleInputChange()就是这样一个处理函数。如代码清单 14.16 所示，我们只是克隆了 handleInputChange()中的 state 对象，但可以将任何应用程序逻辑放入这样的处理程序中。

　　我们想再次强调，TransactionForm 是一个 presentation 组件，它只知道如何显示其值以及在表单提交时调用哪个函数。它不知道它的父类，也不与任何外部服务通信，这使得它 100% 可重用。

14.5　presentation 组件——PendingTransactionsPanel

　　用户每次单击 TransactionForm 组件中的 ADD TRANSACTION 按钮时，输入的事务都应该传递给 PendingTransactionsPanel。图 14.9 展示了用两个挂起事务呈现的组件。这两个组件彼此不了解，因此 App 组件可以在将数据从一个组件传递到另一个组件时扮演中介器的角色。

Pending transactions

```
Alex → Mary: $100
Yakov → Anton: $300
```

GENERATE BLOCK

图 14.9　PendingTransactionsPanel 组件的 UI 界面

　　代码清单 14.18 显示了 App 组件的 JSX 片段，它呈现了 PendingTransactionsPanel 组件。App 组件与 PendingTransactionsPanel 之间的通信非常类似于它与 TransactionForm 之间的通信。这个组件从 App 获得三个属性。

代码清单 14.18　呈现 PendingTransactionsPanel 的 App 组件的 JSX

格式化事务并将其传递给此组件

子 onGenerateBlock()
引出父 generateBlock()

```
<PendingTransactionsPanel
  formattedTransactions={formatTransactions(node.pendingTransactions)}
  onGenerateBlock={generateBlock}
  disabled={node.isMining || node.noPendingTransactions}
/>
```

这个 child 被初始化 disabled

第一个属性是 formattedTransactions，App 组件为了呈现将其传递给 PendingTransactionsPanel。在回顾来自 App.tsx 文件的代码时，我们不考虑它的 formatTransactions()函数，它只是创建一个关于这个事务的良好格式的消息。自主解释的 formatTransactions()函数的代码如代码清单 14.19 所示，该函数位于 App.tsx 文件下，并且在 App 组件之外。

代码清单 14.19　formatTransactions()函数

```
function formatTransactions(transactions: Transaction[]): string {
  return transactions.map(t =>`${t.sender} • ${t.recipient}: $${t.amount}`)
  .join('\n');
}
```

第二个属性 onGeneratedBlock 是对函数的引用，当用户单击 GENERATE BLOCK 按钮时，应该在 PendingTransactionsPanel 的父类上调用该函数。

PendingTransactionsPanel 组件的代码如代码清单 14.20 所示。它非常简单，因为它不包含任何表单，也不需要处理用户输入，只需要单击 GENERATE BLOCK 按钮。

代码清单 14.20　PendingTransactionsPanel.tsx 文件

```
import React from 'react';

type PendingTransactionsPanelProps = {          格式化事
  formattedTransactions: string;                务的属性
  onGenerateBlock: () => void;           ◀── onGenerateBlock 属性必
  disabled: boolean;                          须使用这个方法签名
}

const PendingTransactionsPanel: React.FC<PendingTransactionsPanelProps> =
           ({formattedTransactions, onGenerateBlock, disabled}) => {
  return (
    <>                                          将所有内容(包括后
      <h2>Pending transactions</h2>            续的同级元素)与父
      <pre className="pending-transactions__list">  ◀── 容器的右侧对齐
        {formattedTransactions || 'No pending transactions yet.'} ◀─
      </pre>
      <div className="pending-transactions__form">   显示提供的事
        <button disabled={disabled}                  务或默认文本
                onClick={() => onGenerateBlock()} ◀─
                className="ripple"                 调用 onGenerateBlock()
                type="button">GENERATE BLOCK</button>  属性
      </div>
      <div className="clear"></div>     ◀── 清除右对齐
    </>
  );
}

export default PendingTransactionsPanel;
```

当用户单击 GENERATE BLOCK 按钮时，我们调用 onGenerateBlock()属性，它反过来调用

App 组件上的 generateBlock()函数。

在.pending-transactions__form 风格选择器中(in index.css)，使用 float:right 强制所有内容与父类容器的右侧对齐，包括后续的同级元素。clear 样式被定义为 clear:both，它停止使用右对齐规则，这样就不会破坏下面的 Current Blocks 部分。

我们必须回顾的最后一个组件是在窗口底部显示区块链的组件。

14.6　presentation 组件——BlocksPanel 和 BlockComponent

当用户单击 PendingTransactionsPanel 组件中的 GENERATE BLOCK 按钮时，区块链中的所有活动区块都会启动挖掘过程，在达成共识后，一个新区块将被添加到区块链中，并在 BlocksPanel 组件中呈现，该区块链组件可以成为一个或多个 BlockComponent 组件的父类。使用有两个区块的区块链呈现 BlocksPanel，如图 14.10 所示。

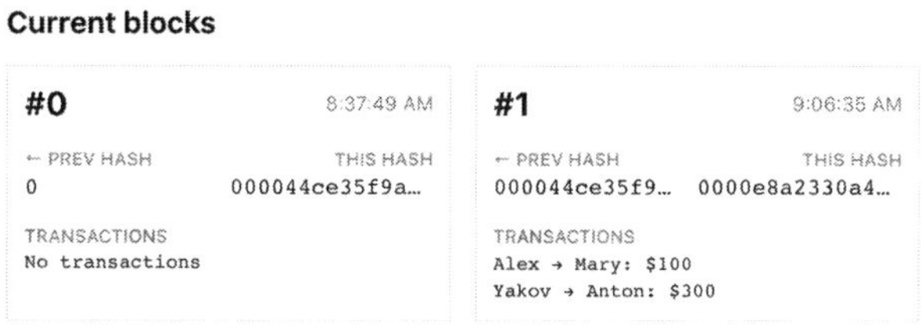

Current blocks

#0	8:37:49 AM	#1	9:06:35 AM
← PREV HASH	THIS HASH	← PREV HASH	THIS HASH
0	000044ce35f9a...	000044ce35f9...	0000e8a2330a4...
TRANSACTIONS		TRANSACTIONS	
No transactions		Alex → Mary: $100	
		Yakov → Anton: $300	

图 14.10　BlocksPanel 组件的 UI

在区块挖掘和获取共识的过程中，涉及 BlockchainNode 和 WebsocketController 实例，但由于它是一个 presentation 组件，BlocksPanel 并不直接与这些对象进行通信。这项工作被委托给 smart App 组件。BlockPanel 组件不向其父类发送任何数据；其目标是呈现通过 block 属性提供的区块链：

```
<BlocksPanel blocks={node.chain} />
```

BlocksPanel.tsx 文件包含了 BlocksPanel 和 BlockComponent 两个组件的代码。代码清单 14.21 展示了 BlockComponent 组件的代码，它呈现区块链中的单个区块。BlockComponent 组件的两个实例如图 14.10 所示。

代码清单 14.21　BlockComponent

```
                                                formattedTransaction()函数
                                                与在 App 组件中的一样
  const BlockComponent: React.FC<{ index: number, block: Block }> =
➥ ({ index, block }) => {
  const formattedTransactions = formatTransactions(block.transactions);
  const timestamp = new Date(block.timestamp).toLocaleTimeString();

  return (
    <div className="block">
      <div className="block__header">
```

```
      <span className="block__index">#{index}</span>   ◀—— 区块号
      <span className="block__timestamp">{timestamp}</span>
    </div>
    <div className="block__hashes">
      <div className="block__hash">
        <div className="block__label">• PREV HASH</div>
        <div className="block__hash-value">{block.previousHash}</div> ◀
      </div>                                                      之前区块的哈希
      <div className="block__hash">
        <div className="block__label">THIS HASH</div>
        <div className="block__hash-value">{block.hash}</div> ◀
      </div>                                                 这个区块的哈希
      <div>
        <div className="block__label">TRANSACTIONS</div>
        <pre className="block__transactions">{formattedTransactions
                        || 'No transactions'}</pre> ◀
      </div>                                            这个区块的事务
    </div>
  );
}
```

提示　根据 Get BEM 网站上的 Block Element Modifier (BEM)规定，我们使用符号 __ 和- 命名
一些样式。网址是 http://getbem.com。

代码清单 14.22 展示了 BlocksPanel 组件，它充当所有 BlockComponent 组件的容器。

代码清单 14.22　BlocksPanel 组件

```
import React from 'react';
import { Block, Transaction } from '../lib/blockchain-node';

type BlocksPanelProps = {
  blocks: Block[]    ◀——  区块实例的数组是
};                         这里的唯一属性
const BlocksPanel: React.FC<BlocksPanelProps> = ({blocks}) => {
  return (
    <>
      <h2>Current blocks</h2>
      <div className="blocks">
        <div className="blocks__ribbon">          使用 Arrays.map()
          {blocks.map((b, i) =>  ◀——            将数据转化成组件
              <BlockComponent key={b.hash} index={i} block={b}>
➥ </BlockComponent>)}  ◀
        </div>                          向 BlockComponent 传递
        <div className="blocks__overlay"></div>   key、index 和 block 属性
      </div>
    </>
  );
}
```

BlocksPanel 从 App 组件获取一个 Block 实例数组，并使用 Array.map()方法将每个 Block 对象转换为 BlockComponent。map()方法将键(哈希代码)、块的唯一索引和 Block 对象传递给 BlockComponent 的每个实例。

BlockComponent 的属性有 index 和 block。注意，我们将区块哈希作为 key 属性分配给 BlockComponent 的每个实例，即使代码清单 14.21 的代码中从未提到过 key 属性。这是因为，当你有一个被渲染对象的集合(如列表项或同一组件的多个实例)时，React 在与 Virtual DOM 进行协调期间需要一种方法唯一地标识每个组件，以跟踪与每个 DOM 元素关联的数据。

如果不为每个 BlockComponent 上的 key 属性使用唯一值，React 将会在浏览器控制台中弹出一个警告："Each child in array or iterator should have a unique key props."。在应用程序中，这不会弄乱数据，因为只是在数组的末尾添加新块。但如果用户可以在 UI 组件集合中添加或删除任意元素，而不使用唯一的 key 属性可能会造成 UI 元素和底层数据不匹配的情况。

我们对区块链 App 的 React 版本的代码介绍就到此结束。

14.7　本章小结

- 在开发过程中，React Web App 部署在 Webpack dev 服务器下，但它也在和另一个(消息)服务器通信。为此，使用 messaging 服务器的 URL 声明了自定义环境变量。对于 WebSocket 服务器，这已经足够了，但如果使用其他 HTTP 服务器，则必须按照 Create React App 文档(http://mng.bz/gV9v)中描述代理 HTTP 请求。

- 通常，React App 的 UI 由 smart 组件和 presentation 组件组成。不要将应用程序逻辑放在 presentation 组件中，presentation 组件用于显示从其他组件接收的数据。presentation 组件还可以实现与用户的交互，并将用户的输入发送到其他组件。

- 子类组件不应直接从其父组件调用 API。通过使用 props，父组件应该给子组件一个映射到函数的名称，该函数应该作为子组件 action 的结果被调用。子类将在不知道父类函数的真实名称的情况下调用所提供的函数引用。

- 为了防止没有意义地重新创建 React 组件中的函数表达式，可以考虑使用借助 useCallback()钩子创建记忆化缓存。

第 15 章

使用TypeScript开发Vue.js
应用程序

本章要点：

- 对 Vue.js 框架的简单介绍
- 如何使用 Vue CLI 快速启动新项目
- 如何使用基于类的组件
- 如何使用 Vue Router 组织 client-side 导航栏

Angular 是一个框架，React.js 是一个库，而 Vue.js(简称 Vue)更像是一个"library plus plus."。Vue (https://vuejs.org)是 Evan You 于 2014 年创建的，旨在打造轻量级版本的 Angular。在撰写本书时，Vue.js 在 GitHub 上有 155 000 关注和 285 位投稿人。这个数字很大，但 Vue 没有任何大公司的支持，而 Angular 有 Google 公司支持，React.js 则有 Facebook 支持。

Vue 是一个渐进式的、采用增量开发的 JavaScript 框架，用于构建 Web UI，因此，如果你已经有一个使用或不使用任何 JavaScript 库编写的 Web 应用，则可以将 Vue 引入应用程序的一小部分，并根据需要将 Vue 添加到应用程序的其他部分。

与 React 非常类似，可以将 Vue 实例附加到任何 HTML 元素(例如<div>)，并且只有这个元素将由 Vue 控制。

Vue 是一个component-based库，它关注应用程序的view部分(也就是 MVC 中的 V 的部分)。核心 Vue 库主要关注 UI 组件的声明式渲染，像 React.js 一样，Vue 基于 hood 使用 Virtual DOM。除代码库外，Vue 还提供了用于 client-side routing、状态管理等的其他模块。

注意　Vue 的前两个版本是用 JavaScript 编写的，但是 Vue 3.0 正在从头开始用 TypeScript 重
　　　写。Vue 的创建者宣布即将到来的 Vue 3.0 会有很多重大的改变——一个内置的
　　　reactivity API，一个 hooks-like API 以及改进的 TypeScript 集成。一个新的 function-based
　　　组合 API 正在研发中(https://github.com/vuejs/rfcs/pull/78)，也是在 Virtual DOM 中平滑
　　　节点的内部结构。新版本 Vue 的创建者声明，新的 API 将与当前语法 100%兼容，并
　　　且纯粹是附加的，但是为了打破现状，他们将提供一个版本更新工具，该工具应该会
　　　自动将现有代码库升级到 Vue 3。

学习了 Angular 和 React 之后，你应该熟悉 Web 组件的概念，它可以由自定义标签表示，
例如<transaction-form-component>或<BlocksPanel>。这样的组件可以有自己的状态，它们可以
接收或发送数据，这样组件之间就可以交互。其中的组件可以有子组件，从这个方面讲，Vue
的工作方式与 Angular 或 React 相同，尽管 Vue 使用不同的语法来声明组件。

与 React 和 Angular 一样，可以使用 CLI 工具构建一个 Vue 项目，但是我们希望以最简单的方
式开始。在下一节中，你将看到如何在不使用任何工具的情况下创建 Hello World Web 应用程序。

15.1　使用 Vue 开发最简单的 Web 页面

在本节中，将展示一个用 Vue 和 JavaScript 编写的非常简单的 Web 页面。这个页面在 HTML
的<div>元素中显示“Hello World”。我们将使用指向 Vue CDN 的 URL 的<script>标签将 Vue
库添加到这个 HTML 页面中(见代码清单 15.1)。

代码清单 15.1　将 Vue 添加到 index.html 文件

```
<!DOCTYPE html>
  <body>
    <div id="one"></div>
    <div id="two"></div>                              从 CDN 添加 Vue

    <script src="https://cdn.jsdelivr.net/npm/vue/dist/vue.js"></script>  ◄
  </body>
</html>
```

这个网页包含两个空的<div>标签和一个空的<script>标签用于加载 Vue 库代码。我们特意添加
了两个<div>标签来说明如何将 Vue 实例附加到特定的 HTML 元素。

通过在网页中加载 Vue，使其所有 API 都可用于该页面的脚本中。下一步是创建 Vue 对象
的实例并将其附加到特定的 HTML 元素。注意，<div>元素有不同的 id，因此可以“告诉”Vue，
"Please start controlling the <div> that has the ID one."。第二个<div>中可能包含使用不同方法编
写的现有应用程序的内容，因此我们不希望 Vue“控制”它。

Vue 对象的构造函数需要 Component-Options 类型的参数，可以在 options.d.ts 类型定义文
件中找到其所有可选属性的名称。只需要指定 el 属性(element 的缩写)，其中包含要由 Vue 控

制的 HTML 元素的 ID，以及 data 属性，data 将会存储要呈现的数据。代码清单 15.2 显示了创建 Vue 实例并将其附加到第一个 div 的脚本，将 "Hello World" 作为数据传递。

代码清单 15.2　将 Vue 实例附加到第一个 div

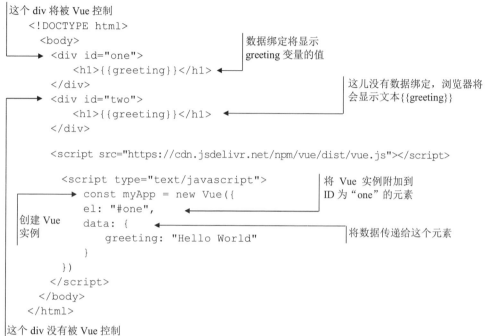

这个 div 将被 Vue 控制
数据绑定将显示 greeting 变量的值
这儿没有数据绑定，浏览器将会显示文本{{greeting}}
将 Vue 实例附加到 ID 为 "one" 的元素
创建 Vue 实例
将数据传递给这个元素
这个 div 没有被 Vue 控制

```
<!DOCTYPE html>
  <body>
    <div id="one">
        <h1>{{greeting}}</h1>
    </div>
    <div id="two">
        <h1>{{greeting}}</h1>
    </div>

    <script src="https://cdn.jsdelivr.net/npm/vue/dist/vue.js"></script>

    <script type="text/javascript">
      const myApp = new Vue({
        el: "#one",
        data: {
            greeting: "Hello World"
        }
      })
    </script>
  </body>
</html>
```

在 Chrome 浏览器中使用其开发工具打开 index.html 文件，显示标签，你将会看到图 15.1 展示的网页。在这个网页中，底部的<div>标签只是一个普通的 HTML 元素，浏览器将 "{{expression}}" 呈现为文本。

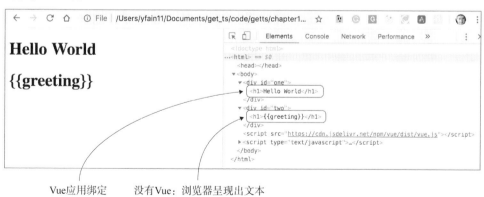

Vue应用绑定　　　没有Vue：浏览器呈现出文本

图 15.1　使用以及不使用 Vue 呈现 div

在实例化 Vue 时，传递了一个 JavaScript 对象，它提供了顶部的<div>元素的 ID（"one"），因此 Vue 实例启动它，并将数据绑定应用于 greeting 变量，呈现它的值 "Hello World"。

当 HTML 元素使用"double mustache"符号{{expression}}时，Vue 理解它需要呈现这个 expression 的求值。这个 app 的 UI 变成 reactive 状态，并且只要 greeting 变量的值发生改变，新的值将会在顶部的<div>中呈现(ID 是"one")。因为 Vue 实例的作用域是特定的 DOM 元素，所以没有什么可以阻止你创建绑定到不同 DOM 元素的多个 Vue 实例。

可以通过 myApp 引用变量访问 data 对象中定义的所有属性。图 15.2 是输入 myApp.greeting= "Hello USA!"后的截图。新的值将会在顶部 div 中显示。

> 提示   在浏览器中输入 CDN 的 URL，你将看到它的 Vue 库的版本。在写这章的时候，版本是 2.6.10。

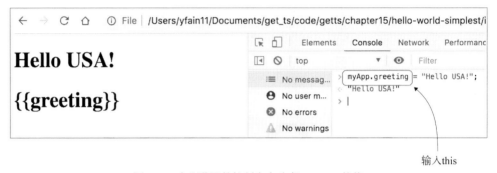

输入this

图 15.2   在浏览器的控制台中改变 greeting 的值

Vue 实例包含一个或多个 UI 组件。在代码清单 15.2 中，向 Vue 实例传递了一个带有两个属性的对象文本，但是可以提供一个带有render()函数的对象来呈现一个 top-level 组件：

```
new Vue({
  render: h => h(App) // App is a top-level component
})
```

你将从下一节 Vue CLI 生成的应用程序开始看到此语法。在这里，字母 h 代表生成 HTML 结构的脚本，例如 create-Element()函数。这是编写以下代码更加简易的方法：

```
render: function (createElement) {
    return createElement(App);
}
```

因此 h 是 Vue 文档中描述的 createElement()函数。

> 提示   h 代表 hyperscript：一种生成 HTML 结构的脚本。

在代码清单 15.2 所示的非常简单的应用程序中，我们只使用<div>DOM 元素作为 UI 组件，但是在下一节中，你将看到如何声明一个包含三部分的 Vue 组件：

- A declarative template
- A script

- Styles

代码清单 15.2 中的 data 属性表示组件状态。如果我们添加了一个输入元素以便用户可以输入数据(例如名字)，Vue 实例将更新组件的状态，render()函数将使用新状态重新呈现组件。

让我们切换到 Node-based 项目设置，看看实际如何将 Vue 应用程序拆分为 UI 组件。

15.2　使用 Vue CLI 生成和运行新应用程序

Vue CLI 基于命令行界面(https://cli.vuejs.org/)，可以自动化创建包含编译器、绑定器、可重用脚本和配置文件的 Vue 项目的过程。这个工具为 Webpack 生成所有必需的配置文件，因此可以专注于编写应用程序，而不是浪费时间配置工具。

要在计算机上全局安装 Vue CLI 包，请在终端窗口中运行以下命令：

```
npm install @vue/cli -g
```

> **提示**　输入 vue --version 命令可以查看安装的 Vue CLI 工具的版本。在撰写本书时使用的版本是 3.9.2。

现在可以在终端窗口中运行 vue 命令来生成新项目。要生成 TypeScript 应用程序，请运行 vue create 命令，然后运行应用程序名称：

```
vue create hello-world
```

此命令将打开一个对话框，要求你为项目选择选项。默认配置是 Babel 和 ESLint，但是要使用 TypeScript 编译器，请选择 Manually Select Features 选项。然后你将看到一个选项列表，如图 15.3 所示，可以使用上下箭头和空格键选择或取消选择项目选项。

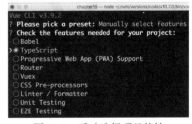

图 15.3　手动选择项目特性

对于 hello world 项目，只选择了 TypeScript 并按下了 Enter 键。下一个问题是"Use class-style component syntax?"，答案是肯定的。下一个问题是你是否希望在 TypeScript 中使用 Babel(我们拒绝了这个选项)。在剩下的问题中，选择了为 Babel 和其他工具分别保留单独的配置文件，我们没有为将来的项目保存这些答案，选择了 npm 作为默认的包管理器。

Vue CLI 在 hello-world 目录中生成了一个新的 Node-based 项目，并安装了所有必需的依赖项。你准备好运行这个应用吗？只需要在终端窗口中输入以下命令：

```
cd hello-world
npm run serve
```

生成的项目的代码将被编译，应用在 Webpack DevServer 接口是 localhost：8080，如图 15.4 所示。

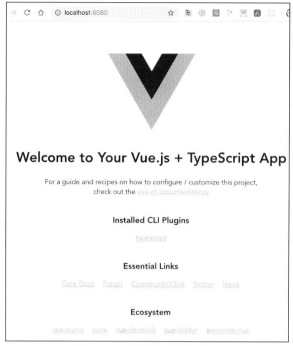

图 15.4　运行最初生成的项目

　　生成和运行 Vue 项目的过程类似于使用 CLI 生成 Angular 和 React 项目。在底层，Vue CLI 还使用 Webpack 进行绑定，并使用 webpack-dev-server 在 dev 模式下为应用程序提供服务。当 Webpack 构建用于部署的包时，它使用一个特殊的 Vue 插件将每个组件的代码转换为 JavaScript，这样 Web 浏览器就可以解析并呈现它。

　　代码清单 15.3 展示了 package.json 文件，其中包括 npm 脚本命令 serve 和 build，用来启动 dev 服务器并使用 Webpack 构建 bundle。

代码清单 15.3　生成的 package.json 文件

```
{
  "name": "hello-world",
  "version": "0.1.0",
  "private": true,
  "scripts": {
    "serve": "vue-cli-service serve",        ◀── 使用 Webpack 的 dev
    "build": "vue-cli-service build"              服务器启动 app
  },                                          ◀── 使用 Webpack 构建 app bundles
  "dependencies": {
    "vue": "^2.6.10",
    "vue-class-component": "^7.0.2",
    "vue-property-decorator": "^8.1.0"
  },
  "devDependencies": {
    "@vue/cli-plugin-typescript": "^3.9.0",   ◀── CLI TypeScript 插件
```

```
    "@vue/cli-service": "^3.9.0",
    "typescript": "^3.4.3",                    ◀────  TypeScript 编译器
    "vue-template-compiler": "^2.6.10"
  }
}
```

提示　使用 npm 安装 Vue 将提供 TypeScript 类型声明文件，而 IDE 将提供自动完成和静态类型帮助，而不必使用任何其他工具。

　　在 VS Code 中打开生成的项目并熟悉生成项目的结构，如图 15.5 所示。它是一个典型的 Node.js 项目结构，所有的 package.json 列出的依赖项都被安装在 node_modules 下。因为我们用 TypeScript 编写，所以以编译器的选项列在 tsconfig.json 文件中。文件 main.ts 从文件 App.vue 中加载 top-level 组件。所有 UI 组件都位于 components 目录下。

　　public 文件夹包含 index.html 文件，其中包含标记以及由 Vue 控制的 HTML 元素。构建过程将修改此文件以将脚本包含在应用程序包中。可以自由添加更多包含应用程序逻辑的目录和文件，我们将在第 16 章研究 Vue 版本区块链客户端时这样做。

　　代码清单 15.4 展示了 main.ts 文件的内容，该文件将创建 Vue 实例并响应 app。这一次，脚本使用带有 render 属性的 options 对象，它存储一个函数(h => h(App))，该函数创建 App 组件的一个实例，并在 ID 为 app 的 DOM 元素中呈现它。

图 15.5　CL1 生成的 Hello World 项目的结构

代码清单 15.4　main.ts

实例化 Vue 并传递 options 对象

```
    import Vue from 'vue'
    import App from './App.vue'

    Vue.config.productionTip = false

┌─  new Vue({
│     render: h => h(App),    ◀────  开始呈现组件树
│   }).$mount('#app')  ◀──────┐
│                             │
│                             └──  将 Vue 实例附加到 ID 为
│                                  app 的 DOM 元素
```

提示　如果 VS Code 是你的 IDE，安装名为 Vetur 的扩展，它提供 Vue-特定语法的 highlighting、linting、autocompletion、formatting 等功能。

　　在代码清单 15.2 中，通过具有 el 属性的 configuration 对象将 Vue 挂载到特定的 HTML 元素上：

```
const myApp = new Vue({
        el: "#one"
        ...
        }
    })
```

在代码清单 15.4 中，Vue 实例没有接收到 el 属性。而调用$mount('#app')方法将启动装载过程，并使用 app ID 将 Vue 实例附加到 DOM 元素。如果打开生成的 public/index.html 文件，将在那里看到元素<div id="app"></div>。

现在回顾 App.vue 文件的代码。它由三部分组成：<template>、<script>和<style>。这三部分在 VS Code 中折叠打开，如图 15.6 所示。注意，<script>有一个 lang = "ts"属性，表示 TypeScript。

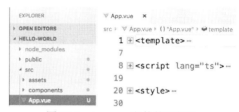

图 15.6　App.vue 文件的三部分

代码清单 15.5 显示了 Vue CLI 生成的<template>的内容。在了解了 Angular 和 React 如何表示自定义 Web 组件之后，应该很容易在这里找到子组件的<HelloWorld>标签。

代码清单 15.5　App 组件的<template>

```
<template>
  <div id="app">
    <img alt="Vue logo" src="./assets/logo.png">
    <HelloWorld msg="Welcome to Your Vue.js + TypeScript App"/>    ◄
  </div>
</template>
```
子类 HelloWorld 组件

从这个模板中，你可能已经猜到 HelloWorld 组件接受 msg 属性，而 App 组件将欢迎消息传递给它。生成的应用程序的大部分内容都由 HelloWorld 组件呈现。

代码清单 15.6 显示了 App 组件的<script>部分。与 Angular 一样，在用 TypeScript 编写 Vue 应用程序时，可以使用装饰器。例如@Component()，它接受 ComponentOptions 类型的可选参数，该参数具有 el、data、template、props、components 等属性。

代码清单 15.6　App 组件的<script>

将组件装饰器应用于 App 类
```
<script lang="ts">
import { Component, Vue } from 'vue-property-decorator';
import HelloWorld from './components/HelloWorld.vue';

@Component({
  components: {    ◄
    HelloWorld,
  },
})
```
使用 components 属性传递
ComponentOptions 参数

```
export default class App extends Vue {}
</script>
```

App 组件是一个
继承 Vue 的类

提示　为了支持 TypeScript 装饰器，编译器的 experimentalDecorators 选项必须在 tsconfig.json
文件中设置为 true。

在代码生成过程中，CLI 在 package.json 中添加了两个依赖项：vue-class-component 和
vue-property-decorator。vue-class-component 包允许我们将 Vue 组件作为扩展 Vue 的类编写，但
从 Vue 3.0 开始，基于类的组件将直接受到支持。vue-property-decorator 包允许我们使用多种装
饰器，如@Component()、@Prop()等。

如果没有这些包，可以使用对象字面量符号(object literal notation)，可以导出这个对象代替
<script>部分中的一个类。

```
import HelloWorld from './components/HelloWorld.vue';

export default {
  name: 'app',
  components: {
    HelloWorld
  }
}
```

HelloWorld 子组件有一个带有多个<a>标记的大型<template>部分，但在模板顶部，你将看
到绑定值{{msg}}，如代码清单 15.7 所示。

代码清单 15.7　HelloWorld 组件的模板的代码片段

```
<template>
  <div class="hello">
    <h1>{{ msg }}</h1>
    <p>
    <!-- The rest of the content is omitted for brevity-->
</template>
```

将 msg 属性的值
绑定到 view

HelloWorld 组件的<script>部分将在代码清单 15.8 中展示。在那里可以看到两个 TypeScript
装饰器：Component()和 Prop()。在第 13 章中，我们介绍了 React.js props，在 Vue 中，它们扮
演着相同的角色——将数据从父对象传递到子对象。

代码清单 15.8　HelloWorld.vue 的<script>

使用没有任何参数的@Component()类装饰器

```
<script lang="ts">
import { Component, Prop, Vue } from 'vue-property-decorator';

@Component
export default class HelloWorld extends Vue {
  @Prop() private msg!: string;
```

使用@Prop()
属性装饰器

```
   }
</script>
```

你看到 msg 后的感叹号了吗？它是一个非空断言运算符。通过在属性名中添加感叹号，可以对
TypeScript 的类型检查器说，"不要抱怨 msg 可能是 null 或未定义的，因为它不会。相信我的话！"

也可为 msg 提供默认值，如下所示：

```
@Prop({default: "The message will go here"}) private msg: string;
```

Vue CLI 使用一个@Prop() property-level 装饰器生成代码，以声明 HelloWorld 组件接收了
msg 属性。另一种方法是使用@Component()装饰器的 props 属性。下面的一段代码展示了通过
@Component()的属性传递 msg props 的另一种方法：

```
@Component({
   props: {
     msg: {
        default: "The message will go here"
     }
   }
}
export default class HelloWorld extends Vue { }
```

如果父组件不为 msg 特性赋值，则将呈现默认属性值，例如，<HelloWorld />。

使用 props 可将数据从父对象发送到子对象，但要将数据从子对象传递到父对象，请使用
$emit()方法。例如，<order-component>子组件可以将 orderData 作为有效载荷的 place-order 事
件发送给父组件，如下所示：

```
this.$emit("place-order", orderData);
```

父类可以接收这个事件如下：

```
<order-component @place-order = "processOrder">

...

processOrder(payload) {

// 处理有效载荷，即从 order 组件接收的 orderData

}
```

提示   将在代码清单 16.6 中看到一个使用$emit()的示例。这里，PendingTransactionsPanel 组
件给他的父类发送 generate-block 事件。

现在你已经了解了 Vue 应用程序基本的工作原理，接下来介绍 Vue 提供的 client-side router。

15.3　开发有路由支持的单页应用程序

在第 11 章中，开发了一个简单的 Angular 应用程序可以从 products.json 文件读取和呈现数据。在本节中，我们将创建一个单页 Vue 应用程序，该应用程序还将读取此文件并显示列表。通过这个应用程序，介绍 Vue Router，并展示如何使用一些 Vue 指令来呈现"产品"列表。然后介绍另一个 App，说明如何在导航到显示产品详细信息视图的路由时传递参数。

第一个应用程序位于 router-product-list 目录下，而第二个位于 router-product-details 目录下。

注意　第 11 章介绍了 Angular router。vue-router 包使用类似的概念实现 client-side 导航。

---

router-product-list single-page app (SPA)的登录页面将显示 Home 组件的产品列表，如图 15.7 所示。用户可以单击 selected product，这样应用程序就可以根据需要处理它。About 链接将直接导航到 About 视图，而不向服务器发出任何请求。

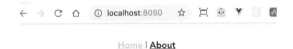

Home | **About**

Products

- First Product
- Second Product
- Third Product

图 15.7　第二个 product 被选中的 product 列表

使用 Vue Router 的目的是在客户端支持用户导航，并在地址栏中保持状态。它创建了一个可添加书签的位置，可以直接共享和打开，而不需要经过多个步骤来查看所需的视图。此外，router 允许你避免从服务器加载单独的网页——页面保持不变，但用户可以在客户端上从一个视图导航到另一个视图，而不需要要求服务器加载其他页面。这是可能的，因为浏览器已经下载了所有 UI 组件的代码。

在单页应用程序中，不使用原始的<a href="...">HTML 标签作为链接，因为它们会导致服务器请求和页面重新加载。一个支持 client-side 路由的框架会生成锚定标记，其中包括用于调用客户端函数和更新地址栏的单击处理程序。

在 Vue 中，router 提供<router-link>标签，它不向服务器发送请求。对于 about 路由，Vue Router 将形成 URL localhost:8080/about，然后它会读取/about 段的映射，并在<router-view>区域中呈现 about 组件。如果用户第一次单击 About 链接，Vue 将在呈现 About 组件之前延迟地加载它。对于此链接上的所有后续单击，将仅呈现 About 组件。

Vue Router 在名为 vue-router 的包中实现，可在 package.json 文件中的依赖列表中找到它。

15.3.1   使用 Vue Router 生成一个新应用程序

再次使用 CLI 生成 router-product-list 项目,但这次也在 CLI 选项列表中选择了 Router。CLI 还询问这个 App 是否应该使用 router 的历史模式,我们的答案是肯定的。

History API 是由支持 HTML5 API 的浏览器实现的,如果你的 App 必须支持非常旧的浏览器,不要选择历史模式。如果没有历史模式,应用程序中的所有 URL 都将包含哈希符号,以分隔 URL 的服务器和客户端部分。

例如,如果没有历史模式,客户端资源的 URL 可能如 http://localhost:8080/#about 所示,哈希符号左侧的段由服务器处理。哈希符号右侧的 URL 段由客户端 App 处理。如果选择历史模式,则同一资源的 URL 将如 http://localhost:8080/about 所示。可在 Mozilla 的文档中阅读更多关于 HTML5 历史模式的信息,参见 http://mng.bz/6w5e。

切换到 router-product-list 目录下并运行命令 npm run serve。你将看到生成的应用程序的登录页。它看起来类似于图 15.4 所示的,但有一个小的添加:在窗口的顶部有两个链接 Home 和 About,如图 15.8 所示。

图 15.8   生成的顶部有两个链接的 App 组件

CLI 生成了包含两个文件的 src/views 目录:Home.vue 和 About.vue。这些组件受到 Vue Router 的控制。注意图 15.8 中的 URL——只是协议(未显示)、域名和端口。此 URL 中没有客户端段。我们可以猜测,如果 URL 中不包含客户端字段,那么默认情况下路由器被配置为呈现 Home 组件。如果用户单击 About 链接,浏览器将呈现 About 组件,如图 15.9 所示。

图 15.9   生成的 About 组件

这次,URL 中包含客户端字段/about,可以再次猜测路由器被配置为呈现 About 组件。很快就会发现你的猜测是正确的。

生成的 main.ts 文件导入 Router 对象并将其添加到 Vue 实例(见代码清单 15.9)。

代码清单 15.9　main 文件导入路由配置

```
import Vue from 'vue';
import App from './App.vue';
import router from './router';          ← 从 router.ts 导入
                                          路由配置
Vue.config.productionTip = false;
                                        ← 将已配置路由的 Router
new Vue({                                 对象添加到 Vue 实例
  router,
  render: (h) => h(App),
}).$mount('#app');
```

> **提示**　在代码清单 15.9 中，向 Vue 实例传递一个对象文本，ES6 允许我们使用一个快捷语法:
> 如果属性名与包含值的变量名相同，我们可以指定它。这就是为什么没有写 router:router
> 而在这里写了 router。

Vue 实例包含对已配置路由的 Router 对象的引用，因此它知道在用户单击 Home 或 About 时要呈现哪个组件。初始路由配置是在 router.ts 文件中，其内容如代码清单 15.10 所示。通常，在设计单页应用程序时，需要考虑用户在客户端上的导航，并创建一个数组，将 URL 段映射到 UI 组件。在代码清单 15.10 中，这个数组称为 routes。

代码清单 15.10　CLI 生成的 router.ts

```
import Vue from 'vue';
import Router from 'vue-router';
import Home from './views/Home.vue';
                                        ← 启用 Router 包
Vue.use(Router);

export default new Router({            ← 创建 Router 对象

  mode: 'history',                     ← 支持 HTML5 History
  base: process.env.BASE_URL,            API(URL 中没有#)
  routes: [                            ← 配置数组 routes
    {
      path: '/',
      name: 'home',
      component: Home,                 ← 因为是默认/路径,
    },                                   呈现 Home 组件
    {
      path: '/about',
      name: 'about',
      component: () => import(/* webpackChunkName: "about" */
      './views/About.vue'),           ← 因为是/about 路径,
    },                                   呈现 About 组件
  ],
});
```

左侧标注：使用服务器的 URL 作为基置

当你创建一个 Router 对象实例时，正在将一个 RouterOptions 类型的对象传递给其构造函数。我们没有在这里使用 linkActiveClass 属性，但如果你不喜欢活动链接的绿色，可以使用此属性更改它。通过启用 Router 包，可以访问一个特殊的$route 变量，将在下一节中使用它获取导航期间传递的参数。注意 mode 属性：它的值是 history，因为在 App 生成过程中选择了 history 模式。'/路径映射到主组件，并且 CLI 没有忘记从 Home.vue 文件中导入此组件。但不是将/about 路径映射到 About 组件，而是映射到以下表达式：

```
() => import(/* webpackChunkName: "about" */ './views/About.vue')
```

这一行说明当路由被访问时，路由器必须延迟加载 About 组件。为了实现这一点，代码指示 Webpack 在生成 production bundles 时，应该分割代码并为此路由生成一个单独的块 (about.[hash].js)。只有当用户决定导航到 About 视图时，导入才会动态完成。

> **提示** 要查看 Webpack 是否拆分了代码，请使用 npm run build 运行 production build 并检查 dist 目录的内容。在那里，你将找到一个单独的文件，其名称类似于 about.8027d92e.js。在 prod 下，除非路由器导航到 About 视图，否则不会加载此文件。

top-level 组件 App.vue 包含显示一个或另一个视图的链接，代码清单 15.11 显示了 App.vue 的 template 部分，其中包含标签<router-link>和<router-view>。<router-view>标签定义了将呈现更改内容(Home 或 About 组件)的区域。

每个<router-link>拥有一个 to 属性，告诉 Vue 要根据配置的路由确定要呈现哪个组件。<router-link>标签的 to 属性表示你指定导航去哪儿，路由器使用 to 属性的值来决定呈现哪个组件。例如，to="/"指定 URL 没有 client-side 字段时导航去的位置。

代码清单 15.11   App.vue 的<template>

```
<template>
  <div id="app">
    <div id="nav">
      <router-link to="/">Home</router-link>          ← 呈现默认组件
      <router-link to="/about">About</router-link>    ← 呈现为/about URL
    </div>                                                段配置的组件
    <router-view/>          ← 路由器必须在这里呈
  </div>                       现 Home 或 About
</template>
```

> **注意** 在代码清单 15.11 中，两个<router-link>标签在 to 属性中都有静态值。当然这不是唯一的。还可以将变量绑定到:to 属性(注意 to 前面的冒号)。

在下一节中，将替换在 Home.vue 文件中生成的代码，使其可以读取和呈现 products 列表。还将替换 About.view 文件的代码，使其可以显示所选 product 的详细信息。执行这些操作，你可以了解如何在导航到 products 详细信息视图时传递数据。

15.3.2　在主视图中显示 products 列表

在本节中，我们将了解 public 目录中的 products.json 文件。其内容如下：

```
[
  { "id":0, "title": "First Product", "price": 24.99 },
  { "id":1, "title": "Second Product", "price": 64.99 },
  { "id":2, "title": "Third Product", "price": 74.99}
]
```

这个文件包含结构相当简单的 JSON 格式的 product 数据，而且很容易编写一个 TypeScript 接口来表示一个 product。你也可以使用第三方工具，例如 MakeTypes(https://jvilk.com/MakeTypes) 生成相应的 TypeScript 接口。图 15.10 是 MakeTypes 网站的截图。你只需要在左侧区域粘贴 JSON 格式数据，就会在右侧生成对应的 TypeScript 接口。使用 MakeTypes 生成 Product 接口，它在 product.ts 文件下。

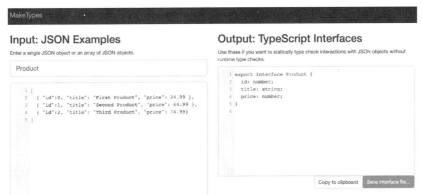

图 15.10　使用 MakeTypes 生成 JSON 格式数据相对应的 TypeScript 接口

App 应该在用户导航到 Home 路由(默认路由)后立即读取此文件。但是应该把获取数据的 代码放在 Home 组件的什么地方？我们知道 Home 组件的创建何时完成吗？答案是肯定的。Vue 提供了许多在组件生命周期的不同阶段调用的回调。在 TypeScript file-declarations 文件 options.d.ts 中(位于 node_modules/vue/types)，可以发现 Component-Options 接口声明。它包含 所有生命周期钩子的声明(见代码清单 15.12)。

代码清单 15.12　组件生命周期钩子

```
beforeCreate?(this: V): void;
created?(): void;
beforeDestroy?(): void;
destroyed?(): void;
beforeMount?(): void;
mounted?(): void;
beforeUpdate?(): void;
updated?(): void;
activated?(): void;
```

```
deactivated?(): void;
errorCaptured?(err: Error, vm: Vue, info: string): boolean | void;
serverPrefetch?(this: V): Promise<void>;
```

可在 Vue.js 文档(http://mng.bz/omBZ)中找到这些方法的描述信息，但 created()方法才符合我们的需要。它在组件初始化并准备好接收数据和处理事件时调用。

生命周期钩子被 Vue 调用，因此只需要将数据获取的代码放在 created()方法中。代码清单 15.13 显示了 Home 组件的第一个修改版本。

代码清单 15.13　添加组件的 created()生命周期钩子

```
<template>
  <div class="home">
    <h1>I'm the Home component</h1>
  </div>
</template>

<script lang="ts">
import { Component, Vue } from 'vue-property-decorator';

@Component
export default class Home extends Vue {

  created() {                              ◄————————   这个生命周期钩
    console.log("Home created!");                      子被 Vue 调用
  }
}

</script>
```

> **注意**　Vue Router 拥有它自己的生命周期 hooks 和 guards，允许你在导航至某个路由期间拦截重要事件。在 vue-router 文档中有说明，参见 https://router. vuejs.org/guide/。

运行 app，你会在浏览器控制台看到"Home created!"消息提示。现在可以确定调用了 created() hook，我们让其去抓取 products(见代码清单 15.14)。

代码清单 15.14　抓取 products

```
<template>
  <div class="home">
    <h1>I'm the Home component</h1>
  </div>
</template>

<script lang="ts">
import { Component, Vue } from 'vue-property-decorator';
import { Product } from '@/product';              ◄————————   导入 Product 接口

@Component
export default class Home extends Vue {
```

```
products: Product[]=[];
created() {
  fetch("/products.json")            ◄─── 使用 Promise 开
  .then(response => response.json())        始数据抓取
  .then(json => {                    ◄─── 将响应转换为 JSON 格式
    this.products=json;              ◄─── 用数据填充 products 数组

    console.log(this.products);      ◄─── 在浏览器控制台上
  },                                     打印检索到的数据
  error => {
    console.log('Error loading products.json:', error);
  });
}
}
</script>
```

在这个版本的 Home 组件中，使用浏览器的 Fetch API 读取 products.json 文件，并在浏览器控制台上简单地打印检索到的数据。这里使用 Promise-based 语法，之后，在 router-product-detail app 中，将使用 async 和 await 关键字，因此可以对比这两个关键字。

在代码清单 15.14 中，有一个 import 语句使用@符号作为./src 的快捷方式。这是可能的，因为 tsconfig.json 文件指定 paths 选项，如下所示：

```
"paths": {
  "@/*": [
    "src/*"
  ]
}
```

@符号也可以是 Vue 指令 v-on 的快捷方式，v-on 用于处理事件。例如，写成 <button@click="doSomething()">而不是<button v-on:click="doSomething()">。

下一步是添加<ul>标签以显示 Home 组件中的 products 列表。Vue 提出了许多指令，告诉 Vue 实例如何处理 DOM 元素。可以在模板中使用指令，其外观类似于带前缀的 HTML 属性：v-if、v-show、v-for、v-bind、v-on 等。

在这里，将使用 v-for 指令遍历 products 数组，为数组的每个元素呈现<li>。Vue 需要能够跟踪列表中的每个元素，因此需要为每项提供唯一的 key 属性，我们将使用 v-bind:key 指令，将 product ID 指定为唯一键。代码清单 15.15 显示了 Home 组件的下一个版本，它呈现了 products 列表。

运行 app 将呈现 Home 组件，如图 15.11 所示。

图 15.11　呈现 Products

代码清单 15.15　在 Home 组件中显示 products 列表

```
<template>
  <div class="home">
    <h1>Products</h1>
    <ul id="prod">
      <li v-for="product in products"           ◄──  使用 v-for 指令
          v-bind:key="product.id">              ◄──  迭代 products
        {{ product.title }}                      ◄──  为每个<li>元素设置
      </li>                                           一个唯一的键
    </ul>
  </div>
</template>                                            仅呈现 product
                                                      标题
<style>
  ul {
    text-align: left;       ◄───── 对齐列表元素的文本
  }
</style>

<script lang="ts">
import { Component, Vue } from 'vue-property-decorator';
import {Product} from '@/product';

@Component
export default class Home extends Vue {

  products: Product[]=[];

  created() {
    fetch("/products.json")
    .then(response => response.json())
    .then(json => {
      this.products=json;
    },
    error => {
      console.log('Error loading products.json:', error);
    });
  }

}
</script>
```

将在这个应用程序中实现另外一个功能，用户应该能够从列表中选择一个 product，并且应用程序应该知道选择了哪一个。在 Home 组件的下一个版本中，将处理 click 事件并用浅蓝色背景突出显示选定的 product。代码清单 15.16 显示了添加了 v-on:click 指令的模板，我们将使用@快捷表示 v-on。

代码清单 15.16　Home 组件的新模板

```
<template>
  <div class="home">
```

```
<h1>Products</h1>
<ul id="prod">
  <li v-for="product in products"
      v-bind:key="product.id"
      v-bind:class="{selected: product === selectedProduct}"
      @click = "onSelect(product)">
    {{ product.title }}
  </li>
</ul>
</div>
</template>
```

通过绑定将不同的样式
动态地应用于所选项目

调用 onSelect 方法，传递所
选 product 的数据

代码清单 15.16 中的模板添加了两个内容。首先，添加了 v-bind 指令，将选定的 CSS 选择器绑定到与 selectedProduct 类属性 value 相同的<li>元素。其次，添加了一个 click 事件处理程序来调用 onSelect()方法，在这里我们将设置 selectedProduct 的值，以便绑定机制可以突出显示相应的列表项。

代码清单 15.17 显示了 Home 组件的<style>部分，其中定义了选定的类。

代码清单 15.17　Home 组件的新样式

```
<style>

.home {
  display: flex;
  flex-direction: column;
}
  ul {
    text-align: left;
    display: inline-block;
    align-self: start;
  }

  .selected {
    background-color: lightblue
  }
</style>
```

声明用于突出显示选定
产品的样式

代码清单 15.18 显示了 Home 组件的<script>部分的内容，它具有新的 selectedProduct 属性。

代码清单 15.18　Home 组件的<script>

```
<script lang="ts">
import { Component, Vue } from 'vue-property-decorator';
import {Product} from '@/product';

@Component
export default class Home extends Vue {

  products: Product[]=[];
  selectedProduct: Product | null = null;
```

selectedProduct 中存
储选中的 product

```
created() {
  fetch("/products.json")
  .then(response => response.json())
.  then(json => {
    this.products=json;
  },
  error => {
    console.log('Error loading products.json:', error);
  });
}

onSelect(prod: Product): void {
  this.selectedProduct = prod;
  }
}
</script>
```

click 事件的
处理函数

设置 selectedProduct
的值

注意 Home 类的 selectedProduct 属性的类型。必须初始化这个属性，否则 TypeScript 会"抱怨"："属性 selectedProduct 没有初始值设定项，并且在构造函数中没有明确的赋值。"这个 check 可以通过设置 tsconfig.json 中的 strictPropertyInitialization:false，从而使其对于整个项目被禁用，也可以在属性级别上，在属性名称后使用感叹号将其隐藏：

```
selectedProduct!: Product;
```

将此属性声明为 selectedProduct: Product = null 也不会起作用，因为 TypeScript 会"抱怨"不能为 Product 类型分配 null 值。这就是为什么通过使用 union 类型 selectedProduct: Product | null = null;显式地允许 selectedProduct 为 null。将 selected-Product 初始化为一个值，否则生成的代码中将不存在属性，Vue 不会使其有反应，并且将无法在组件的模板中使用它。

现在，当用户单击 product 时，onSelect()方法被调用，设置 selectedProduct 属性的值，该属性在 v-bind:class 指令中用于更改所选列表项的 CSS 选择器。当设置 selectedProperty 的值时，将呈现整个 UL(当任何类属性的值发生变化时都会发生这种情况)，清除先前选定项上的样式。第二个 product 被选中时如图 15.12 所示。

- First Product
- Second Product
- Third Product

图 15.12　一个 product 当被单击时会高亮显示

在本章前面部分，介绍了父类组件如何使用 props 将数据传递给子类。在下一节中，将展示如何在导航到一个路径时传递数据。

15.3.3　使用 Vue Router 传递数据

当用户导航到一个路径时，应用程序可以使用路径参数将数据传递到目标组件。本节将回顾另一个版本的呈现 products 列表的 app。在这种 app 中，当用户选择 product 时，应用程序会导航到 product 的详细信息视图，显示所选 product 的信息。

这个 app 位于 router-product-detail 目录下。运行 npm install，然后运行 npm run serve，将显示 products 列表。单击一个 product，应用程序将导航到产品详细信息视图。用户单击列表中

"Second Product"之后的截图如图 15.13 所示。文本"Second Product"显示为绿色。

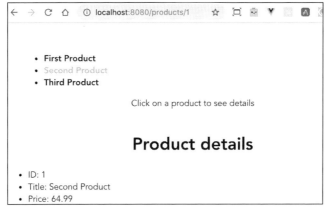

图 15.13　显示 Second Product 的详情

这个 App 只有两个组件：App 和 ProductDetail。图像的顶部是 App 组件的 UI，底部是 ProductDetails。注意 URL 中的/products/1 部分。导航到"product details"视图的路由配置为路径'/products/:productId'，如代码清单 15.19 所示。

代码清单 15.19　router.ts 文件: /products/:productId 的路由

```
import Vue from 'vue';
import Router from 'vue-router';
import ProductDetails from './views/ProductDetails.vue';

Vue.use(Router);

export default new Router({
  base: process.env.BASE_URL,
  mode: 'history',
  routes: [
    {
      path: '/products/:productId',
      component: ProductDetails,
    },
  ],
});
```

根据 value 配置 URL "products"的导航

导航到 ProductDetails，传递 value 为 productId 的:productId

在图 15.13 中并不明显，但是 products 列表项由 HTML anchor 标签表示，每个链接都有一个包含所选 product ID 的 URL。代码清单 15.20 显示了为每个 product 呈现链接的 App 组件的模板。

代码清单 15.20　App 组件的模板

```
<template>
  <div id="app">
    <div id="nav">
```

```
<ul>
  <li v-for="product in products"
      v-bind:key="product.id">
      <router-link v-bind:to="'/products/' + product.id">
        {{ product.title }}
      </router-link>
  </li>
</ul>
<p>Click on a product to see details</p>
</div>
<router-view/>
</div>
</template>
```

构建包含选中 product
ID 的链接

在此将呈现 ProductDetail
组件

将这里动态生成的<li>元素的内容与代码清单 15.16 中的版本进行比较。在代码清单 15.16
中，只呈现了文本 product.title，但这里呈现了以下内容：

```
<router-link v-bind:to="'/products/' + product.id">
  {{ product.title }}
</router-link>
```

代码显示标题，但将 product ID 添加到 URL 中。在编译过程中，Vue 将用一个常规的锚定
标签<a>替换<router-link>，整个列表将显示在由<router-view>标签标识的区域中。App.vue 中
的<script>部分只有读取 products.json 文件的代码，如代码清单 15.21 所示。我们之前解释过这
个代码。

代码清单 15.21   App.vue 中的<script>

```
<script lang="ts">
import { Component, Vue } from 'vue-property-decorator';
import { Product } from '@/product';

@Component
export default class App extends Vue {
  private products: Product[] = [];

  private created() {
    fetch('/products.json')
      .then((response) => response.json())
      .then(
        (data) => this.products = data,
        (error) => console.log('Error loading products.json:', error),
      );
  }
}
</script>
```

App 组件的 products 属性被声明为 private，但仍然可以在模板中使用这一属性，这说明 Vue 需
要改进其 TypeScript 支持。Angular 不允许从模板访问私有类变量。

现在让我们回顾一下 ProductDetail 组件的代码，它需要从路由器提取 productId 的值并呈现 product 的详细信息。代码清单 15.22 显示了 ProductDetails 组件的<template>部分。

代码清单 15.22　ProductDetails.vue 的<template>

```
<template>
  <div>
    <h1>Product details</h1>                    <ul>的条件呈现
    <ul v-if="product">    ◀
      <li>ID: {{ product.id }}</li>
      <li>Title: {{ product.title }}</li>
      <li>Price: {{ product.price }}</li>
    </ul>
  </div>
</template>
```

在这里使用 v-if 指令，它允许我们借助某些条件来控制 DOM 元素的呈现。这里，v-if="product"表达式的意思是"仅当 product 变量具有真实值时才呈现这个<ul>。" product 属性在 ProductDetails 类中声明，只有在抓取 product 数据后，它才会有值。为此，用户必须在 App 组件中选择一个 product。当这种情况发生时，路由器将导航到 ProductDetails，并将 product ID 作为路由器参数传递。然后 fetchProductByID()方法将填充 product 属性，其信息将使用组件模板呈现。

代码清单 15.23 显示了 ProductDetails 类的代码，该类具有 product 属性和三个方法：beforeRouteEnter()、beforeRouteUpdate() 和 fetchProductByID()。前两个是 router's hooks (navigation guards)，最后一个通过 ID 找到 product。

代码清单 15.23　ProductDetails.vue 的<script>

beforeRouterEnter navigation guard

```
<script lang="ts">
import { Component, Vue } from 'vue-property-decorator';
import { Route } from 'vue-router';
import { Product } from '@/product';            获取提供的对应 ID 的
                                                 product 的数据
@Component({
  async beforeRouteEnter(to: Route, from: Route, next: Function) {
    const product = await fetchProductByID(to.params.productId);  ◀
    next((component) => component.product = product);  ◀
  },                                               解析此 navigation guard

  async beforeRouteUpdate(to: Route, from: Route, next: Function) {  ◀
    this.product = await fetchProductByID(to.params.productId);
    next();
  },                                               beforeRouterUpdate
})                                                 navigation guard
export default class ProductDetails extends Vue {
  private product: Product | null = null;   ◀
                                                 声明 product 属性
```

```
}
async function fetchProductByID(id: string): Promise<Product> {
  const productId = parseInt(id, 10);
  const response = await fetch('/products.json');
  const products = await response.json();
  return products.find((p) => p.id === productId);
}
</script>
```

获取 product
details 的方法

在确认呈现此组件的路由之前调用 beforeRouteEnter()钩子。Vue 为这个钩子提供了三个参数：

- to——要导航到的目标 Route 对象
- from——当前路由从哪儿导航来的
- next——必须调用才能继续导航的函数

to 参数包含 params 属性，该属性存储传递给路由的参数的值。我们在 router.ts 文件中使用了 productId 这个名称，因此必须使用相同的名称来获取目标路由中这个参数的值。

beforeRouteEnter()钩子无法访问 this 组件实例，因为在调用这个 guard 时尚未创建该实例。但是，可以通过向 next()传递回调来访问实例。确认导航后将调用回调，组件实例将作为参数传递给回调：

```
next((component) => component.product = product);
```

在这里初始化组件实例的 product 属性。当呈现此组件的路由发生更改时，将调用 beforeRouteUpdate()钩子。在我们的应用程序中，当 ProductDetails 组件已经呈现，但用户单击列表中的另一个 product 时，就会发生这种情况。这个钩子可以访问 this 组件实例，因此可以简单地将 product 的 value 分配给 this.product，并且 next()回调不需要任何参数。

为了方便，我们使用 fetchProductByID()方法查找产品详细信息。它使用 Fetch API 读取整个 products.json 文件，然后它找到一个具有匹配 product ID 的对象。使用 async 和 await 关键字，可以将此语法与代码清单 15.14 所示的 Promise-based 语法进行比较。

我们对 Vue 库/框架的介绍就到此结束。在下一章中，将创建另外一个版本的区块链 UI，这次是使用 Vue。

15.4　本章小结

- Vue 是一个库，允许你创建用于呈现的 UI 组件，它还包括一个 client-side router，用于组织用户的导航和工具，以生成新项目并创建用于部署的 dev 或 prod 绑定包。
- 如果你更喜欢开发在一个文件中包含 HTML、styles 和源代码的 UI 组件，Vue 将满足你的要求。单个文件包含三部分：<template>用于标记，<script>用于代码，<style>用于 CSS。

- 学习 Vue 比学习 React 或 Angular 更容易，而且 Vue 提供了类似的功能。
- JavaScript 开发人员使用基于对象的 API 与 Vue 协作，但是 TypeScript 开发人员可能会发现使用基于类的组件比其更自然。在 Vue 3 中，还可以选择创建功能组件，就像在 React 框架中一样。
- Vue 3 正在开发中，它将提供一个新的 Composition API，允许你开发功能性 UI 组件。撰写本文时，Composition API 正处于征求意见阶段，但 Vue 核心团队承诺，从 Vue 2 升级到 Vue 3 将是一个简单且自动化程度较高的过程。Composition API 将会附加到现有的基于对象的 API 中。
- 像 React.js 一样，Vue 不会强制你将现有应用程序转换为 SPA。可以逐步将 Vue 引入现有的前端代码，而不必一次重写整个代码库。

第**16**章

用Vue.js开发区块链客户端

本章要点：

- 回顾区块链 Web 客户端的 Vue.js 版本
- 运行一个在开发模式下与两个服务器一起工作的 Vue 应用程序
- 从输入事务到生成区块的数据流
- 统筹区块链客户端组件之间的通信

在前面的章节中学习了 Vue 的基础知识，现在回顾一个新版本的区块链应用程序，其中客户端部分是用 Vue 编写的。Web 客户端的源代码位于 blockchain/client 目录下，消息服务器位于 blockchain/server 目录下。

服务器端的代码与第 14 章中的代码相同，并且此版本的区块链应用程序的功能也相同。然而，应用程序的 UI 部分已经使用 Vue 和 TypeScript 完全重写。

我们不会在本章中回顾区块链应用程序的功能，因为在前几章已经讨论过了，但是将回顾 Vue 库特有的代码。需要回顾第 10 章，唤醒对区块链客户端和消息服务器功能的记忆。

总而言之，当任何节点的用户单击 GENERATE BLOCK 按钮时，客户端的代码将启动挖掘过程，但这并不意味着该节点将是第一个完成挖掘的节点。其他节点也可能开始挖掘具有相同事务的块，所有这些节点将使用消息传递服务器交换它们的最长链，并就哪个节点是赢家达成共识。

首先，将展示如何启动区块链应用程序的消息服务器和 Vue 客户端。然后介绍基于类的 Vue 组件的代码。

16.1　启动客户端和消息服务器

要启动服务器，打开服务器目录下的终端窗口，运行 npm install 安装服务器的依赖项，然后运行 npm start 命令。将会看到消息提示："Listening on http://localhost:3000." 保持服务器运行。

要启动 Vue 客户端，打开服务器目录下的另一个终端窗口，运行 npm install 安装 Vue 以及它的依赖项，然后运行 npm run serve 命令。打开浏览器 localhost:8080，你将看到一个熟悉的区块链网页，如图 16.1 所示。

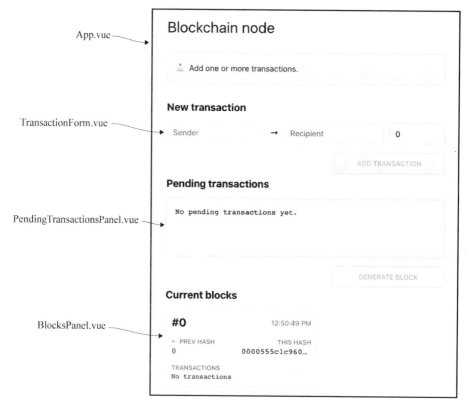

图 16.1　启动区块链客户端

App.vue 文件包含 top-level App 组件的代码，其他的*.vue 文件包含子组件 TransactionForm、PendingTransactionsPanel 和 BlocksPanel。

这个应用程序的客户端部分是由 Vue CLI 生成的，我们从 CLI 选项列表中选择了 Babel、TypeScript 和基于类的组件。客户端文件目录结构如图 16.2 所示。UI 组件位于 components 子目录中，lib 子目录包含创建区块链节点并与消息服务器通信的其他脚本。public 目录中包含不完整的 index.html 文件(将在生成过程中更新)和 styles.css 文件，其中包含此应用程序的所有样式。我们没有在此应用中使用 Vue Router。

在项目生成过程中，选择了 TypeScript 和 Babel。可以看到配置文件包含@vue/app 预置。另外，Babel 附带了一个 TypeScript 插件，因此应用程序有一个由 Babel 控制的编译过程。

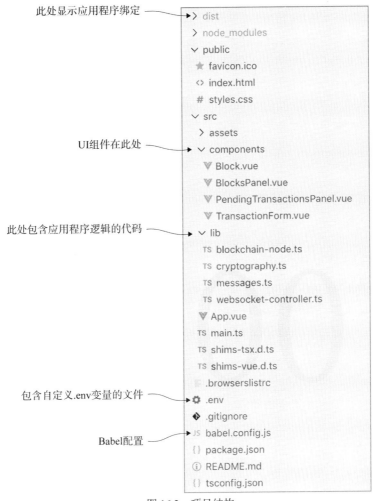

图 16.2　项目结构

使用 Babel 的原因如下：

- Modern mode——基本上这个与 Angula 的 differential loading 是特性相同的。生成两组绑定包：一个是 ES5 格式，另一个是 ES2015 格式。如果用户的 Web 浏览器支持 ES2015 语法，则只加载相应的绑定包。
- Auto-detecting polyfills——这与前一点有关，但不相同。Modern mode 是关于 JavaScript 语言特性的，而这个特性与浏览器的 API 有关。Babel 会根据源代码中使用的语言特性自动检测所需的 polyfills。这样可以确保最终绑定包中包含最少数量的 polyfills。
- JSX support——没有 Babel，只能使用基于 HTML 的模板。

lib 目录包含生成新块、请求最长链、通知其他节点有关新生成块的代码，并可以邀请区块

链的其他成员开始为指定事务生成新块。这些过程将在 10.1 节和 10.2 节中讲述。因为 lib 目录
中的代码没有任何 UI 组件，所以它与第 14 章的 React 区块链客户端中的完全相同。

提示   比较图 16.1 和图 14.1。你会发现区块链客户端的登录页在 Vue 和 React 中是以相同的
方式拆分成 UI 组件的。

当你运行 CLI 生成的应用程序时，它使用 vue-cli-service 脚本。可以在 package.json 文件中
找到这些命令：

```
"scripts": {
    "serve": "vue-cli-service serve",
    "build": "vue-cli-service build"
}
```

vue-cli-service 脚本始终读取.env 文件，该文件可用于配置自定义环境变量，如主机名和
端口号。图 16.3 展示了 Webpack dev 服务器(端口 8080)如何将请求代理到消息服务器(端口
3000)。做法与在 React 和 Angular 中的类似。代理在.env 文件中配置为 VUE_APP_WS_PROXY_
HOSTNAME=localhost:3000。

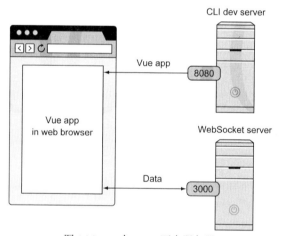

图 16.3   一个 app，两个服务器

区块链客户端的入口点是 main.ts 文件，该文件根据 app ID 在 DOM 元素处装载 Vue 实例。

```
new Vue({
  render: h => h(App),
}).$mount('#app')
```

与 React 类似，Vue 使用虚拟 DOM，render()函数返回 VNode 虚拟节点的一个实例，它实
际上是一个 VNode 元素树，根元素具有 ID app。应用程序的 top-level 组件将在这里呈现，我们
将在下一节中回顾其代码。

16.2　App 组件

App.vue 文件包含了基于类的 App 组件的代码，它的<template>部分包含三个子组件：
TransactionForm、PendingTransactionsPanel 和 BlocksPanel(见代码清单 16.1)。

代码清单 16.1　App.vue 文件的<template>

```
<template>
  <main id="app">
    <h1>Blockchain node</h1>
    <aside><p>{{ status }}</p></aside>
    <section>
      <transaction-form                              TransactionForm 组件
        :disabled="shouldDisableForm()"              绑定 disabled 属性
        @add-transaction="addTransaction">           处理 add-transaction 事件
      </transaction-form>
    </section>
    <section>
      <pending-transactions-panel
        :transactions="transactions()"               PendingTransactionsPanel
        :disabled="shouldDisableGeneration()"        组件
        @generate-block="generateBlock">
      </pending-transactions-panel>
    </section>                                        BlocksPanel 组件
    <section>
      <blocks-panel :blocks="blocks()"></blocks-panel>
    </section>
  </main>
</template>
```

表达式:disabled="shouldDisableForm()"是对 v-bind:disabled ="shouldDisableForm()"表达式的简写，在这种情况下，它控制 TransactionForm 组件的 disabled 属性。方法名后面的括号表示我们在这里调用 shouldDisableForm()方法。这个方法在 App 类中声明(见代码清单 16.2)。组件实例的所有方法都可以从模板中调用。

表达式@add-transaction="addTransaction"告诉我们 TransactionForm 组件可以发出一个 add-transaction 事件，当这种情况发生时，必须调用 App 组件的 addTransaction()方法。在本例中，方法名后面没有括号，它只是对以后可能调用的方法的引用。

> **提示**　如果一个组件类使用"驼峰式"符号命名，则可以在另一个组件的模板中按原样使用它，或者使用破折号作为分隔符。在代码清单 16.1 中，使用<transaction-form>标签来表示 TransactionForm 组件，但也可以使用驼峰式命名标签，<TransactionForm>。

表达式@generate-block="generateBlock"意味着 PendingTransactionsPanel 组件可能会发出 generate-block 事件，当发生这种情况时，App 组件将调用其 generateBlock()方法。

在表达式:blocks="blocks()"中，调用 block()方法，它返回的任何内容都分配给 BlocksPanel
组件的 blocks 属性，该组件用@Prop 装饰器标记(如代码清单 16.7 所示)。

代码清单 16.2 显示了 App 组件的<script>部分的一部分代码。我们省略了大多数方法的代
码，因为它们包含在前几章中已经解释过的特定于区块链的代码。我们只对一些 Vue 特定的代
码进行解释。

代码清单 16.2　App.vue 文件的<script>的部分代码

```
<script lang="ts">
// imports are omitted for brevity
const node = new BlockchainNode();
const server = new WebsocketController();

@Component({                         列出@Component 装
  components: {              ◄──────  饰器中的所有子组件
   BlocksPanel, PendingTransactionsPanel, TransactionForm
  }
})
export default class App extends Vue {
  status: string = '';

  blocks(): Block[] {       ◄──────
    return node.chain;              这个函数从模板调用
  }
  transactions(): Transaction[] {          ◄──────
    return node.pendingTransactions;
  }

  shouldDisableForm(): boolean {          ◄──────     这个函数从
    return node.isMining || node.chainIsEmpty;        模板调用
  }

  shouldDisableGeneration(): boolean {          ◄──────
    return node.isMining || node.noPendingTransactions;
  }

  created() {               ◄──────   组件的 created()
    this.updateStatus();             生命周期回调
    server
      .connect(this.handleServerMessages.bind(this))
      .then(this.initializeBlockchainNode.bind(this));
  }
                                     组件的 destroyed()
  destroyed() {             ◄──────   生命周期回调
    server.disconnect();
  }

  updateStatus() {          ◄──────   更新 status 属性

    this.status = node.chainIsEmpty          ? '⌛ Initializing
➥ the blockchain...' :
```

```
                node.isMining              ? '🔨 Mining a new block...' :
                node.noPendingTransactions ? '📨 Add one or
➡ more transactions.' :
                                            `✅ Ready to mine a new block
➡ (transactions: ${node.pendingTransactions.length}).`;
    }

    async initializeBlockchainNode(): Promise<void> {...}
    addTransaction(transaction: Transaction): void {...}
    async generateBlock(): Promise<void> {...}
    async addBlock(block: Block, notifyOthers = true): Promise<void> {...}
    handleServerMessages(message: Message) {...}
    handleGetLongestChainRequest(message: Message): void {...}
    async handleNewBlockRequest(message: Message): Promise<void> {...}
    handleNewBlockAnnouncement(message: Message): void {...}
}
</script>
```

@Component()装饰器的参数是一个文字对象，这里使用 ES6 引入的 shorthand 语法。如果对象文字中的属性值与属性标识符具有相同的名称，则不必重复它们。表示子组件的对象的长版本如下所示：

```
{
  BlocksPanel: BlocksPanel,
  PendingTransactionsPanel: PendingTransactionsPanel,
  TransactionForm: TransactionForm
}
```

> **提示**　在代码清单 16.7 的 BlocksPanel 组件中，将使用长符号并解释原因。

我们没有将 node 和 server 声明为类属性，而是将它们放在 Vue 组件类之外，以防止 Vue 使用 Vue 更改检测过程所需的 getter 和 setter 来扩充对象。我们希望编写一个方法，将区块链中的所有节点作为 getter 返回(例如，get blocks(){return node.chain；})，但 Vue 不允许组件模板使用 getter，因此将其作为类方法编写。类 App 的其他几个方法同样如此。

组件的 created()生命周期钩子在数据和事件准备好使用时由 Vue 调用，但模板尚未呈现。在这个方法中，连接到提供 handleServerMessages()回调的消息服务器。创建 WebSocket 连接后，代码初始化区块链节点(如第 10 章所述请求最长链)，并使用现有区块或创世区块初始化节点。

> **提示**　还有一个 mounted()生命周期钩子，它在组件的模板呈现之后被调用。

组件的 destroyed()生命周期钩子在组件的所有内部组件都被销毁后由 Vue 调用，你只需要做一些最后的清理。在我们的例子中，断开与 WebSocket 服务器的连接，以避免内存中有一个孤立的连接来继续从其他块接收消息。beforeDestroy()回调可以作为执行某些数据清理的选择。当调用 beforeDestroy()时，该组件仍然完全正常工作，可以使用一些有关清理进程的业务逻辑。

提示   Vue 文档包括一个图表, 说明了所有生命周期钩子。可以在 http://mng.bz/9wnx 找到它。

updateStatus()方法是从 generateBlock()和 addBlock()等其他方法调用的。它更新 status 属性, 这会导致 UI 重新呈现, 因为 status 是组件的属性。Vue 将每个组件属性包装在 getter 和 setter 中, 这可以使它知道是时候重新呈现 UI 了。Vue 文档将组件的属性称作 reactive, 因为它们都成为 setter 和 getter, 可以对变化做出反应。

再次关于接口编程

在第 3 章中, 我们花了一些时间来解释使用接口编程的好处, 现在我们想说一下如果不使用接口会发生什么。Vue 有一个名为 created()的钩子, 它是由 Vue 对象调用的回调。尝试通过添加另外的 t 来写错这个钩子的名称, 如 creatted()。你的应用程序将无法正常工作, 因为 created()方法将不存在, 该方法与消息服务器通信并更新 status 类变量。

如果这样的错误只在运行时出现, 那么使用 TypeScript 没有任何优势。这个特殊的例子清楚地表明, TypeScript 支持是事后才添加到 Vue 中的。有什么可以改变的吗?

让我们看看组件生命周期钩子在 Angular 中是如何设计的, 其中 TypeScript 从一开始就被视为主要语言。Angular 为每个生命周期钩子声明一个接口。例如, 有一个 OnInit 接口, 它声明了一个方法 ngOnInit()。如果希望组件实现此钩子, 你应该从声明你的类实现 OnInit 开始, 然后在该类中编写 ngOnInit()的实现代码:

```
export class App implements OnInit() {OnInit
    ngOnInit() {...}
}
```

尝试通过添加额外的 t 来拼错钩子的名称, 如 ngOnInitt()。TypeScript 静态代码分析器将把它作为一个错误并进行高亮显示, 声明你应该实现 OnInit 接口中声明的所有方法, 那么 ngOnInit()在哪里呢? 你不同意接口编程可以消除这些错误吗?

现在让我们回顾一下子组件的代码, 从 TransactionForm 开始。

16.3   presentation 组件——TransactionForm

图 16.4 展示了 TransactionForm 组件的 UI, 它允许用户输入发送方和接收方的名称以及事务数量。当用户单击 ADD TRANSACTION 按钮时, 会将此信息发送到父 App 组件, 这是一个 smart 组件, 因为它知道如何处理这些数据。填写表单后, 此按钮将是可用状态。

图 16.4   TransactionForm 组件的 UI

top-level App 组件的模板使用 TransactionForm，如下所示：

```
<transaction-form
  :disabled="shouldDisableForm()"
  @add-transaction="addTransaction">
</transaction-form>
```

代码清单 16.3 显示了 TransactionForm 的模板，它是一个 HTML 表单，其中每个输入字段都使用被父类的 shouldDisableForm()方法控制的 disabled 属性。回顾代码清单 16.2，你将看到，如果节点正在被挖掘或者区块链中还没有区块，shouldDisableForm()将返回 true。

在这个表单后面是一个数据模型对象，它存储用户输入的所有值。Vue 中的 v-model 指令，用于在表单的输入、textarea 和 select 元素之间创建双向数据绑定。"双向"意味着，如果用户在表单字段中输入或更改数据，则新值将分配给在该字段的 v-model 指令中指定的变量；如果该变量的值以编程方式更改，则表单字段也将更新。

代码清单 16.3　TransactionForm 组件的<template>

```
<template>
  <div>
    <h2>New transaction</h2>
    <form class="add-transaction-form"
          @submit.prevent="handleFormSubmit">
      <input
        type="text"
        name="sender"
        placeholder="Sender"
        autoComplete="off"
        v-model.trim="formValue.sender"
        :disabled="disabled">

      <span class="hidden-xs">•</span>

      <input
        type="text"
        name="recipient"
        placeholder="Recipient"
        autoComplete="off"
        :disabled="disabled"
        v-model.trim="formValue.recipient">

      <input
        type="number"
        name="amount"
        placeholder="Amount"
        :disabled="disabled" 3((CO3-6))
        v-model.number="formValue.amount">

      <button type="submit"
              class="ripple"
```

防止默认页重新加载表单的提交事件

formValue.sender 被绑定到这个表单字段

disabled 类变量控制这个字段

formValue.recipient 被绑定到这个表单字段

formValue.amount 被绑定到这个表单字段

```
                    :disabled="!isValid() || disabled">
        ADD TRANSACTION
      </button>
    </form>
  </div>
</template>
```

有条件地启用表单的 "提交" 按钮

Vue 提供了几个事件修饰符，这里使用一个名为.prevent 的修饰符。在 Vue 中，表达式 @submit.prevent="handleFormSubmit"意味着 "组织对表单提交按钮的默认处理，转而调用 handleFormSubmit()方法"。

每个输入字段都被绑定到 formValue 对象的属性之一，该对象扮演表单模型的角色，并在该组件的 script 部分被定义为 formValue: Transaction。Transaction 类型定义如下：

```
export interface Transaction {
  readonly sender: string;
  readonly recipient: string;
  readonly amount: number;
}
```

例如，下行代码使用 Vue 指令 v-model 将表单的 sender filed 映射到 formValue 对象的 sender 属性：

```
v-model="formValue.sender"
```

但是 v-model 指令支持修饰符，因此如下：

```
v-model.trim="formValue.sender"
```

trim 修饰符自动从用户的输入中修饰空白。我们还在 v-model.number= "formValue.amount" 中使用 number 修饰符，以确保在同步 amount 字段中的值和 formValue.amount 属性值时将输入的值自动转化为数字。

TransactionForm.vue 文件的<script>部分如代码清单 16.4 所示。它定义并初始化 formValue 对象。它还有 isValid()方法，用来检查表单是否有效，以及 handleFormSubmit()方法，当用户单击 ADD TRANSACTION 按钮时调用该方法。

代码清单 16.4　TransactionForm.vue 文件的<script>

```
<script lang="ts">
import { Component, Prop, Vue } from 'vue-property-decorator';
import { Transaction } from '../lib/blockchain-node';

@Component
export default class TransactionForm extends Vue {

  @Prop(Boolean) readonly disabled: boolean;

  formValue: Transaction = this.defaultFormValue();
```

prop 值由父类给出

使用默认值初始化表单 model

```
isValid() {              ◄─── 表单有效吗
  return (
    this.formValue.sender &&
    this.formValue.recipient &&
    this.formValue.amount > 0
  );
}

handleFormSubmit() {
  this.$emit('add-transaction', { ...this.formValue });

  this.formValue = this.defaultFormValue();      ◄─── 重置表单
}

private defaultFormValue(): Transaction {
  return {
    sender: '',
    recipient: '',
    amount: 0
  };
}
}
</script>
```

处理单击 ADD TRANSACTION 按钮

在父类上发出此事件

表单 model 的默认值

这里，使用@Prop 装饰器和 Boolean 参数，告诉 Vue 将提供的值(HTML string data)转换为该类型。

只有当用户在表单中输入了所有三个值时，isValid()方法才会返回 true。这将启用表单的 ADD TRANSACTION 按钮，并且如果用户单击它，handleFormSubmit()方法将向父应用程序组件发出添加事务事件，该组件将调用其 addTransaction()方法。

子组件可以使用$emit 将数据发送到其父组件，我们使用 payload {…this.formValue}调用它。这里，使用 JavaScript spread 运算符克隆 formValue 对象。App 组件中的 addTransaction()方法将接收一个 Transaction 类型的对象，并将其添加到 PendingTransactionsPanel 组件维护的挂起事务列表中。

建议你通过浏览器的 debugger 运行此应用程序，在 TransactionForm 的 handleFormSubmit()方法中设置一个断点。图 16.5 是在输入 Alex 作为发送方，Mary 作为接收方，100 作为数量并单击表单的 ADD TRANSACTION 按钮之后的截图。Chrome 的 debugger 在 handleFormSubmit()方法的断点处停止。默认情况下，tsconfig.json 文件已启用源映射选项，因此可以调试 TypeScript。

要在 debugger 中查找 TypeScript 源代码，请打开 Chrome dev 工具的源代码面板，并在左侧面板中找到 Webpack 部分。然后找到以句点命名的文件夹，最后找到 src 子文件夹。你可能会看到多个同名的文件，以不同的数字结尾，如图 16.5 所示。这是因为热模块替换：每当你修改一个文件时，Webpack 会推送该文件的新版本，但带有不同的名称后缀，因此你可能需要花费几秒钟使用 TypeScript 来查找一个文件。

图 16.5 的中间部分显示了第 59 行的断点。在右侧面板中，添加了 this.formValue 到 Watch

部分，可以在这里看到值 100、Mary 和 Alex。单击 Step Over 图标，调试器将带你进入 App 组件中的 addTransaction() 方法内部，你将看到这些值被接收的对象。之后，该事务被添加到 Node 的挂起事务列表中，如代码清单 16.5 所示。

代码清单 16.5　App 组件的 addTransaction 方法

```
addTransaction(transaction: Transaction): void {
  node.addTransaction(transaction);
  this.updateStatus();
}
```

调用 this.updateStatus() 方法修改 status 类变量，这将导致 PendingTransactionsPanel 组件被重新呈现，我们将在下面讨论。

命名为点的文件夹

选中的脚本

图 16.5　调试 TransactionForm 组件

16.4　presentation 组件——PendingTransactionsPanel

PendingTransactionsPanel 是一个拥有 transactions 属性的 presentation 组件。其父 App 组件提供一系列事务，如下所示：

```
<pending-transactions-panel
```

```
    :transactions="transactions()"        ◀─────  传递事务数组
    :disabled="shouldDisableGeneration()"
@generate-block="generateBlock">
```

在 PendingTransactionsPanel 的模板中，我们调用 formattedTransactions()(参见代码清单
16.6)，它迭代 Transactions[]数组并格式化，并将其元素呈现为\<pre\>元素中的字符串。

PendingTransactionsPanel 组件还可以在用户单击 GENERATE BLOCK 按钮时启动块生成。
由于这是一个 presentation 组件，它不知道如何生成块，但它可以将生成块事件发送到其父级，
由其父级决定如何处理它。PendingTransactionsPanel 组件的代码如代码清单 16.6 所示。

代码清单 16.6　PendingTransactionsPanel.vue 文件

```
template>
  <div>
    <h2>Pending transactions</h2>
    <pre class="pending-transactions__list">{{
➡ formattedTransactions() || 'No pending transactions yet.' }}
  ▶ </pre>
    <div class="pending-transactions__form">
      <button class="ripple"
              type="button"
              :disabled="disabled"
              @click="generateBlock()">
         GENERATE BLOCK
      </button>
    </div>
    <div class="clear"></div>
  </div>
</template>

<script lang="ts">
import { Component, Prop, Vue } from 'vue-property-decorator';
import { Transaction } from '@/lib/blockchain-node';

@Component
export default class PendingTransactionsPanel extends Vue {

  @Prop(Boolean) readonly disabled: boolean;
  @Prop({ type: Array, required: true }) readonly transactions: Transaction[];

  formattedTransactions(): string {        ◀─────  设置挂起事务格式
    return this.transactions
      .map((t: any) =>`${t.sender} • ${t.recipient}: $${t.amount}`)
      .join('\n');
  }

  generateBlock(): void {          ◀─────  发出生成块事件
    this.$emit('generate-block');
  }
}
</script>
```

单击 GENERATE BLOCK 按钮
调用 generateBlock()函数>

再次展示格
式化事务

这个属性值是布尔型的

其中一个@Prop 装饰器具有以下参数：{type:Array，required:true}。这就是我们告诉 Vue 将提供的值解析为数组的方式，并且此 props 的值是必需的。

图 16.6 显示了 PendingTransactionsPanel 组件的界面，其中两个挂起的事务来自 TransactionForm 组件。

Pending transactions

```
Alex → Mary: $100
Yakov → Anton: $300
```

GENERATE BLOCK

图 16.6　PendingTransactionsPanel 组件的 UI

单击 PendingTransactionsPanel 中的 GENERATE BLOCK 按钮，可以启动区块生成进程。由于 App 组件可以访问 Transactions[]数组，generateBlock()方法只是简单地发出事件。App 组件驻留 PendingTransactionsPanel，如下：

```
<pending-transactions-panel
  :transactions="transactions()"
  :disabled="shouldDisableGeneration()"
  @generate-block="generateBlock">
</pending-transactions-panel>
```

当发送 generate-block 事件时，将调用 App 组件的 generateBlock()方法，该方法会特定更新 status 属性。这会导致 UI 重新呈现，因为 status 是组件的属性。BlocksPanel 组件通过它的 blocks 属性获取所有块。

现在让我们看看 BlocksPanel 中发生了什么。

16.5　presentation 组件——BlocksPanel 和 Block

当用户单击 PendingTransactionPanel 组件中的 GENERATE BLOCK 按钮时，区块链中的所有活动节点都会启动挖掘过程。

达成共识后，将在区块链中添加一个新区块，这个新块将会在 BlocksPanel 组件中呈现，该组件充当块子组件的容器。BlocksPanel 由两个区块的区块链呈现，如图 16.7 所示。

图 16.7　BlocksPanel 组件的 UI

在块挖掘和获取一致性的过程中，会涉及 BlockchainNode 和 WebsocketController 的实例，但由于 BlockPanel 是一个 presentation 组件，它不直接与这些对象中的任何一个进行通信。这项工作被委托给 smart App 组件。

BlocksPanel 组件不向其父组件发送任何数据；其目标是呈现通过 blocks 属性提供的区块链。App 组件调用其 blocks()方法并将返回值(区块链中现有区块的集合)绑定到 BlocksPanel 组件的 blocks 属性(冒号表示绑定)：

```
<blocks-panel :blocks="blocks()"></blocks-panel>
```

代码清单 16.7 显示了 BlocksPanel 组件的代码。注意，blocks 属性的声明是用@Prop 装饰符修饰的，这意味着值来自父类。

代码清单 16.7　BlocksPanel.vue

```html
<template>
  <div>
    <h2>Current blocks</h2>
    <div class="blocks">
      <div class="blocks__ribbon">
        <block v-for="(b, i) in blocks"
               :key="b.hash"
               :index="i"
               :block="b">
        </block>
      </div>
      <div class="blocks__overlay"></div>
    </div>
  </div>
</template>

<script lang="ts">
import { Component, Prop, Vue } from 'vue-property-decorator';
import { Block } from '@/lib/blockchain-node';       // 导入 Block 接口
import BlockComponent from './Block.vue';   // 导入 Block 组件

@Component({                        // 在名称 Block 下注册子
  components: {                     // BlockComponent
    Block: BlockComponent
  }
})
export default class BlocksPanel extends Vue {
  @Prop({ type: Array, required: true }) readonly blocks: Block[];
}                                           // 声明装饰的属性块
</script>
```

迭代 blocks 数组并呈现 BlockComponents

为每个呈现的区块指定一个唯一的键

将值传递给 Block 组件的 props

presentation 组件 BlocksPanel 使用 v-for Vue 指令迭代 blocks 数组，为数组的每个元素呈现一个 Block 组件。在 React 版本的应用程序中，使用了 Array.map()方法来呈现区块(参见第 14 章中的代码清单 14.22)。为什么在这里使用 HTML 元素的特殊 v-for 属性来呈现区块？原因是在 React 中使用了 JSX，它允许我们使用 JavaScript 的全部功能，但是这里基于 HTML 的模板只允许使用特殊的标签属性。换言之，在 React 中，可以使用 JavaScript 进行渲染，而在 Vue 中，它是一个静态字符串。

提示　在本章中没有使用 JSX，因此展示了如何使用基于 HTML 的模板，但是 Vue 的文档提供了使用 JSX 的描述，参见 http://mng.bz/j58z。如果你喜欢在模板中使用 JavaScript 而不是 HTML，可以考虑使用 JSX。

请注意，没有使用短对象字面量语法来指定这里的子组件：

```
components: {
  Block: BlockComponent
}
```

左侧的属性名称(Block)定义了可以在模板中使用的组件名称：<block>。HTML 不区分大小写，如果脚本中组件的名称是 Block，在 HTML 中它可以记作<block>。

提示　关于 GitHub 的 "HTML 区分大小写的解决方法" 的讨论，http://mng. bz/WOv4，提供有关在脚本和 HTML 中引用组件的详细信息。

由于命名冲突，在此必须使用长语法：我们在 lib/blockchain-node 目录中声明了一个名为 Block 的接口，并且 Block.vue 文件声明了一个同样命名为 Block 的组件，如代码清单 16.8 所示。首先，我们尝试对象字面量的速记 ES6 语法：

```
components: {
  Block
}
```

Vue "抱怨" 没有识别<block>标签，但因为使用了 default 关键字来导出 Block 类，所以可以用任意名称导入它。我们将其命名为 BlockComponent，如代码清单 16.7 所示。我们告诉 Vue："我们有一个名为 Block 的组件，但在名称 BlockComponent 下导入其代码。"

注意　对于这种命名冲突，一个更简单的解决方案是将 template 标签从<block>更改为<block-component>，但是我们希望使用这个冲突来呈现一个对象字面量的速记语法不起作用的例子。

代码清单 16.8 显示了 Block 组件的代码。

代码清单 16.8　Block.vue

```
<template>
  <div class="block">
    <div class="block__header">
      <span class="block__index">#{{ index }}</span>
```

```
    <span class="block__timestamp">{{ timestamp() }}</span>
  </div>
  <div class="block__hashes">
    <div class="block__hash">
      <div class="block__label">• PREV HASH</div>
      <div class="block__hash-value">{{ block.previousHash }}</div>
    </div>
    <div class="block__hash">
      <div class="block__label">THIS HASH</div>
      <div class="block__hash-value">{{ block.hash }}</div>
    </div>
  </div>
  <div>
    <div class="block__label">TRANSACTIONS</div>
    <pre class="block__transactions">{{ formattedTransactions() ||
➡ 'No transactions' }}</pre>
  </div>
  </div>
</template>

<script lang="ts">
import { Component, Prop, Vue } from 'vue-property-decorator';
import { Block as ChainBlock, Transaction }
➡ from '@/lib/blockchain-node';            ◀──── 导入，给 Block 一个别名

@Component
export default class Block extends Vue {
  @Prop(Number) readonly index: number;    ◀──── block 的序列号
@Prop({ type: Object, required: true }) readonly block: ChainBlock; ◀─┐
                                                          block 的数据 │
timestamp() {
  return new Date(this.block.timestamp).toLocaleTimeString();
}

formattedTransactions(): string {
  return this.block.transactions
    .map((t: Transaction) =>`${t.sender} • ${t.recipient}: $${t.amount}`)
    .join('\n');
  }
}
</script>
```

在代码清单 16.8 中，还必须解决 Block 组件类和同名接口之间的命名冲突。这里，使用不同的语法：

```
import { Block as ChainBlock} from '@/lib/blockchain-node';
```

在这个例子中，Block 接口在 blockchainnode.ts 文件中已经确定了命名被导出，因此我们不能使用任何名称。不能用 import{Block as ChainBlock}引入别名 ChainBlock。请注意，导入确定命名的导出时必须使用大括号。

Block 组件是这个应用程序中最简单的组件。如图 16.7 所示，它仅仅呈现了一个区块的数据。

我们对用 Vue 和 TypeScript 编写的区块链客户端的介绍到此结束。

16.6　本章小结

- 因为 Vue 为每个组件属性生成 setter 和 getter，所以监测改变的过程大大简化。更改组件属性的值可以作为 UI 重新呈现的信号。
- 和 React 以及 Angular 一样，Vue app 的 UI 也由 smart 组件和 presentation 组件组成。不要将应用程序逻辑放在 presentation 组件中，presentation 组件用于显示从其他组件接收到的数据或提供与用户的交互(将用户的输入发送到其他组件)。
- 在 Vue 中，父组件通过属性将数据传递给子组件。子类通过发出带有或不带有效载荷的事件来将数据发送到其父类。
- Vue CLI 生成的项目底层使用 Webpack 进行绑定。在开发过程中，Webpack Dev Server 支持自动重新编译和热模块替换，这将在不重新加载页面的情况下将新代码传给浏览器。

后记

本书展示了 TypeScript 的主要语法结构以及使用这种语言的多个应用程序。主流的 Web 框架都支持 TypeScript，你不需要等待新的项目才开始使用它。可以逐步将这种语言引入现有的 JavaScript 项目中。我们还解释了区块链技术的基础知识，展示了使用 TypeScript 编写的区块链应用程序的多个版本。

我们希望在读完这本书之后，你能理解为什么 TypeScript 正在迅速流行。我们相信 TypeScript 的优势会一直存在。请爱上 TypeScript！

附录 A

JavaScript基础知识

ECMAScript 是脚本语言的标准，它的发展由 TC39 委员会负责管理。ECMAScript 语法有多种语言实现，最流行的是 JavaScript。从第 6 版(又称 ES6 或 ES2015)开始，TC39 每年都会发布一个新的 ECMAScript 规范。

可在 http://mng.bz/8zoZ 上阅读最新版本的规范，但 ECMAScript 2015 在 JavaScript 中新增了一些主要功能。本附录中涉及的大部分语法都是在 ES2015 规范中引入的，并且大多数 Web 浏览器完全支持 ES2015 规范(请参见 http://mng.bz/ao59)。即使你的应用程序的用户有旧的浏览器，你现在也可以在 ES6/7/8/9 中开发，并使用 TypeScript 或 Babel 这样的转换器将使用最新 ECMAScript 语法的代码转换为 ES5 版本。

我们假设你知道 JavaScript 的 ES5 语法，仅介绍从 2015 年开始的 ECMAScript 中引入的一些特性。

A.1 如何运行代码示例

本附录的代码示例以 JavaScript 文件的形式提供，扩展名为.js，我们将通过一个名为 CodePen 的网站(https://codepen.io)运行代码示例。CodePen 允许你快速编写、测试和共享使用 HTML、CSS 和 JavaScript 的程序。我们将为大多数代码示例提供 CodePen 链接，以便可以跟踪链接，查看所选代码示例的实际操作，并在选择这样做时对其进行修改。如果代码示例在控制台上生成输出，只需要单击 CodePen 窗口底部的控制台即可查看它。

现在回顾一下 ECMAScript 在 JavaScript 中实现的一些特性。

A.2 关键字 let 和 const

let 或 const 关键字应作为 var 关键字的替代。我们先回顾一下 var 关键字的用法。

A.2.1　var 关键字和 hoisting(提升)

在 ES5 和更早版本的 JavaScript 中，使用 var 关键字来声明一个变量，JavaScript 引擎会将声明移到执行上下文(例如，一个函数)的顶部。这称为提升(在 http://mng.bz/3x9w 上可以查看更多关于提升的信息)

由于提升的原因，如果你在代码块内声明了一个变量(例如，在 if 语句中的大括号内)，那么这个变量在代码块之外也是可见的。看看下面的例子，我们在 for 循环中声明变量 i，但在外部也使用它：

```
function foo() {

    for (var i=0; i<10; i++) {

    }

  console.log("i=" + i);
}
foo();
```

运行这段代码将会输出 i=10。　变量 i 在循环外部仍然可用，尽管它看起来似乎只在循环内部使用。JavaScript 会自动将变量声明提升到函数的顶部。

在前面的例子中，提升没有造成任何损害，因为只有一个名为 i 的变量。但是，如果在函数内部和外部声明了两个同名的变量，这可能会导致冲突行为。考虑代码清单 A.1，它声明了全局作用域的 customer 变量。稍后，将在局部作用域内引入另一个 customer 变量，但现在让我们将其注释掉。

代码清单 A.1　提升一个变量声明

```
var customer = "Joe";
(function () {
    console.log("The name of the customer inside the function is " +
➥ customer);
  /* if (true) {
      var customer = "Mary";
    } */
})();
console.log("The name of the customer outside the function is " + customer);
```

全局变量 customer 在函数内部和外部都可见，运行此代码将打印以下内容：

```
The name of the customer inside the function is Joe
The name of the customer outside the function is Joe
```

取消注释在大括号内声明并初始化 customer 变量的 if 语句。现在我们有两个同名的变量，一个在全局作用域内，另一个在函数作用域内。控制台输出现在不同了：

```
The name of the customer inside the function is undefined
```

```
The name of the customer outside the function is Joe
```

原因是在 ES5 中，变量声明被提升到作用域的顶部(在本例中，它是最上面括号内的表达式)，但是变量初始化不是。创建变量时，其初始值是 undefined。第二个未定义的 customer 变量的声明被提升到函数声明的顶部，并且 console.log()打印了函数内部声明的变量的值，该值隐藏了全局变量 customer 的值。

注意 可以在 CodePen:http://mng.bz/cK9y 上查看它。

函数声明也会被"提升"，因此可以在声明函数之前调用它：

```
doSomething();

function doSomething() {
    console.log("I'm doing something");
}
```

另一方面，函数表达式被视为变量初始化，因此它们不会被提升。以下代码段将为 doSomething 变量生成 undefined：

```
doSomething();

var doSomething = function() {
    console.log("I'm doing something");
}
```

现在看看 let 或 const 关键字如何帮助你界定作用域。

A.2.2 使用 let 和 const 的块级作用域

ES6 通过引入关键字 let 和 const 消除了提升冲突。当需要声明一个变量时使用 let 关键字，该变量可以用一个值初始化，然后获得另一个赋值。如果一个标识符只能赋值一次，并且以后不能重新赋值，则使用 const 关键字。

不要假设 const 代表不可变的值。const 限定符只意味着它只能初始化一次。这并不意味着分配给 const 标识符的对象的属性不能更改。例如，下面的 const products 表示一个对象数组，可以在初始化 const products 后更改这些对象的各个属性。

```
const products = [
  { id: 1, description: 'Product 1' },
    {id: 2, description: 'Product 2'}
]

products[0].id = 111;
products[1].description = 'Product 222';
```

使用关键字 let 或 const 而不是 var 声明变量，允许变量具有块级作用域。代码清单 A.2 显示了一个示例。

代码清单 A.2　有块级作用域的变量

```
const customer = "Joe";

  (function () {
    console.log("1. Inside the function " + customer);
    if (true) {
      const customer = "Mary";
      console.log("2. Inside the block " + customer);
    }
  })();

console.log("3. In the global scope " + customer);
```

现在两个 customer 变量有不同的作用域和值，这个程序将打印如下内容：

```
The name of the customer inside the function is Joe
The name of the customer inside the block is Mary
The name of the customer in the global scope is Joe
```

简单而言，如果你正在开发一个新应用程序，不要使用 var，而要使用 let 或 const。

提示　如果你试图在声明变量之前使用 let 或 const 定义的变量，则会得到 ReferenceError 运行时间错误。这就是所谓的 temporal dead zone，在这里你不能在定义变量之前访问它。

在代码清单 A.2 中，应该使用 const 而不是 let，因为我们从未为这两个 customer 标识符重新赋值。

注意　在 CodePen:http://mng.bz/fkJd 查看。

提示　如果声明一个标识符，就将其设为 const。如果需要给它分配一个新值，则将它更改为 let 永远不算晚。

A.3　字面量模板

字符串 literals 现在可以包含嵌入的表达式。这个特征可以称之为 string interpolation。在 ES5 中，将使用串联创建一个字符串，该字符串包含与变量值组合在一起的字符串 literals：

```
const customerName = "John Smith";
console.log("Hello" + customerName);
```

现在可以使用字面量模板，它是由反勾符号包围的字符串。通过将表达式放在前缀为美元符号的大括号之间，可以将表达式直接嵌入文本中。在下一代码片段中，将 customerName 变量的值嵌入字符串文本中：

```
const customerName = "John Smith";
```

```
console.log(`Hello ${customerName}`);

function getCustomer() {
  return "Allan Lou";
}
console.log(`Hello ${getCustomer()}`);
```

这段代码的输出如下：

```
Hello John Smith
Hello Allan Lou
```

> **注意** 可以在 CodePen:http://mng.bz/Ey30 上查看它。

在前面的示例中，我们将 customerName 变量的值嵌入字面量模板中，然后嵌入 getCustomer()函数返回的值。可以在大括号之间使用任何有效的 JavaScript 表达式。

字符串可以跨越代码中的多行。使用反勾号，可以编写多行字符串，而无须连接它们：

```
const message = `Please enter a password that
                has at least 8 characters and
                includes a capital letter`;

console.log(message);
```

结果字符串将所有空格视为字符串的一部分，因此输出如下所示：

```
Please enter a password that
                has at least 8 characters and
                includes a capital letter
```

> **注意** 可以在 CodePen:http://mng.bz/1SSP 上查看它。

标记的模板字符串

如果模板字符串前面有函数名，则首先计算该字符串，然后将其传递给函数以进行进一步处理。模板的字符串部分作为数组提供给函数，模板中计算的所有表达式都作为单独的参数传递。语法看起来有点不太常规，因为在常规函数调用中没有使用括号。

在下面的代码片段中，标记函数 mytag 后跟模板字符串：

```
mytag`Hello ${name}`;
```

变量名的值将被计算并提供给函数 mytag。

让我们编写一个简单的标记模板，它将打印带有货币符号的金额，该符号取决于 region 变量。如果 region 的值为 1，则保持金额不变，并在其前面加上一个美元符号。如果 region 的值是 2，我们需要转换金额，使用 0.9 作为汇率，并在其前面加上一个欧元符号。我们的模板字符串如下所示：

```
`You've earned ${region} ${amount}!`
```

让我们调用 currencyAdjustment 标记函数。标记的模板字符串如下所示：

```
currencyAdjustment`You've earned ${region} ${amount}!`
```

currencyAdjustment 函数接收三个参数：第一个参数表示模板字符串中的所有字符串部分，第二个参数获取 region，第三个参数用于金额。可在第一个参数之后添加任意数量的参数。完整的例子如下：

```
function currencyAdjustment(stringParts, region, amount) {
    console.log( stringParts);
    console.log( region );
    console.log( amount );

  let sign;
  if (region === 1){
    sign="$"
  } else{
    sign='\u20AC'; // 欧元符号
    amount=0.9*amount; // 兑换成欧元的汇率是 0.9
  }
  return `${stringParts[0]}${sign}${amount}${stringParts[2]}`;
}

const amount = 100;
const region = 2; // 欧洲: 2, 美国: 1

const message = currencyAdjustment`You've earned ${region} ${amount}!`
console.log(message);
```

currencyAdjustment 函数将获得一个嵌入 region 和 amount 的字符串，并解析模板，将字符串部分与这些值分开(空格也被视为字符串部分)。我们将首先打印这些值以供说明。然后这个函数将检查 region，应用转换，并返回一个新的字符串模板。运行上述代码将生成以下输出：

```
["You've earned "," ","!"]
2
100
You've earned ?90!
```

注意　可在 CodePen:http://mng.bz/E1Yo 上查看它。

在 10.6.2 节中，将讨论使用 lit-html 的 Web 客户端的代码，其本身使用标记的模板字符串。

A.4　可选参数和默认值

可为函数参数指定默认值，如果在函数调用期间没有提供值，则将使用这些默认值。假设你正在编写一个计算税收的函数，该函数包含两个参数：年收入和此人居住的州。如果没有提供居住州的值，我们希望使用 Florida 作为默认值。

在 ES5 中，需要通过检查是否提供了 state 值来启动函数体，否则将使用 Florida：

```
function calcTaxES5(income, state) {

    state = state || "Florida";

    console.log("ES5. Calculating tax for the resident of " + state +
                                    " with the income " + income);
}

calcTaxES5(50000);
```

下面是这段代码的输出：

```
"ES5. Calculating tax for the resident of Florida with the income 50000"
```

从 ES6 开始，可以在函数签名中指定默认值：

```
function calcTaxES6(income, state = "Florida") {

  console.log("ES6. Calculating tax for the resident of " + state +
                                " with the income " + income);
}
calcTaxES6(50000);
```

注意 可以在 CodePen:http://mng.bz/U51z 上查看它。

A.5 箭头函数表达式

箭头函数表达式(又称宽箭头函数)为匿名函数提供了一种更短的表示法，并为 this 变量添加了词法作用域。箭头函数表达式的语法由参数、宽箭头符号(=>)和函数体组成。如果函数体只是一个表达式，那么甚至不需要大括号。如果单个表达式函数返回值，则无须编写 return 语句，结果将隐式返回：

```
let sum = (arg1, arg2) => arg1 + arg2;
```

多行箭头函数表达式的主体必须用大括号括起来，并使用显式的 return 语句：

```
(arg1, arg2) => {
  // 函数主体
  return someResult;
}
```

如果一个箭头函数没有任何参数，请使用空括号：

```
() => {
  // 函数主体
  return someResult;
```

```
}
```

如果函数只有一个参数，则括号不是必需的：

```
arg1 => {
  // 函数主体
}
```

在下面的代码片段中，我们将箭头函数表达式作为参数传递给 JavaScript 的 Array 方法，其中 reduce()用来计算总和，filter()用来输出偶数：

```
const myArray = [1, 2, 3, 4, 5];

console.log( "The sum of myArray elements is " +
             myArray.reduce((a,b) => a+b)); // 输出 15

console.log( "The even numbers in myArray are " +
             myArray.filter( value => value % 2 = = = 0)); // 输出 24
```

现在你已经熟悉了箭头函数的语法，下面看看它们是如何简化处理 this 对象引用的。

在 ES5 中，找出 this 关键字引用的对象并不总是一个简单的任务。在网上搜索"JavaScript this and that"，你会发现多个帖子，人们抱怨这指向了"错误的"对象。此引用可以有不同的值，具体取决于函数的调用方式以及是否使用了 strict 模式(请参阅 Mozilla 开发人员在 http://mng.bz/VNVL 上的"Strict Mode"文档)。我们先说明这个问题，然后将展示 ES6 提供的解决方案。

考虑代码清单 A.3 中每秒调用匿名函数的代码。该函数输出提供给 StockQuoteGenerator() 构造函数的 stock 符号的随机生成价格。

代码清单 A.3　this 指向不同的对象

```
function StockQuoteGenerator(symbol){        ←── this.symbol 是 StockQuoteGenerator()
    this.symbol = symbol;                         的一个属性
    console.log(`this.symbol=${this.symbol}`);

    setInterval( function () {                              this.symbol 在此
       console.log(`The price of ${this.symbol}    ←──     是 undefined 的
       is ${Math.random()}`);
    }, 1000);
}
const stockQuoteGenerator = new StockQuoteGenerator("IBM");
```

在第一次出现时，this 指向函数对象，并且 this.symbol 有 IBM 的值。在第二次出现时，由于 setInterval()方法，this.symbol 是 undefined 的。不仅是在 setInterval()内调用函数，而且在任何回调中调用函数时，都会看到相同的行为。在回调内部，如果 strict 模式为 off 状态，this 指向全局对象，该对象与 StockQuoteGenerator()构造函数定义的 this 不同。如果启用 strict 模式，则 this 对象将是 undefined 的。

注意　在前面的代码示例中，可以使用 symbol 而不是 this.symbol。但我们的目标是展示这个
　　　变量是如何指向不同对象的。可以在 CodePen:http://mng. bz/NeEN 上查看它。

另一种确保函数在特定 this 对象中运行的解决方案是使用 JavaScript 的 call()、apply()或
bind()函数。

注意　如果你对 JavaScript 中的 this 问题不太熟悉，可以查阅 Richard Bovell 的文章，
　　　"Understand JavaScript's 'this' with Clarity, and Master It"。

代码清单 A.4 展示了一个箭头函数解决方案，它提供了一个显式的 this。我们只是用宽箭
头函数替换了给 setInterval()的匿名函数。

代码清单 A.4　使用宽箭头函数

```
function StockQuoteGenerator(symbol){
    this.symbol = symbol; // this.symbol 在 getQuote()方法中是未声明的
    console.log("this.symbol=" + this.symbol);
    setInterval(() =>
        console.log(`The price of ${this.symbol} is ${Math.random()}`)
    , 1000);
}
const stockQuoteGenerator = new StockQuoteGenerator("IBM");
```

前面的代码示例将正确解析 this 引用。作为 setInterval()参数给出的箭头函数会使用封闭上
下文的 this 值，因此它将把 IBM 识别为 this.symbol 的值。

注意　可在 CodePen:http://mng.bz/DNOn 上查看它。

A.6　rest 运算符

在 ES5 中，使用一个特殊的 arguments 对象编写一个参数数目可变的函数。此对象类似于
数组，它包含与传递给函数的参数相对应的值。

从 ES6 开始，可对函数中可变数量的参数使用 rest 运算符。ES6 中的 rest 运算符由三个点
(...)表示，它必须是函数的最后一个参数。如果函数参数的名称以三个点开头，则函数将获得
数组中其余的参数。

例如，可使用带有 rest 运算符的单个变量名将多个 customers 传递给函数：

```
function processCustomers(...customers) {
    // 函数实现放于此处
}
```

在这个函数中，可以像处理任何数组一样处理 customers 数据。

假设你需要编写一个函数来计算税收，该函数必须使用第一个参数 income 调用，后面跟

着表示 customers 名称的任意数量的参数。代码清单 A.5 展示了如何先使用 ES5，然后使用 ES6
语法处理数量可变的参数。calcTaxES5()函数使用名为 arguments 的对象，calcTaxES6()函数使
用 ES6 中的 rest 运算符。

代码清单 A.5　使用 rest 运算符

```
// ES5 标准和 arguments 对象
  function calcTaxES5() {

    console.log("ES5. Calculating tax for customers with the income ",
                    arguments[0]); // income 是第一个元素

    // 从第二个元素开始提取数组元素
    var customers = [].slice.call(arguments, 1);
      customers.forEach(function (customer) {
          console.log("Processing ", customer);
      });
  }

  calcTaxES5(50000, "Smith", "Johnson", "McDonald");
  calcTaxES5(750000, "Olson", "Clinton");

// ES6 标准和其他运算符
  function calcTaxES6(income, ...customers) {
      console.log(`ES6. Calculating tax for customers with the income
➥ ${income}`);

      customers.forEach( (customer) => console.log(`Processing ${customer}`));
  }

  calcTaxES6(50000, "Smith", "Johnson", "McDonald");
  calcTaxES6(750000, "Olson", "Clinton");
```

calcTaxES5()和 calcTaxES6()函数生成相同的结果：

```
ES5. Calculating tax for customers with the income 50000
Processing Smith
Processing Johnson
Processing McDonald
ES5. Calculating tax for customers with the income 750000
Processing Olson
Processing Clinton
ES6. Calculating tax for customers with the income 50000
Processing Smith
Processing Johnson
Processing McDonald
ES6. Calculating tax for customers with the income 750000
Processing Olson
Processing Clinton
```

注意 可在 CodePen:http://mng.bz/I2zq 上查看它。

不过，在处理 customers 方面是有区别的。因为 arguments 对象不是一个真正的数组，我们必须在 ES5 版本中创建一个数组，方法是使用 slice()和 call()方法从 arguments 中的第二个元素提取 customers 名称。ES6 版本不需要我们使用这些技巧，因为 rest 运算符提供了一个固定的 customers 数组。使用 rest 运算符可以使代码更简单、更易读。

A.7 spread 运算符

ES6 中的 spread 运算符也由三个点(...)表示，与 rest 运算符一样，但是 rest 运算符可以将可变数量的参数转换为数组，而 spread 运算符可以执行相反的操作：将数组转换为值或函数参数的列表。

假设有两个数组，你需要将第二个数组的元素添加到第一个数组的末尾。对于 spread 运算符，只需要一行代码：

```
let array1= [...array2];
```

这里，spread 运算符提取 array2 的每个元素并将其添加到新数组中(方括号在这里表示"创建一个新数组")。也可以创建一个数组的副本，如下所示：

```
array1.push(...array2);
```

使用 spread 运算符，在数组中查找最大值也很容易：

```
const maxValue = Math.max(...myArray);
```

在某些情况下，你需要克隆一个对象。假设你有一个存储应用程序状态的对象，并且希望在其中一个状态属性更改时创建一个新对象。你不想改变原始对象，但希望克隆它并修改一个或多个属性。实现不可变对象的一种方法是使用 Object.assign()函数。代码清单 A.6 首先创建对象的克隆，然后创建另一个克隆，同时更改 lastName 的值。

代码清单 A.6 使用 assign()克隆

```
// 使用 Object.assign()克隆
const myObject = {name: "Mary" , lastName: "Smith"};
const clone = Object.assign({}, myObject);
console.log(clone);

// 通过修改 lastName 属性进行克隆
const cloneModified = Object.assign({}, myObject, {lastName: "Lee"});
console.log(cloneModified);
```

spread 运算符为实现相同的目标提供了更简洁的语法，如代码清单 A.7 所示。

代码清单 A.7　使用 spread 运算符克隆

```
// 使用 spread 运算符克隆
const myObject = { name: "Mary" , lastName: "Smith"};
const cloneSpread = {...myObject};
console.log(cloneSpread);

// 通过修改 `lastName`进行克隆
const cloneSpreadModified = {...myObject, lastName: "Lee"};
console.log(cloneSpreadModified);
```

myObject 有两个属性：name 和 lastName。即使你或其他人向 myObject 添加了更多属性，修改 lastName 时克隆 myObject 的代码仍然有效。

注意　可以在 CodePen:http://mng.bz/X2pL 上查看它。

使用 Object.assign()或 spread 运算符克隆可以创建一个对象的浅副本。它复制对象在克隆时具有的所有属性值，但如果对象的某些属性也是对象，则只复制对嵌套属性的引用。如果浅层克隆后原始对象中嵌套属性的值发生更改，克隆将获得相同的更改。

代码清单 A.8 显示了一个具有嵌套对象 birth 的对象。最初，生日是 2019 年 1 月 18 日。克隆后，克隆对象将具有相同的出生日期。但如果更改原始对象的生日，克隆也将获得新值。这证明只复制了对嵌套对象的引用，而不是其值。

代码清单 A.8　浅克隆

克隆 myObject

```
const myObject = { name: 'Mary', lastName: 'Smith', birth: { date:
  '18 Jan 2019' }};
const clone = {...myObject};           clone 的生日是 2019 年 1 月 18 日
console.log(clone.birth.date);
myObject.birth.date = '20 Jan 2019';
console.log(clone.birth.date);         更改原始对象上的出生日期

                                       clone 的生日变成 2019 年 1 月 20 日
```

A.8　解构

创建对象的实例意味着在内存中构造它们。术语"解构"是指改变结构或将对象拆开。在 ES5 中，可以通过编写函数来解构任何对象或集合。ES6 引入了解构赋值语法，它允许你通过指定匹配模式从对象的属性或从简单表达式的数组中提取数据。这一点通过示例更容易解释，下面我们将介绍这个示例。

A.8.1　解构对象

假设 getStock()函数返回一个具有 symbol 和 price 属性的 Stock 对象。在 ES5 中，如果要将这些属性的值赋给单独的变量，则需要先创建一个变量来存储 Stock 对象，然后编写两条语句将对象属性赋给相应的变量：

```
var stock = getStock();
var symbol = stock.symbol;
var price = stock.price;
```

从 ES6 开始，只需要在左边写一个匹配模式并将 Stock 对象分配给它：

```
let {symbol, price} = getStock();
```

在等号左边看到大括号有点非同寻常，但这是匹配表达式语法的一部分。当你在左边看到大括号时，把它们看为一段代码，而不是对象字面量。

代码清单 A.9 展示了从 getStock() 函数获取 Stock 对象并将其解构为两个变量。

代码清单 A.9　解构一个对象

```
function getStock() {

    return {
        symbol: "IBM",
        price: 100.00
    };
}

let {symbol, price} = getStock();

console.log(`The price of ${symbol} is ${price}`);
```

运行脚本，输出如下：

```
The price of IBM is 100
```

换言之，在一个赋值表达式中将一组数据(在本例中是对象属性)绑定到一组变量(symbol 和 price)。即使 Stock 对象有两个以上的属性，前面的解构表达式仍然可以工作，因为 symbol 和 price 将与模式匹配。匹配表达式只列出了你感兴趣的对象属性的变量。

注意　可在 CodePen: http://mng.bz/CI47 上查看它。

也可以解构嵌套对象。代码清单 A.10 创建一个表示 Microsoft 股票的嵌套对象，并将其传递给 printStockInfo() 函数，该函数从该对象中提取股票符号和证券交易所的名称。

代码清单 A.10　解构嵌套的对象

```
const msft = {
    symbol: "MSFT",
    lastPrice: 50.00,
    exchange: {                ←──── 嵌套的对象
        name: "NASDAQ",
```

```
        tradingHours: "9:30am-4pm"
    }
};

function printStockInfo(stock) {
    let {symbol, exchange: {name}} = stock;    ◄──── 解构嵌套的对象，获取
                                                     证券交易所的名称
    console.log(`The ${symbol} stock is traded at ${name}`);
}

printStockInfo(msft);
```

运行前面的脚本，输出如下：

```
The MSFT stock is traded at NASDAQ
```

注意　可在 CodePen: http://mng.bz/Xauq 上查看它。

假设你正在编写一个处理浏览器 DOM 事件的函数。在 HTML 部分，调用这个函数，将事件对象作为参数传递。事件对象有多个属性，但处理程序函数只需要 target 属性来标识分派此事件的组件。解构语法可以使其变得简单：

```
<button id="myButton">Click me</button>
...
document
  .getElementById("myButton")
  .addEventListener("click", ({target}) =>
                            console.log(target));
```

注意函数参数中的解构语法{target}。

注意　可在 CodePen:http://mng.bz/Dj24 上查看它。

从 ES2018 开始，可在解构对象时使用类似于 rest 和 spread 运算符的语法。例如，代码清单 A.11 将值 50 赋给变量 lastPrice，其余的 msft 对象属性将放在 otherInfo 对象中。

代码清单 A.11　结合解构和 rest 运算符

```
const msft = {
    symbol: "MSFT",
    lastPrice: 50.00,
    exchange: {
        name: "NASDAQ",
        tradingHours: "9:30am-4pm"
    }
};
const { lastPrice, ...otherInfo } = msft;    ◄──── 解构以及 rest 运算符

console.log(`lastPrice= ${lastPrice}`);
console.log(`otherInfo=`, otherInfo);
```

注意　可在 CodePen http://mng.bz/loN6 上查看它。

A.8.2　解构数组

数组解构的工作原理与对象解构非常相似，但不需要使用花括号，而需要使用方括号。在解构对象时，需要指定与对象属性匹配的变量，而对于数组，则需要指定与数组索引匹配的变量。

以下代码将两个数组元素的值提取为两个变量：

```
let [name1, name2] = ["Smith", "Clinton"];
console.log(`name1 = ${name1}, name2 = ${name2}`);
```

输入类似这样：

```
name1 = Smith, name2 = Clinton
```

如果你只想提取此数组的第二个元素，则匹配模式如下所示：

```
let [, name2] = ["Smith", "Clinton"];
```

如果函数返回一个数组，则解构语法会将其转换为一个返回多值的函数，如 getCustomers() 函数中所示。

```
function getCustomers() {
    return ["Smith", , , "Gonzales"];
}

let [firstCustomer, , , lastCustomer] = getCustomers();
console.log(`The first customer is ${firstCustomer} and the last one is
➥ ${lastCustomer}`);
```

现在将数组解构与 rest 参数结合起来。假设我们有一个包含多个 customers 的数组，但只想处理前两个。下面的代码片段演示了如何执行此操作：

```
let customers = ["Smith", "Clinton", "Lou", "Gonzales"];

let [firstCust, secondCust, ...otherCust] = customers;

console.log(`The first customer is ${firstCust} and the second one is
➥ ${secondCust}`);
console.log(`Other customers are ${otherCust}`);
```

下面是由该代码生成的控制台输出：

```
The first customer is Smith and the second one is Clinton
Other customers are Lou, Gonzales
```

同样，可以将带有 rest 参数的匹配模式传递给函数：

```
var customers = ["Smith", "Clinton", "Lou", "Gonzales"];
```

```
function processFirstTwoCustomers([firstCust, secondCust, ...otherCust]) {

  console.log(`The first customer is ${firstCust} and the second one is
➥ ${secondCust}`);
  console.log(`Other customers are ${otherCust}`);

}

processFirstTwoCustomers(customers);
```

输出将相同:

```
The first customer is Smith and the second one is Clinton
Other customers are Lou,Gonzales
```

总之,解构的好处是,当需要使用对象属性或数组中的数据初始化变量时,可以编写更少量的代码。

A.9 类和继承

尽管 ES5 支持面向对象编程和继承,但 ES6 类可使代码更易于读写。

在 ES5 中,可以从头开始创建对象,也可以从其他对象继承来创建对象。默认情况下,所有 JavaScript 对象都从 Object 继承。这个对象继承,在本例中是 prototypal inheritance,是通过一个名为 prototype 的特殊属性实现的,它指向对象的祖先。在 ES5 中,要创建继承自对象 Tax 的 NJTax 对象,可以编写如下代码:

```
function Tax() {
    // Tax 对象的代码放于此处
}

    function NJTax() {
// 新泽西税务对象的代码放于此处
}

NJTax.prototype = new Tax();                    // 从 Tax 继承 NJTax

var njTax = new NJTax();
```

ES6 引入了关键字 class 和 extends,使其语法与其他面向对象语言(如 Java 和 C#)保持一致。下面显示了与前面代码等效的 ES6 代码:

```
class Tax {
    // Tax 类的代码放于此处
}

class NJTax extends Tax {
    //新泽西税务对象的代码放于此处
}
```

```
let njTax = new NJTax();
```

Tax 类是祖先或超类(superclass)，NJTax 是后代或子类(subclass)。也可以说 NJTax 和 Tax 之间有一种"is a"关系：NJTax is a Tax。可在 NJTax 中实现额外的函数，但是 NJTax 仍然"is a"或者说"is a kind of" Tax。类似地，如果你创建一个继承自 Person 的 Employee 类，则可以说 Employee 是一个 Person。

可以创建对象的一个或多个实例，如下所示：

```
var tax1 = new Tax();    ◀——— Tax 对象的第一个实例
var tax2 = new Tax();    ◀——— Tax 对象的第二个实例
```

注意　与函数声明不同，类声明不会被提升。需要在使用类之前声明它，否则会导致一个 ReferenceError。

这些实例对象中的每一个都具有 Tax 类中存在的属性和方法，但它们有不同的 state。例如，可以为年收入为 50 000 美元的顾客创建第一个实例，为收入为 75 000 美元的顾客创建第二个实例。每个实例将共享在 Tax 类中声明的方法的相同副本，因此可以避免代码重复。

在 ES5 中，还可以通过不在对象内部而是在其原型上声明方法来避免代码重复：

```
function Tax() {
  // Tax 对象的代码放于此处
}

Tax.prototype = {
  calcTax: function() {
    // 计算税务的代码位于此处
  }
}
```

JavaScript 仍然是一种具有原型继承性的语言，但是 ES6 允许你编写更"优雅"的代码：

```
class Tax() {

  calcTax() {
    //计算税务的代码位于此处
  }
}
```

不支持类成员变量

在编写代码时，JavaScript 不允许你声明类成员变量(又称类字段或类属性)，正如在 Java、C#或 TypeScript 中一样。

目前，类字段在下一个 ECMAScript 提议的第 3 阶段中，chromev76 和 Babel 都支持类字段。可以在 2.2.2 节中看到如何在 TypeScript 类中声明成员变量。

A.9.1　构造函数

在实例化期间，类执行放置在称为构造函数的特殊方法中的代码。在 Java 和 C#等语言中，构造函数的名称必须与类的名称相同，但在 JavaScript 中，可以使用 constructor 关键字指定类的构造函数：

```
class Tax {

  constructor(income) {
    this.income = income;
  }
}

const myTax = new Tax(50000);
```

构造函数是一种只执行一次的特殊方法：在创建对象时。Tax 类没有单独声明 class-level 的 income 变量，而是在 this 对象上动态地创建它，使用构造函数参数的值初始化 this.income。this 变量指向当前对象的实例。

下一个示例显示如何创建 NJTax 子类的实例，通过构造函数设置 income 的值为 50 000：

```
class Tax {
    constructor(income) {
        this.income = income;
    }
}

class NJTax extends Tax {
    // 计算新泽西税务的代码放于此处
}

const njTax = new NJTax(50000);

console.log(`The income in njTax instance is ${njTax.income}`);
```

代码的输出如下：

```
The income in njTax instance is 50000
```

由于 NJTax 子类没有定义自己的构造函数，因此在 NJTax 的实例化过程中，Tax 超类中的构造函数会被自动调用。如果一个子类定义了自己的构造函数，情况就不是这样了。你将在下一节中看到这样一个示例。

注意　在 JavaScript 支持类变量声明之前，如果需要在子类中添加新的类成员变量，则必须在子类中声明一个构造函数。在即将到来的 ECMAScript 版本中，类变量声明应该是受支持的，你不需要为此声明一个子类构造函数。

JavaScript 类只是增加代码可读性的"语法糖"。在底层，JavaScript 仍然使用原型继承，这允许你动态地替换祖先，而一个类只能有一个直接祖先。尽量避免创建深层继承，因为它们会降低代码的灵活性，并在需要时使重构复杂化。

A.9.2　super 关键字和 super 函数

super()函数的作用是：允许子类(descendant)从父类(祖先)调用构造函数。super 关键字用于调用在超类中定义的方法。

代码清单 A.12 同时说明了 super()和 super。Tax 类有一个 calculateFederalTax()方法，它的 NJTax 子类添加了 calculateStateTax()方法。这两个类都有各自版本的 calcMinTax()方法。

代码清单 A.12　使用 super()和 super

```
class Tax {
    constructor(income) {
        this.income = income;
    }

    calculateFederalTax() {
        console.log(`Calculating federal tax for income ${this.income}`);
    }

    calcMinTax() {
        console.log("In Tax. Calculating min tax");
        return 123;
    }
}

class NJTax extends Tax {
    constructor(income, stateTaxPercent) {
        super(income);
        this.stateTaxPercent=stateTaxPercent;
    }

    calculateStateTax() {
        console.log(`Calculating state tax for income ${this.income}`);
    }

    calcMinTax() {
        let minTax = super.calcMinTax();
        console.log(`In NJTax. Will adjust min tax of ${minTax}`);
    }
}

const theTax = new NJTax(50000, 6);

theTax.calculateFederalTax();
theTax.calculateStateTax();

theTax.calcMinTax();
```

运行此代码将生成以下输出：

```
Calculating federal tax for income 50000
Calculating state tax for income 50000
In Tax. Calculating min tax
In NJTax. Will adjust min tax of 123
```

注意　可在 CodePen: http://mng.bz/6e9S 上查看它。

NJTax 类有自己的显式定义的构造函数，有两个参数：income 和 stateTaxPercent，这是在实例化 NJTax 时提供的。为了确保 Tax 的构造函数被调用(它设置了对象的 income 属性)，可以从子类的构造函数显式地调用它：super(income)。如果没有这行代码，前面的脚本将报错；必须通过调用 super()函数从派生构造函数调用超类的构造函数。

在超类中调用代码的另一种方法是使用 super 关键字。Tax 和 NJTax 中都有 calcMinTax()方法。Tax 超类中的一个根据联邦税法计算基本最小金额，而子类的这种方法使用基值并对其进行调整。两个方法都有相同的签名，因此涉及了方法重写的情况。

通过调用 super.calcMinTax()，你确保在计算州税时考虑到基本联邦税。如果不调用 super.calcMinTax()方法，则将应用子类版本的 calcMinTax()方法版本。方法重写通常用于在子类中更新超类中方法的功能而不更改其代码。

A.9.3　静态类成员

如果需要由多个类实例共享的类属性，则必须使用 static 关键字声明它。这样的属性不会在任何特定实例上创建，而是在类本身创建。在代码清单 A.13 中，可以通过调用 printCounter()方法从对象 A 的两个实例访问静态变量计数器。但如果你尝试直接使用对象实例的引用来访问 counter 变量(例如，a1.counter)，它将是未定义的。

代码清单 A.13　共享一个类属性

```
class A {
  static counter = 0;          ◀—— 声明一个静态属性

  printCounter(){
    console.log("static counter=" + A.counter);   ◀—— 通过类名引用静态属性
  };
}

const a1 = new A();            ◀—— 创建类 A 的第一个实例
A.counter++;
a1.printCounter(); // prints 1
                               静态计数器自增
A.counter++;

const a2 = new A();            ◀—— 创建类 A 的第二个实例
a2.printCounter(); // prints 2

console.log("On the a1 instance, counter is " + a1.counter);
console.log("On the a2 instance, counter is " + a2.counter);
```

在这个代码示例中，使用类名作为引用，在类实例之外添加计数器：A.counter。类 A 的两个实例都有相同的计数器值。注意，即使我们对特定实例调用 printCounter()方法，它仍然使用类名引用静态属性。

代码输出如下：

```
static counter=1
static counter=2
On the a1 instance, counter is undefined
On the a2 instance, counter is undefined
```

在这个输出的最后两行中，我们尝试使用实例引用 a1 和 a2 访问 counter 属性，但是在两个实例上都没有这样的属性，因此它们是未定义的。

注意 可在 CodePen:http://mng.bz/BYQ0 上查看它。

也可以使用 static 关键字创建静态方法。静态方法也不是在类的实例上调用的，而是在类本身上调用的。我们经常在作为 utility 函数集合的类中使用静态方法，而不需要实例化(见代码清单 A.14)。

代码清单 A.14 Helper 类是 utility 函数的集合

```
class Helper {

  static convertDollarsToEuros() {          ◀—— 声明第一个静态函数
  console.log("Converting dollars to euros");
}

  static convertCelsiusToFahrenheit() {     ◀—— 声明第二个静态函数

    console.log("Converting Celsius to Fahrenheit");
  }
}

Helper.convertDollarsToEuros();            在不实例化类的情
Helper.convertCelsiusToFahrenheit();       况下调用静态方法
```

注意 可在 CodePen: http://mng.bz/dxaN 上查看它。

在代码清单 2.2 中，我们实现了 singleton 设计模式，可以看到静态类成员的实际使用。

A.10 异步处理

在 ES5 中进行异步处理，必须使用 callbacks 函数作为另一个函数的参数进行调用。回调可以被同步或异步调用。例如，可将回调传递给数组的 forEach()方法以进行同步调用。在向服务器发出 AJAX 请求时，可以传递一个回调函数，以便在结果从服务器到达时异步调用。

A.10.1　回调地狱

让我们考虑一个从服务器获取有关有次序产品的数据的示例。它首先对服务器进行异步调用以获取有关客户的信息，然后对于每个客户，你都需要再进行一次调用来获取订单。对于每一个订单，你需要得到产品，最后的调用会得到产品的详细信息。在异步处理中，你不知道这些操作何时完成，因此需要编写回调函数，在前一个操作完成时调用这些回调函数。

下面使用 setTimeout()函数来模拟延迟，好像每个操作需要 1 秒钟才能完成一样。图 A.1 显示了该代码可能的示例。

> **注意**　使用回调被认为是一种 anti-pattern，也称为"金字塔厄运"，如图 A.1 所示。图中的代码有四个回调，这种嵌套级别使代码难以阅读。在实际的应用程序中，"金字塔"可能会迅速增长，使得代码很难阅读和调试。

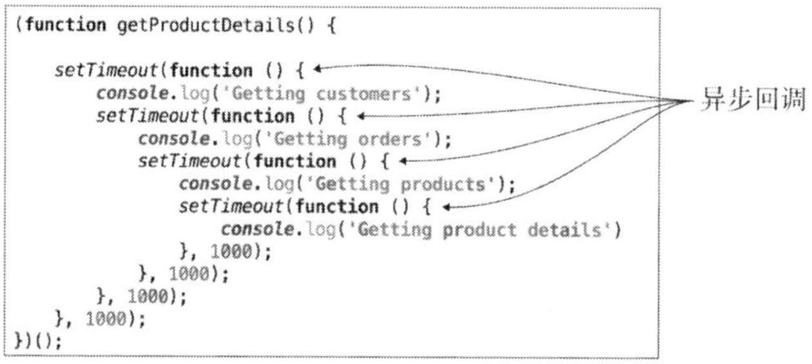

```
(function getProductDetails() {
    setTimeout(function () {
        console.log('Getting customers');
        setTimeout(function () {
            console.log('Getting orders');
            setTimeout(function () {
                console.log('Getting products');
                setTimeout(function () {
                    console.log('Getting product details')
                }, 1000);
            }, 1000);
        }, 1000);
    }, 1000);
})();
```

异步回调

图 A.1　回调地狱或金字塔厄运

运行图 A.1 中的代码将以 1 秒的延迟打印以下消息：

```
Getting customers
Getting orders
Getting products
Getting product details
```

> **注意**　可在 CodePen: http://mng.bz/DAX5 上查看它。

A.10.2　promise

当你按下咖啡机上的按钮时，你不会马上得到一杯咖啡。你得到了一个"承诺"，会在一段时间之后得到一杯咖啡。如果你没有忘记提供水和咖啡粉，"承诺"就会实现，可以在一分钟左右享用咖啡。如果你的咖啡机没有水或咖啡，"承诺"将被拒绝。整个过程是异步的，可以在煮咖啡的同时做其他事情。

JavaScript promise 允许你避免嵌套调用，并使异步代码更具可读性。Promise 对象表示一个异步操作的最终完成或失败。创建 Promise 对象后，它将等待并监听异步操作的结果，并告诉你它是成功还是失败，以便可以相应地进行下一步。

Promise 对象表示操作的未来结果，它可以处于以下状态之一：

- Fulfilled——操作成功完成。
- Rejected——操作失败并返回错误。
- Pending——操作正在进行中，既没有完成也没有被拒绝。

可以通过向 Promise 对象的构造函数提供两个函数来实例化 Promise 对象：操作完成时要调用的函数，以及拒绝操作时要调用的函数。考虑一个带有 getCustomers()函数的脚本，如代码清单 A.15 所示。

代码清单 A.15　使用 promise

```
function getCustomers() {

  return new Promise(
    function (resolve, reject) {

      console.log("Getting customers");
        // Emulate an async server call here
      setTimeout(function() {
        const success = true;
        if (success) {
          resolve("John Smith");          ◀—— 获取这个 customer
        } else {
          reject("Can't get customers");
        }                                  ◀—— 出现错误时调用
      }, 1000);

    }
  );
}

getCustomers()                            ◀—— 在 promise 履行时调用
  .then((cust) => console.log(cust))
  .catch((err) => console.log(err));      ◀—— promise 被拒绝时调用
console.log("Invoked getCustomers. Waiting for results");
```

getCustomers()函数返回一个 Promise 对象，该对象用 resolve 和 reject 作为构造函数参数的函数实例化。在代码中，如果收到顾客信息，则调用 resolve()。为了简单起见，setTimeout()模拟持续一秒钟的异步调用。我们还将 success 标记硬编码为 true。在实际情景中，可以使用 XMLHttpRequest 对象发出请求，如果成功检索到结果，则调用 resolve()；如果发生错误，则调用 reject()。

在代码清单 A.15 的底部，将 then()和 catch()方法附加到 Promise()实例。将只调用这两个中的一个。当从函数内部调用 resolve("John Smith")时，将导致调用接收"John Smith"作为参数的 then()函数。如果将 success 的值更改为 false，则将调用包含"Can't get customers："参数的 catch()方法。

```
Getting customers
Invoked getCustomers. Waiting for results
John Smith
```

注意消息 "Invoked getCustomers. Waiting for results" 在 "John Smith" 之前输出，这证明了 getCustomers() 函数是异步工作的。

注意 可在 CodePen: http://mng.bz/5rf3 上查看它。

每个 promise 代表一个异步操作，可将它们链接起来以保证特定的执行顺序。在代码清单 A.16 中添加一个 getOrders() 函数，它可以查找所提供顾客的订单，并使用 getCustomers() 链接 getOrders()。

代码清单 A.16　链接 promise

```
function getCustomers() {

  return new Promise(
    function (resolve, reject) {

      console.log("Getting customers");
        // Emulate an async server call here
      setTimeout(function() {
        const success = true;
        if (success){
          resolve("John Smith");        ←──── 顾客被成功
        }else{                                 获取时调用
          reject("Can't get customers");
        }
      }, 1000);

    }
  );
}

function getOrders(customer) {

    return new Promise(
      function (resolve, reject) {

        // Emulate an async server call here
      setTimeout(function() {
        const success = true;
        if (success) {
          resolve(`Found the order 123 for ${customer}`);   ←────
        } else {                                            当顾客的订单
          reject("Can't get orders");                       成功时调用
        }
      }, 1000);
    }
  );
}
getCustomers()
  .then((cust) => {
        console.log(cust);
```

```
      return cust;
    })
  .then((cust) => getOrders(cust))        ◄──── 使用 getOrders()链接
  .then((order) => console.log(order))
  .catch((err) => console.error(err));    ◄──────────  处理错误
console.log("Chained getCustomers and getOrders. Waiting for results");
```

这段代码不仅声明和链接两个函数，还演示了如何在控制台上打印中间结果。代码清单 A.16 的输出如下(请注意，从 getCustomers()返回的顾客已正确传递给 getOrders())：

```
Getting customers
Chained getCustomers and getOrders. Waiting for results
John Smith
Found the order 123 for John Smith
```

注意　可在 CodePen: http://mng.bz/6z5k 上查看它。

可使用 then()链接多个函数调用，并且对于所有链接的调用只有一个错误处理脚本。如果发生错误，它将在整个 then 链中传播，直到找到错误处理程序。错误发生后不会调用 then。

在代码清单 A.16 将 success 变量的值更改为 false 将导致打印消息"Can't get customers"，并且不会调用 getOrders()方法。如果清除这些控制台消息，则检索顾客和订单的代码看起来很简洁，而且很容易理解：

```
getCustomers()
  .then((cust) => getOrders(cust))
  .catch((err) => console.error(err));
```

添加更多的 then 并不会降低代码的可读性(与图 A.1 所示的金字塔厄运相比较)。

A.10.3　同时执行多个 promise

另一种需要考虑的情况是不相互依赖的异步函数。假设你需要以不定的顺序调用两个函数，但是你需要在两个函数都完成之后执行一些操作。Promise 对象有一个 all()方法，它接受一个可迭代的 Promise 集合并执行所有的 Promise。因为 all()方法返回一个 Promise 对象，所以可以在结果中添加 then()或 catch()(或两者都添加)。

假设一个 Web 门户需要进行几个异步调用来获取天气、股市消息和流量信息。如果要在所有这些调用完成后才显示门户页面，就可以使用 Promise.all()：

```
Promise.all([getWeather(),
            getStockMarketNews(),
            getTraffic()])
.then( (results) => { /* 门户的用户接口在此呈现 */ })
.catch(err => console.error(err)) ;
```

请记住，Promise.all()只有在所有的 promise 都执行之后才会执行。如果其中一个拒绝，则控制权转到 catch()处理程序。

与回调函数相比，promise 使代码更线性，更易于阅读，并且它们表示应用程序的多种状态。消极的一面是，promise 不能被取消。想象一下，一个比较急躁的用户多次单击一个按钮从服务器获取一些数据。每次单击都会创建一个 promise 并启动一个 HTTP 请求。没有办法只保留最后一个请求而取消未完成的请求。

带有 promises 的 JavaScript 代码更容易阅读，但如果仔细查看 then()函数，你仍然需要提供一个回调函数，稍后将调用该函数。async 和 await 关键字是 JavaScript 异步编程语法演变的下一步。

A.10.4　async-await

async 和 await 关键字在 ES8 中引入(又称 ES2017)。它们允许你将返回 promises 的函数视为是同步的。下一行代码只在前一行代码完成时执行，但等待异步代码完成的过程在后台发生，不会阻止程序其他部分的执行：

- async——标记异步函数的关键字。
- await——在调用异步函数之前设置的关键字。这将指示 JavaScript 引擎在异步函数返回结果或抛出错误之前不继续执行下一行。JavaScript 引擎将在内部将 await 关键字右侧的表达式封装成 promise，将方法的其余部分封装到 then()回调中。

为了说明 async 和 await 关键字的用法，代码清单 A.17 重用了 getCustomers()和 getOrders()函数，它们在内部使用 promises 来模拟异步处理。

代码清单 A.17　使用 promises 声明两个函数

```
function getCustomers() {

    return new Promise(
        function (resolve, reject) {

            console.log("Getting customers");
            // 模拟一个需要 1 秒钟完成的异步调用
            setTimeout(function() {
                const success = true;
                if (success){
                    resolve("John Smith");
                } else {
                    reject("Can't get customers");
                }
            }, 1000);
        }
    );
}

function getOrders(customer) {

    return new Promise(
    function (resolve, reject) {
```

```
            // 模拟一个需要 1 秒钟的异步调用
            setTimeout(function() {
                const success = true; // 改为 false

                if (success){
                    resolve( `Found the order 123 for ${customer}`);
                } else {
                    reject(`getOrders() has thrown an error for ${customer}`);
                }
            }, 1000);
        }
    );
}
```

我们想要链接这些函数调用，但这次不会像 promises 那样使用 then()调用。我们将创建一个新的 getCustomersOrders()函数，该函数在内部调用 getCustomers()，完成后，调用 getOrders()。

将在调用 getCustomers()和 getOrders()的行中使用关键字 await，以便代码在继续执行之前将等待这些函数完成。将用关键字 async 标记 getCustomerOrders()函数，因为它将在内部使用 await。代码清单 A.18 声明并调用 getCustomerOrders()函数。

代码清单 A.18　声明以及调用异步函数

使用 async 关键字声明函数

使用 await 调用异步 getCustomers()函数，以便在函数完成之前不会执行下面的代码

使用 await 调用异步 getOrders()函数，以便在函数完成之前不会执行下面的代码

```
(async function getCustomersOrders() {
  try {
      const customer = await getCustomers();
      console.log(`Got customer ${customer}`);
      const orders = await getOrders(customer);
      console.log(orders);
  } catch(err) {              处理错误
      console.log(err);
  }
})();
```

代码在异步函数之外运行

```
console.log("This is the last line in the app. Chained getCustomers() and
 getOrders() are still running without blocking the rest of the app.");
```

如你所见，这段代码看起来好像是同步的。它没有回调，是逐行执行的。错误处理以标准方式完成，使用 try/catch 块。

运行此代码，输出如下：

```
Getting customers
This is the last line in the app. Chained getCustomers() and getOrders()
are still running without blocking the rest of the app.
Got customer John Smith
Found the order 123 for John Smith
```

请注意，关于最后一行代码的 message 在客户名称和订单号之前输出。尽管稍后会异步检

索这些值,但这个小应用程序的执行并没有被阻止,脚本在异步函数 getCustomers()和 getOrders()完成执行之前到达最后一行。

注意   可在 CodePen:http://mng.bz/pSV8 上查看关于 async-await 的代码。

A.11   模块

在任何编程语言中,将代码拆分为模块(Modules)有助于将应用程序组织成更有逻辑单元和可重用单元。模块化的应用程序允许在软件开发人员之间更有效地分配编程任务。模块的开发人员可以决定哪些 API 应该由模块公开以供外部使用,哪些 API 应该在内部使用。

在 ES5 中没有用于创建模块的语言结构,因此必须使用以下选项之一:

- 手动实现模块设计模式作为一种立即初始化的函数。
- 使用第三方模块实现,例如异步模块定义(AMD; http://mng.bz/JKVc)或 CommonJS (http://mng.bz/7Lld)标准。

CommonJS 是为模块化运行在 Web 浏览器之外的 JavaScript 应用程序而创建的(例如那些用 Node.js 编写并部署在谷歌 V8 引擎下的)。AMD 主要用于在 Web 浏览器中运行的应用程序。

你应该把你的应用程序分成几个模块,使你的代码更易于维护。除此之外,你应该在应用程序启动时最小化加载到客户端的 JavaScript 代码量。想象一下一个典型的网上商店。当用户打开应用程序的主页时,是否需要加载处理付款的代码?如果他们从不单击下单按钮呢?将应用程序模块化很有作用,以便可以根据需要加载代码。RequireJS 可能是实现 AMD 标准的最流行的第三方库;它允许你定义模块之间的依赖关系,并根据需要将它们加载到浏览器中。

从 ES6 开始,模块已经成为语言的一部分。如果脚本使用 import 或 export 关键字,它将成为一个模块。例如,代码清单 A.19 所示的 shipping.js 脚本导出 ship()函数,因此其他脚本可以导入该函数。calculateShippingCost()函数则是对外部脚本不可见的。

代码清单 A.19   shipping.js 模块只输出它的成员 ship()

```
export function ship() {
  console.log("Shipping products...");
}

function calculateShippingCost(){
  console.log("Calculating shipping cost");
}
```

下面的 main.js 脚本从 shipping.js 中导入并使用 ship()函数(见代码清单 A.20)。

代码清单 A.20   从 main.js 模块导入 ship 成员

```
import {ship} from './shipping.js';

ship();
```

语法方面，这看起来非常干净和简单。不过，在 ES6 中，拥有 import 语句并不能加载模块；加载模块没有标准化，开发人员使用第三方加载程序，如 SystemJS 或 Webpack(有关详细信息，请参阅第 6 章)。

现在可将脚本的类型指定为 module，如代码清单 A.21 所示。所有现代 Web 浏览器都支持模块作为<script>标签中的有效类型，因此可以告诉浏览器将脚本作为 ES6 模块加载。

代码清单 A.21　index.html: 使用模块类型的脚本

```
<!DOCTYPE html>
<head>
    <title>My modules</title>
</head>
<body>
  <h1>Hello modules!</h1>
  <script type="module" src="./main.js"></script>    ◀—— 加载第一个模块
</body>
</html>
```

请注意，尽管从未提及 shipping.js 文件中的脚本，它无论如何都会被加载，因为来自 main.js 文件的脚本导入了它。对于较旧的浏览器，可以使用 nomodule 属性并提供一个 fallback 脚本:

```
<script type="module" src="./main.js"></script>
<script nomodule src="./main_fallback.js"></script>
```

如果浏览器支持 module 类型，它将忽略带有 nomodule 的行。

提示　在代码清单 9.4 中，你将看到一个 HTML 文件，该文件使用了带有属性 type="module" 的<script>标签。

JavaScript 模块和全局作用域

假设你有一个多文件项目，其中一个文件包含以下内容:

```
class Person {}
```

由于没有从这个文件导出任何东西，它不是一个 ES6 模块，Person 类的实例将在全局作用域内创建。如果在同一个项目中已经有另一个脚本也声明了 Person 类，那么 TypeScript 编译器将在前面的代码中给你一个错误，提示你正在试图声明一个已经存在的事务的副本。

将 export 语句添加到前面的代码中会改变这种情况，并且此脚本将成为一个模块:

```
export class Person {}
```

现在，Person 类型的对象不会在全局作用域内创建;它们的作用域将仅限于那些导入 Person 的脚本(其他 ES6 模块)。

ES6 模块避免使你污染全局作用域，并将脚本及其成员(类、函数、变量和常量)的可见性限制在导入它们的模块。

导入和导出

　　一个模块仅仅是一个 JavaScript 文件，它实现某些功能并导出(或导入)一个公共 API，以便其他 JavaScript 程序可以使用它。没有特殊的关键字声明特定文件中的代码是模块。只需要使用关键字 import 和 export，就可以将脚本转换为 ES6 模块。

　　import 关键字使一个脚本能够声明它需要使用另一个脚本中导出的成员。类似地，export 关键字允许你声明模块应该向其他脚本公开的变量、函数或类。换言之，通过使用 export 关键字，可以使选定的 API 对其他模块可用。模块的函数、变量和未显式导出的类对模块仍然是私有的。

　　ES6 提供了两种类型的导出用法：named 和 default。对于命名导出，可以在模块的多个成员(例如类、函数和变量)前面使用 export 关键字。下面的 tax.js 文件中的代码导出 taxCode 变量还有 calcTaxes()和 fileTaxes()函数，但 doSomethingElse()函数在外部脚本中仍然是不可见的：

```
export let taxCode = 1;

export function calcTaxes() { }

function doSomethingElse() { }

export function fileTaxes() { }
```

ES6 与 Node modules

需要注意的是，ES6 模块是静态解析的，与使用 require()函数的 Node 模块相比，这是一个很大的优势。对于 ES modules，模块的路径必须是字符串文本。在 require()调用中，可以传递一种在运行时被当作字符串的表达式。

在表达式的情况下，诸如 IDE、static analyzer 和 bundler 的工具无法从我们导入的模块中除去未使用的代码，因为工具不知道还有哪些代码使用该模块，以及从模块中使用了什么。

但是，如果为 require()调用提供一个字符串文本(在大多数情况下都是这样)，commonJS 模块也可以 tree-shaken，尽管途径与 ES modules 不同，后者是用 export 和 import 关键字显式标记的。工具可以清楚地看到哪些符号可以被其他模块导入，以及我们想要导入什么。与使用 commonJS 相比，使用 ES6 模块，工具可以更好地分析和 tree-shaking 源代码。

　　当脚本导入命名的导出模块成员时，这些成员的名称必须放在大括号中。以下 main.js 文件说明了这一点：

```
import {taxCode, calcTaxes} from 'tax';

if (taxCode === 1) { // 函数主体 }

calcTaxes();
```

　　这里，tax 是模块的文件名，不包括文件扩展名。大括号表示解构。来自 tax.js 文件的模块导出了三个成员，但我们只想导入 taxCode 和 calcTaxes。其中一个导出的模块成员可以标记为 default，这意味着这是一个匿名导出，另一个模块可以在其 import 语句中为其指定任何名称。

my_module.js 文件导出一个函数，如下：

```
export default function() { // 函数主体 }

export let taxCode;
```

main.js 文件导入了已命名的导出和标记为 default 的导出，同时为标记为 default 的导出指定 coolFunction 命名：

```
import coolFunction, {taxCode} from 'my_module';

coolFunction();
```

请注意，在 coolFunction(默认导出)周围不使用大括号，但在 taxCode(命名导出)周围使用大括号。导入使用默认关键字导出的类、变量或函数的脚本可以在不使用任何特殊关键字的情况下为其指定新名称：

```
import aVeryCoolFunction, {taxCode} from 'my_module';

aVeryCoolFunction();
```

但是，要为命名导出指定别名，需要编写如下内容：

```
import coolFunction, {taxCode as taxCode2016} from 'my_module';
```

模块 import 语句不复制导出的代码。导入作为引用。导入模块或成员的脚本无法修改它们，如果导入模块中的值发生更改，新值将立即反映在导入它们的所有位置。

A.12　转换器

如果你要启动一个新的 JavaScript 项目，不要使用“10 年前”的语法；请使用最新的 ECMAScript 规范语法。如果应用程序的用户必须使用不支持最新 ECMAScript 的旧浏览器，则可以将代码转换为 ES5 或其他版本受支持的语法。

转换器(通常称为“编译器”)将源代码从一种语言转换为另一种语言。在本附录的上下文中，在将应用程序部署到生产环境之前，你可能需要将 JavaScript 代码从 ES6(或更高版本)转换为 ES5。

在 JavaScript 生态中，最流行的转换器称为 Babel。可以在 Babel 的 REPL 实用程序中尝试本附录中的任何代码示例(http://babeljs.io/repl)，它允许你在 ECMAScript 的一个较新版本中输入代码片段并将其编译为 ES5。

图 A.2 是 Babel 的 Try it out 选项的屏幕截图，展示了代码清单 A.12(左侧)中的 ES2015 代码如何转换为 ES5(右侧)。可以通过将代码示例从代码清单 A.12 复制到 http://babeljs.io/repl 来查看它的实际操作。

不仅可以使用 Babel 将较新的 JavaScript 语法转换为旧版本，还可以将 TypeScript 转换为 JavaScript(如 6.4 节所示)。但通常情况下，可以使用 TypeScript 自己的编译器 TypeScript 转换成 JavaScript 的任何版本，这在 1.3 节中讨论过。

至此就结束了我们对最近 ECMAScript 规范引入的一些最重要特性的概述。好消息是，可以在 TypeScript 程序中使用所有这些功能，而无须等到所有浏览器都支持它们。

图 A.2　使用 Babel 的 REPL